“十三五”土建类专业高职高专规划统编教材

土建工程施工质量管理与控制

主　编　郑育新　李红岩
副主编　马　洁　李春燕　张　峰
主　审　李世芳　陈国库

西南交通大学出版社
·成都·

图书在版编目（CIP）数据

土建工程施工质量管理与控制 / 郑育新，李红岩主编. —成都：西南交通大学出版社，2018.5
ISBN 978-7-5643-6211-9

Ⅰ. ①土… Ⅱ. ①郑… ②李… Ⅲ. ①土木工程 - 工程施工 - 质量管理 - 职业教育 - 教材②土木工程 - 工程施工 - 质量控制 - 职业教育 - 教材 Ⅳ. ①TU7

中国版本图书馆 CIP 数据核字（2018）第 102665 号

土建工程施工质量管理与控制

主编 郑育新 李红岩

责任编辑 姜锡伟
封面设计 何东琳设计工作室

出版发行 西南交通大学出版社
（四川省成都市金牛区二环路北一段 111 号
西南交通大学创新大厦 21 楼）
邮政编码 610031
发行部电话 028-87600564 028-87600533
官网 http://www.xnjdcbs.com
印刷 四川森林印务有限责任公司

成品尺寸 185 mm × 260 mm
印张 23.25
字数 581 千
版次 2018 年 5 月第 1 版
印次 2018 年 5 月第 1 次
书号 ISBN 978-7-5643-6211-9
定价 55.00 元

课件咨询电话：028-87600533
图书如有印装质量问题 本社负责退换

前 言

——————*Preface* ——————

本书根据教育部、住房和城乡建设部联合制定的高等职业教育建筑工程技术领域技能型紧缺人才培养、培训、指导方案编写。

本书以最新颁布的法律法规、标准规范和新疆质量员培训考试大纲为依据，主要介绍了土建施工相关的管理规定和标准、工程质量管理的基本知识、建筑工程施工质量管理与控制、工程质量问题的分析预防及处理方法等土建质检员必备知识，包括建筑工程质量管理法规规定、建筑工程施工质量验收标准和规范、工程质量管理概念和特点、质量控制体系、施工质量计划的内容和编制方法、工程质量控制的方法、施工试验的内容方法和判定标准、建筑工程质量事故的处理、土方工程、地基与基础工程、砌体工程、混凝土结构工程、钢结构工程、屋面工程、地下防水工程、建筑地面工程、建筑装饰装修工程、节能分部工程等方面的内容。教材体现了科学性、实用性、系统性和可操作性的特点，既注重了内容的全面性又重点突出，做到理论联系实际。

本书的特点：应用新规范，以建设部颁布实施的《建筑工程施工质量验收统一标准》(GB 50300—2013)及其配套使用的工程质量验收规范为依据进行编写；突出实用性，内容力求简明，以培养技能型质量技术人员为目标，知识以“够用”为度，“实用”为准，力求加强可操作性。

本书由新疆交通职业技术学院郑育新、李红岩担任主编，李春燕负责全书的统稿与定稿工作，新疆交通职业技术学院马洁、张峰和新疆轻工职业技术学院李春燕担任副主编。全书具体编写分工为：郑育新编写第一篇的第 1、3、4 章及第二篇的 2、3、4、5、6、9 章，李红岩编写第一篇的第 2 章及第二篇的第 1、7、8、10 章，马洁编写第二篇的第 11 章，张峰编写第二篇的第 12 章，李春燕编写第二篇的第 14、15 章和习题，新疆交通职业技术学院马青青编写第 13 章。

本书在编写过程中得到新疆兵团设计院的李世芳教授级高工和天津滨海路桥股份有限公司的陈国库高工大力支持与帮助，并对全书进行了审查。

本书可作为高职高专及同类学院建筑工程技术专业及相关专业的教学用书，也可作为建筑施工企业施工员、质量员、安全员等技术岗位的培训用书和从事建筑工程技术人员的参考用书。

限于编者的水平和经验，书中难免存在疏漏和不妥之处，敬请读者批评指证。

作 者

2018 年 4 月

目 录

Contents

岗位知识篇

专业技能篇

岗位知识篇

1 土建施工相关的管理规定和标准

1.1 建设工程质量管理法规、规定

1.1.1 实施工程建设强制性标准监督内容、方式、违规处罚的规定

工程建设强制性标准是直接涉及工程质量、安全、卫生及环境保护等方面的工程建设标准强制性条文。强制性条文颁布以来，国务院有关部门、各级建设行政主管部门和广大工程技术人员高度重视，纷纷开展了贯彻实施强制性条文的活动，以准确理解强制性条文的内容，把握强制性条文的精神实质，全面了解强制性条文产生的背景、作用、意义和违反强制性条文的处罚等内容。

《工程建设标准强制性条文》是工程建设过程中的强制性技术规定，是参与建设活动各方执行工程建设强制性标准的依据。执行《工程建设标准强制性条文》既是贯彻落实《建设工程质量管理条例》的重要内容，又是从技术上确保建设工程质量的关键，同时也是推进工程建设标准体系改革所迈出的关键的一步。强制性条文的正确实施，对促进房屋建筑活动健康发展，保证工程质量、安全，提高投资效益、社会效益和环境效益都具有重要的意义。

2000 年，原建设部为加强工程建设强制性标准实施的监督工作，保证建设工程质量，保障人民的生命、财产安全，维护社会公共利益，根据《中华人民共和国标准化法》《中华人民共和国标准化法实施条例》和《建设工程质量管理条例》，制定了《实施工程建设强制性标准监督规定》。根据《建设工程质量管理条例》和《实施工程建设强制性标准监督规定》，原建设部组织《工程建设标准强制性条文》（房屋建筑部分）咨询委员会等有关单位，对 2002 版强制性条文（房屋建筑部分）进行了修订。2009 版《工程建设标准强制性条文》，补充了 2002 版《工程建设标准强制性条文》实施以后新发布的国家标准和行业标准（含修订项目，截止时间为 2008 年 12 月 31 日）的强制性条文，并经适当调整和修订而成。《标准化法》第十条规定："对保障人身健康和生命财产安全、国家安全、生态环境安全以及满足社会管理基本需要的技术要求，应当制定强制性国家标准。"

我国工程建设强制性条文是从现行标准中摘录出来的，条文规定的内容较为具体详细，

这样也便于检查操作。从发展方向来讲，随着我国的法制建设的完善，强制性条文逐步走向技术法规，以性能为主的规定将会越来越多。强制性条文的用词采用“必须”“严禁”和“应”“不应”“不得”等用词，一般不采用“宜”“不宜”等用词。

工程建设强制性标准的范围包括：

（1）工程建设勘察、规划、设计、施工（包括安装）及验收等综合性标准和重要的质量标准。

（2）工程建设有关安全、卫生和环境保护的标准。

（3）工程建设重要的术语、符号代号、量与单位、建筑模数和制图方法标准。

（4）工程建设重要的试验、检验和评定方法等标准。

（5）国家需要控制的其他工程建设标准。

建设部令 81 号《实施工程建设强制性标准监督规定》对参与建设活动各方责任主体违反强制性标准的处罚做出了具体的规定，这些规定与《建设工程质量管理条例》是一致的。

1. 建设单位

建设单位不履行或不正当履行其工程管理的职责的行为是多方面的，对于强制性标准方面，建设单位有下列行为之一的，责令改正，并处以 20 万元以上 50 万元以下的罚款：

（1）明示或暗示施工单位使用不合格的建筑材料、建筑构配件和设备。

（2）明示或暗示设计单位或施工单位违反建设工程强制性标准，降低工程质量。

2. 勘察、设计单位

勘察、设计单位违反工程建设强制性标准进行勘察、设计的，责令改正，并处以 10 万元以上 30 万元以下的罚款。

有上述行为，造成工程质量事故的，责令停业整顿，降低资质等级；情节严重的，吊销资质证书；造成损失的，依法承担赔偿责任。

3. 施工单位

施工单位违反工程建设强制性标准的，责令改正，处工程合同价款 2%以上 4%以下的罚款；造成建设工程质量不符合规定的质量标准的，负责返工、返修，并赔偿因此造成的损失；情节严重的，责令停业整顿，降低资质等级或者吊销资质证书。

4. 工程监理单位

工程监理单位与建设单位或施工单位串通，弄虚作假、降低工程质量的，违反强制性标准规定，将不合格的建设工程以及建筑材料、建筑构配件和设备按照合同签字的，责令改正，处 50 万元以上 100 万元以下的罚款，降低资质等级或者吊销资质证书；有违法所得的，予以没收；造成损失的，承担连带赔偿责任。

5. 事故单位和人员

违反工程建设强制性标准造成工程质量、安全隐患或者工程事故的，按照《建设工程质量管理条例》有关规定，对事故责任单位和责任人进行处罚。

6. 建设行政主管部门和有关人员

建设行政主管部门和有关行政主管部门工作人员，玩忽职守、滥用职权、徇私舞弊的，给予行政处分；构成犯罪的，依法追究刑事责任。

1.1.2 房屋建筑工程和市政基础设施工程竣工验收备案管理的规定

住房和城乡建设部为了加强房屋建筑和市政基础设施工程质量的管理，根据《建设工程质量管理条例》，制定了《房屋建筑和市政基础设施工程竣工验收备案管理办法》，规定在中华人民共和国境内新建、扩建、改建各类房屋建筑和市政基础设施工程的竣工验收备案，适用该办法。国务院住房和城乡建设主管部门负责全国房屋建筑和市政基础设施工程（以下统称工程）的竣工验收备案管理工作。县级以上地方人民政府建设主管部门负责本行政区域内工程的竣工验收备案管理工作。

《房屋建筑和市政基础设施工程竣工验收备案管理办法》规定：

（1）建设单位应当自工程竣工验收合格之日起 15 日内，依照本办法规定，向工程所在地的县级以上地方人民政府建设主管部门（以下简称备案机关）备案。

（2）建设单位办理工程竣工验收备案应当提交下列文件：

① 工程竣工验收备案表。

② 工程竣工验收报告。竣工验收报告应当包括工程报建日期，施工许可证号，施工图设计文件审查意见，勘察、设计、施工、工程监理等单位分别签署的质量合格文件及验收人员签署的竣工验收原始文件，市政基础设施的有关质量检测和功能性试验资料以及备案机关认为需要提供的有关资料。

③ 法律、行政法规规定应当由规划、环保等部门出具的认可文件或者准许使用文件。

④ 法律规定应当由公安消防部门出具的对大型的人员密集场所和其他特殊建设工程验收合格的证明文件。

⑤ 施工单位签署的工程质量保修书。

⑥ 法规、规章规定必须提供的其他文件。

住宅工程还应当提交“住宅质量保证书”和“住宅使用说明书”。

（3）备案机关收到建设单位报送的竣工验收备案文件，验证文件齐全后应当在工程竣工验收备案表上签署文件收讫。工程竣工验收备案表一式两份，一份由建设单位保存，一份留备案机关存档。

（4）工程质量监督机构应当在工程竣工验收之日起 5 日内，向备案机关提交工程质量监督报告。

（5）备案机关发现建设单位在竣工验收过程中有违反国家有关建设工程质量管理规定行为的，应当在收讫竣工验收备案文件 15 日内，责令停止使用，重新组织竣工验收。

（6）建设单位在工程竣工验收合格之日起 15 日内未办理工程竣工验收备案的，备案机关责令限期改正，处 20 万元以上 50 万元以下罚款。建设单位将备案机关决定重新组织竣工验收的工程，在重新组织竣工验收前，擅自使用的，备案机关责令停止使用，处工程合同价款2%以上 4%以下罚款。建设单位采用虚假证明文件办理工程竣工验收备案的，工程竣工验收无效，备案机关责令停止使用，重新组织竣工验收，处 20 万元以上 50 万元以下罚款；构成犯罪的，依法追究刑事责任。

（7）备案机关决定重新组织竣工验收并责令停止使用的工程，建设单位在备案之前已投入使用或者建设单位擅自继续使用造成使用人损失的，由建设单位依法承担赔偿责任。

（8）竣工验收备案文件齐全，备案机关及其工作人员不办理备案手续的，由有关机关责令改正，对直接责任人员给予行政处分。

（9）抢险救灾工程、临时性房屋建筑工程和农民自建低层住宅工程，不适用本办法。军用房屋建筑工程竣工验收备案，按照中央军事委员会的有关规定执行。

1.1.3 房屋建筑工程质量保修范围、保修期限和违规处罚的规定

建设工程质量保修制度是指建设工程在办理竣工验收手续后，在规定的保修期限内，因勘察、设计、施工、材料等原因造成的质量缺陷，应当由施工承包单位负责维修、返工或更换，由责任单位负责赔偿损失。建设工程实行质量保修制度是落实建设工程质量责任的重要措施。《中华人民共和国建筑法》《建设工程质量管理条例》《房屋建筑工程质量保修办法》（2000 年 6 月 30 日建设部令第 80 号发布）对该项制度的规定主要有以下几方面内容：

（1）建设工程承包单位在向建设单位提交竣工验收报告时，应当向建设单位出具质量保修书。质量保修书中应当明确建设工程的保修范围、保修期限和保修责任等。保修范围和正常使用条件下的最低保修期限为：

① 基础设施工程、房屋建筑的地基基础工程和主体结构工程，为设计文件规定的该工程的合理使用年限。

② 屋面防水工程、有防水要求的卫生间、房间和外墙面的防渗漏，为 5 年。

③ 供热与供冷系统，为 2 个采暖期、供冷期。

④ 电气管线、给排水管道、设备安装和装修工程，为 2 年。

⑤ 装修工程为 2 年。

⑥ 建筑节能工程为 5 年。

其他项目的保修期限由发包方与承包方约定。建设工程的保修期，自竣工验收合格之日起计算。因使用不当或者第三方造成的质量缺陷，以及不可抗力造成的质量缺陷，不属于法律规定的保修范围。

（2）建设工程在保修范围和保修期限内发生质量问题的，施工单位应当履行保修义务，并对造成的损失承担赔偿责任。

对在保修期限内和保修范围内发生的质量问题，一般应先由建设单位组织勘察、设计、施工等单位分析质量问题的原因，确定维修方案，由施工单位负责维修。但当问题较严重复杂时，不管是什么原因造成的，只要是在保修范围内，均先由施工单位履行保修义务，不得推诿扯皮。对于保修费用，则由质量缺陷的责任方承担。

1.1.4 建设工程专项质量检测、见证取样检测的业务内容的规定

建设工程质量检测是指依据国家有关法律、法规、工程建设强制性标准和设计文件，对建设工程的材料、构配件、设备，以及工程实体质量、使用功能等进行测试确定其质量特性的活动。

国务院住房和城乡建设主管部门负责对全国质量检测活动实施监督管理。省、自治区、直辖市人民政府住房和城乡建设主管部门负责对本行政区域内的质量检测活动实施监督管理，并负责检测机构的资质审批。市、县人民政府建设主管部门负责对本行政区域内的质量检测活动实施监督管理。

检测机构根据《建设工程质量检测管理办法》分为见证取样检测机构和专项检测机构。专项检测根据检测项目又分为：地基基础工程检测、主体结构工程现场检测、建筑幕墙工程检测、钢结构工程检测。

根据《中国建设工程质量检测行业发展趋势与投资分析报告前瞻》分析，检测机构资质的要求包括以下 3 点：

（1）专项检测机构和见证取样检测机构应满足下列基本条件：

① 专项检测机构的注册资本不少于 100 万元人民币，见证取样检测机构不少于 80 万元人民币。

② 所申请检测资质对应的项目应通过计量认证。

③ 有质量检测、施工、监理或设计经历，并接受了相关检测技术培训的专业技术人员不少于 10 人；边远的县（区）的专业技术人员可不少于 6 人。

④ 有符合开展检测工作所需的仪器、设备和工作场所。其中，使用属于强制检定的计量器具，要经过计量检定合格后，方可使用。

⑤ 有健全的技术管理和质量保证体系。

（2）专项检测机构除应满足基本条件外，还需满足下列条件：

① 地基基础工程检测类。

专业技术人员中从事工程桩检测工作 3 年以上并具有高级或者中级职称的不得少于 4 名，其中 1 人应当具备注册岩土工程师资格。

② 主体结构工程检测类。

专业技术人员中从事结构工程检测工作 3 年以上并具有高级或者中级职称的不得少于 4 名，其中 1 人应当具备二级注册结构工程师资格。

③ 建筑幕墙工程检测类。

专业技术人员中从事建筑幕墙检测工作 3 年以上并具有高级或者中级职称的不得少于 4 名。

④ 钢结构工程检测类。

专业技术人员中从事钢结构机械连接检测、钢网架结构变形检测工作 3 年以上并具有高级或者中级职称的不得少于 4 名，其中 1 人应当具备二级注册结构工程师资格。

（3）见证取样检测机构除应满足基本条件外，专业技术人员中从事检测工作 3 年以上并具有高级或者中级职称的不得少于 3 名；边远的县（区）可不少于 2 人。

专项检测的内容包括：

① 地基基础工程检测。
- 地基及复合地基承载力静载检测；
- 桩的承载力检测；
- 桩身完整性检测；
- 锚杆锁定力检测。

② 主体结构工程现场检测。
- 混凝土、砂浆、砌体强度现场检测；
- 钢筋保护层厚度检测；
- 混凝土预制构件结构性能检测；
- 后置埋件的力学性能检测。

③ 建筑幕墙工程检测。
- 建筑幕墙的气密性、水密性、风压变形性能、层间变位性能检测；
- 硅酮结构胶相容性检测。

④ 钢结构工程检测。
- 钢结构焊接质量无损检测；
- 钢结构防腐及防火涂装检测；
- 钢结构节点、机械连接用紧固标准件及高强度螺栓力学性能检测；
- 钢网架结构的变形检测。

1.2 建筑工程施工质量验收标准和规范

1.2.1 《建筑工程施工质量验收统一标准》（GB 50300—2013）中关于建筑工程质量验收的划分、合格判定以及质量验收的程序和组织的要求

1. 建筑工程质量验收

建筑工程质量验收应划分为单位（子单位）工程、分部（子分部）工程、分项工程和检验批，是工程建设质量控制的一个重要环节，包括工程施工质量的中间验收和工程的竣工验收两个方面。验收单位通过对工程建设中间产品和最终产品的质量验收，从过程控制和最终把关两个方面进行工程项目的质量控制，以确保达到甲方所要求的功能和使用价值，实现建设投资的经济效益和社会效益。工程项目的竣工验收，是项目建设程序的最后一个环节，是全面考核项目建设成果、检查设计与施工质量、确认项目能否投入使用的重要步骤。竣工验收的顺利完成，标志着项目建设阶段的结束和生产使用阶段的开始。尽快完成竣工验收工作，对促进项目早日投入使用、发挥投资效益，有着非常重要的意义。建筑工程质量验收必须符合《建筑工程施工质量验收统一标准》（GB 50300—2013）和相关专业验收规范的规定。

2. 建筑工程施工检验批质量验收合格的规定

（1）主控项目和一般项目的质量经抽样检验合格。

（2）具有完整的施工操作依据、质量检查记录。

检验批是工程验收的最小单位，是分项工程乃至整个建筑工程质量验收的基础。检验批是施工过程中条件相同并有一定数量的材料、构配件或安装项目，由于其质量基本均匀一致，因此可以作为检验的基础单位，并按批验收。检验批的合格质量主要取决于对主控项目和一般项目的检验结果。主控项目是对检验批的基本质量起决定性影响的检验项目，因此必须全部符合有关专业工程验收规范的规定。这意味着主控项目不允许有不符合要求的检验结果，即这种项目的检查具有否决权。

3. 分项工程质量验收合格的规定

（1）分部工程所含的检验批均应符合合格质量的规定。

（2）分项工程所含的检验批的质量验收记录应完整。

分项工程的验收在检验批的基础上进行。一般情况下，两者具有相同或相近的性质，只是批量的大小不同而已。因此，将有关的检验批汇集构成分项工程。分项工程合格质量的条件比较简单，只要构成分项工程的各检验批的验收资料文件完整，并且均已验收合格，则分项工程验收合格。分部工程所含的检验批均应符合合格质量的规定并且记录应完整。

4. 分部（子分部）工程质量验收合格的规定

（1）分部（子分部）工程所含工程的质量均应验收合格。

（2）质量控制资料应完整。

（3）地基与基础、主体结构和设备安装等分部工程，有关安全及功能的检验和抽样检测结果应符合有关规定。

（4）观感质量验收应符合要求。

5. 单位（子单位）工程质量验收合格的规定

（1）单位（子单位）工程所含分部（子分部）工程的质量均应验收合格。

（2）质量控制资料应完整。

（3）单位（子单位）工程所含分部工程有关安全和功能的检测资料应完整。

（4）主要功能项目的抽查结果应符合相关专业质量验收规范的规定。

（5）观感质量验收应符合要求。

分部工程的各分项工程必须已验收合格且相应的质量控制资料文件必须完整，这是验收的基本条件，此外，由于各分项工程的性质不尽相同，因此作为分部工程不能简单地组合而加以验收，尚须增加以下两类检查项目。

涉及安全和使用功能的地基基础、主体结构，有关安全及重要使用功能的安装分部工程应进行有关见证取样送样试验或抽样检测。关于观感质量验收，这类检查往往难以定量，只能以观察、触摸或简单量测的方式进行，并由个人的主观印象判断，检查结果并不给出“合格”或“不合格”的结论，而是综合给出质量评价，对于“差”的检查点应通过返修处理等补救。

6. 建筑工程质量不符合要求时的处理规定

（1）经返工重做或更换器具、设备的检验批，应重新进行验收。

（2）经有资质的检测单位检测鉴定能够达到设计要求的检验批，应予以验收。

（3）经有资质的检测单位检测鉴定达不到设计要求，但经原设计单位核算认可能够满足结构安全和使用功能的检验批，可予以验收。

（4）经返修或加固处理的分项、分部工程，虽然改变外形尺寸但仍能满足安全使用要求，可按技术处理方案和协商文件进行验收。

（5）通过返修或加固处理仍不能满足安全使用要求的分部工程、单位（子单位）工程，严禁验收。

1.2.2 建筑地基基础工程施工质量验收的要求

1. 土方工程质量检验

1）施工过程的质量控制

（1）准备工作的检查。

① 场地平整的表面坡度应符合设计要求，无设计要求时，向排水沟方向的坡度不小于0.2%。平整后的场地表面应逐点检查。检查点为每 100 ~ 400 m^2 取 1 点，且不少于 10 点；长度、宽度和边坡均为每 20 m 取 1 点，每边不少于 1 点。

② 进行施工区域内以及施工区周围的地上或地下障碍物的清理拆迁情况的检查，做好周边环境监测初读数据的记录。

③ 进行地面排水和降低地下水位工作情况的检查。

（2）工程定位与放线的控制与检查。

① 根据规划红线或建筑方格网，按设计总平面图的规定来复核建筑物或构筑物的定位桩。

② 按照基础平面图，对基坑的灰线进行轴线和几何尺寸的复核，并核查单位工程放线后的方位是否符合图样的朝向。

③ 开挖前应预先设置轴线控制桩及水准点桩，并定期进行复核。

（3）土方开挖过程中的检查与控制。

① 土方开挖应遵循“开槽支撑、先撑后挖、分层开挖、严禁超挖掘”的原则，检查开挖的顺序、方法与设计工况是否一致。

② 土方开挖过程中，应随时检查标高。机械开挖时，应留 150 ~ 300 mm 厚的土层，采用人工找平，以避免超挖现象的出现。

③ 开挖过程中应检查平面位置、水平标高、边坡坡度、排水及降水系统，并随时观测周围的环境变化。

（4）基坑（基槽）的检查验收。

① 表面检查验收。

观察土的分布、走向情况是否符合设计要求，是否挖到原（老）土、槽底土的颜色是否均匀一致，如有异常应会同设计单位进行处理。

② 检查钎探记录。

（5）进行土方回填施工的质量检查。

① 检查回填土方的含水量，使其保持在最佳含水状态。

② 根据土质、压实系数及使用的机具，检查及控制铺土厚度和压实遍数。

（6）验槽。

施工完成后，进行验槽，并形成记录及检验报告，最后检查施工记录及验槽报告。

2）土方工程施工质量检验标准和检验方法

（1）土方开挖分项工程。

土方开挖工程质量检验标准与检验方法见表 1-2-1。

表 1-2-1　土方开挖工程质量检验标准与检验方法

项目	序号	检验项目	允许偏差或允许值（mm）					检验方法	检验数量
			桩基基坑基槽	挖方场地平整		管沟	地（路）面基层		
				人工	机械				
主控项目	1	标高	+50	±30	±50	−50	−50	指挖后的基底标高，用水准仪测量。检查测量记录	柱基按总数抽查10%，但不少于5个，每个不少于2点；基坑每20 m^2 取1点，每坑不少于2点；基槽、管沟、排水沟、路面基层每20 m取一点，但不少于5点；场地平整每 100～400 m^2 取1点，但不少于10点
	2	长度、宽度（由设计中心线向两边量）	+200 −50	+300 −100	+500 −150	+100	—	长度、宽度是指基底宽度、长度。用经纬仪、拉线尺量检查等。检查测量记录	每20 m取1点，每边不少于1点
	3	边坡	符合设计要求或规范规定					观察或用坡度尺检查	每20 m取1点，每边不少于1点
一般项目	1	表面平整度	20	20	50	20	20	表面平整度主要指基底。用2 m靠尺和楔形塞尺检查	每30～50 m^2 取1点
	2	基底土性	符合设计或地质报告要求					观察或进行土样分析，通常请勘察、设计单位来验槽，形成验槽记录	全数检查

（2）土方回填分项工程。

土方回填分项工程质量检验标准与检验方法见表 1-2-2。

表 1-2-2　土方回填分项工程质量检验标准与检验方法

<table>
<tr><th rowspan="3">项目</th><th rowspan="3">序号</th><th rowspan="3">检验项目</th><th colspan="5">允许偏差或允许值（mm）</th><th rowspan="3">检验方法</th><th rowspan="3">检验数量</th></tr>
<tr><th rowspan="2">桩基基坑基槽</th><th colspan="2">挖方场地平整</th><th rowspan="2">管沟</th><th rowspan="2">地（路）面基层</th></tr>
<tr><th>人工</th><th>机械</th></tr>
<tr><td rowspan="2">主控项目</td><td>1</td><td>标高</td><td>−50</td><td>±30</td><td>±50</td><td>−50</td><td>−50</td><td>用水准仪测量回填后的表面标高。检查测量记录</td><td>同土方开挖工程</td></tr>
<tr><td>2</td><td>分层压实系数</td><td colspan="5">符合设计要求</td><td>按规定或采用环刀法取样测试，不满足要求应随时返工。检查测试记录</td><td>柱基按总数抽查10%，但不少于10个；基坑及管沟回填，每层按20～50m取样1组；基坑和室内填土，每层按100～500 m² 取样1组，且不少于1组；场地平整填方，每层按400 m²、900 m² 取样1组，且不少于10组</td></tr>
<tr><td rowspan="3">一般项目</td><td>1</td><td>回填土料</td><td colspan="5">符合设计要求</td><td>取样检验或直观鉴别。检查施工、试验记录</td><td>全数检查</td></tr>
<tr><td>2</td><td>分层厚度及含水量</td><td colspan="5">符合设计要求</td><td>用水准仪测量、检查施工记录</td><td>同主控项目2</td></tr>
<tr><td>3</td><td>表面平整度</td><td>20</td><td>20</td><td>30</td><td>20</td><td>20</td><td>用靠尺、塞尺或水准仪检查</td><td>每30～50 m² 取1点检查表面平整度</td></tr>
</table>

（3）土方工程质量验收记录。

① 工程地质勘查报告。

② 土方工程施工方案。

③ 相关部门签署验收意见的基坑验槽记录、填方工程基底处理记录、地基处理设计变更单或技术核定单、隐蔽工程验收记录、建筑物（构筑物）平面和标高放线测量记录和复合单、回填土料取样或工地直观鉴别记录。

④ 填筑厚度及压实遍数取值的根据或试验报告。

⑤ 最优含水量选定根据或试验报告。

⑥ 挖土或填土边坡坡度选定的依据。

⑦ 每层填土分层压实系数的测试报告和取样分布图。

⑧ 施工过程的排水监测记录。

⑨ 土方开挖或填土工程质量检验单。

2. 桩基础质量检验

1）钢筋混凝土灌注桩工程基础

（1）材料质量要求。

① 粗骨料：应选用质地坚硬的卵石、碎石，其粒径宜为 15 ~ 25 mm，且卵石粒径不宜大于 50 mm，碎石粒径不宜大于 40 mm；含泥量不大于 2%，且无垃圾杂物。

② 细骨料：应选用质地坚硬的中砂，含泥量不大于 5%，无草根、泥块等杂物。

③ 水泥：宜选用强度等级为 32.5、42.5 的硅酸盐水泥或普通硅酸盐水泥，使用前必须有出厂质量证明书和水泥现场取样复检试验报告，合格后方可使用。

④ 钢筋：应具有出厂质量证明书和钢筋现场取样复检试验报告，合格后方可使用。

⑤ 拌和用水：一般饮用水或洁净的自然水。

（2）施工过程的质量控制。

① 试孔。

桩施工前，应进行“试成孔”。试孔桩的数量每个场地不少于 2 个，通过试成孔检查核对地质资料、施工参数及设备运转情况。试成孔结束后应检查孔径、垂直度、孔壁稳定性等是否符合设计要求。

② 检查建筑物位置和工程桩位轴线是否符合设计要求。

③ 做好成孔过程的质量检查。

a. 泥浆护壁成孔桩应检查护筒的埋设位置，其偏差应符合规范及设计要求；检查钻机就位的垂直度和平面位置，开孔前应对钻头直径和钻具长度进行测量，并记录备查；检查护壁泥浆的密度及成孔后沉渣的厚度。

b. 套管成孔灌注桩应经常检查管内有无地下水或泥浆，若有应及时处理再继续沉管；当桩距小于 4 倍桩径时应检查是否有保证相邻桩桩身不受振动损坏的技术措施；应检查桩靴的强度和刚度及与桩管衔接密封的情况，以保证桩管内不进泥砂及地下水。

c. 干作业成孔灌注桩应检查钻机的位置和钻杆的垂直度，还应检查钻机的电流值或油压值，以避免钻机超负荷工作；成孔后应用探测器检查桩径、深度和孔底情况。

d. 人工挖孔灌注桩应检查护壁井圈的位置以及埋设和制作质量；检查上下节护壁的搭接长度是否大于 50 mm；挖至设计标高后，检查孔壁、孔底情况，及时清除孔壁的渣土和淤泥、孔底残渣和积水。

④ 进行钢筋笼施工质量的检查。

a. 钢筋笼制作允许偏差及检查方法见表 1-2-3。

表 1-2-3　钢筋笼制作允许偏差及检查方法

项目	序号	检验项目	允许偏差	检查方法	检验数量
主控项目	1	主筋间距（mm）	±10	尺量检查	每个桩均全数检查
	2	长度（mm）	±100	尺量检查	每个桩均全数检查
一般项目	1	钢筋材质检验	符合设计要求	抽样送检，查质保书及试验报告	见相关规范要求
	2	箍筋间距（mm）	±20	尺量检查	检查桩总数的 20%
	3	直径（mm）	±10	尺量检查	检查桩总数的 20%

b. 检查焊接钢筋笼质量：钢筋搭接焊缝宽度应不小于 $0.7d$（d 为钢筋直径），厚度不小于 $0.3d$；焊接长度单面焊为 $8d$（Ⅰ级筋）或 $10d$（Ⅱ级筋）、双面焊为 $4d$（Ⅰ级筋）或 $5d$（Ⅱ

级筋）。

c. 钢筋笼安装的质量检查：钢筋笼安装前应进行制作质量的中间检验，检验的标准及方法应符合表 1-2-4 的规定。

表 1-2-4 混凝土灌注桩钢筋笼质量检验标准

序号	检验项目		允许偏差	检查方法
1	主筋间距（mm）		±10	现场钢尺测量笼顶、笼中、笼底 3 个断面
2	箍筋间距（mm）		±20	现场钢尺连续测量 3 次并取最大值，每个钢筋笼抽检笼顶、距底 1 m 范围和笼中部 3 处
3	钢筋笼直径（mm）		±10	现场钢尺测量笼顶、笼中、笼底 3 个断面，每个断面测量 2 个垂直相交的直径
4	钢筋笼总长（mm）		±100	现场钢尺测量每节钢筋笼的长度（以最短一根主筋为准），相加并减去 n-1 个主筋搭接长度
5	主筋保护层厚度（mm）	水下导管灌注混凝土	±20	观察保护层垫块的放置情况
		非水下灌注混凝土	±10	观察保护层垫块的放置情况

（5）施工质量的检查。

（6）检查混凝土的配合比是否符合设计及施工工艺的要求；检查混凝土的拌制质量、混凝土的坍落度是否符合设计和施工要求；检查灌注桩的平面位置及垂直度，其允许偏差应符合表 1-2-5 的规定。

表 1-2-5 灌注桩的平面位置和垂直度的允许偏差

项目	成孔方法		桩径允许偏差（mm）	垂直度允许偏差（mm）	桩位允许偏差（mm）	
					1～3 根、单排桩基垂直于中心线方向和群桩基础边桩	条形桩基沿中心线方向和群桩基础的中间桩
1	泥浆护壁钻孔桩	D≤1 000 mm	±50	<1	D/6，且不大于 100	D/4，且不大于 150
		D>1 000 mm	±50		100 + 0.01H	150 + 0.01H
2	套管成孔灌注桩	D≤500 mm	−20	<1	70	150
		D>500 mm			100	
3	干作业成孔灌注桩		−20	<1	70	150
4	人工挖孔桩	混凝土护壁	+ 50	<0.5	50	150
		钢套管护壁		<1	100	200

注：① 桩径允许偏差的负值是指个别断面。

② 采用复打、反插法施工的桩，其桩径允许偏差不受本表限制。

③ H 为施工现场地面标高与桩顶设计标高的距离，D 为设计桩径。

2）混凝土灌注桩工程质量检验

混凝土灌注桩工程质量检验标准与检验方法见表 1-2-6（1）。

表 1-2-6（1）　混凝土灌注桩工程质量检验标准与检验方法

项目	序号	检验项目	允许偏差或允许值	检查方法	检验数量
主控项目	1	桩位	见表1-2-6-2	基坑开挖前测量护筒，开挖后测量桩中心	全数检查
	2	孔深（mm）	+300，0	吊重锤测量，或测量钻杆、套管的长度	全数检查
	3	桩体质量检查	符合桩基检测技术规范	按设计要求选用动力法检测，或钻芯取样至桩尖下500 mm进行检测，并检查检测报告	设计等级为甲级地基或地质条件复杂，且成桩质量可靠性低的灌注桩，抽查数量为总桩数的30%，且不少于20根；其他桩不少于总桩数的20%，且不少于10根；每根柱子承台下不少于1根。当桩身完整性差的比例较高时，应扩大检验比例甚至100%检验
	4	混凝土强度	符合设计要求	检查试件报告或钻芯取样	每50 m^3（不足50 m^3的桩按50 m^3算）必须取1组试件，每根桩必须有一组试件
	5	承载力	符合桩基检测技术规范	静荷载试验或采用动载大应变法检测，并检查检测报告	设计等级为甲级地基或地质条件复杂，且成桩质量可靠性低的灌注桩，应采用静荷载试验，抽查数量为不少于总桩数的1%，且不少于3根；总桩数为50根时，检查数量为2根；其他桩应采用高应变动力法检测
一般项目	1	垂直度	见表1-2-6-2	检查钻杆、套筒的垂直度或吊重锤检查	除第6项混凝土坍落度的检测按每50 m^3 1次或一根桩或一台班不少于1次进行外，其余项目为全数检查
	2	桩径	见表1-2-6-2	采用井径仪或超声波检测，干作业时用钢尺测量，人工挖孔桩不包括内衬厚度	
	3	泥浆相对密度（黏土或砂性土）	1.15～1.20	清孔后在距孔底500 mm处取样，用密度计测量	
	4	泥浆面标高（高于地下水位）（m）	0.5～1.0	观察检查	
	5	沉渣厚度（mm）	≤50	用沉渣仪或重锤测量	
			≤150		
	6	混凝土坍落度（mm）	160～220	混凝土灌注前用坍落度仪测量	
			70～100		

续表

项目	序号	检验项目	允许偏差或允许值	检查方法	检验数量
一般项目	7	钢筋笼安装深度（mm）	±100	用钢尺测量	
	8	混凝土充盈系数	>1	计量检查每根桩的实际灌注量并与桩体积相比，还应检查施工记录	
	9	桩顶标高（mm）	+30	水准仪测量，应扣除桩顶浮浆和劣质桩体	

混凝土灌注桩平面位置和垂直度的允许偏差见表 1-2-6（2）。

表 1-2-6（2） 混凝土灌注桩的平面位置和垂直度的允许偏差

序号	成孔方法		允许偏差		桩位允许偏差（mm）	
			桩径（mm）	垂直度（%）	1～3 根，单排桩基垂直于中心线方向和群桩基础的边桩	条形桩基沿中心线方向和群桩基础的中间桩
1	泥浆护壁钻孔桩	D≤1 000 mm	±50	<1	D/6，且不大于 100	D/4，且不大于 150
		D>1 000 mm	±50		100+0.01H	150+0.01H
2	套管成孔灌注桩	D≤500 mm	−20	<1	70	150
		D>500 mm			100	150
3	千成孔灌注桩		−20	<1	70	150
4	人工挖孔桩	混凝土护壁	+50	<0.5	50	150
		钢套管护壁	+50	<1	100	200

1.2.3 混凝土结构施工质量验收的要求

1. 模板工程质量检验

1）材料质量要求

混凝土结构模板可采用木模板、钢模板、木胶合板模板、竹胶合板模板、塑料和玻璃钢模板等。常用的模板主要有木模板、钢模板和竹胶合板模板等。

（1）木模板：木模板及支撑所用的木料应选用质地优良、无腐朽的松木或杉木，且不宜低于Ⅲ等材，其含水率不小于 25%（质量分数）。木模板在拼制时，板边应找平刨直、接缝严密，当为清水混凝土时板面应刨光。

（2）组合钢模板：组合钢模板由钢模板、连接片和支承件组成，其规格见表 1-2-7。

表 1-2-7　组织钢模板规格

规格	平面模板	阴角模板	阳角模板	连接角模
宽度（mm）	100，150，200，250，300	150×150 100×150	100×100 50×50	50×50
长度（mm）	450，600，900，1 200，1 500			
肋高（mm）	55			

钢模板纵、横肋的孔距与模板的模数应一致，模板横竖都可拼装，钢模板应接缝严密、装拆灵活、搬运方便，钢模板板面应保持平整不翘曲，边框应保证平直不弯折，使用中若有变形应及时整修。

连接件有 U 形卡、L 形插销、紧固螺栓、钩头螺栓、对拉螺栓、扣件等，应满足配套使用、装拆方便、操作安全的要求，使用前应检查其质量合格证明。

支承件有木支架和钢支架两种。支架必须有足够的强度、刚度和稳定性，支架应能承受新浇筑混凝土的重量、模板重量、侧压力以及施工荷载，其质量应符合有关标准的规定，并应检查其质量合格证明。

（3）竹胶合板模板：应选用无变质、厚度均匀、含水率小的竹胶合板模板，并优先采用防水胶质型。竹胶合板根据板面处理的不同可分为素面板、复木板、涂膜板和复膜板，表面处理应按《竹胶合板模板》（JG/T 3026—1995）中的要求进行。

（4）隔离剂：不得采用影响结构性能或妨碍装饰工程施工的隔离剂，严禁使用废机油作为隔离剂。常用的隔离剂有皂液、滑石粉、石灰水及其混合液和各种专门化学制品如脱模剂等。脱模剂材料宜拌成黏稠状，且应涂刷均匀、不得流淌。

（5）模板及其支架使用的材料规格尺寸，应符合模板设计要求。模板及其支架应定期维修，钢模板及钢支架还应有防锈措施。

（6）清水混凝土工程及装饰混凝土工程所使用的模板，应满足设计要求的效果。

（7）泵送混凝土对模板的要求与常规作业不同，必须通过混凝土侧压力的计算，来确定如何采取措施增强模板支撑，如确定是将对销螺栓加密、截面加大，还是减少围檩间距或增大围檩截面等，从而防止模板变形。

2）施工过程的质量控制

（1）审查模板设计文件和施工技术方案，特别是要检查模板及其支撑系统在浇筑混凝土时的侧压力以及在施工荷载作用下的强度、刚度和稳定性是否满足要求。

（2）按编制的模板设计文件和施工技术方案检查模板安装质量。在混凝土浇筑前，进行模板工程验收。

（3）检查测量、放样、弹线工作是否按照施工技术方案进行，并进行复核记录。

（4）模板安装时检查接头处、梁柱板交叉处连接是否牢固可靠，防止烂根、位移、胀模等不良现象。

（5）对照图样检查所有预埋件及预留孔洞，并检查其固定是否牢靠准确。

（6）检查在模板支设安装时是否按要求拉设水平通线、竖向垂直度控制线，确保模板横平竖直、位置准确。

（7）检查防止模板变形的控制措施。

（8）检查模板的支撑体系是否牢固可靠。模板及支撑系统应连成整体，竖向结构模板（墙、柱等）应加设斜撑和剪刀撑，水平结构模板（梁、板等）应加强支撑系统的整体连接。对于木支撑，纵横方向应加设拉杆；采用钢管支撑时，应扣成整体排架。所有可调节的模板及支撑系统在模板验收后，不得对其任意改动。

（9）模板与混凝土的接触面应清理干净并涂刷隔离剂，严禁隔离剂污染钢筋和混凝土接槎处。混凝土浇筑前，应检查模板内的杂物是否清理干净。

（10）审查模板拆除的技术方案，并检查在模板拆除时执行的情况。

3）模板工程质量检验

（1）现浇结构模板的安装。

现浇结构模板安装工程质量检验标准和检验方法见表1-2-8。

表1-2-8　现浇结构模板安装工程质量检验标准和检验方法

项目	序号	检验项目	允许偏差或允许值	检查方法	检验数量
主控项目	1	现浇结构模板及支架的安装	安装上层楼板的模板及支架时，下层楼板应具有承受上层荷载的承载能力，上、下层支架的立柱应对准，并铺设垫板	对照模板设计文件和施工技术方案观察检查	全数检查
	2	隔离剂涂刷	不得污染钢筋和混凝土接槎处，不准使用油性隔离剂，不能影响装修	观察检查	
一般项目	1	模板安装的一般要求	模板接缝处不应漏浆；模板内应清理干净；模板内应涂刷隔离剂；对清水混凝土工程和装饰混凝土工程，应使用能达到设计效果的模板	观察检查	全数检查
	2	用作模板的地坪、胎模	应平整光洁，不得产生影响构件的质量的下沉、裂缝、起砂和起鼓现象	观察检查	
	3	模板起拱	跨度大于4 m的模板起拱高度应符合设计要求；当设计无具体要求时，起拱高度宜为跨度的0.1%～0.3%	水准仪或拉线、钢尺检查	在同一个检查批内，对梁板应抽查构件数量的10%，且不少于3件（间）；对大空间结构按纵、横轴线划分检查面，抽查总数的10%，且不少于3面

续表

项目	序号	检验项目			允许偏差或允许值	检查方法	检验数量
一般项目	4	预埋件及预留孔洞（mm）	预埋钢板中心线位置		3	钢尺检查，检查中心线位置时，应沿纵、横两个方向测量，并取其中较大值	同一个检验批内，对梁、柱和独立基础，抽查构件数量的10%，且不少于3件；对墙和板，按有代表性自然间抽查10%，且不少于3间；对大空间结构，墙可按相邻轴线（高度5 m）划分检查面，板可按纵、横轴线划分检查面，抽查总数的10%，且不少于3面
			预埋管（孔）中心线位置		3		
			插筋	中心线位置	5		
				外露长度	±10，0		
			预埋螺栓	中心线位置	2		
				外露长度	±10，0		
			预留洞	中心线位置	10		
				尺寸	±10，0		
	5	模板安装（mm）	轴线位置		5	钢尺检查，检查时应沿纵、横两个方向测量，并取其中的较大值	
			底模上表面标高		±5	水准仪或拉线、钢尺检查	
			截面内部尺寸	基础	±10	钢尺检查	
				柱、墙、梁	+4，-5		
			层高垂直度	不大于5 m	6	经纬仪或吊线、钢尺检查	
				大于5 m	8		
			相邻两板表面高低差		2	钢尺检查	
			表面平整度		5	2 m 靠尺和塞尺检查	

（2）模板的拆除。

模板拆除工程质量检验标准和检验方法见表1-2-9。

表1-2-9　模板拆除工程质量检验标准和检验方法

项目	检验项目		检验要求		检查方法	检验数量
			构件跨度（m）	达到的设计强度等级（%）		
主控项目	底板拆除时的混凝土强度	板	≤2	≥50	检查同条件养护的试件强度试验报告	全数检查
			>2，≤8	≥75		
			>8	≥100		
		梁、拱、壳	≤8	≥75		
			>8	≥100		
		悬臂构件	—	≥100		
	后张法预应力混凝土结构模板拆除		侧模宜在预应力张拉之前拆除；底模支架的拆除应按施工技术方案执行，当无具体要求时，不应在结构预应力建立前拆除		观察检查	

续表

项目	检验项目	检验要求		检查方法	检验数量
		构件跨度（m）	达到的设计强度等级（%）		
一般项目	后浇带模板拆和支顶	按施工技术方案执行		观察检查	
	侧模板拆除	混凝土强度应能保证其表面及棱角不受损伤		观察检查	
	模板拆除操作及其堆放	不应对楼层产生冲击荷载，拆除的模板、支架宜分散堆放并及时清运		观察检查	

2. 钢筋工程质量检验

1）材料质量要求

（1）混凝土结构构件所采用的热轧钢筋、热处理钢筋、碳素钢丝、刻痕钢丝和钢绞线的质量，必须符合现行国家标准的有关规定。

（2）钢筋进场应检查产品合格证、出厂检验报告；钢筋的品种、规格、型号、化学成分、力学性能等，必须满足设计要求和符合现行国家标准的有关规定。当用户有特别要求时，还应列出某些专门的检验数据。

（3）对进场的钢筋应按进场的批次和产品的抽样检验方案来抽样复检，钢筋复检报告结果应符合现行国家标准。进场复检报告是判断材料能否在工程中应用的依据。进场的每捆（盘）钢筋均应有两个标牌（标明生产厂家、生产日期、钢号、炉罐号、钢筋级别、直径等），还应按炉罐号、批次及直径分批验收，之后分别堆放整齐，严防混料，并应对其检验状态进行标识，防止混用。

（4）钢筋进场时和使用前应全数检查其外观质量。钢筋应平直、无损伤，表面不得有裂纹、油污、颗粒状或片状的老锈。

（5）检查现场复检报告时，对于有抗震设防要求的框架结构，其纵向受力钢筋的强度应满足设计要求；当设计无具体要求时，对于一、二级抗震，检验所得的强度实测值应符合下列规定：钢筋的抗拉强度实测值与屈服强度实测值的比值不应小于 1.25；钢筋的屈服强度实测值与强度标准值的比值不应大于 1.3。

（6）在钢筋分项工程施工过程中，若发现钢筋脆断、焊接性能不良或力学性能显著不正常等现象时，应立即停止使用，并对该批钢筋进行化学成分检验或其他专项检验，再按其检验结果进行技术处理。

（7）钢筋的种类、强度等级、直径应符合设计要求。当钢筋的品种、级别或规格需作变更时，应办理设计变更文件。当需要代换时，必须征得设计单位同意，并应符合下列要求：不同种类钢筋的代换，应按钢筋受拉承载力设计值相等的原则进行，代换后应满足混凝土结构设计规范中有关间距、锚固长度、最小钢筋直径、根数等的要求；对有抗震要求的框架钢筋需代换时，应符合相应规定。不宜以强度等级较高的钢筋代换原设计中的钢筋，对重要的受力结构，不宜用Ⅰ级钢筋代换变形钢筋；当构件受裂缝宽度或挠度控制时，钢筋代换后应重新进行验算；梁的纵向受力钢筋与弯起钢筋应分别进行代换。

（8）当进口钢筋需要焊接时，必须进行化学成分检验。

（9）预制构件的吊环，必须采用未经冷拉的1级热轧钢筋制作。

2）施工过程的质量控制

（1）对进场的钢筋原材料进行检查验收。应检查产品合格证、出厂检验报告；检查进场复检报告；钢筋进场时和使用前还应全数检查外观质量。

（2）钢筋加工的质量检查。检查钢筋冷拉的方法和控制参数；检查钢筋翻样图及配料单中的钢筋尺寸、形状是否符合设计要求，加工尺寸偏差也应符合规定；检查受力钢筋加工时的弯钩及弯折的形状和弯曲半径；检查箍筋末端的弯钩形式。

（3）检查钢筋连接的质量。钢筋的连接方法应符合设计要求；钢筋接头的设置位置应满足受力和连接要求；钢筋接头的质量应按规定进行抽样检验。

（4）钢筋安装时的质量检查。应检查钢筋的品种、级别、规格、数量是否符合设计要求；检查钢筋骨架绑扎方法是否正确、是否牢固可靠；检查梁、柱箍筋弯钩处是否沿受力钢筋方向相互错开放置，绑扎扣是否按变换方向进行绑扎；检查钢筋保护层垫块是否根据钢筋直径、间距和设计要求正确放置；检查受力钢筋放置的位置是否符合设计要求，特别是梁、板、悬挑构件的上部纵向受力钢筋；检查钢筋安装位置是否准确，其偏差是否符合规定要求。

3）钢筋工程质量检验

（1）钢筋原材料及加工质量检验。

钢筋原材料及加工质量检验标准和检验方法见表1-2-10。

表1-2-10　钢筋原材料及钢筋加工质量检验和检验方法

项目	序号	检验项目	质量检验标准	检查方法	检验数量
主控项目	1	钢筋原材料进场	按相关规定抽样并检验力学性能，其质量必须符合产品标准的规定	检查产品合格证、出厂检查报告和进场复检报告	按进场的批次和产品的抽样检验方案确定，一般钢筋混凝土用的钢筋按质量不大于60 t为一个检验批，每批应由同一牌号、同一炉罐号、同一规格尺寸、同一台轧机、同一台班的钢筋组成，且每批不大于10 t，不足10 t按一批计
	2	有抗震设防要求的框架结构的纵向受力钢筋强度	满足设计要求：钢筋的抗拉强度实测值与屈服强度实测值的比值不应小于1.25，钢筋的屈服强度实测值与强度标准值的比值不应大于1.3	检查进场复检报告	按进场的批次和产品的抽样检验方案确定
	3	有异常的钢筋	当发现钢筋脆断、焊接性能不良或力学性能不正常等现象时，应对该批钢筋进行化学成分或其他专项检验，如果力学性能或化学分成不符合要求，应停止使用，作退货处理	检查化学成分或进行其他专项检查	对发现有异常的钢筋按批次抽样检查

续表

项目	序号	检验项目	质量检验标准	检查方法	检验数量
主控项目	4	受力钢筋的弯钩和弯折	① HPB235 级钢筋末端应作 180°弯钩，其弯弧内直径不大于 2.5d，弯钩的弯后平直部分长不小于 3d，d 为钢筋直径； ② HRB335 级、HRB400 级钢筋按设计要求需作 135°弯钩时，其弯弧内直径不大于 4d，弯钩的弯后平直部长度应符合设计要求； ③ 作不大于 90°的弯折时，其弯弧内直径不小于 50d	尺量检查	按每工作班同一类型钢筋、同一加工设备抽样，且不应少于 3 件
	5	箍筋的加工	除焊接封闭式箍筋外，箍筋的末端应作弯钩，弯钩的形式应符合设计要求，当设计无具体要求时，应符合下列规定： ① 箍筋弯钩的弯弧内直径除满足前面的规定外，尚应不小于受力钢筋直径； ② 箍筋弯折的弯折角度，对一般结构不应小于 90°，对有抗震等要求的结构，应为 135°； ③ 箍筋弯后平直部分长度，对一般结构不宜小于箍筋直径的 5 倍，对有抗震等要求的结构不应小于箍筋直径的 10 倍		
一般项目	1	钢筋外观	钢筋应平直、无损伤，表面不得有裂纹、油污、颗粒状或片状的老锈	观察检查	进场时和使用前全数检查
	2	钢筋调直	宜采用机械方法，也可采用冷拉方法。采用冷拉方法时，冷拉率 HPB235 不宜大于 4%，HRB335、HRB400 和 RRB400 不宜大于 1%	观察检查、钢尺检查	按每个工作班同一类型钢筋、同一加工设计抽样，且不应少于 3 件
	3	与钢筋加工的形状对应的尺寸允许偏差（mm）	受力钢筋顺长度方向全长的净尺寸	±10	钢尺检查
			弯起钢筋的弯折位置	±20	
			箍筋的内净尺寸	±5	

（2）钢筋连接质量检验。

钢筋连接质量检验标准和检验方法见表 1-2-11。

表 1-2-11　钢筋连接质量检验标准和检验方法

项目	序号	检验项目	质量检验标准	检查方法	检验数量
主控项目	1	纵向受力钢筋的连接方式	符合设计要求	观察检查	全数检查
	2	钢筋机械连接接头、焊接接头的力学性能	应按现行国家标准《钢筋机械连接通用技术规程》（JGJ 107—2016），《钢筋焊接及验收规程》（JGJ 18—2012）的规定抽样检验钢筋接头的力学性能，其质量应符合有关规程的规定	检查产品合格证、接头力学性能试验报告	按有关规程确定

续表

<table>
<tr><th>项目</th><th>序号</th><th>检验项目</th><th>质量检验标准</th><th>检查方法</th><th>检验数量</th></tr>
<tr><td rowspan="5">一般项目</td><td>1</td><td>钢筋接头的位置</td><td>宜设置在受力较小处，同一纵向受力钢筋不宜设置两个或两个以上的接头（指同一跨度中），接头末端至弯起点的距离不应小于钢筋直径的10倍</td><td>观察、钢尺检查</td><td rowspan="2">全数检查</td></tr>
<tr><td>2</td><td>钢筋接头的外观检查</td><td>应按现行国家标准的规定进行外观检查，其质量应符合有关规程的规定</td><td>观察检查</td></tr>
<tr><td>3</td><td>钢筋机械连接接头或焊接接头在同一构件中的设置</td><td>设置在同一构件中的接头宜相互错开，纵向受力钢筋接头连接区段的长度为35d（d为纵向受力钢筋的较大直径）且不小于500 mm。同一区段内，接头面积百分率（为该区段内所有接头的纵向受力钢筋截面面积与全部纵向受力筋截面面积的百分比）应符合设计要求，当设计无要求时应符合以下规定：
① 在受拉区不宜大于50%；
② 接头不宜设置在有抗震设防要求的框架梁端、柱端的箍筋加密区，但是当无法避免时，对等强度的高质量机械连接接头，不宜大于40%；
③ 直接承受动力荷载的结构中，不宜采用焊接接头，当采用机械连接接头时，不应大于50%</td><td>观察检查</td><td rowspan="3">同一检验批内，对梁、柱和独立基础，抽查总数的10%，且不少于3件；对墙和板，按有代表性的自然间抽查10%，且不少于3间；对大空间结构，墙可按相邻轴线（高度5 m左右）划分检查面，板可按纵轴线划分检查面，均抽查总数的10%，且不少于3面</td></tr>
<tr><td>4</td><td>同一构件中相邻纵向受力钢筋的绑扎搭接接头设置</td><td>搭接接头宜相互错开，同一区段内，纵向受拉钢筋接搭头面积百分率应符合设计要求，当设计无具体要求时，应符合下列规定：
① 对梁、板及墙类构件，不宜大于25%；
② 柱类构件，不宜大于50%；
③ 当工程中确有必要增大接头面积百分率时，对梁构件不应大于50%，对其他构件，可根据实际情况适当放宽；
④ 纵向受力钢筋绑扎搭接接头的最小长度应符合《混凝土结构施工质量验收规范》（GB 50204—2015）附录B的规定</td><td>观察、钢尺检查</td></tr>
<tr><td>5</td><td>梁、柱类构件的纵向受力钢筋搭接长度范围内箍筋的设置</td><td>应按规定配箍筋，当设计无具体规定时，应符合下列要求：
① 箍筋直径不应小于搭接钢筋较大直径的0.25倍；
② 受拉搭接区段的箍筋间距不宜大于搭接钢筋较小的直径的5d，且不应大于100 mm；
③ 受压搭接区段的箍筋间距不应大于搭接钢筋较小直径的10d，且不应大于200 mm；
④ 当柱中纵向力钢筋直径大于25 mm时，应在搭接接头两个端面外100 mm范围内各设两个箍筋，其间距宜为50 mm</td><td>钢尺检查</td></tr>
</table>

一般机械连接时，应按同一施工条件采用同一批材料的同等级、同形式、同规格的接头，以500个作为一个检验批，不足500个也作为一个检验批，每批随机抽取3个试件；焊接连

接时，按同一工作班、同一焊接参数、同一接头形式、同一钢筋级别，以 300 个焊接接头作为一个检验批，闪光对焊一周内不足 300 个，焊条电弧焊每一至二层中不足 300 个，电渣焊、气压焊同一层中不足 300 个接头仍按一批计算。闪光对焊接头应从每批成品中随机切取 6 个试件，3 个试件做拉伸试验，3 个试件做弯曲试验；焊条电弧焊及电渣焊接头应从每批接头成品中随机切取 3 个试件做拉伸试验；气压焊接头应从每批接头成品中随机切取 3 个试件做拉伸试验，在梁、板的水平钢筋连接中，另切取 3 个接头试件做弯曲试验。

（3）钢筋安装质量检验。

钢筋安装质量检验标准和检验方法见表 1-2-12。

表 1-2-12　钢筋安装质量检验标准和检查方法

<table>
<tr><th>项目</th><th>序号</th><th colspan="4">检验项目</th><th>允许偏差</th><th>检查方法</th><th>检验数量</th></tr>
<tr><td>主控项目</td><td>1</td><td colspan="4">受力钢筋的品种、级别规格和数量</td><td>符合设计要求</td><td>观察、钢尺检查</td><td rowspan="10">同一检验批内，对梁、柱和独立基础，抽查总数的 10%，且不少于 3 件；对墙和板，按有代表性的自然间抽查 10%，且不少于 3 间；对大空间结构，墙可按相邻轴线（高度 5 m 左右）划分检查面，板可按纵横轴线划分检查面，均抽查总数的 10%，且不少于 3 面</td></tr>
<tr><td rowspan="15">一般项目</td><td rowspan="13">1</td><td rowspan="13">钢筋安装位置（mm）</td><td rowspan="2">绑扎钢筋网</td><td colspan="2">长、宽</td><td>±10</td><td>钢尺检查</td></tr>
<tr><td colspan="2">网眼尺寸</td><td>±20</td><td>钢尺测量连续三挡，并取最大值</td></tr>
<tr><td rowspan="2">绑扎钢筋骨架</td><td colspan="2">长</td><td>±10</td><td rowspan="2">钢尺检查</td></tr>
<tr><td colspan="2">宽、高</td><td>±5</td></tr>
<tr><td rowspan="5">受力钢筋</td><td colspan="2">间距</td><td>±10</td><td rowspan="2">钢尺测量两端、中间各一点，并取最大值</td></tr>
<tr><td colspan="2">排距</td><td>±5</td></tr>
<tr><td rowspan="3">保护层厚度</td><td>基础</td><td>±10</td><td rowspan="3">钢尺检查</td></tr>
<tr><td>柱、梁</td><td>±5</td></tr>
<tr><td>板、墙、壳</td><td>±3</td></tr>
<tr><td colspan="3">绑扎箍筋、横向钢筋的间距</td><td>±20</td><td>钢尺测量连续三挡，并取最大值</td><td></td></tr>
<tr><td colspan="3">钢筋弯起点位置</td><td>20</td><td>钢尺检查</td><td rowspan="3"></td></tr>
<tr><td rowspan="2">预埋件</td><td colspan="2">中心线位置</td><td>5</td><td>钢尺检查</td></tr>
<tr><td colspan="2">水平高差</td><td>+3.0</td><td>钢尺和塞尺检查</td></tr>
<tr><td>2</td><td colspan="4">钢筋保护层厚度</td><td>符合设计要求</td><td>观察、钢尺检查</td><td rowspan="2">应抽查构件数量的 10%，且不少于 3 件</td></tr>
<tr><td>3</td><td colspan="4">钢筋绑扎</td><td>牢固、无松动变形现象</td><td>观察、钢尺检查</td></tr>
</table>

4）竣工验收资料

（1）钢筋产品合格证，出厂检验报告。

（2）钢筋进场复验报告。

（3）钢筋冷拉记录。

（4）钢筋焊接接头力学性能试验报告。

（5）焊条（剂）试验报告。

（6）钢筋隐蔽工程验收记录。
（7）钢筋锥（直）螺纹加工检验记录及连接套产品合格证。
（8）钢筋机械连接接头力学性能试验报告。
（9）钢筋锥（直）螺纹接头质量检查记录。
（10）施工现场挤压接头质量检查记录。
（11）设计变更和钢材代用证明。
（12）见证检测报告。
（13）检验批质量验收记录。
（14）钢筋分项工程质量验收记录。

3. 混凝土工程质量检验

1）材料质量要求

（1）水泥。

建筑工程中常用的水泥有硅酸盐水泥（代号P·Ⅰ、P·Ⅱ）、普通硅酸盐水泥（代号P·O）、矿渣硅酸盐水泥（代号P·S）、火山灰质硅酸盐水泥（代号P·P）、粉煤灰硅酸盐水泥（代号P·F）等五种。

① 水泥进场时必须有产品合格证、出厂检验报告，并应对水泥的品种、级别、包装或散装仓号、出厂日期等进行检查验收，还应对其强度、安定性及其他必要的性能指标进行复检，其质量必须符合规范规定。

② 当使用中对水泥的质量有怀疑或水泥出厂超过三个月（快硬水泥超过一个月）时，应进行复检，并按复检结果使用。

③ 钢筋混凝土结构、预应力混凝土结构中，严禁使用含氯化物的水泥。

④ 水泥在运输和储存时，应有防潮、防雨措施，以防止水泥受潮凝结结块而使强度降低。不同品种和标号的水泥应分别储存，不得混杂。

（2）骨料。

混疑土中用的骨料有细骨料（砂）、粗骨料（碎石、卵石）。

① 骨料进场时，必须进行复检，按进场的批次和产品的抽样检验方案，检验其颗粒级配、含泥量及粗细骨料的针片状颗粒含量，必要时还应检验其他质量指标。对海砂还应按批检验其氧盐含量，其检验结果应符合有关标准的规定；对含有活性二氧化硅或其他活性成分的骨料，应进行专门试验，待验证确认其对混凝土质量无有害影响时，方可使用。

② 骨料在生产、采集、运输与储存过程中，严禁混入煅烧过的白云石或石灰块等影响混凝土性能的有害物质；骨料应按品种、规格分别堆放，不得混杂。

（3）水。

拌制混凝土宜采用饮用水；当采用其他水时，应进行水质化验，水质应符合现行国家标准《混凝土用水标准》（JGJ 63—2006）中的规定。不得使用海水拌制钢筋混凝土和预应力混凝土，且不宜使用海水拌制有饰面要求的素混凝土。

（4）外加剂。

混凝土常用的外加剂有减水剂、引气剂、缓凝剂、早强剂、防冻剂、膨胀剂等。选用外加剂时，应根据混凝土的性能要求、施工工艺及气候条件，并结合混凝土的原材料性能、配合比以及对水泥的适应性能等因素，通过试验确定其品种和掺量。

① 混凝土中掺用的外加剂应有产品合格证、出厂检验报告，并应按进场的批次和产品的抽样检验方案进行复检，其质量及应用技术应符合现行国家标准《混凝土外加剂》（GB 8076—2008）、《混凝土外加剂应用技术规范》（GB 50119—2013）等和有关环境保护的规定。

② 预应力混凝土结构中，严禁使用含氯化物的外加剂。钢筋混凝土结构中，当使用含氯化物的外加剂时，混凝土中氯化物的总含量应符合现行国家标准《混凝土质量控制标准》（GB 50164—2011）中的规定。选用的外加剂，必要时还应检验其中的氯化物、硫酸盐等有害物质的含量，经验证确认其对混凝土无有害影响时，方可使用。

③ 不同品种的外加剂应分别储存，做好标记，在运输和储存时不得混入杂物和遭受污染。

（5）掺合料。

混凝土中使用的掺合料主要是粉煤灰和矿粉，其掺量应通过试验确定。进场的粉煤灰应有出厂合格证，并应按进场的批次和产品的抽样检验方案进行复检。

2）施工过程的质量控制

（1）检查混凝土原材料的产品合格证、出厂检验报告及进场复检报告。

（2）审查混凝土配合比设计是否满足设计和施工要求，并且是否经济合理。

（3）混凝土现场搅拌时应对原材料的计量进行检查，并应经常检查坍落度，控制水灰比。

（4）检查混凝土搅拌的时间，每工作班至少检查两次，并在混凝土搅拌后和在浇筑地点分别抽样检测混凝土的坍落度，每工作班至少检查两次。

（5）检查混凝土的运输设备及道路是否良好畅通，以保证混凝土的连续浇筑和良好的混凝土和易性。运至浇筑地点时的混凝土坍落度应符合规定要求。

（6）检查控制混凝土浇筑的方法和质量。混凝土浇筑应在混凝土初凝前完成，浇筑高度不宜超过 2 m，且竖向结构不宜超过 3 m，否则应检查是否采取了相应措施。控制混凝土一次浇筑的厚度，并保证混凝土的连续浇筑。

（7）检查混凝土振捣的情况，保证混凝土振捣密实。合理使用混凝土振捣机械，掌握正确的振捣方法，控制振捣的时间。

（8）审查施工缝、后浇带处理的施工技术方案。检查施工缝、后浇带留设的位置是否符合规范和设计要求，若不符合，其处理应按施工技术方案执行。

（9）检查混凝土浇筑后是否按施工技术方案进行养护，并对养护的时间进行检查落实。

（10）施工过程中应对混凝土的强度进行检查，在混凝土浇筑地点随机留取标准养护试件和同条件养护试件，其留取的数量应符合要求。

3）混凝土工程质量检验

（1）混凝土原材料及配合比质量检验。

混凝土原材料及配合比质量检验标准和检验方法见表 1-2-13。

（2）混凝土施工工程质量检验。

混凝土施工工程质量检验标准和检验方法见表 1-2-14。

（3）现浇混凝土结构外观质量和尺寸偏差检验。

现浇混凝土结构外观质量和尺寸偏差检验标准和要验方法见表 1-2-15、表 1-2-16。

表 1-2-13　混凝土原材料及配合比检验质量标准和检验方法

项目	序号	检验项目	质量标准及要求	检查方法	检验数量
主控项目	1	进场水泥	应检查品种、级别、包装或散装仓号、出厂日期，并应对其强度、安定性及其必要的性能指标进行复检，严禁使用含氯化物水泥	检查产品合格证、出厂检验报告和进场复检报告	同一厂家、同一等级、同一品种、同一批号且连续进场的水泥，袋装不超过 200 t 为一批，散装不超过 500 t 为一批，每批抽样不少于 1 次，在有代表性的部位，分别在至少 20 个取样点上等量抽取试样，经混合拌均后称取不少于 12 kg
	2	混凝土中掺用的外加剂	质量及应用技术应符合相关标准《混凝土外加剂》（GB 8076—2016）、《混凝土外加剂应用技术规范》（GB 50119—2013）等和有关环境保护的规定。预应力混凝土结构中，严禁使用含氯化物的外加剂；氯化物的含量应符合现场行业标准《混凝土质量控制标准》（GB 50164—2011）中的规定	检查产品合格证、出厂检验报告和进场复检报告	按进场的批次和产品的抽样方案确定
	3	混凝土中氯化物和碱的总含量	应符合设计要求和《混凝土结构设计规范》（GB50010—2010）的规定	检查原材料试验报告的氯化物、碱的总含量计算书	—
	4	混凝土配合比设计	应符合设计要求和《普通混凝土配合比设计规程》（JGJ 55—2011）的规定，还应满足混凝土强度等级、耐久性和工作性的要求，有特殊要求的混凝土尚应符合专门标准	检查产品合格证和进场复检报告	按进场的批次和产品的抽样方案确定，粉煤灰以连续供应相同等级 200 t 为一批，不足 200 t 也按一批计，粉煤灰的抽检数量应按干灰（含水率小于 1%，质量分数）的质量计算

续表

项目	序号	检验项目	质量标准及要求	检查方法	检验数量
一般项目	1	混凝土中矿物掺合料	质量应符合《用于水泥和混凝土中的粉煤灰》（GBT 1596—2017）的规定，掺量应通过试验确定	检量产品合格证和进场复检报告	按进场的批次和产品的抽样方案确定。粉煤灰以连续供应相同等级200 t为一批，不足200 t也按一批计，粉煤灰的抽检数量应按干灰（含水率小于1%，质量分数）的质量计算
	2	普通混凝土所用粗、细骨料	质量应符合相应的规定。粗骨料最大粒径不得超过构件截面最小尺寸的1/4，且不得超过钢筋最小净距的3/4；对混凝土空心楼板，骨料的最大粒径不宜超过板厚的1/3，且不得超过40 mm	检查进场复检报告	按进场的批次和产品的抽样方案确定。骨料进场时，应按同产地、同规格的骨料，用大型工具运输的以400 m^3或600 t，小型工具运输的以200 m^3或300 t作为一个验收批，取样时应从料堆上的不同部位均匀分布抽取。取样前先将表层铲除，砂由各部位抽取大致相等的8份，总质量不小于10 kg，并混合均匀；石子在料堆的上、中、下选取5个不同部位抽取大致相等的15份，总质量不小于60 kg，并混合均匀
	3	拌制混凝土的水	宜采用饮用水；当采用其他水源时，水质应符合《混凝土用水标准》（JGJ 63—1989）的规定	检查水质试验报告	同一水源检查不应少于1次
	4	首次使用的混凝土配合比	应进行开盘鉴定，其工作性能应满足设计配合比的要求，开始生产时，应至少留置一组标准养护试块作为验证配合比的依据	检查开盘鉴定资料和试件强度试验报告	每工作班检查1次
	5	砂、石含水率	混凝土拌制应进行测定，根据测定的结果调整材料用量，提出施工配合比	检查含水率测试结果和施工配合比通知单	

表 1-2-14　混凝土施工工程质量检验标准及检查方法

项目	序号	检验项目	质量标准及要求	检查方法	检验数量
主控项目	1	结构混凝土强度等级	符合设计要求	检查施工记录及试件强度检测报告	见注
主控项目	2	抗渗混凝土等级	符合设计要求	检查试件抗渗试验报告	同一工程、同一配合比的混凝土，取样不应少于1次，留置组数可根据实际需要确定
主控项目	3	原材料每盘称量允许偏差：水泥、掺合料 ±2%；粗、细骨料 ±3%；水、外加剂 ±2%	① 各种量器应定期检验，使用前应进行零点校核，以保持计量准确； ② 当遇雨天或含水率有变化时，应增加含水率检测次数，并及时调整水和骨料的用量	复称	每工作班抽查不少于1次，检查后形成记录
主控项目	4	混凝土的运输、浇筑及间歇时间	浇筑时应不超过初凝时间，同一施工段的混凝土应连续浇筑，并应在底层混凝土初凝之前将上层混凝土浇筑完毕，否则应按施工技术方案的要求对施工缝进行处理	观察检查并检查施工记录	全数检查
一般项目	1	施工缝	位置应按设计要求和施工技术方案确定，相应处理应按施工技术方案进行	观察检查，并检查施工记录	全数检查
一般项目	2	后浇带	位置应按设计要求和施工技术方案确定，相应处理应按施工技术方案进行	观察检查，并检查施工记录	全数检查
一般项目	3	混凝土养护措施	混凝土浇筑完毕后，应按施工技术方案及时采取有效养护措施，并应符合以下规定： ① 应在浇筑完毕后 12 h 内对混凝土进行覆盖保温保护。 ② 混凝土浇水养护时间，对采用硅酸盐水泥和矿渣硅酸盐水泥制作的混凝土不得少于 7 d，对掺用缓凝剂外加剂或有抗渗要求的混凝土不得少于 14 d；当日平均气温低于 5 °C 时，不得浇水，且大体积混凝土应有控温措施。 ③ 应保持混凝土处于湿润状态，用水与拌制时相同。 ④ 采用塑料布覆盖养护的混凝土，其敞露的全部表面应覆盖严密，并应保持塑料布内有凝结水，也可刷养护剂养护。 ⑤ 在混凝土强度达到 1.2 N/mm^2 前，不得在其上踩踏或安装模板及支架	观察检查，并检查施工记录	全数检查

注：用于检查结构构件混凝土强度的试件，应在混凝土的浇筑地点随机抽取，取样与留置应符合下列规定：

① 每拌制 100 盘且不超过 100 m^3 的同配合比的混凝土，取样不得少于 1 次。

② 每工作班拌制的同一混凝土比混凝土不足 100 盘时，取样不得少于 1 次。

③ 当一次连续浇筑超过 1000 m^3 时，同一配合比的混凝土每 200 m^3 取样不得少于 1 次。

④ 每一楼层，同一配合比的混凝土，取样不得少于 1 次。

⑤ 每次取样至少留置 1 组标准养护试件，同条件养护试件的留置组数应根据实际需要确定。

⑥ 混凝土为自拌混凝土。

表 1-2-15　现浇混凝土结构外观质量和尺寸偏差检验标准及检查方法

<table>
<tr><th>项目</th><th>序号</th><th colspan="2">检验项目</th><th colspan="3">质量标准及要求</th><th>检查方法</th><th>检验数量</th></tr>
<tr><td rowspan="2">主控项目</td><td>1</td><td colspan="2">现浇结构的外观质量</td><td colspan="3">不应有严重缺陷，参照表 1-2-16；对已出现的严重缺陷，应由施工单位提出技术处理方案，并经监理（建设）单位认可后进行处理，之后重新检查验收</td><td>按表 1-2-16 进行观察检查并检查技术处理方案</td><td rowspan="2">全数检查</td></tr>
<tr><td>2</td><td colspan="2">结构和设备安装尺寸</td><td colspan="3">不应影响结构性能和设备安装尺寸偏差，对超过尺寸允许偏差的部位应由施工单位提出技术处理方案，并经监理（建设）单位认可后进行处理，对经处理的部位应重新检查验收</td><td>观察检查和尺量检查，并检查技术处理方案</td></tr>
<tr><td rowspan="14">一般项目</td><td>1</td><td colspan="3">现浇结构的外观质量</td><td colspan="2">不宜有一般缺陷，对已出现的一般缺陷，应由施工单位按技术处理方案进行处理，并重新检查验收</td><td>观察检查和尺量检查，并检查技术处理方案</td><td>全数检查</td></tr>
<tr><td rowspan="13">2</td><td rowspan="13">现浇结构尺寸允许偏差（mm）</td><td rowspan="4">轴线位置</td><td colspan="2">基础</td><td>15</td><td rowspan="4">钢尺检查，应沿纵、横两个方向量测，并取最大值</td><td rowspan="13">按楼层、结构缝或施工段划分检查批，在同一检验批内，对梁、柱和独立基础，抽查总数的 10%，且不少于 3 件；对墙和板，应按有代表性的自然间抽查 10%，且不少于 3 间；对大空间结构，墙可按相邻轴线（高度 5 m）划分检查面，板可按纵、横轴线划分检查面，均抽查数的 10%，且均不少于 3 面；对电梯井，应全数检查</td></tr>
<tr><td colspan="2">独立基础</td><td>10</td></tr>
<tr><td colspan="2">墙、柱、梁</td><td>8</td></tr>
<tr><td colspan="2">剪力墙</td><td>5</td></tr>
<tr><td rowspan="3">垂直层</td><td rowspan="2">层高</td><td>≤5 m</td><td>8</td><td rowspan="2">经纬仪吊线、钢尺检查</td></tr>
<tr><td>>5 m</td><td>10</td></tr>
<tr><td colspan="2">全高（H）</td><td>H/1 000 且≤30</td><td>经纬仪、钢尺检查</td></tr>
<tr><td rowspan="2">标高</td><td colspan="2">层高</td><td>±10</td><td rowspan="2">水准仪或拉线、钢尺检查</td></tr>
<tr><td colspan="2">全高</td><td>±30</td></tr>
<tr><td colspan="3">截面尺寸</td><td>+8，−5</td><td>钢尺检查</td></tr>
<tr><td rowspan="2">电梯井</td><td colspan="2">井筒长、宽的位中心线</td><td>+25，0</td><td>钢尺检查，应沿纵、横两个方向量测，并取最大值</td></tr>
<tr><td colspan="2">井筒全高（H）垂直度</td><td>H/1 000 且≤30</td><td>经纬仪、钢尺检查</td></tr>
<tr><td colspan="3">表面平整度</td><td>8</td><td>靠尺和塞尺检查</td></tr>
</table>

续表

项目	序号	检验项目		质量标准及要求		检查方法	检验数量
一般项目	2	现浇结构尺寸允许偏差（mm）	预埋设施中心线位置	预埋件	10	钢尺检查，应沿纵、横两个方向量测，并取最大值	
				预埋螺栓	5		
				预埋管	5		
			预留洞中心线		15	钢尺检查	
	3	设备基础尺寸允许偏差（mm）	坐标位置		20	钢尺检查	
			不同平面的标高		0，−20	水准仪或拉线钢尺检查	
			平面外形尺寸		±20	钢尺检查	
			凸台上平面外形尺寸		0，−20	钢尺检查	
			凹穴尺寸		+20，0	钢尺检查	
			平面水平底	每米	5	水平尺，塞尺检查	
				全长	10	水准仪或拉线、钢尺检查	
			垂直度	每米	5	经纬仪或吊线钢尺检查	
				全高	10		
			预埋地脚螺栓	标高（顶部）	+20，0	水准仪或拉线、钢尺检查	
				中心距	±2	钢尺检查	
			预埋地脚螺栓孔	中心线位置	10	钢尺检查	
				深度	+20，0		
				孔垂直度	10	吊线、钢尺检查	
			预埋活动螺栓锚板	标高	+20，0	水准仪或拉线、钢尺检查	
				中心线位置	5	钢尺检查	
				带槽锚板平整度	5	钢尺、塞尺检查	
				带螺纹孔锚板平整度	2		

表 1-2-16　现浇结构外观质量缺陷

名称	现象	严重缺陷	一般缺陷
露筋	构件内钢筋未被混凝土包裹而外露	纵向受力钢筋有外露	其他钢筋有少量外露
孔洞	混凝土中孔穴深度和长度均超过保护层厚度	构件主要受力部位有蜂窝	其他部位有少量蜂窝
夹渣	混凝土中夹有杂物且深度超过保护层厚度	构件主要受力部位有孔洞	其他部位有少量孔洞
疏松	混凝土中局部不密实	构件主要受力部位有夹渣	其他部位有少量疏松
裂缝	缝隙从混凝土表面延伸至混凝土内部	构件主要受力部位有疏松	其他部位有少量不影响结构性能或使用功能的裂缝
连接部位缺陷	构件连接处混凝土有缺陷及连接钢筋连接件松动	构件主要受力部位有影响结构传力性能或使用功能的缺陷	连接部位有基本不影响结构传力性能的缺陷
外形缺陷	缺棱掉角、棱角不直、翘曲不平、飞边凸肋等	清水混凝土结构有影响使用功能或装饰效果的外形缺陷	其他混凝土构件有不影响使用功能的外形缺陷
外表缺陷	构件表面麻面、掉皮、起砂、玷污等	具有重要装饰效果的清水混凝土构件有外表缺陷	其他混凝土构件有不影响使用功能的外表缺陷

4）竣工验收资料

（1）水泥产品合格证、出厂检验报告、进场复检报告。

（2）外加剂产品合格证、出厂检验报告、进场复检报告。

（3）混凝土中氯化物、碱的含量计算书。

（4）掺合料出厂合格证、进场复检报告。

（5）粗、细骨料进场复检报告。

（6）水质试验报告。

（7）混凝土配合比设计资料。

（8）砂、石含水率测试结果记录。

（9）混凝土配合比通知单。

（10）混凝土试件强度试验报告和混凝土试件抗渗试验报告。

（11）施工记录。

（12）检验批质量验收记录。

（13）混凝土分项工程质量验收记录。

1.2.4　砌体工程施工质量验收的要求

1. 基本规定

（1）砌体结构工程所用的材料应有产品的合格证书、产品性能型式检测报告，质量应符合国家现行有关标准的要求。块体、水泥、钢筋、外加剂尚应有材料主要性能的进场复验报告，并应符合设计要求。严禁使用国家明令淘汰的材料。

（2）砌体结构工程施工前，应编制砌体结构工程施工方案。

（3）砌体结构的标高、轴线，应引自基准控制点。

（4）砌筑基础前，应校核放线尺寸，允许偏差应符合表 1-2-17 的规定。

表 1-2-17　放线尺寸的允许偏差

长度 L、宽度 B（m）	允许偏差（mm）	长度 L、宽度 B（m）	允许偏差（mm）
L（或 B）$\leqslant 30$	±5	$60 < L$（或 B）$\leqslant 90$	±15
$30 < L$（或 B）$\leqslant 60$	±10	L（或 B）> 90	±20

（5）伸缩缝、沉降缝、防震缝中的模板应拆除干净，不得夹有砂浆、块体及碎渣等杂物。

（6）砌筑顺序应符合下列规定：

① 基底标高不同时，应从低处砌起，并应由高处向低处搭砌。当设计无要求时，搭接长度 L 不应小于基础底的高差 H，搭接长度范围内下层基础应扩大砌筑。

② 砌体的转角处和交接处应同时砌筑。当不能同时砌筑时，应按规定留槎、接槎。

（7）砌筑墙体应设置皮数杆。

（8）在墙上留置临时施工洞口，其侧边离交接处墙面不应小于 500 mm，洞口净宽度不应超过 1 m。抗震设防烈度为 9 度的地区建筑物的临时施工洞口位置，应会同设计单位确定。临时施工洞口应做好补砌。

（9）不得在下列墙体或部位设置脚手眼：

① 120 mm 厚墙、清水墙、料石墙、独立柱和附墙柱。

② 过梁上与过梁成 60°角的三角形范围及过梁净跨度 1/2 的高度范围内。

③ 宽度小于 1 m 的窗间墙。

④ 门窗洞口两侧石砌体 300 mm，其他砌体 200 mm 范围内；转角处石砌体 600 mm，其他砌体 450 mm 范围内。

⑤ 梁或梁垫下及其左右 500 mm 范围内。

⑥ 设计不允许设置脚手眼的部位。

⑦ 轻质墙体。

⑧ 夹心复合墙外叶墙。

（10）脚手眼补砌时，应清除脚手眼内掉落的砂浆、灰尘；脚手眼处砖及填塞用砖应湿润，并应填实砂浆。

（11）设计要求的洞口、管道、沟槽应于砌筑时正确留出或预埋，未经设计同意，不得打凿墙体和在墙体上开凿水平沟槽。宽度超过 300 mm 的洞口上部，应设置钢筋混凝土过梁。不应在截面长边小于 500 mm 的承重墙体、独立柱内埋设管线。

（12）尚未施工楼板或屋面的墙或柱，其抗风允许自由高度不得超过表 1-2-18 的规定。如超过表中限值时，必须采用临时支撑等有效措施。

（13）砌完基础或每一楼层后，应校核砌体轴线和标高。在允许范围内，轴线偏差可在基础顶面或楼面上校正，标高偏差宜通过调整上部砌体灰缝厚度校正。

（14）搁置预制梁、板的砌体顶面应平整，标高应一致。

（15）砌体施工质量控制等级分为三级，并应按表 1-2-19 划分。

表 1-2-18　墙和柱的允许自由高度（m）

墙（柱）厚（mm）	砌体密度>1 600（kg/m³）			砌体密度 1 300～1 600（kg/m³）		
	风载（kN/m²）			风载（kN/m²）		
	0.3（约 7 级风）	0.4（约 8 级风）	0.5（约 9 级风）	0.3（约 7 级风）	0.4（约 8 级风）	0.5（约 9 级风）
190	—	—	—	1.4	1.1	0.7
240	2.8	2.1	1.4	2.2	1.7	1.1
370	5.2	3.9	2.6	4.2	3.2	2.1
490	8.6	6.5	4.3	7.0	5.2	3.5
620	14.0	10.5	7.0	11.4	8.6	5.7

注：① 本表适用于施工处相对标高 H 在 10 m 范围内的情况。如 10 m$<H\leqslant$15 m 或 15 m$<H\leqslant$20 m，表中的允许自由高度应分别乘以 0.9、0.8 的系数；如果 $H>$20 m 时，应通过抗倾覆验算确定其允许自由高度。

② 当所砌筑的墙有横墙或其他结构与其连接，而且间距小于表中相应墙、柱的允许自由高度的 2 倍时，砌筑高度可不受本表的限制。

③ 当砌体密度小于 1 300 kg/m³ 时，墙和柱的允许自由高度应另行验算确定。

表 1-2-19　砌体施工质量控制等级

项目	施工质量控制等级		
	A	B	C
现场质量管理	监督检查制度健全，并严格执行；施工方有在岗专业技术管理人员，人员齐全，并持证上岗	监督检查制度基本健全，并能执行；施工方有在岗专业技术管理人员，人员齐全，并持证上岗	有监督检查制度；施工方有在岗专业技术管理人员
砂浆、混凝土强度	试块按规定制作，强度满足验收规定，离散性小	试块按规定制作，强度满足验收规定，离散性较小	试块按规定制作，强度满足验收规定，离散性大
砂浆拌和	机械拌和；配合比计量控制严格	机械拌和；配合比计量控制一般	机械或人工拌和；配合比计量控制较差
砌筑工人	中级工以上，其中，高级工不少于 30%	高、中级工不少于 70%	初级工以上

注：① 砂浆、混凝土强度离散性大小根据强度标准差确定；

② 配筋砌体不得为 C 级施工。

（16）砌体结构中钢筋（包括夹心复合墙内外叶墙间的拉结件或钢筋）的防腐，应符合设计要求。

（17）雨天不宜露天砌筑墙体，对下雨当日砌筑的墙体应进行遮盖。继续施工时，应复核墙体的垂直度，如果垂直度超过允许偏差，应拆除重新砌筑。

（18）砌体施工时，楼面和屋面堆载不得超过楼板的允许荷载值。当施工层进料口处施工荷载较大时，楼板下宜采取临时支撑措施。

（19） 正常施工条件下，砖砌体、小砌块砌体每日砌筑高度宜控制在 1.5 m 或一步脚手架高度内；石砌体不宜超过 1.2 m。

（20）砌体结构工程检验批的划分应同时符合下列规定：

① 所用材料类型及同类型材料的强度等级相同；

② 不超过 250 m^3 砌体。

③ 主体结构砌体一个楼层（基础砌体可按一个楼层计），填充墙砌体量少时可多个楼层合并。

（21）砌体结构工程检验批验收时，其主控项目应全部符合《砌体结构工程施工质量验收规范》（GB 50203—2011）的规定；一般项目应有 80%及以上的抽检处符合《砌体结构工程施工质量验收规范》（GB 50203—2011）的规定；有允许偏差的项目，最大超差值为允许偏差值的 1.5 倍。

（22）砌体结构分项工程中检验批抽检时，各抽检项目的样本最小容量除有特殊要求外，按不小于 5 确定。

（23）在墙体砌筑过程中，当砌筑砂浆初凝后，块体被撞动或需移动时，应将砂浆清除后再铺浆砌筑。

2. 砖砌体工程质量检验

本部分内容适用于烧结普通砖、烧结多孔砖、混凝土多孔砖、混凝土实心砖、蒸压灰砂砖、蒸压粉煤灰砖等砌体工程。

1）主控项目

（1）砖和砂浆的强度等级必须符合设计要求。

抽检数量：每一生产厂家，烧结普通砖、混凝土实心砖每 15 万块，烧结多孔砖、混凝土多孔砖、蒸压灰砂砖及蒸压粉煤灰砖每 10 万块各为一验收批，不足上述数量时按 1 批计，抽检数量为 1 组。

检验方法：查砖和砂浆试块试验报告。

（2）砌体灰缝砂浆应密实饱满，砖墙水平灰缝的砂浆饱满度不得低于 80%；砖柱水平灰缝和竖向灰缝饱满度不得低于 90%。

抽检数量：每检验批抽查不应少于 5 处。

检验方法：用百格网检查砖底面与砂浆的黏结痕迹面积。每处检测 3 块砖，取其平均值。

（3）砖砌体的转角处和交接处应同时砌筑，严禁无可靠措施的内外墙分砌施工。在抗震设防烈度为Ⅷ度及Ⅷ度以上的地区，对不能同时砌筑而又必须留置的临时间断处应砌成斜槎，普通砖砌体斜槎水平投影长度不应小于高度的 2/3。多孔砖砌体的斜槎长高比不应小于 1/2。斜槎高度不得超过一步脚手架的高度。

抽检数量：每检验批抽查不应少于 5 处。

检验方法：观察检查。

（4）非抗震设防及抗震设防烈度为Ⅵ度、Ⅶ度地区的临时间断处，当不能留斜槎时，除转角处外，可留直槎，但直槎必须做成凸槎，且应加设拉结钢筋。拉结钢筋应符合下列规定：

① 每 120 mm 墙厚放置 1 ϕ 6 拉结钢筋（120 mm 厚墙应放置 2 ϕ 6 拉结钢筋）；

② 间距沿墙高不应超过 500 mm，且竖向间距偏差不应超过 100 mm；

③ 埋入长度从留槎处算起每边均不应小于 500 mm，对抗震设防烈度Ⅵ度、Ⅶ度的地区，不应小于 1 000 mm；

④ 末端应有 90°弯钩。

抽检数量：每检验批抽查不应少于 5 处。

检验方法：观察和尺量检查。

2）一般项目

（1）砖砌体组砌方法应正确，内外搭砌，上下错缝。清水墙、窗间墙无通缝；混水墙中不得有长度大于 300 mm 的通缝，长度 200 ~ 300 mm 的通缝每间不超过 3 处，且不得位于同一面墙体上。砖柱不得采用包心砌法。

抽检数量：每检验批抽查不应少于 5 处。

检验方法：观察检查。砌体组砌方法抽检每处应为 3 ~ 5 m。

（2）砖砌体的灰缝应横平竖直，厚薄均匀。水平灰缝厚度及竖向灰缝宽度宜为 10 mm，但不应小于 8 mm，也不应大于 12 mm。

抽检数量：每检验批抽查不应少于 5 处。

检验方法：水平灰缝厚度用尺量 10 皮砖砌体高度折算。竖向灰缝宽度用尺量 2 m 砌体长度折算。

（3）砖砌体尺寸、位置的允许偏差及检验应符合表 1-2-20 的规定。

表 1-2-20　砖砌体尺寸、位置的允许偏差及检验

序号	项目			允许偏差（mm）	检验方法	抽检数量
1	轴线位移			10	用经纬仪和尺或用其他测量仪器检查	承重墙、柱全数检查
2	基础、墙、柱顶面标高			±15	用水准仪和尺检查	不应小于 5 处
3	墙面垂直度	每层		5	用 2 m 托线板检查	不应小于 5 处
		全高	≤10 m	10	用经纬仪、吊线和尺或其他测量仪器检查	外墙全部阳角
			>10 m	20		
4	表面平整度	清水墙、柱		5	用 2 m 靠尺和楔形塞尺检查	不应小于 5 处
		混水墙、柱		8		
5	水平灰缝平直度	清水墙		7	拉 5 m 线和尺检查	不应小于 5 处
		混水墙		10		
6	门窗洞口高、宽（后塞口）			±10	用尺检查	不应小于 5 处
7	外墙下窗口偏移			20	以底层窗口为准，用经纬仪或吊线检查	不应小于 5 处
8	清水墙游丁走缝			20	以每层第一皮砖为准，用吊线和尺检查	不应小于 5 处

3. 混凝土小型空心砌块砌体工程质量检验

1）主控项目

（1）小砌块和芯柱混凝土、砌筑砂浆的强度等级必须符合设计要求。

抽检数量：每一生产厂家，每 1 万块小砌块为一验收批，不足 1 万块按一批计，抽检数量为一组。用于多层以上建筑的基础和底层的小砌块抽检数量不应少于 2 组。

检验方法：检查小砌块和芯柱混凝土、砌筑砂浆试块试验报告。

（2）砌体水平灰缝和竖向灰缝的砂浆饱满度，按净面积计算不得低于 90%。

抽检数量：每检验批抽查不应少于 5 处。

检验方法：用专用百格网检测小砌块与砂浆黏结痕迹，每处检测 3 块小砌块，取其平均值。

（3）墙体转角处和纵横墙交接处应同时砌筑。临时间断处应砌成斜槎，斜槎水平投影长度不应小于斜槎高度。施工洞口可预留直槎，但在洞口砌筑和补砌时，应在直槎上下搭砌的小砌块孔洞内用强度等级不低于 C20（或 Cb20）的混凝土灌实。

抽检数量：每检验批抽查不应少于 5 处。

检验方法：观察检查。

（4）小砌块砌体的芯柱在楼盖处应贯通，不得削弱芯柱截面尺寸；芯柱混凝土不得漏灌。

抽检数量：每检验批抽查不应少于 5 处。

检验方法：观察检查。

2）一般项目

（1）砌体的水平灰缝厚度和竖向灰缝宽度宜为 10 mm，但不应大于 12 mm，也不应小于 8 mm。

抽检数量：每检验批抽查不应少于 5 处。

抽检方法：水平灰缝用尺量 5 皮小砌块的高度折算；竖向灰缝宽度用尺量 2 m 砌体长度折算。

（2）小砌块砌体尺寸、位置的允许偏差应按《砌体结构工程施工质量验收规范》（GB 50203—2011）第 5.3.3 条的规定执行。

4. 石砌体工程质量检验

1）主控项目

（1）石材及砂浆强度等级必须符合设计要求。

抽检数量：同一产地的同类石材抽检不应小于一组。

检验方法：料石检查产品质量证明书，石材、砂浆检查试块试验报告。

（2）砌体灰缝的砂浆饱满度不应小于 80%。

抽检数量：每检验批抽查不应少于 5 处。

检验方法：观察检查。

2）一般项目

（1）石砌体尺寸、位置的允许偏差及检验方法应符合表 1-2-21 的规定。

抽检数量：每检验批抽查不应少于 5 处。

（2）石砌体的组砌形式应符合下列规定：

① 内外搭砌，上下错缝，拉结石、丁砌石交错设置；

② 毛石墙拉结石每 0.7 m^2 墙面不应少于 1 块。

检查数量：每检验批抽查不应少于 5 处。

检验方法：观察检查。

表 1-2-21　石砌体尺寸、位置的允许偏差及检验方法

项次	项目		允许偏差（mm）							检验方法
			毛石砌体		料石砌体					
					毛料石		粗料石		细料石	
			基础	墙	基础	墙	基础	墙	墙、柱	
1	轴线位置		20	15	20	15	15	10	10	用经纬仪和尺检查，或用其他测量仪器检查
2	基础和墙砌体顶面标高		±25	±15	±25	±15	±15	±15	±10	用水准仪和尺检查
3	砌体厚度		+30	+20 −10	+30	+20 −10	+15	+10 −5	+10 −5	用尺检查
4	墙面垂直度	每层	—	20	—	20	—	10	7	用经纬仪、吊线和尺检查，或用其他测量仪器检查
		全高	—	30	—	30	—	25	10	
5	表面平整度	清水墙、柱	—	—	—	20	—	10	5	细料石用 2 m 靠尺和楔形塞尺检查，其他用两直尺垂直于灰缝拉 2 m 线和尺检查
		混水墙、柱	—	—	—	30	—	15	—	
6	清水墙水平灰缝平直度		—	—	—	—	—	10	5	拉 10 m 线和尺检查

1.2.5　钢结构工程施工质量验收的要求

1. 钢结构焊接工程

1）材料质量要求

（1）钢结构焊接工程所用的焊条、焊丝、焊剂、电渣焊熔嘴、焊钉、焊接瓷环及施焊用的保护气体等必须有出厂质量合格证、检验报告等质量证明文件。

（2）钢结构焊接工程中，一般采用焊缝金属与母材等强度的原则选用焊条、焊丝、焊剂等焊接材料。

（3）焊条、焊剂、药芯焊丝、电渣焊熔嘴和焊钉用的瓷环等在使用前，必须按照产品说明书及有关焊接工艺的规定进行烘焙。

2）施工过程质量控制

（1）焊前预热和焊后热处理：对于需要进行焊前预热和焊后热处理的焊缝，其预热温度或后热温度应符合国家现行有关标准的规定或通过工艺试验确定。预热区在焊道两侧，每侧宽度均应大于焊件厚度的 1.5 倍，且不应小于 100 mm；后热处理应在焊后立即进行，保温时间根据板厚，按每 25 mm 板厚 1 h 确定。

（2）严禁在焊缝区以外的母材上打火引弧。在坡口内起弧的局部面积应焊接一次，不得留下弧坑。

（3）多层焊缝应连续施焊，每一层焊道焊完后应及时清理。

（4）碳素结构钢应在焊缝冷却到环境温度，低合金钢应在完成焊接 24 h 后进行焊缝无损检测检验。

2. 钢结构紧固件连接工程

1）材料质量要求

（1）钢结构连接用高强度大六角螺栓连接副、扭剪型高强度螺栓连接副、钢网架用高强度螺栓、普通螺栓、铆钉、自攻钉、拉铆钉、射钉、锚栓、地脚螺栓等紧固标准件及螺母、垫圈等标准配件应具有质量证明书或合格证。

（2）高强度大六角螺栓连接副和扭剪型高强度螺栓连接副出厂时应随箱带有扭矩系数和紧固轴力（预应力）的检验报告，并应在施工现场随机抽样检验其扭矩系数和预应力。

2）施工过程质量控制

（1）高强度螺栓连接，必须对构件摩擦面进行加工处理。处理后的摩擦系数应符合设计要求，方法有喷砂、喷（抛）丸、酸洗、砂轮打磨，打磨方向应与构件受力方向垂直。摩擦面抗滑移系数复验应由制作单位和安装单位分别按制造批为单位进行见证送样试验。

（2）高强度螺栓应自由穿入螺栓孔，不应气割扩孔；其最大扩孔量不应超过 1.2d（d 为螺栓直径）。

（3）高强度螺栓紧固。

① 施拧及检验用的扭矩扳手在班前应进行校正标定，班后校验，施拧扳手扭矩精度误差不应大于 5%；检验用扳手扭矩精度误差不应大于 3%。

② 高强度螺栓的紧固顺序应使螺栓群中所有螺栓都均匀受力，从节点中间向边缘施拧，初拧和终拧都应按一定顺序进行。当天安装的螺栓须在当天终拧完毕，外露丝扣应为 2 ~ 3 扣。

③ 扭剪型高强度螺栓，以拧掉尾部梅花卡头为终拧结束。

（4）普通螺栓连接要求。

① 永久性普通螺栓紧固应牢固、可靠，外露丝扣不应少于 2 扣。

② 直接承受动力荷载的普通螺栓连接应采用防止螺母松动的有效措施。

3. 钢结构安装工程

（1）钢结构在进场时应有产品质量证明书，其焊接连接、紧固件连接、钢构件制作等分项工程验收应合格。

（2）验算构件吊装的稳定性，合理选择吊装机械，确定经济、可行的吊装方案。

（3）钢结构应符合设计要求及规范规定。运输、堆放、吊装等造成的钢结构变形及涂层脱落，必须进行矫正和修补。

（4）多层或高层框架构件的安装，在每一层吊装完成后，应根据中间验收记录、测量资料进行校正，必要时通知制造厂调整构件长度。吊车梁和轨道的调整应在主要构件固定后进行。

（5）设计要求顶紧的节点，相接触的两个平面必须保证有 70%紧贴，用 0.3 rnm 塞尺检查。边缘最大间隙不得大于 0.8 mm。

（6）垫铁的位置应保证柱子底部的刚度，垫铁的布置不应使柱子或底座承受附加荷载。

（7）每节柱的定位轴线应从地面控制线直接引上，不得从下层柱的轴线引上；结构的楼层标高按相对标高或设计标高进行控制。

（8）在形成空间刚度单元后，应及时对柱底板和基础顶面的空隙进行细石混凝土、灌浆料等二次浇灌。

4. 钢结构涂装工程

1）材料质量要求

（1）钢结构用防腐涂料稀释剂和固化剂等材料出厂时应有产品证明书，其品种、规格、性能应符合国家和行业标准要求及设计要求；钢结构用防火涂料应有产品证明书，其品种、规格、性能应符合设计要求，并应经过具有资质的检测机构检测符合国家现行有关标准的规定，还应有生产该产品的生产许可证。

（2）防火涂料按其性能特点分为钢结构膨胀防火涂料（薄型防火涂料）和钢结构非膨胀型防火涂料（厚型防火涂料）。

2）防腐涂料施工过程质量控制

（1）在涂刷涂料前必须对钢结构表面进行除锈，达到清洁程度后一般应在 4 ~ 6 h 内涂第一道涂料。

（2）涂层时工作地点温度应为 5 ~ 38 °C，相对湿度不应大于 85%。雨天或构件表面结露时不宜涂刷。每道涂刷后应按规定间隔时间干燥固化后再涂后道涂料。

（3）摩擦型高强度螺栓连接节点接触面，施工图中注明的不涂层部位，均不得涂刷。安装焊缝处应留出 30 ~ 50 mm 宽的范围暂时不涂。

3）防火涂料施工过程质量控制

（1）钢结构表面应根据表面使用要求进行除锈处理。无防锈涂料的钢表面除锈等级不应低于 St2。

（2）薄型防火涂料每次喷涂厚度不应超过 2.5 mm，超薄型防火涂料每次喷涂厚度不应超过 0.5 mm，厚型防火涂料每次喷涂厚度宜在 5 ~ 10 mm。涂层总厚度应达到由防火时限选用的产品所规定的厚度。

（3）易受振动和撞击部件，室外钢结构幅面较大或涂层厚度较大（大于 35 mm）时应采取加固措施。

（4）喷涂环境温度应为 5 ~ 38 °C，相对湿度不应大于 90%。构件表面有结露时不宜作业。前一道涂层干燥固化后方可进行后一道涂层施工。

1.2.6　屋面工程质量验收的要求

1. 屋面找平层工程质量检验

屋面工程应遵循“材料是基础、设计是前提、施工是关键、管理是保证”的综合治理原则。

1）材料质量要求

（1）基本要求。

屋面找平层材料是指水泥砂浆找平层或细石混凝土找平层或沥青砂浆找平层所用的材料，这些材料应有产品合格证书和性能检测报告，材料的品种、规格、性能等应符合国家现行产品标准和设计要求，材料进场后，应按规定进行抽样复检，并提交试验报告，不合格的材料，不得使用。

（2）具体质量要求。

① 水泥：宜采用硅酸盐水泥，普通硅酸盐水泥，其强度等级不应小于 32.5，进场后应按规定进行复检。不同品种的水泥，不得混合使用。

② 砂：宜采用中砂或粗砂，含泥量应不超过设计规定。

③ 石：用于细石混凝土找平层的石子，最大粒径不应大于 15 mm，含泥量不超过设计规定。

④ 水：拌和用水宜采用饮用水。当采用其他水源时，水质应符合现行国家标准《混凝土用水标准》（JGJ 63—2006）的规定。

⑤ 沥青：宜采用 10 号、30 号建筑石油沥青，具体产品、材料和配合比应符合设计要求。

2）施工过程的质量控制

（1）检查找平层是否黏结牢固，有无松动、起壳、起砂等现象、水泥砂浆找平层施工后应加强养护，避免早期脱水，还应控制加水量，掌握抹压时间，且成品不能过早上人。

（2）检查找平层是否空鼓、开裂。由于基层表面清理不干净，水泥砂浆找平层施工前未用水湿润好，可造成空鼓；由于砂子过细、水泥砂浆级配不好，找平层厚薄不匀，养护不够，均可造成找平层开裂。注意使用符合要求的砂料，严格控制保护层的平整度，保证找平层的厚度基本一致，加强成品养护，防止表面开裂。

（3）检查找平层的坡度是否准确，是否符合设计要求，是否造成倒泛水，保温层施工必须保证找坡泛水，铺抹找平层前应检查保温层坡度泛水是否符合要求，铺抹找平层应掌握坡向及厚度。

（4）检查水落口周围的坡度是否准确，水落口杯与基层接触处应留设宽 20 mm、深 20 mm 的凹模，并在其中嵌填密封材料。

3）屋面找平层工程质量检验

（1）屋面找平层工程质量检验标准及检验方法。

屋面找平层工程质量检验标准和检验方法见表 1-2-22。

表 1-2-22　屋面找平层工程质量检验标准和检验方法

<table>
<tr><th>项目</th><th>序号</th><th>检验项目</th><th colspan="3">允许偏差或允许值</th><th>检查方法</th></tr>
<tr><td rowspan="2">主控项目</td><td>1</td><td>材料质量及配合比</td><td colspan="3">必须符合设计要求</td><td>检查出厂合格证、质量检验报告和计量措施</td></tr>
<tr><td>2</td><td>排水坡度</td><td colspan="3">必须符合设计要求，平屋面采用结构找坡不应小于 3%，采用材料找坡宜为 2%，天沟、檐沟纵向坡不应大于 1%，沟底水落差不得超过 200 mm</td><td>水平（水平尺）、拉线和尺量检查</td></tr>
<tr><td rowspan="5">一般项目</td><td rowspan="5">1</td><td rowspan="5">基层与突出屋面结构的交接处和基层的转角处</td><td colspan="3">应做成圆弧形，且整齐平顺，内部排水的水落口周围，找平层应做成略低的凹坑</td><td rowspan="5">观察检查和尺量检查</td></tr>
<tr><td rowspan="4">转角处圆弧半径</td><td>卷材种类</td><td>圆弧半径（mm）</td></tr>
<tr><td>沥青防水卷材</td><td>100～150</td></tr>
<tr><td>高聚物改性沥青防水卷材</td><td>50</td></tr>
<tr><td>合成高分子防火卷材</td><td>20</td></tr>
</table>

续表

<table>
<tr><th>项目</th><th>序号</th><th colspan="2">检验项目</th><th>允许偏差或允许值</th><th>检查方法</th></tr>
<tr><td rowspan="5">一般项目</td><td rowspan="2">2</td><td rowspan="2">找平层</td><td>水泥砂浆、细石混凝土</td><td>平整、压光、不得有疏松、起坡现象</td><td rowspan="2">观察检查</td></tr>
<tr><td>沥青砂浆</td><td>不得有拌和不均匀、蜂窝现象</td></tr>
<tr><td>3</td><td colspan="2">分割缝的位置和间距</td><td>分割缝应留设在板端缝处，其纵横缝的最大间距，水泥砂浆或细石混凝土找平层不宜大于 6 m，沥青砂浆找平层不宜大于 4 m</td><td>观察检查</td></tr>
<tr><td>4</td><td colspan="2">找平层表面的平整度</td><td>5 mm</td><td>2 m 靠尺和楔形塞尺检查</td></tr>
</table>

（2）屋面找平层工程质量检验数量。

应按屋面面积，每 100 m^2 抽查 1 处，每处检查 10 m^2，且不得少于 3 处；细部构造根据分项工程的内容，应全部进行检查。

2. 屋面保温（隔热）层工程质量检验

1）材料质量要求

（1）基本要求。

屋面保温层材料可采用松散材料，板状材料或不整体现浇（喷）材料等，这些材料应有产品合格证书和性能检测报告，材料的品种、规格、性能等应符合国家现行产品标准和设计要求。材料进场后，应按规定进行抽样复检，并提交试验报告，不合格的材料，不得使用。

（2）具体质量要求。

① 松散保温材料。

松散保温材料质量应符合表 1-2-23 的要求。

表 1-2-23　松散保温材料质量要求

项目	膨胀蛭石	膨胀珍珠岩
粒径（mm）	3～5	≥0.15，<0.15 的含量不大于 8%（质量分数）
堆积密度（kg/m^3）	≤300	≤120
导热系数[W/（m·K）]	≤0.14	≤0.07

② 板状保温材料。

板状保温材料质量应符合表 1-2-24 的要求。

2）施工过程的质量控制

（1）检查保温基层是否平整、干燥、干净。

（2）检查保温铺筑厚度是否满足设计要求，可采取接线找坡方法进行控制。

（3）检查保温隔热层功能是否良好，避免出现保温材料表观密度过大、铺设前含水量大、未充分晾干等现象。施工选用材料应达到技术标准，以控制保温材料的导热系数、含水量和铺实密度，从而保证其功能效果。

（4）检查铺设厚度是否均匀，铺设时应认真操作、拉线找坡、铺顺平整，操作中避免材料在屋面上堆积及二次倒运，保证匀质铺设及表面平整，铺设厚度应满足设计要求。

表 1-2-24 板状保温材料质量要求

项目	聚苯乙烯泡沫塑料		硬质聚氨酯泡沫塑料	泡沫玻璃	微孔混凝土类	膨胀憎水（珍珠岩）板	水泥聚苯颗粒板
	挤压	模压					
表观密度（kg/m^3）	25～38	15～30	≥30	≥150	500～700	300～800	≤250
导热系数 [W/（m·K）]	≤0.03	≤0.041	≤0.027	≤0.062	≤0.22	≤0.26	0.07
抗压强度（MPa）	—	—	—	≥0.4	≥0.4	≥0.3	0.3
70 °C、48 h 后尺寸变化率（%）	≤2.0	≤5.0	≤5.0	≤5.0	—	—	—
吸水率（10%）	≤1.5	≤6.0	≤3	≤0.5	—	—	—
外观质量	板材表面基本平整，无严重凹凸不平现象，厚度允许偏差不大于 5%，且不大于 4 mm，憎水率≥98%						

（5）检查保温层边角处质量，防止由于边线不直、边槎不齐整而影响屋面找坡、找平和排水。

（6）检查板块保温材料铺贴是否密实，以确保保温和防水效果，防止找平层出现裂缝，应按照规范和质量验收评定标准进行严格验收。

（7）检查保温层是否干燥，要求封闭式保温层的含水率相当于该材料在当地自然风干状态下的平衡含水率。

（8）屋面保温层严禁在雨天、雪天和五级风以上时施工，施工环境气温宜符合表 1-2-25 的要求，施工完成后就及时进行找平层和防水层的施工。同时要求对屋面保温层进行隐蔽验收，施工质量应验收合格，质量控制资料应完整。

表 1-2-25 屋面保温层施工环境气温表

项目	施工环境气温
黏结保温层	热沥青不低于-10 °C，水泥砂浆不低于 5 °C

（9）松散保温材料施工时应分层铺设，每层虚铺厚度不宜大于 150 mm，压实的程度与厚度必须经试验确定，压实后不得直接在保温层上行车或堆物，施工人员穿软底鞋进行操作。

（10）板状保温材料施工，当采用干铺法时保温材料应紧贴基层表面，多层设置的板块上下层接缝要错开，板缝间隙应嵌填密实。当采用胶结剂粘贴时，板块相互之间及与基层之间应满涂胶结材料，以保证相互黏牢；当采用水泥砂浆粘贴时，板缝间隙应采用保温灰浆填实并勾缝。

3）屋面保温（隔热）层工程施工质量检验

（1）屋面保温层工程质量检验标准和检验方法。

屋面保温层工程质量检验标准和检验方法见表 1-2-26。

（2）屋面保温层工程质量检验数量。

应按屋面面积，每 100 m^2 抽查 1 次，每处检查 10 m^2，且不得少于 3 处；细部构造根据分项工程的内容，全数检查。

表 1-2-26　屋面保温层工程质量检验标准和检验方法

<table>
<tr><th>项目</th><th>序号</th><th colspan="2">检验项目</th><th>允许偏差或允许值</th><th>检查方法</th></tr>
<tr><td rowspan="2">主控项目</td><td>1</td><td colspan="2">材料的堆积密度或表观密度、导热系数以及板材的强度、含水率</td><td>必须符合设计要求及产品标准</td><td>检查出厂合格证、质量检验报告和现场抽样复检报告</td></tr>
<tr><td>2</td><td colspan="2">含水率</td><td>必须符合设计要求</td><td>检查现场抽样检验报告</td></tr>
<tr><td rowspan="8">一般项目</td><td rowspan="3">1</td><td rowspan="3">保温层的铺设</td><td>松散材料</td><td>分层铺设，适当压实，表面平整，找坡正确</td><td rowspan="3">观察检查</td></tr>
<tr><td>板状材料</td><td>紧贴基层，铺平垫稳，接缝严密，找坡正确</td></tr>
<tr><td>整体现浇材料</td><td>拌和均匀，分层铺设，压实适当，表面平整，找坡正确</td></tr>
<tr><td rowspan="3">2</td><td rowspan="3">保温层的厚度</td><td>松散材料</td><td>+10%，−5%</td><td rowspan="3">用钢针插入和尺量检查</td></tr>
<tr><td>板状材料</td><td>±5%且不大于 4 mm</td></tr>
<tr><td>整体现浇材料</td><td>+10%，−5%</td></tr>
<tr><td>3</td><td colspan="2">隔热层相邻高低差</td><td>3 mm</td><td>直尺和楔形塞尺检查</td></tr>
<tr><td>4</td><td colspan="2">倒置式屋面保护层采用卵石铺压</td><td>卵石应分布均匀，卵石的质（重）量应符合设计要求</td><td>观察检查和按堆积密度计算其质（重）量</td></tr>
</table>

3. 卷材防水层工程质量检验

1）材料质量要求

（1）基本要求。

① 屋面卷材防水层材料包括高聚物改性沥青防水卷材、合成高分子防水卷材和沥青防水卷材，适用于Ⅰ~Ⅳ 防水等级的屋面防水。

② 卷材防水材料应有产品合格证书和性能检测报告，材料的品种、规格、性能等应符合国家现行产品标准和设计要求。材料进场后，应按规定进行抽样复检，并提交试验报告，不合格的材料，不得使用。

③ 所选用的基层处理剂、接缝胶结剂、密封材料等配套材料应与铺贴的卷材材性相容。

（2）质量要求。

① 高聚物改性沥青防水卷材的外观质量和物理性能分别符合表 1-2-27 和表 1-2-28 的要求。

表 1-2-27　高聚物改性沥青防水卷材的外观质量

<table>
<tr><th>项目</th><th>质量要求</th><th>项目</th><th>质量要求</th></tr>
<tr><td>孔洞、缺边、裂口</td><td>不允许</td><td>撒布材料的粒度、颜色</td><td>均匀</td></tr>
<tr><td>边缘不整齐</td><td>不超过 10 mm</td><td rowspan="2">每卷卷材的接头</td><td rowspan="2">不超过 1 处，较短的一段应不小于 1 000 mm，接头处应加长 150 mm</td></tr>
<tr><td>胎体露白、未浸透</td><td>不允许</td></tr>
</table>

表 1-2-28　高聚物改性沥青防水卷材的物理性能

项　目		性能要求		
		聚酯毡胎体	玻纤胎体	聚乙烯胎体
强度（N/50 mm）		≥450	纵向，≥350 横向，≥250	≥100
延伸率（%）		最大拉力时，≥30	—	断裂时，≥200
耐热度（°C，2 h）		SBS 卷材 90，APP 卷材 110，且无滑动、流淌、滴落现象		PEE 卷材 90，且无流淌、起泡现象
低温柔度（°C）		SBS 卷材-18，APP 卷材-5，PEE 卷材-10：3 mm 厚 r=15 mm，4 mm 厚 r=25 mm，3S 弯 180°，无裂纹		
不透水性	压力（MPa）	≥0.3	≥0.2	≥0.3
	保持时间（min）	≥30		

注：SBS——弹性体改沥青防水卷材；APP——塑性体改性沥青防水卷材；PEE——改性沥青聚乙烯胎体防水卷材。

② 合成高分子防水卷材的外观质量和物理性能应分别符合表 1-2-29 和表 1-2-30 的要求。

表 1-2-29　合成高分子防水卷材的外观质量

项　目	质量要求
折痕	每卷不超过 2 处，总长度不超过 20 mm
杂质	不允许存在粒径大于 0.5 mm 的颗粒，杂质含量每平方米面积不超过 9 mm^2
胶块	每卷不超过 6 处，每处面积不大于 4 mm^2
凹痕	每卷不超过 6 处，深度不超过本身厚度的 30%，树脂浓度不超过 15%
每卷卷材的接头	橡胶类每 20 m 不超过 1 处，较短的一段不应短于 3 000 mm，接头处应加长 150 mm，树脂 20 mm 长度内不允许有接头

表 1-2-30　合成高分子防水卷材物理性能

项　目		性能要求			
		硫化橡胶类	非硫化橡胶类	树脂类	纤维增强类
断裂拉伸强度（MPa）		≥6	≥3	≥10	≥9
扯断伸长度（%）		≥400	≥200	≥200	≥10
低温弯折（°C）		-30	-20	-20	-20
不透水性	压力（MPa）	≥0.3	≥0.20	≥0.3	≥0.3
	保持时间（min）	≥30			
热老化保持率（80 °C，168 h）	断裂拉伸强度	≥80%			
	扯断伸长率	≥70%			
加热收缩率（%）		<1.2	<2.0	<2.0	<1.0

③ 沥青防水卷材的外观质量和物理性能应分别符合表 1-2-31 和表 1-2-32 的要求。

表 1-2-31　沥青防水卷材外观质量

项　目	质量要求
孔洞、硌伤	不允许
露胎、涂盖不匀	不允许
折纹、皱褶	距卷芯 1 000 mm 以外，长度不大于 100 mm
裂纹	距卷芯 1 000 mm 以外，长度不大于 10 mm
裂口、缺边	边缘裂口小于 20 mm，缺边长度小于 50 mm，深度小于 20 mm
每卷卷材的接头	不超过 1 处，较短的一段不应短于 2 500 mm，接头处应加长 150 mm

表 1-2-32　沥青防水卷材物理性能

项　目		性能要求	
		350 号	500 号
纵向拉力（25 °C±2 °C）（N）		≥340	≥440
耐热度（85 °C±2 °C，2 h）		不流淌，无集中性气泡	
柔度（18 °C±2 °C）		绕 ϕ20 mm 圆棒无裂纹	绕 ϕ25 mm 圆棒无裂纹
不透水性	压力（MPa）	≥0.10	≥0.15
	保持时间（min）	≥30	≥30

④ 卷材胶粘剂的质量应符合下规定：改性沥青胶粘剂的黏结剥离强度不应小于 8 N/10 mm；合成高分子胶粘剂的黏结剥离强度不应于 15 N/10 mm，浸水 168 h 后的保持率不应小于 70%；双面胶黏带的黏结剥离强度不应小于 10 N/25 mm，浸水 168 h 后的保持率不应小于 70%。

2）施工过程的质量控制

（1）检查在坡度大于 25%的屋面上采用卷材作防水层时是否采取了固定措施，且固定地点要求密封严密。

（2）检查铺设屋面隔汽层和防水层前，基层是否干净、干燥，检查可将 1 m² 卷材平坦地干铺在找平层上，静置 3 ~ 4 h 后掀开检查，若找平层覆盖部位与卷材上均未见水印即可铺设。

（3）检查卷材铺贴方向是否符合下列规定：屋面坡度小于 3%时，卷材宜平行于屋脊铺贴；屋顶坡度为 3% ~ 15%时，卷材可平行或垂直于屋脊铺贴；屋面坡度大于 15%或屋面受振动时，沥青防水卷材应垂直于屋脊铺贴，高聚物改性沥青防水卷材和合成高分子防水卷材可平行或垂直于屋脊铺贴，上下层卷材不得相互垂直铺贴。

（4）检查冷贴法铺贴的卷材是否符合下列规定：胶粘剂涂刷应均匀，不露底，不堆积，根据胶粘剂的性能，应控制胶粘剂涂刷与卷材铺贴的间隔时间，铺贴卷材下面的空气应排尽，并辊压黏结牢固，铺贴卷材应平整顺直，搭接尺寸应准确，不得扭曲、皱褶，接缝口应采用密封材料封严，且密封宽度不应小于 10 mm。

（5）检查热熔法铺贴的卷材是否符合下列规定：火焰加热器加热卷材应均匀，不得过分加热或烧穿卷材，而厚度小于 3 mm 的高聚物改性沥青防水卷材严禁采用热熔法施工，卷材表面热熔后应立即滚铺卷材，卷材下面的空气应排尽，并辊压黏结牢固，不得有空鼓，卷材接缝部位必须溢出热熔的改性沥青胶，铺贴卷材应平整顺直，搭接尺寸应准确，不得扭曲、皱褶。

3）卷材防水工程质量检验

（1）卷材防水工程质量检验和检验方法。

卷材防水工程质量检验标准和检验方法见表 1-2-33。

表 1-2-33　卷材防水工程质量检验标准和检验方法

<table>
<tr><th>项目</th><th>序号</th><th colspan="2">检验项目</th><th>允许偏差或允许值</th><th>检查方法</th></tr>
<tr><td rowspan="3">主控项目</td><td>1</td><td colspan="2">卷材防水层所用材料及其配套材料</td><td>必须符合设计要求</td><td>检查出厂合格证、质量检验报告和现场抽样复检报告</td></tr>
<tr><td>2</td><td colspan="2">卷材防水层的渗漏或积水</td><td>不得有渗漏或积水现象</td><td>雨后或淋水、蓄水试验检查</td></tr>
<tr><td>3</td><td colspan="2">卷材防水层在天沟、檐沟、檐口、水落口、泛水、变形缝和伸出屋面和管道处的防水构造</td><td>必须符合设计要求和规范规定</td><td>观察检查和检查隐蔽工程验收记录</td></tr>
<tr><td rowspan="10">一般项目</td><td>1</td><td colspan="2">卷材防水层的搭接缝、收头</td><td>搭接缝应黏（焊）结牢固，密封严度，不得有皱褶、翘边和鼓泡等缺陷，收头应与基层黏结并固定牢固，缝口应严密，不得翘边</td><td>观察检查</td></tr>
<tr><td rowspan="3">2</td><td rowspan="3">防水卷材保护层</td><td>撒布材料和浅色涂料</td><td>应铺撒或涂刷均匀，黏结牢固</td><td rowspan="3">观察检查</td></tr>
<tr><td>水泥砂浆、块材或细石混凝土</td><td>与卷材防水层之间应设置隔离层</td></tr>
<tr><td>刚性材料</td><td>分割缝留置应符合设计要求</td></tr>
<tr><td>3</td><td colspan="2">排汽屋面的排汽道</td><td>应纵横贯通，不得堵塞，排汽管应安装牢固，位置正确，封闭严密</td><td>观察检查</td></tr>
<tr><td rowspan="4">4</td><td rowspan="4">卷材铺贴方向</td><td>屋面坡度小于 3%时</td><td>卷材宜平行于屋脊铺贴</td><td rowspan="4">观察检查</td></tr>
<tr><td>屋面坡度为 3%～15%时</td><td>卷材可平行或垂直于屋脊铺贴</td></tr>
<tr><td>屋面坡度大于 10%或屋面受振动时</td><td>沥青防水卷材应垂直于屋脊铺贴，高聚物改性沥青防水卷材和合成高分子防水卷材可平行或垂直于屋脊铺贴</td></tr>
<tr><td>上下层卷材</td><td>不得相互垂直铺贴</td></tr>
<tr><td>5</td><td colspan="2">卷材搭接宽度的允许偏差</td><td>−10 mm</td><td>观察检查和尺量检查</td></tr>
</table>

（2）卷材防水工程质量检验数量。

按屋面面积，每 100 m^2 抽查 1 处，每处检查 10 m^2，且不少于 3 处；接缝密封防水，每 50 m 应抽查 1 处，每处检查 5 m，且不得少于 3 处；细部构造根据分项工程的内容，全数检查。

4. 细石混凝土防水层工程质量检验

1）材料质量要求

（1）基本要求。

① 细石混凝土防水层包括普通细石混凝土防水层和补偿收缩混凝土防水层，适用于Ⅰ～Ⅲ级防水等级的屋面防水，不适用于铺设有松散材保温层的屋面以及受较大振动或冲击和坡度大于 15%的建筑屋面。

② 防水材料应有产品合格证书和性能检测报告，材料的品种、规格、性能等应符合国家现行产品标准和设计要求。材料进场后，应按规定进行抽样复检，并提交试验报告，不合格的材料，不得使用。

（2）质量要求。

① 水泥宜采用普通硅酸盐水泥或硅酸盐水泥，不得采用火山灰质水泥，强度等级不低于32.5，石子最大粒径不宜超过 15 mm，含泥量不应大于 1%（质量分数），且应有良好的级配；砂子应采用中砂或粗砂，粒径为 0.3 ~ 0.5 mm，含泥量不应大于 2%。

② 混凝土掺加膨胀剂、减水剂、防水剂等外加剂时，应按配合比准确计量，且应顺序得当，机械搅拌、机械振捣，其质量指标也应符合设计要求。

2）施工过程的质量控制

（1）检查混凝土原材料配合比是否符合设计要求，细石混凝土防水层是否出现渗漏或积水现象，混凝土水灰比不应大于 0.55，每立方米混凝土的水泥用量不得少于 330 kg，含砂率宜为 35% ~ 40%（质量分数），灰砂比宜为 1∶2 ~ 1∶2.5，混凝土强度等级不应低于 C20。

（2）检查防水层分格缝的位置设置是否合格，分格缝内是否嵌入密封材料。通常细石混凝土防水层的分格缝，应设在屋面板的支撑端、屋面转折处、防水层与突出屋面结构的交接处，其纵横向间距不宜大于 6 m，且分格缝内应该嵌填密封材料。

（3）检查分格缝的宽度是否正确，通常分格缝的宽应不大于 40 mm，且不小于 10 mm，如分格缝太宽，应进行调整或用聚合物水泥砂浆处理。

（4）检查绑扎的钢筋网片是否合格，钢筋网片可采用 ф4 ~ ф6 冷拔低碳钢丝制作的间距为 100 ~ 200 mm 的绑扎或点焊的双向钢筋网片。钢筋网片应放在防水层上部，绑扎钢丝收口应向下弯，不得露出防水层表面。钢筋的保护层厚度不应小于 10 mm，钢丝必须调直。

3）细石混凝土防水层工程质量检验

（1）细石混凝土防水层工程质量检验标准和检验方法。

细石混凝土防水层工程质量检验标准和检验方法见表 1-2-34。

表 1-2-34　细石混凝土防水层工程质量检验标准和检验方法

项目	序号	检验项目	允许偏差或允许值	检查方法
主控项目	1	原材料、外加剂、混凝土配合比、防水性能	必须符合设计要求和规范的规定	检查产品出厂合格证、质量检验报告、计量措施和混凝土现场抽样复验报告
	2	防水层的渗漏和积水	严禁有渗漏和积水现象	雨后或淋水、蓄水试验检查，可蓄水高达 30 ~ 100 mm，持续 24 h 观察
	3	天沟、檐沟、檐口、水落口、泛水、变形缝和伸出屋面管道处的防水构造	必须符合设计要求和规范的规定	检查隐蔽工程验收记录及观察检查
一般项目	1	细石混凝土防水层表面	表面平整、压实抹光，不得有裂缝、起壳、起砂等缺陷	观察检查
	2	混凝土厚度和钢筋位置	应符合设计要求	观察检查和尺量检查
	3	分格缝的位置和间距	应符合设计要求和规范的规定	观察检查和尺量检查
	4	表面平整度	±5 mm	2 m 直尺和楔形塞尺检查

（2）细石混凝土防水层工程质量检验数量。

按屋面面积，每 100 m^2 抽查 1 处，每处检查 10 m^2，且不得少于 3 处；接缝密封防水每 50 m 应检查 1 次，每处检查 5 m，且不得少于 3 处；细部构造根据分项工程的内容，全数检查。

试块留置组数：每个屋面（检验批）同材料、同配比的混凝土每 1 000 m^2 做 1 组试件，小于 1 000 m^2 按 1000 m^2 计算，当改变配合比时，应制作相应的试块组数。

1.2.7　地下防水工程质量验收的要求

1. 防水混凝土

1）材料质量要求

（1）防水混凝土适用于抗渗等级不低于 P6 的地下混凝土结构，不适用于环境温度高于 80 °C 的地下工程。处于侵蚀性介质中，防水混凝土的耐侵蚀性要求应符合现行国家标准《工业建筑防腐蚀设计规范》（GB 50046—2008）和《混凝土结耐久性设计规范》（GB 50476—2008）的有关规定。

（2）水泥的选择应符合下列规定：

① 宜采用普通硅酸盐水泥或硅酸盐水泥，采用其他品种水泥时应经试验确定。

② 在受侵蚀性介质作用时，应按介质的性质选用相应的水泥品种。

③ 不得使用过期或受潮结块的水泥，并不得将不同品种或强度等级的水泥混合使用。

（3）砂、石的选择应符合下列规定：

① 砂宜选用中粗砂，含泥量不应大于 3.0%，泥块含量不宜大于 1.0%。

② 不宜使用海砂；在没有使用河砂的条件时，应对海砂进行处理后才能使用，且控制氯离子含量不得大于 0.06%。

③ 碎石或卵石的粒径宜为 5 ~ 40 mm，含泥量不应大于 1.0%，泥块含量不应大于 0.5%。

④ 对长期处于潮湿环境的重要结构混凝土用砂、石，应进行碱活性检验。

（4）矿物掺合料的选择应符合下列规定：

① 粉煤灰的级别不应低于二级，烧失量不应大于 5%。

② 硅粉的比表面积不应小于 15 000 m^2/kg，SiO_2 含量不应小于 85%。

③ 粒化高炉矿渣粉的品质要求应符合现行国家标准《用于水泥和混凝土中的粒化高炉矿渣粉》（GB/T 18046—2008）的有关规定。

（5）混凝土拌和用水应符合现行行业标准《混凝土用水标准》（JGJ 63—2006）的有关规定。

（6）外加剂的选择应符合下列规定：

① 外加剂的品种和用量应经试验确定，所用外加剂应符合现行国家标准《混凝土外加剂应用技术规范》（GB 50119—2013）的质量规定.

② 掺加引气剂或引气型减水剂的混凝土，其含气量宜控制在 3% ~ 5%。

③ 考虑外加剂对硬化混凝土收缩性能的影响。

④ 严禁使用对人体产生危害、对环境产生污染的外加剂。

（7）防水混凝土的配合比应经试验确定，并应符合下列规定：

① 试配要求的抗渗水压值应比设计值提高 0.2 MPa。

② 混凝土胶凝材料总量不宜小于 320 kg/m^3，其中水泥用量不宜少于 260 kg/m^3；粉煤灰掺量宜为胶凝材料总量的 20%～30%，硅粉的掺量宜为胶凝材料总量的 2%～5%。

③ 水胶比不得大于 0.50，有侵蚀性介质时水胶比不宜大于 0.45。

④ 砂率宜为 35%～40%，泵送时可增加到 45%。

⑤ 灰砂比宜为 1∶1.5～1∶2.5。

⑥ 混凝土拌合物的氯离子含量不应超过胶凝材料总量的 0.1%；混凝土中各类材料的总碱量即 Na_2O 当量不得大于 3 kg/m^3。

（8）防水混凝土采用预拌混凝土时，入泵坍落度宜控制在 120～140 mm，坍落度每小时损失不应大于 20 mm，坍落度总损失值不应大于 40 mm。

（9）混凝土拌制和浇筑过程控制应符合下列规定：

① 拌制混凝土所用材料的品种、规格和用量，每工作班检查不应少于两次。每盘混凝土各组成材料计量结果的允许偏差应符合表 1-2-35 的规定。

表 1-2-35　混凝土组成材料计量结果的允许偏差（%）

混凝土组成材料	每盘计量	累计计量
水泥、掺合料	±2	±1
粗、细骨料	±3	±2
水、外加剂	±2	±1

注：累计计量仅适用于计算机控制计量的搅拌站。混凝土为自拌混凝土。

② 混凝土在浇筑地点的坍落度，每工作班至少检查两次。混凝土的坍落度试验应符合现行国家标准《普通混凝土拌合物性能试验方法标准》（GB/T 50080—2016）的有关规定。混凝土坍落度允许偏差应符合表 1-2-36 的规定。

表 1-2-36　混凝土坍落度允许偏差（mm）

要求坍落度	允许偏差
≤40	±10
50～90	±15
≥100	±20

③ 泵送混凝土拌合物在运输后出现离析，必须进行二次搅拌。当坍落度损失后不能满足施工要求时，应加入原水胶比的水泥浆或掺加同品种的减水剂进行搅拌，严禁直接加水。

（10）防水混凝土抗压强度试件，应在混凝土浇筑地点随机取样后制作，并应符合下列规定：

① 同一工程、同一配合比的混凝土，取样频率和试件留置组数应符合现行国家标准《混凝土结构工程施工质量验收规范》（GB 50204—2015）的有关规定。

② 抗压强度试验应符合现行国家标准《普通混凝土力学性能试验方法标准》（GB/T 50081—2002）的有关规定。

③ 结构构件的混凝土强度评定应符合现行国家标准《混凝土强度检验评定标准》（GB 50107—2010）的有关规定。

（11）防水混凝土抗渗性能应采用标准条件下养护混凝土抗渗试件的试验结果评定，试件应在混凝土浇筑地点随机取样后制作，并应符合下列规定：

① 连续浇筑混凝土每 500 m^3 应留置一组 6 个抗渗试件，且每项工程不得少于两组；采用预拌混凝土的抗渗试件，留置组数应视结构的规模和要求而定。

② 抗渗性能试验应符合现行国家标准《普通混凝土长期性能和耐久性能试验方法》（GB/T 50082—2009）的有关规定。

（12）大体积防水混凝土的施工应采取材料选择、温度控制、保温保湿等技术措施。在设计许可的情况下，掺粉煤灰混凝土设计强度的龄期宜为 60 d 或 90 d。

（13）防水混凝土分项工程检验批的抽样检验数量，应按混凝土外露面积每 100 m^2 抽查 1 处，每处 10 m^2，且不得少于 3 处。

2）主控项目

（1）防水混凝土的原材料、配合比及坍落度必须符合设计要求。

检验方法：检查产品合格证、产品性能检测报告、计量措施和材料进场检验报告。

（2）防水混凝土的抗压强度和抗渗性能必须符合设计要求。

检验方法：检查混凝土抗压强度、抗渗性能检验报告。

（3）防水混凝土结构的变形缝、施工缝、后浇带、穿墙管、埋设件等设置和构造必须符合设计要求。

检验方法：观察检查和检查隐蔽工程验收记录。

3）一般项目

（1）防水混凝土结构表面应坚实、平整，不得有露筋、蜂窝等缺陷；埋设件位置应准确。

检验方法：观察检查。

（2）防水混凝土结构表面的裂缝宽度不应大于 0.2 mm，且不得贯通。

检验方法：用刻度放大镜检查。

（3）防水混凝土结构厚度不应小于 250 mm，其允许偏差应为+8 mm、−5 mm；主体结构迎水面钢筋保护层厚度不应小于 50 mm，其允许偏差为±5 mm。

检验方法：尺量检查和检查隐蔽工程验收记录。

2. 水泥砂浆防水层

1）材料质量要求

（1）水泥砂浆防水层适用于地下工程主体结构的迎水面或背水面，不适用于受持续振动或环境温度高于 80 °C 的地下工程。

（2）水泥砂浆防水层应采用聚合物水泥防水砂浆、掺外加剂或掺合料的防水砂浆。

（3）水泥砂浆防水层所用的材料应符合下列规定：

① 水泥应使用普通硅酸盐水泥、硅酸盐水泥或特种水泥，不得使用过期或受潮结块的水泥。

② 砂宜采用中砂，含泥量不应大于 1%，硫化物和硫酸盐含量不得大于 1%。

③ 用于拌制水泥砂浆的水应采用不含有害物质的洁净水。

④ 聚合物乳液的外观为均匀液体，无杂质、无沉淀、不分层。

⑤ 外加剂的技术性能应符合国家或行业有关标准的质量要求。

（4）水泥砂浆防水层的基层质量应符合下列规定：

① 基层表面应平整、坚实、清洁，并应充分湿润，无明水。

② 基层表面的孔洞、缝隙应采用与防水层相同的水泥砂浆填塞并抹平。

③ 施工前应将埋设件、穿墙管预留凹槽内嵌填密封材料后，再进行水泥砂浆防水层施工。

（5）水泥砂浆防水层施工应符合下列规定：

① 水泥砂浆的配制应按所掺材料的技术要求准确计量。

② 分层铺抹或喷涂，铺抹时应压实、抹平，最后一层表面应提浆压光。

③ 防水层各层应紧密黏合，每层宜连续施工；必须留设施工缝时，应采用阶梯坡形槎，但与阴阳角的距离不得小于 200 mm。

④ 水泥砂浆终凝后应及时进行养护，养护温度不宜低于 5 °C，并应保持砂浆表面湿润，养护时间不得少于 14 d。聚合物水泥防水砂浆未达到硬化状态时，不得浇水养护或直接受雨水冲刷，硬化后应采用干湿交替的养护方法。潮湿环境中，可在自然条件下养护。

（6）水泥砂浆防水层分项工程检验批的抽样检验数量，应按施工面积每 100 m^2 抽查 1 处，每处 10 m^2，且不得少于 3 处。

2）主控项目

（1）防水砂浆的原材料及配合比必须符合设计规定。

检验方法：检查产品合格证、产品性能检测报告、计量措施和材料进场检验报告。

（2）防水砂浆的黏结强度和抗渗性能必须符合设计规定。

检验方法：检查砂浆黏结强度、抗渗性能检测报告。

（3）水泥砂浆防水层与基层之间应结合牢固，无空鼓现象。

检验方法：观察和用小锤轻击检查。

3）一般项目

（1）水泥砂浆防水层表面应密实、平整，不得有裂纹、起砂、麻面等缺陷。

检验方法：观察检查。

（2）水泥砂浆防水层施工缝留槎位置应正确，接槎应按层次顺序操作，层层搭接紧密。

检验方法：观察检查和检查隐蔽工程验收记录。

（3）水泥砂浆防水层的平均厚度应符合设计要求，最小厚度不得小于设计值的 85%。

检验方法：用针测法检查。

（4）水泥砂浆防水层表面平整度的允许偏差应为 5 mm。

检查方法：用 2 m 靠尺和楔形塞尺检查。

3. 卷材防水层

1）材料及施工质量要求

（1）卷材防水层适用于受侵蚀性介质作用或受振动作用的地下工程；卷材防水层应铺设在主体结构的迎水面。

（2）卷材防水层应采用高聚物改性沥青防水卷材和合成高分子防水卷材。所选用的基层处理剂、胶粘剂、密封材料等均应与铺贴的卷材相匹配。

（3）铺贴防水卷材前，基层应干净、干燥，并应涂刷基层处理剂；当基面潮湿时，应涂刷湿固化型胶粘剂或潮湿界面隔离剂。

（4）基层阴阳角应做成圆弧或 45°坡角，其尺寸应根据卷材品种确定；在转角处、变形缝、施工缝、穿墙管等部位应铺贴卷材加强层，加强层宽度不应小于 500 mm。

（5）防水卷材的搭接宽度应符合表 1-2-37 的要求。铺贴双层卷材时，上下两层和相邻两幅卷材的接缝应错开 1/3 ~ 1/2 幅宽，且两层卷材不得相互垂直铺贴。

表 1-2-37　防水卷材的搭接宽度

卷材品种	搭接宽度（mm）
弹性体改性沥青防水卷材	100
改性沥青聚乙烯胎防水卷材	100
自黏聚合物改性沥青防水卷材	80
三元乙丙橡胶防水卷材	100/60（胶粘剂/胶结带）
聚氯乙烯防水卷材	60/80（单面焊/双面焊）
	100（胶结剂）
聚乙烯丙纶复合防水卷材	100（黏结料）
高分子自黏胶膜防水卷材	70/80（自黏胶/胶结带）

（6）冷粘法铺贴卷材应符合下列规定：

① 胶粘剂涂刷应均匀，不得露底，不堆积。

② 根据胶粘剂的性能，应控制胶结剂涂刷与卷材铺贴的间隔时间。

③ 铺贴时不得用力拉伸卷材，应排除卷材下面的空气，辊压黏结牢固。

④ 铺贴卷材应平整、顺直，搭接尺寸准确，不得有扭曲、皱折。

⑤ 卷材接缝部位应采用专用黏结剂或胶结带满黏，接缝口应用密封材料封严，其宽度不应小于 10 mm。

（7）热熔法铺贴卷材应符合下列规定：

① 火焰加热器加热卷材应均匀，不得加热不足或烧穿卷材。

② 卷材表面热熔后应立即滚铺，排除卷材下面的空气，并黏结牢固。

③ 铺贴卷材应平整、顺直，搭接尺寸准确，不得有扭曲、皱褶。

④ 卷材接缝部位应溢出热熔的改性沥青胶料，并黏结牢固，封闭严密。

（8）自黏法铺贴卷材卷材应符合下列规定：

① 铺贴卷材时，应将有黏性的一面朝向主体结构。

② 外墙、顶板铺贴时，排除卷材下面的空气，并黏结牢固。

③ 铺贴卷材应平整、顺直，搭接尺寸准确，不得有扭曲、皱褶。

④ 立面卷材铺贴完成后，应将卷材端头固定，并应用密封材料封严。

⑤ 低温施工时，宜对卷材和基面采用热风适当加热，然后铺贴卷材。

（9）卷材接缝采用焊接法施工应符合下列规定：

① 焊接前卷材应铺放平整，搭接尺寸准确，焊接缝的结合面应清扫干净。

② 焊接前应先焊长边搭接缝，后焊短边搭接缝。

③ 控制热风加热温度和时间，焊接处不得漏焊、跳焊或焊接不牢。

④ 焊接时不得损害非焊接部位的卷材。

（10）铺贴聚乙烯丙纶复合防水卷材应符合下列规定：

① 应采用配套的聚合物水泥防水黏结材料。

② 卷材与基层粘贴应采用满黏法，黏结面积不应小于 90%，刮涂黏结料应均匀，不得露底、堆积、流淌。

③ 固化后的黏结料厚度不应小于 1.3 mm。

④ 卷材接缝部位应挤出黏结料，接缝表面处应刮 1.3 mm 厚 50 mm 宽聚合物水泥黏结料封边。

⑤ 聚合物水泥黏结料固化前，不得在其上行走或进行后续作业。

（11）高分子自黏胶膜防水卷材宜采用预铺反黏法施工，并应符合下列规定：

① 卷材宜单层铺设。

② 在潮湿基面铺设时，基面应平整坚固、无明水。

③ 卷材长边应采用自黏边搭接，短边应采用胶结带搭接，卷材端部搭接区应相互错开。

④ 立面施工时，在自黏边位置距离卷材边缘 10 ~ 20 mm 内，每隔 400 mm ~ 600 mm 应进行机械固定，并应保证固定位置被卷材完全覆盖。

⑤ 浇筑结构混凝土时不得损伤防水层。

（12）卷材防水层完工并经验收合格后应及时做保护层。保护层应符合下列规定：

① 顶板的细石混凝土保护层与防水层之间宜设置隔离层。细石混凝土保护层厚度：机械回填时不宜小于 70 mm，人工回填时不宜小于 50 mm。

② 底板的细石混凝土保护层厚度不应小于 50 mm。

③ 侧墙宜采用软质保护材料或铺抹 20 mm 厚 1∶2.5 水泥砂浆。

（13）卷材防水层分项工程检验批的抽检数量，应按铺贴面积每 100 m^2 抽查 1 处，每处 10 m^2，且不得少于 3 处。

2）主控项目

（1）卷材防水层所用卷材及其配套材料必须符合设计要求。

检验方法：检查产品合格证、产品性能检测报告和材料进场检验报告。

（2）卷材防水层在转角处、变形缝、施工缝、穿墙管等部位的做法必须符合设计要求。

检验方法：观察检查和检查隐蔽工程验收记录。

3）一般项目

（1）卷材防水层的搭接缝应粘贴或焊接牢固，密封严密，不得有扭曲、皱褶、翘边和起泡等缺陷。

检验方法：观察检查。

（2）采用外防外贴法铺贴卷材防水层时，立面卷材接槎的搭接宽度，高聚物改性沥青类卷材应为 150 mm，合成高分子类卷材应为 100 mm，且上层卷材应盖过下层卷材。

检验方法：观察和尺量检查。

（3）侧墙卷材防水层的保护层与防水层应结合紧密、保护层厚度应符合设计要求。

检验方法：观察和尺量检查。

（4）卷材搭接宽度的允许偏差应为-10 mm。

检验方法：观察和尺量检查。

4. 涂料防水层

1）材料及施工质量要求

（1）涂料防水层适用于受侵蚀性介质作用或受振动作用的地下工程；有机防水涂料宜用于主体结构的迎水面，无机防水涂料宜用于主体结构的迎水面或背水面。

（2）有机防水涂料应采用反应型、水乳型、聚合物水泥等涂料；无机防水涂料应采用掺外加剂、掺合料的水泥基防水涂料或水泥基渗透结晶型防水涂料。

（3）有机防水涂料基面应干燥。当基面较潮湿时，应涂刷湿固化型胶结剂或潮湿界面隔离剂；无机防水涂料施工前，基面应充分润湿，但不得有明水。

（4）涂料防水层的施工应符合下列规定：

① 多组分涂料应按配合比准确计量，搅拌均匀，并应根据有效时间确定每次配制的用量。

② 涂料应分层涂刷或喷涂，涂层应均匀，涂刷应待前遍涂层干燥成膜后进行；每遍涂刷时应交替改变涂层的涂刷方向，同层涂膜的先后搭压宽度宜为 30 ~ 50 mm。

③ 涂料防水层的甩槎处接缝宽度不应小于 100 mm，接涂前应将其甩槎表面处理干净。

④ 采用有机防水涂料时，基层阴阳角处应做成圆弧；在转角处、变形缝、施工缝、穿墙管等部位应增加胎体增强材料和增涂防水涂料，宽度不应小于 50 mm。

⑤ 胎体增强材料的搭接宽度不应小于 100 mm，上下两层和相邻两幅胎体的接缝应错开 1/3 幅宽，且上下两层胎体不得相互垂直铺贴。

（5）涂料防水层完工并经验收合格后应及时做保护层。保护层应符合下列规定：

① 顶板的细石混凝土保护层与防水层之间宜设置隔离层。细石混凝土保护层厚度：机械回填时不宜小于 70 mm，人工回填时不宜小于 50 mm。

② 底板的细石混凝土保护层厚度不应小于 50 mm。

③ 侧墙宜采用软质保护材料或铺抹 20 mm 厚 1∶2.5 水泥砂浆。

（6）涂料防水层分项工程检验批的抽检数量，应按铺贴面积每 100 m^2 抽查 1 处，每处 10 m^2，且不得少于 3 处。

2）主控项目

（1）涂料防水层所用的材料及配合比必须符合设计要求。

检验方法：检查产品合格证、产品性能检测报告、计量措施和材料进场检验报告。

（2）涂料防水层的平均厚度应符合设计要求，最小厚度不得低于设计厚度的 90%。

检验方法：用针测法检查。

（3）涂料防水层在转角处、变形缝、施工缝、穿墙管等部位的做法必须符合设计要求。

检验方法：观察检查和检查隐蔽工程验收记录。

3）一般项目

（1）涂料防水层应与基层黏结牢固、涂刷均匀，不得流淌、鼓泡、露槎。

检验方法：观察检查。

（2）涂层间夹铺胎体增强材料时，应使防水涂料浸透胎体覆盖完全，不得有胎体外露现象。

检验方法：观察检查。

（3）侧墙涂料防水层的保护层与防水层应结合紧密，保护层厚度应符合设计要求。

检验方法：观察检查。

1.2.8 建筑地面工程施工质量验收的要求

1. 基层工程

1）材料质量要求

（1）基土严禁采用淤泥、腐殖土、冻土、耕植土、膨胀土和含有 8%（质量分数）以上有机物质的土作为填土。

（2）填土应保持最优含水率，重要工程或大面积填土前，应取土样按击实试验确定最优含水率与相应的最大干密度。

（3）灰土垫层应采用熟化石灰粉与黏土（含粉质黏土、粉土）的拌合料铺设，其厚度不应小于 100 mm。灰土体积比应符合设计要求。

（4）找平层应采用水泥砂浆或水泥混凝土铺设，并应符合设计规定。隔离层的材料，其材质应经有资质的检测单位认定。

（5）当采用掺有防水剂的水泥类找平层作为防水隔离层时，其掺量和强度等级（或配合比）应符合设计要求。

（6）填充层应按设计要求选用材料，其密度和导热系数应符合国家有关产品标准的规定。

2）施工过程的质量控制

（1）基层铺设前，应检查其下一层表面是否干净、有无积水。

（2）检查在垫层、找平层内埋设暗管时，管道是否按设计要求予以稳固。

（3）检查基层的标高、坡度、厚度等是否符合设计要求，基层表面是否平整、是否符合规定。

（4）检查灰土垫层是否铺设在不受浸泡的基土上，施工后是否有防止水浸泡的措施。

（5）检查对有防水要求的建筑地面工程在铺设前是否对立管、套管和地面与楼板的节点之间进行了密封处理，排水坡度是否符合设计要求。

（6）检查在预制钢筋混凝土板上铺设找平层前，板缝填嵌的施工是否符合下列要求：预制钢筋混凝土板相邻缝底宽不应小于 20 mm；填嵌时，板缝内应清理干净，保持湿润；填缝采用细石混凝土，其强度等级不得小于 C20，填缝高度应低于板面 10 ~ 20 mm，且振捣密实，表面不应压光，填缝后还应进行养护；当板缝底宽度大于 40 mm 时，应按设计要求配置钢筋。

（7）检查在预制钢筋混凝土板上铺设找平层时，其板端是否按设计要求设置了防裂的构造钢筋。

（8）检查在水泥类找平层上铺设沥青类防水卷材、防水涂料时或以水泥类材料作为防水隔离层时，其表面是否坚固、洁净、干燥，且在铺设前是否涂刷了基层处理剂，基层处理剂是否采用了与卷材性能配套的材料或采用了同类涂料的底子油。

（9）检查铺设防水隔离层时，在管道穿过楼板面四周防水材料时是否向上铺涂，且超过套管的上口；在靠近墙面处，是否高出面层 200 ~ 300 mm 或按设计要求的高度铺涂，阴阳角和管道穿过楼板面的根部是否增设了附加防水隔离层。

（10）检查填充层的下一层表面是否平整。当为水泥类时，是否洁净、干燥，并不得有空鼓、裂缝和起砂等缺陷。

3）基层工程质量检验

（1）基层工程质量检验标准和检验方法。

基层工程质量检验标准和检验方法见表 1-2-38。

表 1-2-38　基层工程质量检验标准和检验方法

项目	序号	检验项目		允许偏差或允许值	检查方法
主控项目	1	基土	材料	严禁采用淤泥、腐殖土、冻土、耕植土、膨胀土和含有机物质大于 8%（质量分数）的土作为填土	观察检查和检查土质记录
			质量	应均匀密实，压实系数应符合设计要求，设计无要求时，不应小于 0.90	观察检查和检查实验记录
	2	垫层	灰土体积比	应符合设计要求	观察检查和检查配合比通知单记录
	3	找平层	材料粒径及含泥量	碎石或卵石的粒径不应大于其厚度的 2/3，含泥量不应大于 2%（质量分数）；砂为中粗砂，其含泥量不大于 3%	观察检查和检查材质合格证明文件及检测报告
			体积比	水泥砂浆体积比或水泥混凝土强度等级应符合设计要求，且水泥砂浆体积比不应小于 1∶3（或相应的强度等级）；水泥混凝土强度等级不应小于 C15	观察检查和检查配合比通知单及检测报告
			渗漏	有建筑要求的建筑地面工程的立管、套管、地漏处严禁渗漏，坡向应正确，无积水	观察检查和蓄水、泌水检验或坡度尽检查
	4	隔离层	构造	厕浴间和有防水要求的建筑地面必须设置防水隔离层。楼层结构必须采用现浇混凝土或整块预制混凝土板，混凝土强度等级不应低于 C20；楼板四周除门洞外，应做混凝土翻边，其高度不应小于 120 mm。施工时结构层标高和预留洞位置应准确，严禁乱凿洞	观察检查和钢尺检查
			强度	水泥类防水隔离层的防水性能和强度等级必须符合设计要求	观察检查和检查检测报告
			渗漏	防水隔离层严禁渗漏，坡度应正确，排水通畅	观察检查和蓄水、泌水检验或用坡度尺检查，并检查检验记录
	5	填充层	材料质量	必须符合设计要求和国家产品标准的规定	观察检查和检查材质合格证明文件、检测报告
			配合比	必须符合设计要求	观察检查和检查材质配合比通知单
一般项目	1	基层	表面平整度	15 mm	2 m 靠尺和楔形塞尺检查
	2	垫层	石灰、黏土	熟化石灰颗粒粒径不得大于 5 mm；黏土（或粉质黏土、粉土）内不得含有机物质，其颗粒粒径不得大于 15 mm	观察检查和检查材质合格记录
			表面平整度	灰土、三合土、炉渣、混凝土为 10 mm；砂、砂石为 15 mm	观察检查和检查材质合格记录

续表

项目	序号	检验项目		允许偏差或允许值	检查方法
一般项目	3	找平层	空鼓	要求找平层与下一层结合牢固，不得有空鼓现象	小锤轻击检查
			表面	应密实，不得有起砂、蜂窝和裂缝等缺陷	观察检查
			表面平整度	用水泥砂浆结合层铺设板块面层为 5 mm	2 m 靠尺和楔形塞尺检查
	4	隔离层	厚度	应符合设计要求	观察检查和钢尺检查
			质量	隔离层与其下一层黏结牢固，不得有空鼓现象；防水涂层应平整、均匀，无脱皮、裂缝、鼓泡等缺陷	小锤轻击检查和观察检查
	5	填充层	质量要求	松散材料填充层铺设应密实，板块状材料填充层应压实、无翘曲	观察检查
			表面平整度	松散材料 7 mm；板块状材料 5 mm	2 m 靠尺和楔形塞尺检查

（2）基层工程质量检验数量。

基层（各构造层）和各类面层的分项工程的施工质量验收应按每一层次或每层施工段（或变形缝）作为一个检验批，高层建筑的标准层可按每三层（不足三层按三层计）作为一个检验批。每个检验批应以各子分部工程的基层（各构造层）和各类面层所划分的分项工程按自然间（或标准间）检验，随机检验抽查数量不应少于 3 间，不足 3 间应全数检查；走廊（过道）应以 10 延长米为 1 间，工业厂房（按单跨计）、礼堂、门厅应以两个轴线为 1 间计算；有防水要求的建筑地面子分部工程的分项工程，每个检验批的抽查数量应按其房间总数随机抽查，且不应少于 4 间，不足 4 间应全数检查。

2. 整体楼地面工程

1）材料质量要求

（1）整体楼地面面层材料应有出厂合格证、样品试验报告以及材料性能检测报告。

（2）整体楼地面面层材料的出厂时间应符合要求。

（3）面层中采用的水泥应为硅酸盐水泥、普通硅酸盐水泥，其强度等级不应小于 32.5 级，不同品种、不同强度等级的水泥严禁混用；砂应为中粗砂，当采用石屑时，其粒径应为 1～5 mm，且含泥量不应大于 3%（质量分数）。

2）施工过程的质量控制

（1）检查水泥混凝土面层的厚度是否符合设计要求。

（2）检查施工缝留设情况。要求水泥混凝土面层铺设不留施工缝，当施工间歇超过允许时间规定时，应对接槎处进行处理。

（3）检查水泥砂浆面层的厚度是否符合设计要求，且不应小于 20 mm。

（4）检查面层与下一层结合是否牢固。要求空鼓面积不应大于 400 cm^2，若每自然间（标准间）不多于 2 处则可忽略不计。

（5）检查面层表面是否有裂纹、脱皮、麻面、起砂等缺陷。

（6）检查面层表面的坡度是否符合设计要求，要求不得有倒泛水和积水现象。

（7）检查踢脚线与墙面结合是否紧密，高度是否一致，出墙厚度是否均匀。

3）整体楼地面工程质量检验

（1）整体楼地面工程质量检验标准和检验方法。

整体楼地面工程质量检验标准和检验方法见表 1-2-39。

表 1-2-39　整体楼地面工程质量检验标准和检验方法

项目	序号	检验项目		允许偏差或允许值	检查方法
主控项目	1	水泥混凝土面层	材料	水泥混凝土采用的粗骨料，其最大粒径不应大于面层厚度的 2/3，细石混凝土面层采用的石子粒径不应大于 15 mm	观察检查和检查材质合格证明文件及检测报告
			强度	面层的强度等级应符合设计要求，且水泥混凝土面层强度等级不应小于 C20；水泥混凝土垫层兼面层强度等级不应小于 C15	检查配合比通知单和检测报告
	2	水泥砂浆面层		水泥砂浆面层的体积比（强度等级）必须符合设计要求，且体积比应为 1∶2，强度等级不应小于 M15	检查配合比通知单和检测报告
一般项目	1	踏步		楼梯踏步的宽度、高度应符合设计要求。楼层梯段相邻踏步高度差不应大于 10 mm，每踏步两段宽度差不应大于 10 mm；旋转楼梯段的每踏步两段宽度的允许偏差为 5 mm。楼梯踏步的齿角应整齐，防滑条应顺直	观察检查和钢尺检查
	2	表面平整度		水泥混凝土面层 5 mm，水泥砂浆面层 4 mm，普通水磨石面层 3 mm，高级水磨石面层 2 mm	2 m 靠尺和楔形塞尺检查
	3	踢脚线上口平直		水泥混凝土面层 4 mm，水泥砂浆面层 4 mm，普通水磨石面层 3 mm，高级水磨石面层 3 mm	接 5 m 线和钢尺检查
	4	缝格平直		水泥混凝土面层 3 mm，水泥砂浆面层 3 mm，普通水磨石面层 3 mm，高级水磨石面层 2 mm	

（2）整体楼地面工程质量检验数量。

3. 板块楼地面工程

1）材料质量要求

（1）板块的品种、质量必须符合设计要求，必须有材质合格证明文件及检测报告。

（2）砖面层的表面应洁净、图案清晰、色泽一致、接缝平整、深浅一致、周边顺直。板块无裂纹、掉角和缺棱等缺陷。

（3）配制水泥砂浆时应采用硅酸盐水泥、普通硅酸盐水泥或矿渣硅酸盐水泥，其水泥强度等级不宜小于 32.5 级。

2）施工过程的质量控制

（1）检查水泥类基层的抗压强度等级，要求铺设板块面层时不得低于 1.2 MPa。

（2）检查板块的铺砌是否符合设计要求，当设计无要求时，宜避免出现小于 1/4 板块面积的边角料。

（3）检查配制水泥砂浆的体积比以及面层所用的板块品种、质量是否符合设计要求。

3）板块楼地面工程质量检验

（1）板块楼地面工程质量检验标准和检验方法。

板块楼地面工程质量检验标准和检验方法见表 1-2-40。

表 1-2-40　板块楼地面工程质量检验标准和检验方法

<table>
<tr><th>项目</th><th>序号</th><th colspan="2">检验项目</th><th colspan="5">允许偏差或允许值</th><th>检查方法</th></tr>
<tr><td rowspan="2">主控项目</td><td>1</td><td colspan="2">板块品种、质量</td><td colspan="5">符合设计要求</td><td>观察检查和检查材质合格证明文件及检测报告</td></tr>
<tr><td>2</td><td colspan="2">面层与其下一层的结合（黏结）</td><td colspan="5">应牢固，无空鼓现象</td><td>小锤轻击检查</td></tr>
<tr><td rowspan="10">一般项目</td><td>1</td><td colspan="2">板块</td><td colspan="5">砖面层的表面应洁净、图案清晰、色泽一致、接缝平整、深浅一致、周边顺直，板块无裂纹、掉角和缺棱等缺陷</td><td>观察检查</td></tr>
<tr><td>2</td><td colspan="2">踢脚线</td><td colspan="5">表面应洁净、高度一致、结合牢固、出墙厚度一致</td><td>观察检查和小锤轻击及钢尺检查</td></tr>
<tr><td>3</td><td colspan="2">楼梯踏步和台阶板块的缝隙宽度</td><td colspan="5">应一致，齿角整齐，楼层相邻踏步高度差不应大于 10 mm，防滑条顺直</td><td>观察检查和钢尺检查</td></tr>
<tr><td>4</td><td colspan="2">面层表面的坡度</td><td colspan="5">应符合设计要求，不倒泛水、无积水；与地漏、管道结合处应严密牢固，无渗漏现象</td><td>观察检查和泼水或坡度尺及蓄水检查</td></tr>
<tr><td rowspan="6">5</td><td rowspan="6">板块面层的允许偏差</td><td>项目</td><td>陶瓷锦砖面层</td><td>缸砖面层</td><td>水泥花砖面层</td><td>水磨石板块面层</td><td>活动地板面层</td><td>—</td></tr>
<tr><td>表面平整度</td><td>2.0</td><td>4.0</td><td>3.0</td><td>3.0</td><td>2.0</td><td>2 m 靠尺和楔形塞尺检查</td></tr>
<tr><td>缝格平直</td><td>3.0</td><td>3.0</td><td>3.0</td><td>3.0</td><td>2.5</td><td>拉 5 m 线和钢尺检查</td></tr>
<tr><td>接缝高低差</td><td>0.5</td><td>1.5</td><td>0.5</td><td>1.0</td><td>0.4</td><td>钢尺和楔形塞尺检查</td></tr>
<tr><td>踢脚线上口平直</td><td>3.0</td><td>4.0</td><td>—</td><td>4.0</td><td>—</td><td>拉 5 m 线和钢尺检查</td></tr>
<tr><td>板块间隙宽度</td><td>2.0</td><td>2.0</td><td>2.0</td><td>2.0</td><td>0.3</td><td>钢尺检查</td></tr>
</table>

（2）板块楼地面工程质量检验数量。

板块楼地面工程质量检验数量同基层工程。

1.2.9　民用建筑工程室内环境污染控制的要求

1. 材料要求

1）无机非金属建筑主体材料和装修材料

（1）民用建筑工程所使用的砂石、砖、砌块、水泥、混凝土、混凝土预制构件等无机非金属建筑主体材料的放射性限量，应符合表 1-2-41 的规定。

表 1-2-41　无机非金属建筑主体材料放射性限量

测定项目	限　量
内照射指数 I_{Ra}	≤1.0
外照射指数 I_{γ}	≤1.0

（2）民用建筑工程所使用的无机非金属装修材料，包括石材、建筑卫生陶瓷、石膏板、吊顶材料、无机瓷质砖黏结材料等，进行分类时，其放射性指标限量应符合表1-2-42的规定。

表1-2-42　无机非金属装修材料放射性限量

测定项目	限　量	
	A	B
内照射指数 I_{Ra}	≤1.0	≤1.3
外照射指数 I_{γ}	≤1.3	≤1.9

（3）民用建筑工程所使用的加气混凝土和空心率（孔洞率）大于25%的空心砖、空心砌块等建筑主体材料，其放射性限量应符合表1-2-43的规定。

表1-2-43　加气混凝土和空心率（孔洞率）大于25%的建筑主体材料放射性限量

测定项目	限　量
表面氡析出率[Bq/（m^2·s）]	≤0.015
内照射指数 I_{Ra}	≤1.0
外照射指数 I_{γ}	≤1.3

（4）建筑主体材料和装修材料放射性核素的测试方法应符合现行国家标准《建筑材料放射性核素限量》（GB 6566—2010）的有关规定。

2）人造木板及饰面人造木板要求

（1）民用建筑工程室内用人造木板及饰面人造木板，必须测定游离甲醛含量或游离甲醛释放量。

（2）当采用环境测试舱法测定游离甲醛释放量，并依此对人造木板进行分级时，其限量应符合现行国家标准《室内装饰装修材料　人造板及其制品中甲醛释放限量》（GB 18580—2017）的规定，见表1-2-44。

表1-2-44　环境测试舱法测定游离甲醛释放量限量

级　别	限　量（mg/m^3）
E_1	≤0.12

（3）当采用穿孔法测定游离甲醛含量，并依此对人造木板进行分级时，其限量应符合现行国家标准《室内装饰装修材料　人造板及其制品中甲醛释放限量》（GB 18580—2017）的规定。

（4）当采用干燥器法测定游离甲醛释放量，并依此对人造木板进行分级时，其限量应符合现行国家标准《室内装饰装修材料　人造板及其制品中甲醛释放限量》（GB 18580—2017）的规定。

（5）饰面人造木板可采用环境测试舱法或干燥器法测定游离甲醛释放量，当发生争议时应以环境测试舱法的测定结果为准；胶合板、细木工板宜采用干燥器法测定游离甲醛释放量；刨花板、纤维板等宜采用穿孔法测定游离甲醛含量。

（6）采用穿孔法及干燥器法进行检测时，应符合现行国家标准《室内装饰装修材料　人造板及其制品中甲醛释放限量》（GB 18580—2017）的规定。

3）涂料要求

（1）民用建筑工程室内用水性涂料和水性腻子，应测定游离甲醛的含量，其限量应符合表 1-2-45 的规定。

表 1-2-45　室内用水性涂料和水性腻子中游离甲醛限量

测定项目	限　量	
	水性涂料	水性腻子
游离甲醛（mg/kg）	≤100	

（2）民用建筑工程室内用溶剂型涂料和木器用溶剂型腻子，应按其规定的最大稀释比例混合后，测定 VOC（挥发性有机化合物，Volatile Organic Compounds）和苯、甲苯+二甲苯+乙苯的含量，其限量应符合表 1-2-46 的规定。

表 1-2-46　室内用溶剂型涂料和木器用溶剂型腻子中 VOC、苯、甲苯+二甲苯+乙苯限量

涂料类别	VOC（g/L）	苯（%）	甲苯+二甲苯+乙苯（%）
醇酸类涂料	≤500	≤0.3	≤5
硝基类涂料	≤720	≤0.3	≤30
聚氨酯类涂料	≤670	≤0.3	≤30
酚醛防锈漆	≤270	≤0.3	—
其他溶剂型涂料	≤600	≤0.3	≤30
木器用溶剂型腻子	≤550	≤0.3	≤30

（3）聚氨酯漆测定固化剂中游离甲苯二异氰酸酯（TDI、HDI）的含量后，应按其规定的最小稀释比例计算出聚氨酯漆中游离二异氰酸酯（TDI、HDI）含量，且不应大于 4 g/kg。测定方法宜符合现行国家标准《色漆盒清漆用漆基　异氰酸酯树脂中二异氰酸酯（TDI）单体的测定》（GB/T 18446—2009）的有关规定。

（4）水性涂料和水性腻子中游离甲醛含量测定方法，宜按现行国家标准《室内装饰装修材料　内墙涂料中有害物质限量》（GB 18582—2008）有关的规定。

（5）溶剂型涂料中挥发性有机化合物（VOC）、苯、甲苯+二甲苯+乙苯含量测定方法，宜符合《民用建筑工程室内环境污染控制规范》（GB 50325—2015）附录 C 的规定。

4）胶粘剂要求

（1）民用建筑工程室内用水性胶粘剂，应测定挥发性有机化合物（VOC）和游离甲醛的含量，其限量应符合表 1-2-47 的规定。

表 1-2-47　室内用水性胶粘剂中 VOC 和游离甲醛限量

测　定　项　目	限　量			
	聚乙酸乙烯酯胶粘剂	橡胶类胶粘剂	聚氨酯类胶粘剂	其他胶粘剂
挥发性有机化合物（VOC）（g/L）	≤110	≤250	≤100	≤350
游离甲醛（g/kg）	≤1.0	≤1.0	—	≤1.0

（2）民用建筑工程室内用溶剂型胶粘剂，应测定其挥发性有机化合物（VOC）和苯、甲苯+二甲苯的含量，其限量应符合表1-2-48的规定。

表1-2-48　室内用溶剂型胶粘剂中VOC、苯、甲苯+二甲苯限量

测定项目	限量			
	氯丁橡胶胶粘剂	SBS胶粘剂	聚氨酯类胶粘剂	其他胶粘剂
苯（g/kg）	≤5.0			
甲苯+二甲苯（g/kg）	≤200	≤150	≤150	≤150
VOC（g/L）	≤700	≤650	≤700	≤700

（3）聚氨酯胶粘剂应测定游离甲苯二异氰酸酯（TDI）的含量，按产品推荐的最小稀释量计算出聚氨酯漆中游离甲苯二异氰酸酯（TDI）含量，且不应大于4 g/kg，测定方法宜符合现行国家标准《室内装饰装修材料　胶粘剂中有害物质限量》（GB 18583—2008）附录D的规定。

（4）水性缩甲醛胶粘剂中游离甲醛、挥发性有机化合物（VOC）含量的测定方法，宜符合现行国家标准《室内装饰装修材料　胶粘剂中有害物质限量》（GB 18583—2008）附录A和附录F的规定。

（5）溶剂型胶粘剂中挥发性有机化合物（VOC）、苯、甲苯+二甲苯含量测定方法，宜符合《民用建筑工程室内环境污染控制规范》（GB 50325—2015）附录C的规定。

5）水性处理剂

（1）民用建筑工程室内用水性阻燃剂（包括防火涂料）、防水剂、防腐剂等水性处理剂，应测定游离甲醛的含量，其限量应符合表1-2-49的规定。

表1-2-49　室内用水性处理剂中游离甲醛限量

测定项目	限量
游离甲醛（mg/kg）	≤100

水性处理剂中游离甲醛含量的测定方法，宜按现行国家标准《室内装饰装修材料　内墙涂料中有害物质限量》（GB 18582—2008）的方法进行。

6）其他材料要求

（1）民用建筑工程中所使用的能释放氨的阻燃剂、混凝土外加剂，氨的释放量不应大于0.10%，测定方法应符合现行国家标准《混凝土外加剂中释放氨的限量》（GB 18588—2001）的有关规定。

（2）能释放甲醛的混凝土外加剂，其游离甲醛含量不应大于500mg/kg，测定方法应符合现行国家标准《室内装饰装修材料　内墙涂料中有害物质限量》（GB 18582—2008）的有关规定。

（3）民用建筑工程中使用的黏合木结构材料，游离甲醛释放量不应大于0.12 mg/m^2，其测定方法应符合《民用建筑工程室内环境污染控制规范》（GB 50325—2015）附录B的有关规定。

（4）民用建筑工程室内装修时，所使用的壁布、帷幕等游离甲醛释放量不应大于0.12 mg/m^2，其测定方法应符合《民用建筑工程室内环境污染控制规范》（GB 50325—2015）附录B的有关规定。

（5）民用建筑工程室内用壁纸中甲醛含量不应大于 120mg/kg，测定方法应符合现行国家标准《室内装饰装修材料　壁纸中有害物质限量》（GB 18585—2001）的有关规定。

（6）民用建筑工程室内用聚氯乙烯卷材地板中挥发物含量测定方法应符合现行国家标准《室内装饰装修材料　聚氯乙烯卷材地板中有害物质限量》（GB 18586—2001）的规定，其限量应符合表 1-2-50 的有关规定。

表 1-2-50　聚氯乙烯卷材地板中挥发物限量

名　称		限量（mg/m^2）
发泡类卷材地板	玻璃纤维基材	≤75
	其他基材	≤35
非发泡类卷材地板	玻璃纤维基材	≤40
	其他基材	≤10

（7）民用建筑工程室内用地毯、地毯衬垫中总挥发性有机化合物和游离甲醛的释放量测定方法应符合《民用建筑工程室内环境污染控制规范》（GB 50325—2015）附录 B 的规定，其限量应符合表 1-2-51 的有关规定。

表 1-2-51　地毯、地毯衬垫中有害物质释放限量

名　称	有害物质项目	限量[$mg/(m^2 \cdot h)$]	
		A 级	B 级
地毯	总挥发性有机化合物	≤0.500	≤0.600
	游离甲醛	≤0.050	≤0.050
地毯衬垫	总挥发性有机化合物	≤1.000	≤1.200
	游离甲醛	≤0.050	≤0.050

2. 工程施工要求

1）一般规定

（1）建设、施工单位应按设计要求及《民用建筑工程室内环境污染控制规范》（GB 50325—2015）的有关规定，对所用建筑材料和装修材料进行进场抽查复验。

（2）当建筑材料和装修材料进场检验，发现不符合设计要求及《民用建筑工程室内环境污染控制规范》（GB 50325—2015）的有关规定时，严禁使用。

（3）施工单位应按设计要求及《民用建筑工程室内环境污染控制规范》（GB 50325—2015）的有关规定进行施工，不得擅自更改设计文件要求。当需要更改时，应按规定程序进行设计变更。

（4）民用建筑工程室内装修，当多次重复使用同一设计时，宜先做样板间，并对其室内环境污染物浓度进行检测。

（5）样板间室内环境污染物浓度的检测方法，应符合《民用建筑工程室内环境污染控制规范》（GB 50325—2015）第 6 章的有关规定。当检测结果不符合《民用建筑工程室内环境污染控制规范》（GB 50325—2015）的规定时，应查找原因并采取相应措施进行处理。

2）材料进场检验

（1）民用建筑工程中所采用的无机非金属建筑材料和装修材料必须有放射性指标检测报告，并应符合设计要求和《民用建筑工程室内环境污染控制规范》（GB 50325—2015）的有关规定。

（2）民用建筑工程室内饰面采用的天然花岗岩石材或瓷质砖使用面积大于 200 m^2 时，应对不同产品、不同批次材料分别进行放射性指标的抽查复验。

（3）民用建筑工程室内装修中所采用的人造木板及饰面人造木板，必须有游离甲醛含量或游离甲醛释放量检测报告，并应符合设计要求和《民用建筑工程室内环境污染控制规范》（GB 50325—2015）的有关规定。

（4）民用建筑工程室内装修中采用的某一种人造木板或饰面人造木板面积大于 500 m^2 时，应对不同产品、不同批次材料的游离甲醛含量或游离甲醛释放量分别进行抽查复验。

（5）民用建筑工程室内装修中所采用的水性涂料、水性胶粘剂、水性处理剂必须有同批次产品的挥发性有机化合物（VOC）和游离甲醛含量检测报告；溶剂型涂料、溶剂型胶粘剂必须有同批次产品的挥发性有机化合物（VOC）、苯、甲苯+二甲苯、游离甲苯二异氰酸酯（TDI）含量检测报告，并应符合设计要求和《民用建筑工程室内环境污染控制规范》（GB 50325—2015）的有关规定。

（6）建筑材料和装修材料的检测项目不全或对检测结果有疑问时，必须将材料送有资格的检测机构进行检验，检验合格后方可使用。

3）施工要求

（1）采取防氡设计措施的民用建筑工程，其地下工程的变形缝、施工缝、穿墙管（盒）、埋设件、预留孔洞等特殊部位的施工工艺，应符合现行国家标准《地下工程防水技术规范》（GB 50108—2008）的有关规定。

（2）Ⅰ类民用建筑工程当采用异地土作为回填土时，该回填土应进行镭-226、钍-232、钾-40 比活度测定。当内照射指数（I_{Ra}）不大于 1.0 和外照射指数（I_{γ}）不大于 1.3 时，方可使用。

（3）民用建筑工程室内装修时，严禁使用苯、工业苯、石油苯、重质苯及混苯作为稀释剂和溶剂。

（4）民用建筑工程室内装修施工时，不应使用苯、甲苯、二甲苯和汽油进行除油和清除旧油漆作业。

（5）涂料、胶粘剂、水性处理剂、稀释剂和溶剂等使用后，应及时封闭存放，废料应及时清除。

（6）民用建筑工程室内严禁使用有机溶剂清洗施工用具。

（7）采暖地区的民用建筑工程，室内装修施工不宜在采暖期内进行。

（8）民用建筑工程室内装修中，进行饰面人造木板拼接施工时，对达不到 E1 级的芯板，应对其断面及无饰面部位进行密封处理。

（9）壁纸（布）、地毯、装饰板、吊顶等施工时，应注意防潮，避免覆盖局部潮湿区域。空调冷凝水导排应符合现行国家标准《工业建筑供暖通风与空气调节设计规范》（GB 50019—2015）的有关规定。

3. 验　收

（1）民用建筑工程及室内装修工程的室内环境质量验收，应在工程完工至少 7 d 以后、工程交付使用前进行。

（2）民用建筑工程及其室内装修工程验收时，应检查下列资料：

① 工程地质勘查报告，工程地点土壤中氡浓度或氡析出率检测报告，工程地点土壤天然放射性核素镭-226、钍-232、钾-40 含量检测报告。

② 涉及室内新风量的设计、施工文件，以及新风量的检测报告。

③ 涉及室内环境污染控制的施工图设计文件及工程设计变更文件。

④ 建筑材料和装修材料的污染物含量检测报告、材料进场检验记录、复验报告。

⑤ 与室内环境污染控制有关的隐蔽工程验收记录、施工记录。

⑥ 样板间室内环境污染物浓度检测报告（不做样板间的除外）。

（3）民用建筑工程所用建筑材料和装修材料的类别、数量和施工工艺等，应符合设计要求和《民用建筑工程室内环境污染控制规范》（GB 50325—2015）的有关规定

（4）民用建筑工程验收时，必须进行室内环境污染物浓度检测。其限量应符合表 1-2-52 的规定。

表 1-2-52　民用建筑工程室内环境污染物浓度限量

污染物	Ⅰ类民用建筑工程	Ⅱ类民用建筑工程
氡（Bq/m^3）	≤200	≤400
甲醛（mg/m^3）	≤0.08	≤0.1
苯（mg/m^3）	≤0.09	≤0.09
氨（mg/m^3）	≤0.2	≤0.2
总挥发性有机化合物（mg/m^3）	≤0.5	≤0.6

注：① 表中污染物浓度限量，除氡外均指室内测量值扣除同步测定的室外上风向空气测量值（本底值）后的测量值。

② 表中污染物浓度测量值的极限值判定，采用全数值比较法。

（5）民用建筑工程验收时，采用集中中央空调的工程，应进行室内新风量的检测，检测结果应符合设计要求和现行国家标准《公共建筑节能设计标准》（GB 50189—2015）的有关规定。

（6）民用建筑工程室内空气中氡的检测，所选用方法的测量结果不确定度不应大于 25%，方法的探测下限不应大于 10 Bq/m^3。

（7）民用建筑工程室内空气中甲醛的检测方法，应符合现行国家标准《公共场所空气中甲醛测定方法》（GB/T 18204.26—2000）中酚试剂分光光度法的规定。

（8）民用建筑工程室内空气中甲醛检测，也可采用简便取样仪器检测方法。甲醛简便取样仪器应定期进行校准，测量结果在 0.01 ~ 0.60 mg/m^3 测定范围内的不确定度应小于 20%。当发生争议时，应以现行国家标准《公共场所空气中甲醛检验方法》（GB/T 18204.26—2000）中酚试剂分光光度法的测定结果为准。

（9）民用建筑工程室内空气中苯的检测方法，应符合《民用建筑工程室内环境污染控制规范》（GB 50325—2015）附录 F 的规定。

（10）民用建筑工程室内空气中氨的检测方法，应符合现行国家标准《公共场所空气中氨测定方法》（GB/ T 18204.25—2000）中靛酚蓝光光度法的规定。

（11）民用建筑工程室内空气中总挥发性有机化合物（TVOC）的检测方法，应符合《民用建筑工程室内环境污染控制规范》（GB 50325—2015）附录 G 的规定。

（12）民用建筑工程验收时，应抽检每个建筑单体有代表性的房间室内环境污染物浓度，氡、甲醛、氨、苯、TVOC 的抽检数量不得少于房间总数的 5%，每个建筑单体不得少于 3 间，当房间总数少于 3 间时，应全数检测。

（13）民用建筑工程验收时，凡进行了样板间室内环境污染物浓度检测且检测结果合格的，抽检量减半，并不得少于 3 间。

（14）民用建筑工程验收时，室内环境污染物浓度检测点数应按表 1-2-53 设置。

表 1-2-53　室内环境污染物浓度检测点数设置

房间使用面积（m^2）	检测点数（个）
[0，50）	1
[50，100）	2
[100，500）	不少于 3
[500，1 000）	不少于 5
[1 000，3 000）	不少于 6
[3 000，+∞）	不少于 9

（15）当房间内有 2 个及以上检测点时，应采用对角线、斜线、梅花状均衡布点，并取各点检测结果的平均值作为该房间的检测值。

（16）民用建筑工程验收时，环境污染物浓度现场检测点应距内墙面不小于 0.5 m，距楼地面高度 0.8 ~ 1.5 m。检测点应均匀分布，避开通风道和通风口。

（17）民用建筑工程室内环境中甲醛、苯、氨、总挥发性有机化合物（TVOC）浓度检测时，对采用集中空调的民用建筑工程，应在空调正常运转的条件下进行；对采用自然通风的民用建筑工程，检测应在对外门窗关闭 1 h 后进行。对甲醛、氨、苯、TVOC 取样检测时，装饰装修工程中完成的固定式夹具，应保持正常使用状态。

（18）民用建筑工程室内环境中氡浓度检测时，对采用集中空调的民用建筑工程，应在空调正常运转的条件下进行；对采用自然通风的民用建筑工程，应在房间的对外门窗关闭 24 h 以后进行。

（19）当室内环境污染物浓度的全部检测结果符合《民用建筑工程室内环境污染控制规范》（GB 50325—2015）表 6.0.4 的规定时，可判定该工程室内环境质量合格。

（20）当室内环境污染物浓度检测结果不符合《民用建筑工程室内环境污染控制规范》（GB 50325—2015）的规定时，应查找原因并采取措施进行处理。抽取措施进行处理后的工程，可对不合格项进行再次检测。再次检测时，抽检量应增加 1 倍，并应包含同类型房间及原不合格房间。再次检测结果全部符合《民用建筑工程室内环境污染控制规范》（GB 50325—2015）的规定时，应判定为室内环境质量合格。

（21）室内环境质量验收不合格的民用建筑工程，严禁投入使用。

1.2.10 建筑节能工程施工质量验收的要求

建筑节能，在发达国家最初为减少建筑中能量的散失，现在则普遍称为“提高建筑中的能源利用率”，在保证提高建筑舒适性的条件下，合理使用能源，不断提高能源利用效率。

1. 技术与管理

（1）承担建筑节能工程的施工企业应具备相应的资质；施工现场应建立相应的质量管理体系、施工质量控制和检验制度，具有相应的施工技术标准。

（2）设计变更不得降低建筑节能效果。当设计变更涉及建筑节能效果时，应经原施工图设计审查机构审查，在实施前应办理设计变更手续，并获得监理或建设单位的确认。

（3）建筑节能工程采用的新技术、新设备、新材料、新工艺，应按照有关规定进行评审、鉴定及备案。施工前应对新的或首次采用的施工工艺进行评价，并制订专门的施工技术方案。

（4）单位工程的施工组织设计应包括建筑节能工程施工内容。建筑节能工程施工前，施工单位应编制建筑节能工程施工方案并经监理（建设）单位审查批准。施工单位应对从事建筑节能工程施工作业的人员进行技术交底和必要的实际操作培训。

（5）建筑节能工程的质量检测，应由具备资质的检测机构承担。

2. 材料与设备的管理

（1）筑节能工程使用的材料、设备等，必须符合设计要求及国家有关标准的规定。严禁使用国家明令禁止使用与淘汰的材料和设备。

（2）材料和设备进场应遵守下列规定：

① 对材料和设备的品种、规格、包装、外观和尺寸等进行检查验收，并应经监理工程师（建设单位代表）确认，形成相应的验收记录。

② 对材料和设备的质量证明文件进行核查，并应经监理工程师（建设单位代表）确认，纳入工程技术档案。进入施工现场用于节能工程的材料和设备均应具有出厂合格证、中文说明书及相关性能检测报告；定型产品和成套技术应有型式检验报告，进口材料和设备应按规定进行出入境商品检验。

③ 对材料和设备应在施工现场抽样复验。复验应为见证取样送检。

（3）建筑节能工程使用材料的燃烧性能等级和阻燃处理，应符合设计要求和现行国家标准《高层民用建筑设计防火规范》（GB 50045—95）、《建筑内部装修设计防火规范》（GB 50222—95）和《建筑设计防火规范》（GB 50016—2014）等的规定。

（4）建筑节能工程使用的材料应符合国家现行有关标准对材料有害物质限量的规定，不得对室内外环境造成污染。

（5）现场配置的材料如保温砂浆、聚合物砂浆等，应按设计要求或试验室给出的配合比配制。当未给出要求时，应按照施工方案和产品说明书配制。

（6）节能保温材料在施工使用时的含水率应符合设计要求、工艺要求及施工技术方案要求。当无上述要求时，节能保温材料在施工使用时的含水率不应大于正常施工环境湿度下的自然含水率，否则应采取降低含水率的措施。

3. 墙体保温材料的控制要点

墙体节能工程使用的保温隔热材料，其导热系数、密度、抗压强度或压缩强度、燃烧性能应符合设计要求。对其检验时应核查质量证明文件及进场复验报告（复验应为见证取样送检），并对保温材料的导热系数、密度、抗压强度或压缩强度，黏结材料的黏结强度，增强网的力学性能、抗腐蚀性能等进行复验。

2　工程质量管理的基本知识

2.1　工程质量管理概念和特点

2.1.1　工程质量管理的概念

工程质量是指工程满足业主需要的，符合国家法律、法规、技术规范标准、设计文件及合同规定的特性综合。

工程质量包括狭义和广义两个方面的含义。狭义的工程质量指施工的工程质量（即施工质量）。广义的工程质量除指施工质量外，还包括工序质量和工作质量。

施工的工程质量是指承建工程的使用价值，也就是施工工程的适应性。

正确认识施工的工程质量是至关重要的。质量是为使用目的而具备的工程适应性，不是指绝对最佳的意思，应该考虑实际用途和社会生产条件的平衡，考虑技术可能性和经济合理性。建设单位提出的质量要求，是考虑质量性能的一个重要条件，通常表示为一定幅度。施工企业应按照质量标准，进行最经济的施工，以降低工程造价，提高工程质量。

工序质量也称生产过程质量，是指施工过程中影响工程质量的主要因素，如人、机械设备、原材料、操作方法和生产环境五大因素等对工程项目的综合作用过程，是生产过程五大要素的综合质量。

为了达到设计要求的工程质量，必须掌握五大要素的变化与质量波动的内在联系，改善不利因素，不断提高工序质量。

工作质量是指施工企业的生产指挥工作、技术组织工作、经营管理工作对达到施工工程质量标准、减少不合格品的保证程度，它也是施工企业生产经营活动各项工作的总质量。

工作质量不像产品质量那样直观，一般难以定量，通常是通过工程质量的高低、不合格率的多少、生产效率以及企业盈亏等经济效果来间接反映和定量的。

施工质量、工序质量和工作质量，虽然含义不同，但三者是密切联系的。施工质量是施工活动的最终成果，它取决于工序质量；工作质量则是工序质量的基础和保证。所以，工程质量问题绝不是就工程质量而抓工程被验收的结果所能解决的，既要抓施工质量，更要抓工作质量，必须提高工作质量来保证工序质量，从而保证和提高施工的工程质量。

2.1.2　工程质量管理的特点

建设工程作为一特殊产品类型，除具有一般产品共有的质量特性满足社会需要的使用价值及其属性外，还具有其自身的特点。

建设工程质量的特点是由建设工程本身和建设生产的特点决定的。建设工程（产品）及其生产的特点：一是产品多样性、生产的单件性；二是产品的固定性；三是产品形体庞大、高投入、具有风险性；四是产品的社会性、生产的外部约束性。

正是由于上述建设工程的特点而形成了工程质量本身的以下特点：

影响因素多——建设工程质量受到多种因素的影响，如决策、设计、材料、机具设备、施工方法、施工工艺、技术措施、人员素质、工期、工程造价等，这些因素直接或间接地影响工程质量。

质量波动大——由于建筑生产的单件性、流动性，不像一般工业产品的生产那样，有固定的生产流水线，有规范化的生产工艺和完善的检测技术，有成套的生产设备和稳定的生产环境，以工程质量容易产生波动且波动大。同时，由于影响工程质量的偶然性因素和系统性因素比较多，其中任一因素发生变动，都会使工程质量产生波动。为此，要严防出现上述因素的质量变异，要把质量波动控制在各因素影响范围内。

质量隐蔽性——建设工程在施工过程中，分项工程交接多、中间工序多、隐蔽工程多，因此质量存在隐蔽性。若在施工中不及时进行质量检查，事后只能从表面上检查，就很难发现内在的质量问题，以至出现质量事故。

终检的局限性——工程项目建成后，不可能像一般工业产品那样依靠终检来判断产品质量，或将产品拆卸、解体来检查其内在的质量，或对不合格零部件进行更换。而工程项目的终检（竣工验收）无法进行工程内在质量的检验，无法发现隐蔽的质量缺陷。因此，工程项目的终检存在一定的局限性。这就要求工程质量控制应以预防为主，重视事先、事中控制，防患于未然，强调过程控制中的“自检、互检、专检”三检制的作用。

评价方法的特殊性——工程质量的检查评定及验收是按检验批、分项工程、分部工程、单位工程进行的。检验批的质量是分项工程乃至整个工程质量检验的基础。检验批的质量是否合格，主要取决于主控项目和一般项目经抽样检验的结果。隐蔽工程在隐蔽前要检查合格后验收，涉及结构安全的试块、试件以及有关材料应按规定进行见证取样检测，涉及结构安全和使用功能的重要分部工程要进行抽样检测。

2.1.3 工程质量特性的表现

工程质量的特性主要表现在以下六个方面：

（1）适用性，即功能——工程满足使用目的的各种性能。包括：理化性能，如尺寸、规格、保温、隔热、隔声等物理性能，耐酸、耐碱、耐腐蚀、防火、防风化、防尘等化学性能；结构性能，指地基基础的牢固程度，结构的足够强度、刚度和稳定性；使用性能，指满足设计与使用功能；外观性能，指建筑物的造型、布置、室内装饰效果、色彩等美观大方、协调等。

（2）耐久性，即寿命——工程在规定的条件下，满足规定功能要求使用的年限，也就是工程竣工后的合理使用寿命周期。

（3）安全性——工程建成后在使用过程中保证结构安全、保证人身和环境免受危害的程度。建设工程产品的结构安全度、抗震、耐火及防火能力，以及抗辐射、抗核污染、抗爆炸等能力，是否能达到特定的要求，都是安全性的重要标志。

（4）可靠性——工程在规定的时间和规定的条件下完成规定功能的能力。工程不仅要求在交工验收时要达到规定的指标，而且在一定的使用时期内要保持应有的正常功能。

（5）经济性——工程从规划、勘察、设计、施工到形成产品使用寿命周期内的成本和消耗的费用。工程经济性具体表现为设计成本、施工成本、使用成本三者之和。

（6）与环境的协调性——工程与其周围生态环境协调，与所在地区经济环境协调以及周围已建工程相协调，以适应可持续发展的要求，符合美观的要求。

上述六个方面的质量特性彼此之间是相互依存的。总体而言，适用、耐久、安全、可靠、经济、与环境的协调性，都是必须达到的基本要求，缺一不可。但是对于不同门类、不同专业的工程，如工业建筑、民用建筑、基础工程、桥梁工程、道路工程，根据其所处的特定地域环境条件、技术经济条件的差异，有不同的侧重面。

2.1.4 质量管理的八大原则

GB/T 19000—2016 族标准为了成功地领导和运作一个组织，针对所有相关方的需求，实施并保持持续改进其业绩的管理体系，做好质量管理工作，为了确保质量目标的实现，明确了以下八项质量管理原则：

1. 以顾客为关注焦点

组织依存于顾客。因此，组织应当理解顾客当前和未来的需求，满足顾客要求并争取超越顾客期望。

就是一切要以顾客为中心，没有了顾客，产品销售不出去，市场自然也就没有了。所以，无论什么样的组织，都要满足顾客的需求，顾客的需求是第一位的。要满足顾客需求，首先就要了解顾客的需求，这里说的需求，包含顾客明示的和隐含的需求，明示的需求就是顾客明确提出来的对产品或服务的要求，隐含的需求或者说是顾客的期望，是指顾客没有明示但是必须要遵守的，比如说法律法规的要求，还有产品相关的标准的要求。其次，作为一个组织，还应该了解顾客和市场的反馈信息，并把它转化为质量要求，采取有效措施来实现这些要求。想顾客所想，这样才能做到超越顾客期望。这个指导思想不仅领导要明确，还要在全体职工中贯彻。

2. 领导作用

领导者确立组织统一的宗旨和方向。他们应当创造并保持使员工能充分参与实现组织目标的内部环境。

作为组织的领导者，必须将本组织的宗旨、方向和内部环境统一起来，积极地营造一种竞争的机制，调动员工的积极性，使所有员工都能够在融洽的气氛中工作。领导者应该确立组织的统一的宗旨和方向，就是所谓的质量方针和质量目标，并能够号召全体员工为组织的统一宗旨和方向努力。

领导的作用，即最高管理者应该具有决策和领导一个组织的关键作用。确保关注顾客要求，确保建立和实施一个有效的质量管理体系，确保提供相应的资源，并随时将组织运行的结果与目标比较，根据情况决定实现质量方针、目标的措施，决定持续改进的措施。在领导作风上还要做到透明、务实和以身作则。

3. 全员参与

各级人员都是组织之本，只有他们的充分参与，才能够使他们的才干为组织带来收益。

全体职工是每个组织的基础。组织的质量管理不仅需要最高管理者的正确领导，还有赖于全员的参与。所以要对职工进行质量意识、职业道德、以顾客为中心的意识和敬业精神的教育，还要激发员工的积极性和责任感。没有员工的合作和积极参与，是不可能做出什么成绩的。

4. 过程方法

首先介绍一下“过程”这个词，它在标准中的定义是：一组将输入转化为输出的相互关联或相互作用的活动。一个过程的输入通常是其他过程的输出，过程应该是增值的，组织为了增值通常对过程进行策划并使其在受控条件下运行。

这里的增值不仅是指有形的增值，还应该有无形的增值，比如我们的制造过程，就是将一些原材料经过加工形成了产品，可以想象一下，产品的价格会比原材料的总和要高，这就是增值。这是一个最简单的例子。

组织在运转的过程中，有很多活动，都应该作为过程来管理。

将相关的资源和活动作为过程进行管理，可以更高效地得到期望的结果。过程方法的原则不仅适用于某些简单的过程，也适用于由许多过程构成的过程网络。在应用于质量管理体系时，2000 版 ISO9000 族标准建立了一个过程模式。此模式把管理职责，资源管理，产品实现，测量、分析和改进作为体系的四大主要过程，描述其相互关系，并以顾客要求为输入，提供给顾客的产品为输出，通过信息反馈来测定顾客的满意度，评价质量管理体系的业绩。

5. 管理的系统方法

将相互关联的过程作为系统加以识别、理解和管理，有助于组织提高实现目标的有效性和效率。

组织的过程不是孤立的，是有联系的，因此，组织应该正确地识别各个过程，以及各个过程之间的关系和接口，并采取适合的方法来管理。

针对设定的目标，识别、理解并管理一个由相互关联的过程所组成的体系，有助于提高组织的有效性和效率。这种建立和实施质量管理体系的方法，既可用于新建体系，也可用于现有体系的改进。此方法的实施可在三方面受益：一是提供对过程能力及产品可靠性的信任；二是为持续改进打好基础；三是使顾客满意，最终使组织获得成功。

6. 持续改进

持续改进总体业绩应当是组织的一个永恒目标。在过程的实施过程中不断地发现问题，解决问题，这就会形成一个良性循环。

持续改进是组织的一个永恒的目标。在质量管理体系中，改进指产品质量、过程及体系有效性和效率的提高，持续改进包括：了解现状；建立目标；寻找、评价和实施解决办法；测量、验证和分析结果，把更改纳入文件等活动。最终形成一个 PDCA 循环，并使这个环不断地运行，使得组织能够持续改进。

7. 基于事实的决策方法

有效决策建立在数据和信息分析的基础上。组织应该搜集运行过程中的各种数据，然后对这些数据进行统计和分析，从数据中寻找组织的改进点，或者相关的信息，以便于组织作出正确的决策，减少错误的发生。对数据和信息的逻辑分析或直觉判断是有效决策的基础。在对信息和资料做科学分析时，统计技术是最重要的工具之一。统计技术可用来测量、分析和说明产品和过程的变异性，统计技术可以为持续改进的决策提供依据。

8. 与供方互利的关系

组织与供方是相互依存的，互利的关系可增强双方创造价值的能力。刚才提到的组织的供应链适用于各种组织，对于不同的组织，他在不同的供应链中的地位也是不同的，有可能一个供应链中的供方，同时是另外一个供应链中的顾客，所以，互利的供方关系其实是一个让供应链中各方同时得到改进的机会，共同进步。

通过互利的关系，增强组织及其供方创造价值的能力。供方提供的产品将对组织向顾客提供满意的产品产生重要影响，因此处理好与供方的关系，影响到组织能否持续稳定地提供顾客满意的产品。对供方不能只讲控制不讲合作互利，特别对关键供方，更要建立互利关系，这对组织和供方都有利。

2.1.5 工程质量管理的意义

工程项目施工的最终成果，是建成并准备交付使用的建设项目，是一种新增加的、能独立发挥经济效益的固定资产，将对整个国家或局部地区的经济发展发挥重要作用。但是，只有符合质量要求的工程，才能投产和交付使用，才能发挥经济效益。如果施工质量不合格，就会影响按期使用或留下隐患，造成危害，投资项目的经济效益就不能发挥。为此，施工企业必须牢固树立“百年大计，质量第一”的思想，做好科学组织，在管理中创造效益。

工程质量的优劣，关系到施工企业的信誉。对施工企业来说，在其施工能量超出国家对工程建设投资的情况下，企业之间就会形成竞争。企业为了提高在投标承包中的竞争力，必须树立“质量第一，信誉第一”的思想，以质量为基础，在竞争中得到发展。因此，施工企业完成的工程质量高低，关系到对国家建设的贡献大小，也关系到企业本身在建设市场中的竞争能力，必须予以足够的重视。

作为建设工程产品的工程项目，投资和耗费的人工、材料、能源都相当大，投资者（业主）付出了巨大的投资，其目的是获得理想的、能够满足使用要求的工程，以期在额定的时间内达到追回成本投入、滚动发展、创造效益的结果。

工程质量的优劣，直接影响国家建设的速度。工程质量差，本身就是最大的浪费。低劣的质量一方面需要大幅度增加返修、加固、补强等人工、器材、能源消耗；另一方面还将给投资者增加使用过程中的维修、改造费用。低劣的质量必然缩短工程的使用寿命，使投资者遭受经济损失，同时还会带来其他的间接损失，给国家和使用单位造成更大的浪费、损失。因此，质量问题直接影响着企业的生存。

2.2 质量控制体系

2.2.1 质量控制体系的组织框架

质量保证体系是运用科学的管理模式，以质量为中心所制定的保证质量达到要求的循环系统，质量保证体系的设置可使施工过程中有法可依，但关键是在于运转正常，只有正常运转的质量保证体系，才能真正达到控制质量的目的。而质量保证体系的正常运作必须以质量控制体系来予以实现。

施工质量控制体系是按科学的程序运转，其运转的基本方式是 PDCA 的循环管理活动，是通过计划、实施、检查、处理四个阶段把经营和生产过程的质量有机地联系起来，而形成一个高效的体系来保证施工质量达到工程质量的保证。

（1）以我们提出的质量目标为依据，编制相应的分项工程质量目标计划，这个分项目标计划应使项目参与管理的全体人员均熟悉了解，做到心中有数。

（2）在实施过程中，无论是施工工长还是质检人员均要加强检查，在检查中发现问题并及时解决，以使所有质量问题解决于施工之中，并同时对这些问题进行汇总，形成书面材料，认真分析总结，以保证在今后或下次施工时不出现类似问题。

（3）在实施完成后，对成型的建筑产品进行全面检查，发现问题，追查原因，对不同问题进行不同的处理，从人、材料、方法、机械、环境等方面进行讨论，并产生改进意见，再根据这些改进意见而使施工工序进入下次循环。

2.2.2 模板、钢筋、混凝土等分部分项工程的施工质量控制流程

1. 模板工程质量控制程序

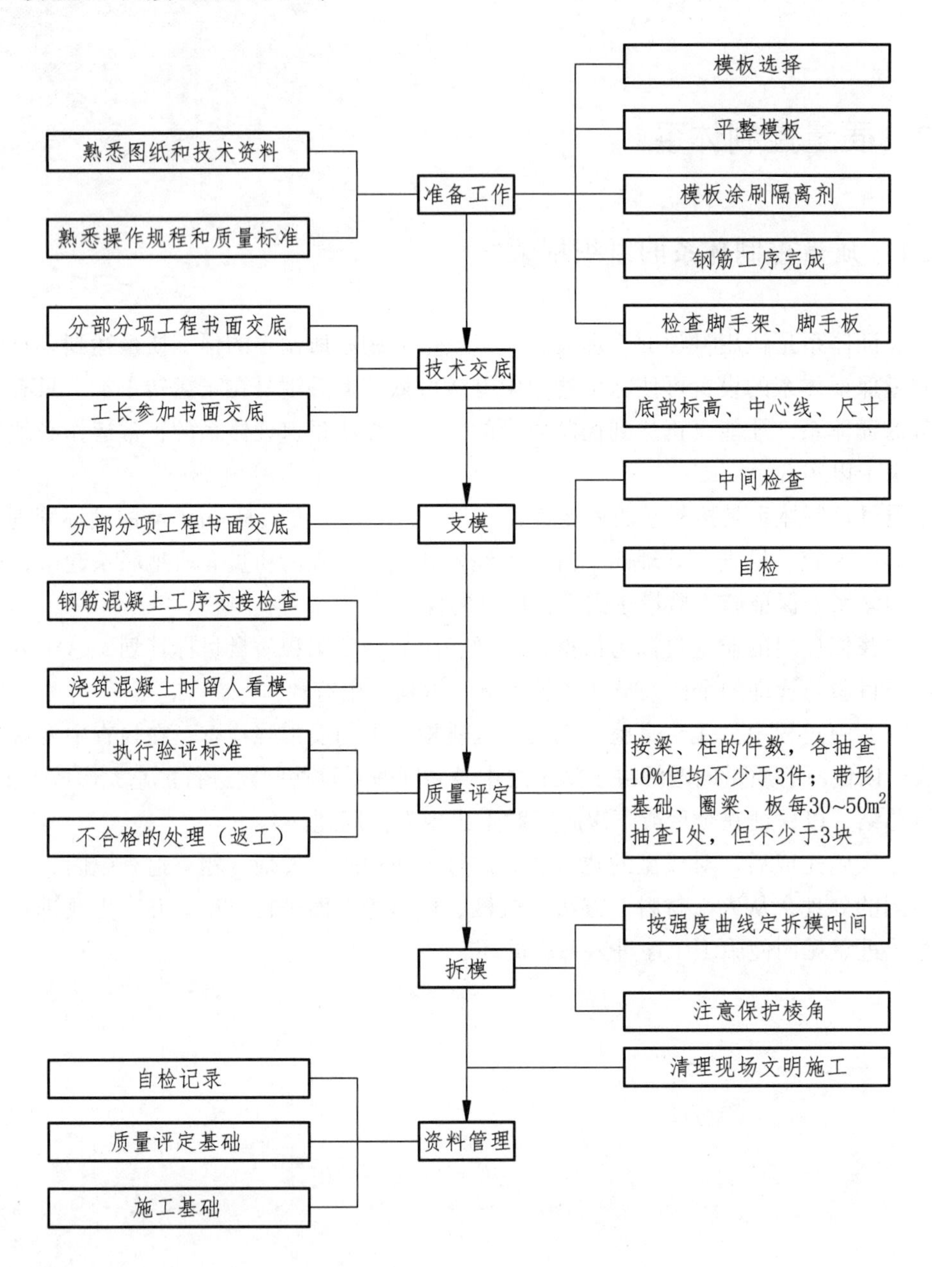

2. 钢筋工程质量控制程序

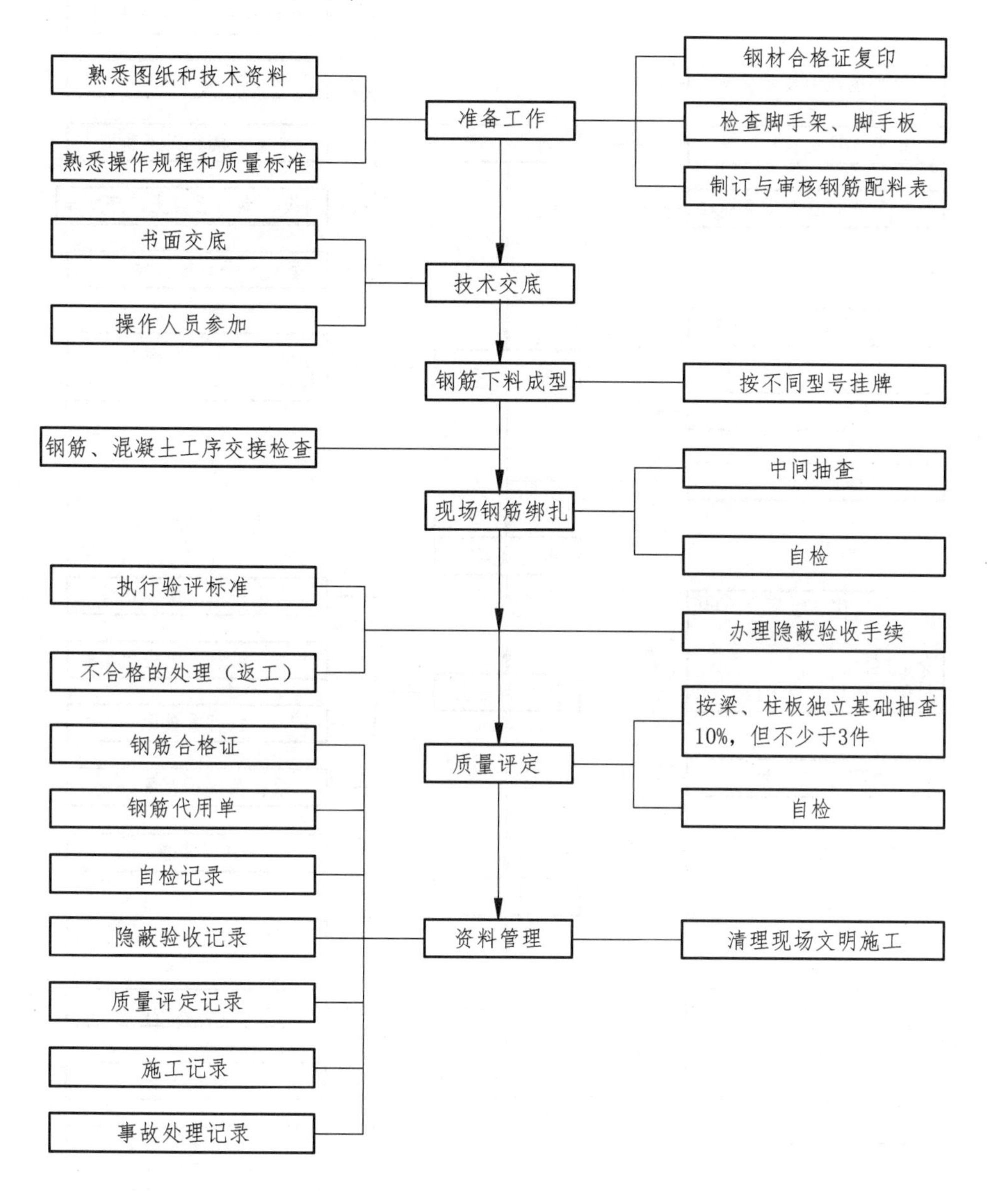

3. 混凝土工程控制程序

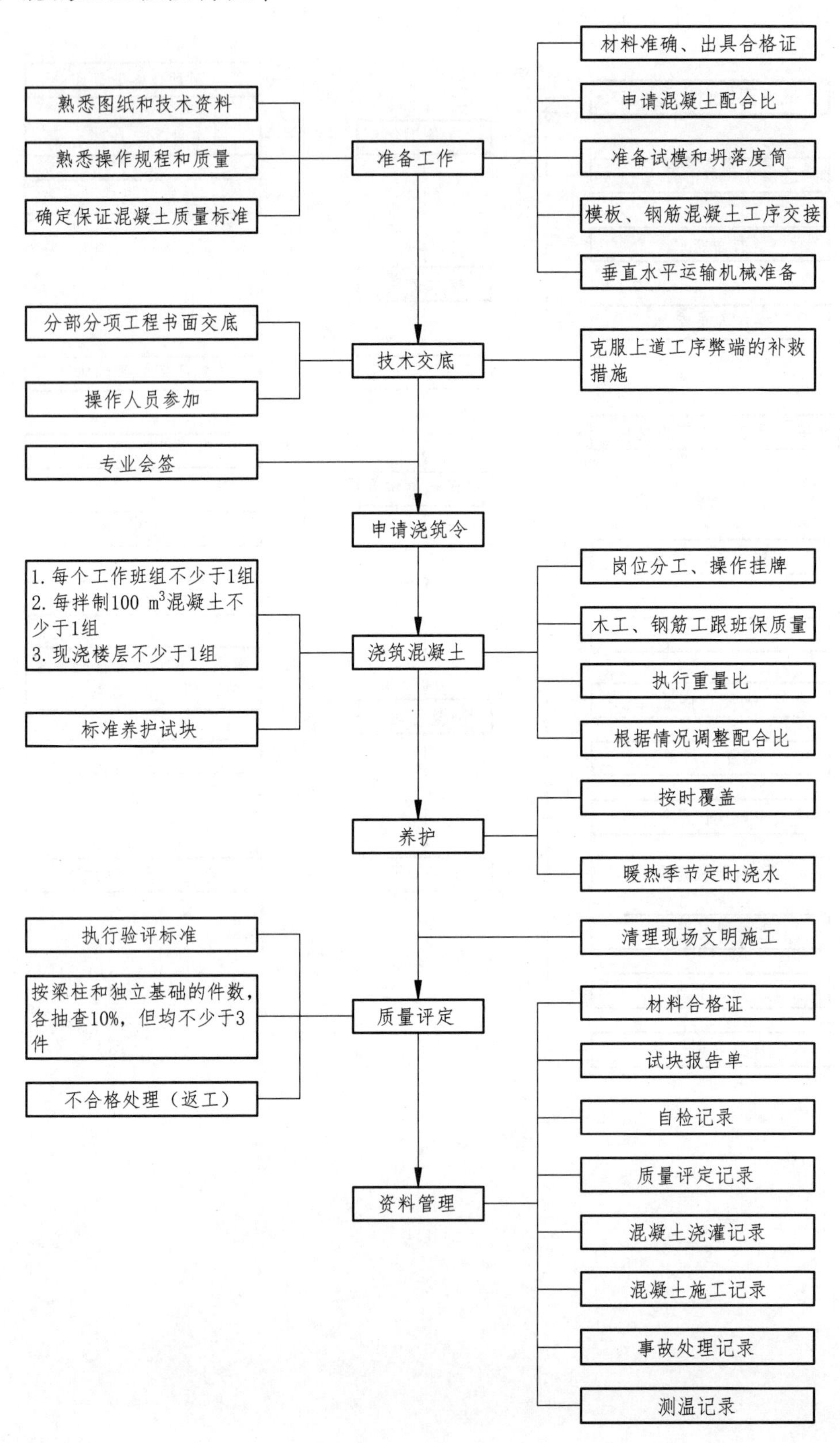
材料准确、出具合格证
申请混凝土配合比
熟悉图纸和技术资料
熟悉操作规程和质量
准备工作
准备试模和坍落度筒
确定保证混凝土质量标准
模板、钢筋混凝土工序交接
垂直水平运输机械准备
分部分项工程书面交底
技术交底
克服上道工序弊端的补救措施
操作人员参加
专业会签
申请浇筑令
岗位分工、操作挂牌
1. 每个工作班组不少于1组
2. 每拌制100 m³混凝土不少于1组
3. 现浇楼层不少于1组
浇筑混凝土
木工、钢筋工跟班保质量
执行重量比
标准养护试块
根据情况调整配合比
按时覆盖
养护
暖热季节定时浇水
执行验评标准
清理现场文明施工
按梁柱和独立基础的件数，各抽查10%，但均不少于3件
质量评定
材料合格证
试块报告单
不合格处理（返工）
自检记录
质量评定记录
资料管理
混凝土浇灌记录
混凝土施工记录
事故处理记录
测温记录

2.2.3 ISO 9000 质量管理体系

1. ISO 9000 质量管理体系的要求

为了更好地推动企业建立更加完善的质量管理体系，实施充分的质量保证，国际标准化组织 1987 年发布了 ISO 9000 系列标准，并于 1994 年进行了修订。2000 年 12 月 15 日 ISO 正式发布新的 ISO 9000、ISO 9001 和 ISO 9004 国际标准。2005 年发布 ISO 9000：2005 质量管理体系——基础和术语，2008 年发布了 ISO 9001：2008 质量管理体系——要求，2009 年发布了 ISO 9004：2009 追求组织的持续成功——质量管理方法。

我国对 ISO 9000 族标准采取等效采用，及时将其转化为国家标准。我国 1988 年发布了 GB/T 10300 系列标准，并等效采用。为更好地与国际接轨，1992 年发布了 GB/T 19000 系列标准，并等效采用 ISO 9000 族标准，并于 1994 年进行了修订。

2000 年 12 月 28 日国家质量技术监督局正式发布 GB/T 19000—2000（idt ISO 9000：2000）、GB/T 19001—2000（idt ISO 9001：2000）、GB/T 19004—2000（idt ISO 9004：2000）三个国家标准。

2008 年国家质量监督检验检疫总局、国家标准化管理委员会发布 GB/T 19000—2008《质量管理体系　基础和术语》（2009 年 5 月 1 日实施），GB/T 19001—2008《质量管理体系　要求》（2009 年 3 月 1 日实施），2011 年发布 GB/T 19004—2011《追求组织的持续成功　质量管理方法》（2012 年 2 月 1 日实施）。

在 2000 版 GB/T 19000 族标准中，GB/T 19000 质量管理体系——基础和术语标准起着奠定理论基础、统一术语概念和明确指导思想的作用，具有很重要的地位，标准共由三部分组成：

第一部分介绍了标准适用范围；

第二部分是质量管理体系基础；

第三部分是术语和定义，共 80 条。

ISO 9000 族标准的精髓：

（1）以满足顾客需求为己任。ISO 9000 将全面满足顾客需要作为宗旨，并规定了买卖双方的权利和义务。企业只有牢牢把握这一宗旨，以顾客需求为中心，生产出适销对路的产品才能真正赢得市场。

（2）重视过程控制。ISO 9000 标准十分强调企业必须建立和完善质量体系，它把对全过程控制的思想作为其基本思想，这一点从 ISO 9001 里规定的 18 个组成质量体系的过程要素中可以看出。

（3）强调以预防为主。现代质量管理思想所强调的“从事后检验到事先预防，以预防为主”在 ISO 9000 中也得到很好的体现。ISO 9000 国际标准的许多条款都是从预防角度来作的规定。例如要求进行质量策划，包括制订质量计划、配备必要的设备和检测手段、确定和准备质量记录等。ISO 9004 中指出“质量体系重点在于预防问题的发生，而不是依靠事后检查”，还指出不仅应保证在良好的状态下各要素处于受控状态，还应有能在紧急情况下迅速恢复控制的应急措施。

（4）持续的质量改进。ISO 9000 的核心思想之一是持续地进行质量改进，将质量改进作为完善质量体系的动力。

（5）重视高层领导的作用。成功实施 ISO 9000 标准，需要建立并有效运行质量管理和质量保证体系，企业高层领导应对企业的质量问题承担主要责任。

2. 建筑工程质量管理中实施 ISO 9000 标准的意义

建筑业是我国推广和应用 ISO 9000 族标准较早较深入的行业之一，目前全国许多建筑施工企业已通过或正在申请 ISO 9000 质量体系的认证。多年来的实践运用，ISO 9000 族标准对我国建筑施工企业的质量管理已产生了深远的影响，但如何把本行业的质量管理特点和传统管理经验与 ISO 9000 质量体系有机地结合起来，如何建立最有效的质量管理体系，克服实施过程中的难点，通过 PDCA 循环的四大步骤不断寻求新的改进，推动我国建筑施工企业质量管理水平的快速提高，是我国建筑施工企业目前质量管理工作的重点之一。

建筑业是从事建筑生产经营的产业部门。它负责建筑物和构筑物的建造和各种设备的安装工程。建筑业的产品是已建成并投入使用的住宅、公用建筑与设施、工厂、矿井、铁路、公路、桥梁、涵洞、港口、码头、机场、仓库、管线等。在大多数发达资本主义国家中，建筑业都被作为国民经济的三大支柱之一。在我国，建筑业总产值已占国民生产总产值的 10%左右，职工总数占全体在业职工总数的 10%。建筑工程工序繁多、影响面大，是施工企业经营管理活动的一个突出特点，也决定了其质量管理的特殊重要性。

建筑工程质量管理中实施 ISO 9000 标准的意义：

1）来自顾客或用户的压力

过去人们主要强调产品的可用性，即产品能否发挥其基本功能或性能。随着人们生活水平的提高，现在人们对建筑产品舒适性、环保性、观赏性和个性化的要求越来越高，当代市场的实际情况反映出对质量新要求的广度和复杂性，要求企业也进行着各种形式的质量管理、质量改进活动。

2）来自社会的压力

社会压力主要是“保护消费者利益”的要求或运动。消费者比以往受到更多的教育，更加意识到消费者自身的重要性和地位，他们正在从被动购买或接受产品和服务的地位转向主动了解和决定产品和服务的地位。消费者利益、产品责任已成为国际上普遍关注的重要问题，许多国家都制定了相应的法律。企业为避免因产品缺陷而造成的巨大信誉损失和赔款，必须开展质量保证活动，加强质量管理，不断进行质量改进。

3）建筑企业自身发展的客观要求

我国每年数千亿的固定资产投资，绝大部分是用于工程建设的，因此，提高工程质量具有特别重要的意义。目前，我国建筑业职工总人数近 3 000 万人，占全世界建筑业从业人数的一半，但我国建筑企业在国际工程承包市场上仅占份额才 2%左右，其主要原因是我国工程质量和材料质量低。我国建筑企业进入国际承包市场，靠的是低工资，主要以提供劳务为主。因此只有提高工程质量才能改变这种情况，才能立足于世界建筑承包市场，使我国建筑业取得应有的国际地位。

可以说，建筑企业贯彻 ISO 9000 标准，无论是提高行业的自身形象和企业内部管理水平，特别是提高项目管理水平，还是增强企业市场的竞争实力，提高企业的工程质量信誉都是极为迫切的，也是非常及时的。

3 建筑工程施工质量管理与控制

3.1 施工质量计划的内容和编制方法

3.1.1 质量策划的概念

在 GB/T 19000-ISO 9000 族标准中，质量策划有其特殊的含义：

1. 质量策划是质量管理的一部分

质量管理是指导和控制与质量有关的活动，通常包括质量方针和质量目标的建立、质量策划、质量控制、质量保证和质量改进。显然，质量策划属于“指导”与质量有关的活动，也就是“指导”质量控制、质量保证和质量改进的活动。在质量管理中，质量策划的地位低于质量方针的建立，是设定质量目标的前提，高于质量控制、质量保证和质量改进。质量控制、质量保证和质量改进只有经过质量策划，才可能有明确的对象和目标，才可能有切实的措施和方法。因此，质量策划是质量管理诸多活动中不可或缺的中间环节，是连接质量方针（可能是“虚”的或“软”的质量管理活动）和具体的质量管理活动（常被看作是“实”的或“硬”的工作）之间的桥梁和纽带。

2. 质量策划致力于设定质量目标

质量方针是指导组织前进的方向，而质量目标是这种方向上的某一个点。质量策划就是要根据质量方针的规定，并结合具体情况来确立这“某一个点”。由于质量策划的内容不同、对象不同，因而这“某一个点”也有所不同，但质量策划的首要结果就是设定质量目标。因此，它与我们平时所说的“计策、计谋和办法”是不同的。

3. 质量策划要为实现质量目标规定必要的作业过程和相关资源

质量目标设定后，如何实现呢？这就需要“干”。所谓“干”，就是作业过程，包括“干”什么，怎样“干”，从哪儿“干”起，到哪儿“干”完，什么时候“干”，由谁去“干”，等等。于是，又涉及相关资源。“干”也好，作业过程也好，都需要人、机（设备）、料（材料、原料）、法（方法和程序）、环（环境条件）。这一切就构成了“资源”。质量策划除了设定质量目标，就是要规定这些作业过程和相关资源，才能使被策划的质量控制、质量保证和质量改进得到实施。

4. 质量策划的结果应形成质量计划

通过质量策划，将质量策划设定的质量目标及其规定的作业过程和相关资源用书面形式表示出来，就是质量计划。因此，编制质量计划的过程，实际上就是质量策划过程的一部分。

3.1.2 施工质量计划的内容

按照《质量管理体系　基础和术语》（GB/T 19000—2008）标准，质量计划是质量管理体系文件的组成内容。在合同环境下，质量计划是企业向顾客表明质量管理方针、目标及其具体实现的方法、手段和措施的文件，体现企业对质量责任的承诺和实施的具体步骤。

在已经建立质量管理体系的情况下，质量计划的内容必须全面体现和落实企业质量管理体系文件的要求（也可引用质量体系文件中的相关条文），编制程序、内容和编制依据符合有关规定，同时结合本工程的特点，在质量计划中编写专项管理要求。施工质量计划的基本内容一般应包括：

（1）工程特点及施工条件（合同条件、法规条件和现场条件等）分析。

（2）质量总目标及其分解目标。

（3）质量管理组织机构和职责，人员及资源配置计划。

（4）确定施工工艺与操作方法的技术方案和施工组织方案。

（5）施工材料、设备等物资的质量管理及控制措施。

（6）施工质量检验、检测、试验工作的计划安排及其实施方法与接收准则。

（7）施工质量控制点及其跟踪控制的方式与要求。

（8）质量记录的要求等。

3.1.3 施工质量计划的编制方法

建设工程项目施工任务的组织，无论业主方采用平行发包还是总分包方式，都将涉及多方参与主体的质量责任。也就是说建筑产品的直接生产过程，是在协同方式下进行的，因此，在工程项目质量控制系统中，要按照谁实施、谁负责的原则，明确施工质量控制的主体构成及其各自的控制范围。

1. 施工质量计划的编制主体

施工质量计划应由自控主体即施工承包企业进行编制。在平行发包方式下，各承包单位应分别编制施工质量计划；在总分包模式下，施工总承包单位应编制总承包工程范围的施工质量计划，各分包单位编制相应分包范围的施工质量计划，作为施工总承包方质量计划的深化和组成部分。施工总承包方有责任对各分包方施工质量计划的编制进行指导和审核，并承担相应施工质量的连带责任。

2. 施工质量计划涵盖的范围

施工质量计划涵盖的范围，按整个工程项目质量控制的要求，应与建筑安装工程施工任务的实施范围相一致，以此保证整个项目建筑安装工程的施工质量总体受控；对具体施工任务承包单位而言，施工质量计划涵盖的范围，应能满足其履行工程承包合同质量责任的要求。建设工程项目的施工质量计划，应在施工程序、控制组织、控制措施、控制方式等方面，形成一个有机的质量计划系统，确保实现项目质量总目标和各分解目标的控制能力。

3.2 工程质量控制的方法

3.2.1 影响质量的主要因素

影响工程质量的因素主要有五个方面，即人（Man）、材料（Material）、机械（Machine）、方法（Method）和环境（Environment），简称为4M1E因素。

1. 人员素质

人员素质是影响工程质量的一个重要因素。人是生产经营活动的主体，也是工程项目建设的决策者、管理者、操作者，工程建设的全过程都是通过人来完成的。因此，建筑行业实行经营资质管理和各类专业从业人员持证上岗制度是保证人员素质的重要管理措施。

2. 工程材料

影响工序质量的材料因素主要是材料的成分、物理性能和化学性能等。材料质量是工程质量的基础。材料质量不符合要求，工程质量就不可能得到保证，所以加强材料的质量控制是提高工程质量的重要保障，也是实现投资控制目标和进度控制目标的前提。在施工过程中，质量检查员必须对已运到施工现场并拟用到永久工程的材料和设备，做好检查工作，确认其质量。建筑材料（包括大堆砂石料及三大材等）、成品、半成品，要建立入场检验制。检验应当有书面记录和专人签字，未经验收检查者或经过检验不合格者均不得使用。检验内容包括对原材料进货、制造加工、组装、中间产品试验、除锈、强度试验、严密性试验、油漆、包装直至完成出厂并具备装运条件的检验。

对工程材料的检查，首先是看其规格、性能是否符合设计要求，并对其质量通过试验进行抽样检查，不合格的材料不准使用；对设备要坚持开箱检查，看其是否有出厂合格证，其型号和性能是否与设计相符，在运输过程中有无破损，不符合要求的设备不准安装；经试验判定有缺陷的材料或设备在消除缺陷后，要在相同的条件下重新试验，直到质量达到合格标准后方可使用。当设备安装就位后，要进行试车检查或性能测试，达不到要求的设备则以书面形式通知厂方到现场检修或更换。

3. 机械设备

建筑行业的机械设备包括：①组成工程实体及配套的工艺设备和各类机具；②施工过程中使用的各类机具设备。

4. 方　法

这里所指的方法控制，包含工程项目整个建设周期内所采用的技术方案、工艺流程、组织措施、检测手段、施工组织设计等的控制。

施工方案正确与否是直接影响工程项目的进度控制、质量控制、投资控制三大目标能否顺利实现的关键，往往由于施工方案考虑不周而拖延进度、影响质量、增加投资。为此，必须结合工程实际，从技术、组织、管理、工艺、操作、经济等方面进行全面分析、综合考虑，力求技术方案可行、经济合理、工艺先进、措施得力、操作方便，有利于提高质量、加快进度、降低成本。

例如：在拟订混凝土浇筑方案时，应保证混凝土浇筑连续进行。在浇筑上层混凝土时，下面一层混凝土不致产生初凝现象，否则就不能采用“全面分层”的浇筑方案。此时，则应采取技术措施，采用“全面分层掺缓凝剂”或“全面分层进行二次振捣”的浇筑方案。在这种情况下，对需要缓凝的时间和缓凝剂的掺量，或二次振捣的间隔时间和振动设备的数量，均应进行准确计算，并通过试验调整、确定。

又如，选择施工方案的前提是一定要满足技术的可行性。如液压滑模施工，要求模内混凝土的自重必须大于混凝土与模板间的摩阻力，否则，当混凝土自重不能克服摩阻力时，混凝土必然随着模板的上升而被拉断、拉裂。所以，当剪力墙结构或筒体结构的墙壁过薄、框架结构柱的断面过小时，均不宜采用液压滑模施工。又如，在有地下水、流砂且可能产生管漏现象的地质条件下进行沉井施工时，沉井只能采取连续下沉、水下挖土、水下浇筑混凝土的施工方案。否则，若采取排水下沉施工，则难以解决流砂、地下水和管涌问题；若采取人工降水下沉施工，又可能更不经济。

总之，方法是实现工程建设的重要手段，无论方案的制订、工艺的设计、施工组织设计的编制、施工顺序的开展和操作要求等，都必须以确保质量为目的，严加控制。

5. 环境条件

环境条件是指对工程质量特性起重要作用的环境因素，包括：

（1）工程技术环境：工程地质、水文、气象等。

（2）工程作业环境：施工作业面大小、防护设施、通风照明、通信条件。

（3）工程管理环境：合同结构与管理关系的确定、组织体制与管理制度等。

（4）周边环境：工程临近的地下管线、建筑物等。

3.2.2　施工准备阶段的质量控制

施工准备阶段的质量控制是指项目正式施工活动开始前，对各项准备工作及影响质量的各因素和有关方面进行的质量控制，是为保证施工生产正常进行而必须事先做好的工作，故亦称为事前控制。

施工准备工作不仅是在工程开工前要做好，而且贯穿于整个施工过程。施工准备的基本任务就是为施工项目建立一切必要的施工条件，确保施工生产顺利进行，确保工程质量符合要求。

施工前做好质量控制工作对保证工程质量具有很重要的意义。它包括审查施工队伍的技术资质，采购和审核对工程有重大影响的施工机械、设备等。质检员在本阶段的主要职责有以下 3 个方面。

1. 建立质量控制系统

建立质量控制系统的目的是：制定本项目的现场质量管理制度，包括现场会议制度、现场质量检验制度、质量统计报表制度、质量事故报告处理制度、质量统计报表制度、质量事故报告处理制度，完善计量及质量检测技术和手段；协助分包单位完善其现场质量管理制度，并组织整个工程项目的质量保证活动。俗话说“没有规矩不成方圆”，建章立制是保证工程质量的前提，也是质检员的首要任务。

2. 进行质量检查与控制

进行质量检查与控制即对工程项目施工所需的原材料、半成品、构配件进行质量检查与控制。重要的预订货应先提交样品、经质检员检查认可后方进行采购。凡进场的原材料均应有产品合格证或技术说明书。通过一系列检验手段，将所取得的数据与厂商所提供的技术证明文件相对照，及时发现材料（半成品、构配件）质量是否满足工程项目的质量要求。一旦发现不能满足工程质量的要求，立即重新购买、更换，以保证所采用的材料（半成品、构配件）的质量可靠性。同时，质检员将检验结果反馈给厂商，使之掌握有关的质量情况。此外，根据工程材料（半成品、构配件）的用途、来源及质量保证资料的具体情况，质检员可决定质量检验工作的深度，如免检、抽检或全部检查。

3. 组织或参与组织图纸会审

1）组织图纸审查

（1）规模大、结构特殊或技术复杂的工程由公司总工程师在项目质检员的配合下组织分包技术人员，采用技术会议的形式进行图纸审查。

（2）企业列为重点的工程，由工程处主任工程师组织有关技术人员进行图纸审查，项目质检员配合。

（3）一般工程由项目质检员组织技术队长、工长、翻样师傅等进行图纸审查。

2）图纸会审程序

在图纸会审以前，质检员必须组织技术队长或主任工程师、分项工程负责人（工长）及预算人员等学习正式施工图，熟悉图纸内容、要求和特点，并由设计单位进行设计交底，以达到明确要求、彻底弄清设计意图、发现问题、消灭差错的目的。图纸审查包括学习、初审、会审和综合会审四个阶段。

3）图纸会审重点

图纸会审应以保证建筑物的质量为出发点，对图纸中有关影响建筑性能、寿命、安全、可靠性、经济等的问题提出修改意见。会审重点如下：

（1）设计单位技术等级证书及营业执照。

（2）对照图纸目录，清点新绘图纸的张数及利用标准图的册数。

（3）建设场地地质勘查察资料是否齐全。

（4）设计假定条件和采用的处理方法是否符合实际情况。

（5）地基处理和基础设计有无问题。

（6）建筑、结构、设备安装之间有无矛盾。

（7）专业图之间、专业图内各图之间、图与统计表之间的规格、强度等级、材质、数量、坐标、标高等重要数据是否一致。

（8）实现新技术项目、特殊工程、复杂设备的技术可能性和必要性，是否有保证工程质量的技术措施。

图纸会审后，应由组织会审的单位详细记录会审中提出的问题以及解决办法，写成正式文件，列入工程档案。

3.2.3 施工过程中的质量控制

施工过程中进行质量控制称为事中控制。事中控制是施工单位控制工程质量的重点，其任务也很繁重。质检员在本阶段的主要工作职责是：

1. 完善工序质量控制、建立质量控制点

完善工序质量控制、建立质量控制点在于把影响工序质量的因素都纳入管理范围。

1）工序质量控制

（1）工序质量控制的内容。施工过程质量控制强度以科学方法来提高人的工作质量，以保证工序质量，并通过工序质量来保证工程项目实体的质量。

（2）工序质量控制的实施要则。工序质量控制的实施是一件很繁杂的事情，关键是应抓住主要矛盾和技术关键，依靠组织制度及职责划分，完成工序活动的质量控制。一般来说，要掌握如下的实施要则：确定工序质量控制计划；对工序活动实行动态跟踪控制；加强对工序活动条件的主要控制。

2）质量控制点

在施工生产现场中，对需要重点控制的质量特性、工程关键部位或质量薄弱环节，在一定的时期内，一定条件下强化管理，使工序处于良好的控制状态，这就称为“质量控制点”。建立质量控制点的作用，在于强化工序质量管理控制、防止和减少质量问题的发生。

2. 组织参与技术交底和技术复核

技术交底与复核制度是施工阶段技术管理制度的一部分，也是工程质量控制的经常性任务。

1）技术交底的内容

技术交底是参与施工的人员在施工前了解设计与施工的技术要求，以便科学地组织施工，按合理的工序、工艺进行作业的重要制度。在单位工程、分部工程、分项工程正式施工前，都必须认真做好技术交底工作。技术交底的内容根据不同层次有所不同，主要包括施工图纸、

施工组织设计、施工工艺、技术安全措施、规范要求、操作规程、质量标准要求等。对于重点工程，特殊工程，采用新结构、新工艺、新材料、新技术的特殊要求，更需详细地交代清楚。分项工程技术交底后，一般应填写施工技术交底记录。施工现场技术交底的重要内容有以下几点：

（1）提出图纸上必须注意的尺寸，如轴线、标高、预留孔洞、预埋铁件和镶入构件的位置、规格、大小、数量等。

（2）所用各种材料的品种、规格、等级及质量要求。

（3）混凝土、砂浆、防水、保温、耐火、耐酸和防腐蚀材料等的配合比和技术要求。

（4）有关工程的详细施工方法、程序，工种之间、土建与各专业单位之间的交叉配合部位，工序搭接及安全操作要求。

（5）设计修改、变更的具体内容或应注意的关键部位。

（6）结构吊装机械及设备的性能、构件重量、吊点位置、索具规格尺寸、吊装顺序、节点焊接及支撑系统等。

2）技术复核

技术复核的目的：一方面是在分项工程施工前指导，帮助施工人员正确掌握技术要求；另一方面是在施工过程中再次督促检查施工人员是否已按施工图纸、技术交底及技术操作规程施工，避免发生重大差错。

3. 严格工序间交换检查作业

严格工序间交换检查主要作业工序包括隐蔽作业应按有关验收规定的要求由质检员检查并签字验收。隐蔽验收记录是今后各项建筑安装工程的合理使用、维护、改造扩建的一项重要技术资料，必须归入工程技术档案。

4. 认真分析质量统计数据，为项目经理决策提供依据

做好施工过程记录，认真分析质量统计数据，对工程的质量水平及合格率、优良品率的变化趋势作出预测供项目经理决策。对不符合质量要求的施工操作应及时纠偏，加以处理，并提出相应的报告。

3.2.4 施工阶段的质量控制（方法）

建设工程项目施工是由一系列相互关联、相互制约的作业过程（工序）构成的，因此施工质量控制，必须对全部作业过程，即各道工序的作业质量进行控制。从项目管理的立场看，工序作业质量的控制，首先是质量生产者即作业者的自控，在施工生产要素合格的条件下，作业者能力及其发挥的状况是决定作业质量的关键；其次，是来自作业者外部的各种作业质量检查、验收和对质量行为的监督，也是不可缺少的设防和把关的管理措施。

工序是人、材料、机械设备、施工方法和环境因素对工程质量综合起作用的过程，所以对施工过程的质量控制，必须以工序作业质量控制为基础和核心。因此，工序的质量控制是施工阶段质量控制的重点。只有严格控制工序质量，才能确保施工项目的实体质量。

工序施工质量控制主要包括工序施工条件质量控制和工序施工效果质量控制。

1. 工序施工条件控制

工序施工条件是指从事工序活动的各生产要素质量及生产环境条件。工序施工条件控制就是控制工序活动的各种投入要素质量和环境条件质量。控制的手段主要有：检查、测试、试验、跟踪监督等。控制的依据主要是：设计质量标准、材料质量标准、机械设备技术性能标准、施工工艺标准以及操作规程等。

2. 工序施工效果控制

工序施工效果主要反映工序产品的质量特征和特性指标。对工序施工效果的控制就是控制工序产品的质量特征和特性指标能否达到设计质量标准以及施工质量验收标准的要求。工序施工效果控制属于事后质量控制，其控制的主要途径是：实测获取数据、统计分析所获取的数据、判断认定质量等级和纠正质量偏差。

按有关施工验收规范规定，下列工序质量必须进行现场质量检测，合格后才能进行下道工序。

1）地基基础工程

（1）地基及复合地基承载力静载检测。

对于地基基础设计等级为甲级或地质条件复杂、成桩质量可靠性低的灌注桩，应采用静载荷试验的方法进行检验，检验桩数不应少于总数的 10%，且不应少于 3 根。

（2）桩的承载力检测。

设计等级为甲级、乙级的桩基或地质条件复杂，桩施工质量可靠性低，本地区采用的新桩型或新工艺的桩基应进行桩的承载力检测。检测数量在同一条件下不应少于 3 根，且不宜少于总桩数的 1%。

（3）桩身完整性检测。

根据设计要求，检测桩身缺陷及其位置，判定桩身完整性类别，采用低应变法；判定单桩竖向抗压承载力是否满足设计要求，分析桩侧和桩端阻力，采用高应变法。

2）主体结构工程

（1）混凝土、砂浆、砌体强度现场检测检测同一强度等级同条件养护的试块强度，以此检测结果代表工程实体的结构强度。

混凝土：按统计方法评定混凝土强度的基本条件是，同一强度等级的同条件养护试件的留置数量不宜少于 10 组，按非统计方法评定混凝土强度时，留置数量不应少于 3 组。

砂浆抽检数量：每一检验批且不超过 250 m^3 的砌体的各种类型及强度等级的砌筑砂浆，每台搅拌机应至少抽检一次。

砌体：普通砖 15 万块、多孔砖 5 万块、灰砂砖及粉灰砖 10 万块各为一检验批，抽检数量为一组。

（2）钢筋保护层厚度检测。

钢筋保护层厚度检测的结构部位，应由监理（建设）、施工等各方根据结构构件的重要性共同选定。对梁类、板类构件，应各抽取构件数量的 2%且不少于 5 个构件进行检验。

（3）混凝土预制构件结构性能检测。

对成批生产的构件，应按同一工艺正常生产的不超过1000件且不超过3个月的同类型产品为一批。在每批中应随机抽取一个构件作为试件进行检验。

3）建筑幕墙工程

（1）铝塑复合板的剥离强度检测。

（2）石材的弯曲强度，室内用花岗石的放射性检测。

（3）玻璃幕墙用结构胶的邵氏硬度、标准条件拉伸黏结强度、相容性试验，石材用结构胶结强度及石材用密封胶的污染性检测。

（4）建筑幕墙的气密性、水密性、风压变形性能、层间变位性能检测。

（5）硅酮结构胶相容性检测。

4）钢结构及管道工程

（1）钢结构及钢管焊接质量无损检测：对有无损检验要求的焊缝，竣工图上应标明焊缝编号、无损检验方法、局部无损检验焊缝的位置、底片编号、热处理焊缝位置及编号、焊缝补焊位置及施焊焊工代号；焊缝施焊记录及检查、检验记录应符合相关标准的规定。

（2）钢结构、钢管防腐及防火涂装检测。

（3）钢结构节点、机械连接用紧固标准件及高强度螺栓力学性能检测。

3.2.5　设置施工质量控制点的原则和方法

质量控制点是指为了保证作业过程质量而确定的重点控制对象、关键部位或薄弱环节。设置质量控制点是保证达到施工质量要求的必要前提。设置质量控制点，是对质量进行预控的有效措施。因此，在拟定质量检查工作规划时，应根据工程特点，视其重要性、复杂性、精确性、质量标准和要求，全面地、合理地选择质量控制点。

1. 选择质量控制点的一般原则

质量控制点的涉及面广，既可能是结构复杂的某一项工程项目，也可能是技术要求高、施工难度大的某一结构或分项、分部工程，还可能是影响质量关键的某一环节。总之，操作、工序、材料、机械、施工顺序、技术参数、自然条件、工程环境等，均可作为质量控制点来设置，具体设置应视其对质量特征影响的大小及危害程度而定。质量控制点一般应包括以下内容：

（1）施工过程中的关键工序或环节以及隐蔽工程，例如预应力结构的张拉工序，钢筋混凝土结构中的钢筋架立。

（2）施工中的薄弱环节，或质量不稳定的工序、部位或对象，例如地下防水层施工。

（3）对后续工程施工或对后续工序质量或安全有重大影响的工序、部位或对象，例如预应力结构中的预应力钢筋质量、模板的支撑与固定等。

（4）采用新技术、新工艺、新材料的部位或环节。

（5）施工上无足够把握的、施工条件困难的或技术难度大的工序或环节，例如复杂曲线模板的放样等。

是否设置为质量控制点，主要视其对质量特性影响的大小、危害程度以及其质量保证的难度大小而定。

2. 设置施工质量控制点的方法

质量控制点的设置应根据工程性质和特点来确定。表 3-2-1 列举了部分建筑工程的质量控制点，可供参考。

表 3-2-1 质量控制点的设置

分项工程	质量控制点
测量	标准轴线桩、水平桩、定位轴线、标高
地基、基础（含设备基础）	基（槽）坑开挖的位置、轮廓尺寸、标高、土质、地基耐压力，基础垫层标高，基础位置、尺寸、标高，预留沿孔预埋件的位置、规格、数量，基础墙皮数及标高、杯底弹线，岩石地基钻爆过程中的孔深、装药量、起爆方式、开挖清理后的建基面，断层、破碎、软弱夹层、岩溶的处理，渗水的处理
砌体	砌体轴线、皮数杆，砂浆配合比、强度，预留孔洞、预埋件位置、数量、砌体排列，砌筑体位置、轮廓尺寸，石块尺寸、强度、表面顺直度，砌筑工艺，砌体密实度，砌石厚度、孔隙率
模板	模板位置，尺寸、标高、强度、刚度、平整度、稳定性，预埋件埋设位置、型号、规格、安装稳定性、保护措施，预留孔洞尺寸、位置，模板强度及稳定性，模板内部清理及润湿情况
钢筋混凝土	水泥品种、等级，砂石质量、含水量，混凝土配合比，外加剂比例，混凝土拌和时间、坍落度，钢筋品种、规格、尺寸、搭接长度、钢筋焊接，预留洞、孔及预埋件规格、数量、尺寸、位置，预制构件吊装或出厂强度，吊装位置、标高、支承长度、焊缝长度，混凝土振捣、浇筑厚度、浇筑间歇时间、积水和泌水情况、养护，表面平整度、麻面、蜂窝、露筋、裂缝，混凝土密实性、强度
吊装	吊装设备起重能力、吊具、索具、地锚
钢结构	翻样图、放大样
路基填方	土料的颗粒含量、含水量，砾质土的粗粒含量、最大粒径，石料的粒径、级配、坚硬度，渗水料与非渗水料结合部位的处理，填筑体的位置、轮廓尺寸、铺土厚度，铺填边线，土层接面处理，土料碾压，压实度检测
焊接	焊接条件、焊接工艺
装饰	视具体情况而定

3.3 施工试验的内容、方法和判定标准

3.3.1 砂浆、混凝土的试验内容、方法和判定标准

1. 砌筑砂浆的抽样方法及检验要求

1）砌筑砂浆的抽样方法

取样数量：以不超过 250 m^3 砌体的各种类型与各种强度等级的砌筑砂浆为一检验批，同

一检验批中每台搅拌机应至少检查 1 次。每次至少制作 1 组试块，每组不少于 6 块。同一类型强度等级的砂浆试块应不少于 3 组。

取样方法：在砂浆搅拌机出料口随机取样制作砂浆试块，且要注意同盘砂浆只应制作一组试块，不可一次制作多组试块。

2）砌筑砂浆检验要求

同一检验批砂浆试块的抗压强度平均值必须大于或等于设计强度等级所对应的立方体抗压强度；同一检验批砂浆试块的抗压强度最小一组的平均值必须大于或等于设计强度等级所对应的立方体抗压强度的 0.75 倍。当试块缺乏代表性或对试验结果有争议或结果不能满足设计要求时，可采取现场检验方法对砂浆试块和砌体的强度进行原位检测或取样检验，从而判定其强度。

2. 混凝土的抽样方法及检验要求

混凝土拌制前，应测定砂、石含水率并根据测试结果调整材料用量，提出施工配合比通知单。

检查数量：每工作班检查一次。

在拌制和浇筑过程中，应检查组成材料的称量偏差，每一工作班不应少于一次抽查；坍落度的检查在浇筑地点进行，每一工作台班至少检查两次；在第一工作台班内，若混凝土配合比由于外界影响而有变动时，应及时检查；对混凝土的搅拌时间应随时检查。

1）混凝土强度的抽样方法

用于检查结构构件混凝土强度的试件，应在混凝土的浇筑地点随机抽取。取样和试件留置应符合下列几个规定：

（1）每拌制 100 盘且不超过 100 m^3 的同配合比的混凝土，取样不得少于一次。

（2）每工作班拌制的同一配合比的混凝土不足 100 盘时，取样不得少于一次。

（3）当一次连续浇筑超过 1 000 m^3 时，同一配合比的混凝土每 200 m^3 取样不得少于一次。

（4）每一楼层、同一配合比的混凝土，取样不得少于一次。

（5）每次取样应至少留置一组标准养护试件，同条件养护试件的留置组数应根据实际需要确定。

对有抗渗要求的混凝土结构，其混凝土试件应在浇筑地点随机取样。同一工程、同一配合比的混凝土，取样不应少于一次，留置组数则按连续浇筑混凝土每 500 m^3 留一组原则，每组不少于 6 个试件，且每项工程不得少于两组。采用预拌混凝土的可根据实际需要确定。

2）混凝土强度的检验要求

混凝土强度的合格评定应根据《混凝土强度检验评定标准》（GB 50107—2010）来进行，其评定方法有统计方法和非统计方法两种。前者适用于预拌混凝土厂、预制混凝土构件厂和采用现场集中搅拌混凝土的施工单位；后者适用于零星生产的预制构件厂或现场搅拌批量不大的混凝土。根据混凝土生产情况要求，其强度应按相应的统计方法进行合格性判定。当检验结果能满足上述标准的规定时，则该批混凝土强度判定为合格；当不能满足上述标准的规定时，则该批混凝土强度判定为不合格。

3.3.2 钢材及其连接的试验内容、方法和判定标准

1. 钢筋（原材料、连接）的抽样方法及检验要求

1）钢筋原材料的抽样方法及检验要求

（1）热轧钢筋的抽样方法及检验要求。

抽样方法：按同牌号、同炉罐号、同规格、同交货状态且质量不大于 60 t 为一个检验批。对质量不大于 30t 的冶炼炉冶炼的钢锭和连续坯轧制的钢筋，允许由同牌号、同冶炼方法、同浇注方法的不同炉罐号的钢筋组成一个混合批，但每批不多于 6 个炉罐号。

取样数量：外观检查从每批钢筋中抽取 5%进行。力学性能试验从每批钢筋中任选两根钢筋，每根取两个试件分别进行拉伸试验（包括屈服点、抗拉强度和伸长率）和冷弯试验。

取样方法：力学性能试验取样时，应在钢筋的任意一端切去 500 mm，然后截取试件。拉伸试件的长度为 $l=5d+(250\sim300)$ mm，弯曲试件的长度为 $l=5d+150$ mm，其中 d 为钢筋直径。

检验要求：进场的钢筋应在每捆（盘）上都挂有两个标牌（注明生产厂家、生产日期、钢号、炉罐号、钢筋级别、直径等），还应附有质量证明书、产品合格证及出厂试验报告，且应进行复检。

外观检查：钢筋表面不得有裂纹、结疤和折叠；钢筋表面允许有凸块，但其高度不得超过横肋的高度，钢筋表面上其他缺陷的深度或高度也不得大于所在部位尺寸的允许偏差；钢筋每米长度内弯曲度不应大于 4 mm。

力学性能试验：如有任意一项试验结果不符合要求，则从同一批中另取双倍数量的试件重做各项试验，如仍有一个试件为不合格品，则该批钢筋为不合格点。

热轧钢筋在加工过程中若发现脆断、焊接性能不良或机械性能显著不正常等现象时，应进行化学成分分析或其他专项检验。

（2）冷轧扭钢筋的抽样方法及检验要求。

抽样方法：冷轧扭钢筋的检验批应由同一牌号、同一规格尺寸、同一台轧机生产、同一台班的钢筋组成，每批质量不大于 10 t，不足 10 t 的也按一批计。

取样数量：冷轧扭钢筋的试件在同一检验批钢筋中随机抽取。拉伸试验，每批抽取 2 个试件；冷弯试验，每批抽取一个试件；其他项目如轧扁厚度、节距、质量、外观等视情况决定。

取样方法：取样部位应距钢筋端部不小于 500 mm；试件长度宜取偶数倍节距，且不应小于 4 倍节距，同时不小于 500 mm。

判定规则：

① 当全部检验项目均符合《冷轧扭钢筋》（GJG 190—2006）规定，则该批钢筋判定为合格。

② 当检验项目中有一项检验结果不符合《冷轧扭钢筋》（GJG 190—2006）有关条文要求，则应从同一批钢筋中重新加倍随机取样，对不合格项目进行复检。若试样复检后合格，该批钢筋可判定为合格。否则根据不同项目按下列规则判定。

a）当抗拉强度、拉伸、冷弯试验不合格，或重量负偏差大于 5%时，该批钢筋判定为不合格。

b）当仅轧扁厚度小于或节距大于标准规定，仍可判定为合格，但需降直径规格使用。

2）钢筋连接的抽样方法及检验要求

钢筋焊接方法有电阻点焊、闪光对焊、电弧焊（双面帮条焊、单面帮条焊、双面搭接焊、单面搭接焊、熔槽帮条焊、坡口焊、窄间隙焊）、电渣压力焊、气压焊、预埋件电弧焊、预埋件埋弧压力焊。

钢筋焊接接头或焊接制品应按检验批进行质量检验与验收，并划分为主控项目和一般项目两类。质量检验时，应包括外观检查和力学性能检验。

纵向受力钢筋焊接接头，包括闪光对焊接头、电弧焊接头、电渣压力焊接头、气压焊接头。接头的连接方式检查和接头的力学性能检验规定为主控项目。非纵向受力钢筋焊接接头，包括交叉钢筋电阻点焊焊点、封闭环式箍筋闪光对焊接头、钢筋与钢板电弧搭接接头、预埋件钢筋电弧焊接头、预埋件钢筋埋弧压力焊接头的质量检验与验收，规定为一般项目。

（1）钢筋闪光对接焊连接的抽样方法及检验要求。

抽样方法：在同一台班内，由同一焊工、按同一焊接参数焊接完成的 200 个同级别、同直径钢筋焊接接头作为一批。若同一台班内焊接的接头数量较少，可在一周之内累计计算。若累计仍不足 200 个接头，则也应按一批计算。

取样数量：接头外观检查，每批抽查 10%，并不少于 10 个。力学性能检验时，应从每批接头中随机切取 6 个试件，其中 3 个做拉伸试验，3 个做弯曲试验。

检验要求：接头外观应有适当的锻粗和均匀的金属毛刺；钢筋表面无横向裂纹，无明显烧伤；接头处弯折不得大于 4°，接头处钢筋轴线的偏移不得大于 $0.1d$ 且不大于 2 mm。当有一个接头不符合要求时，应对全部接头进行检查。不合格接头经切除重焊后，可提交进行二次验收。

对焊接头的抗拉强度均不得低于该级别钢筋的标准抗拉强度，且断裂位置应在焊缝每侧 20 mm 以外，并呈塑性断裂；当有一个试件的抗拉强度低于规定指标，或有两个试件在焊缝处或热影响区发生脆性断裂时，应取双倍数量的试件进行复检。复检结果中，若仍有一个试件的抗拉强度低于规定指标或有 3 个试件呈脆性断裂，则该批接头即为不合格品。

冷弯试验时，弯心直径取 $3d \sim 4d$，弯 180°后接头外侧不得出现宽度大于 0.15 mm 的横向裂纹。试验结果中有 2 个试件发生破断时，应取双倍数量的试件进行复检。复检结果中，若仍有 3 个试件发生破断，则该批接头为不合格品。

（2）钢筋电弧焊连接的抽样方法及检验要求。

抽样方法：在工厂焊接条件下，以 300 个同类型接头（同钢筋级别、同接头形式）为一批。在现场安装条件下，每一楼层中以 300 个同类型接头（同钢筋级别、同接头形式、同焊接位置）作为一批；不足 300 个时，仍作为一批。

取样数量：外观检查时，应在接头清渣后逐个进行。强度检验时，从成品中每批切取 3 个接头进行拉伸试验。

检验要求：钢筋电弧焊接头外观检查结果，应符合下列要求：

① 焊缝表面平整，不得有较大的凹陷、焊瘤。

② 接头处不得有裂纹。

③ 咬边深度、气孔、夹渣的数量和大小，以及接头尺寸偏差规定的数值。

④ 坡口焊及熔槽帮条焊接头，其焊缝加强高度为 2 ~ 3 mm。

外观检查不合格的接头，经修整或补强后，可提交二次验收。

钢筋电弧焊接头拉伸试验结果应符合下列要求：

① 三个试件的抗拉强度均不得低于该级别钢筋的规定抗拉强度值。

② 至少有两个试件呈塑性断裂。

当检验结果有一个试件的抗拉强度低于规定指标，或有两个试件发生脆性断裂时，应取双倍数量的试件进行复验。复验结果若仍有一个试件的抗拉强度低于规定指标，或有 3 个试件呈脆性断裂时，则该批接头即为不合格品。

（3）钢筋电渣压力焊连接的抽样方法及检验要求。

抽样方法：钢筋电渣压力焊接头应逐个进行外观检查。强度检验时，从每批成品中切取 3 个试件进行拉伸试验。

① 在一般构筑物中，每 300 个同类型接头（同钢筋级别、同钢筋直径）作为一批。

② 在现浇钢筋混凝土框架结构中，每一楼层中以 300 个同类型接头作为一批；不足 300 个时，仍作为一批。

钢筋电渣压力焊接头外观检查结果应符合下列要求：

① 接头焊包均匀，不得有裂纹，钢筋表面无明显烧伤等缺陷。

② 接头处钢筋轴线的偏移不得超过 0.1 倍钢筋直径，同时不得大于 2 mm。

③ 接头处弯折不得大于 4°。

对外观检查不合格的接头，应将其切除重焊。

钢筋电渣压力焊接头拉伸试验结果，三个试件均不得低于该级别钢筋规定的抗拉强度值。若有一个试件的抗拉强度低于规定数值，应取双倍数量的试件进行复验；复验结果，若仍有一个试件的强度达不到上述要求，该批接头即为不合格品。

（4）钢筋机械连接的抽样方法及检验要求。

抽样方法：同一施工条件下的同一批材料的同等级、同规格接头，以 500 个作为一个检验批进行检验与验收，不足 500 个也作为一个检验批。

取样数量：外观检查，每批随机抽取同规格接头数的 10%进行；单向拉伸试验，每一检验批应在工程结构中随机截取 3 个试件进行，且在现场应连续检验 10 个检验批，全部单向拉伸试件一次抽样均合格时，检验批的接头数量可扩大一倍；接头拧紧力矩值抽检，梁、柱构件按接头数的 15%抽检，且每个构件的接头抽检数不得少于 1，基础、墙、板构件按各自接头进行，每 100 个接头作为一个检验批，不足 100 个也作为一个检验批，每批抽检 3 个接头。

检验要求：外观检查时应使钢筋与连接套的规格一致，接头丝扣无完整丝扣外露；单向拉伸试验应满足设计要求；接头拧紧力矩值抽检的接头应全部合格，如有一个接头不合格，则应对该检验批接头逐个检查，对查出的不合格接头应进行补强，并填写接头质量检查记录。

3.3.3 土工及桩基的试验内容、方法和判定标准

1. 土工试验

1）执行标准

《地基与基础工程施工质量验收规范》（GB 50202—2002）；

《土方与爆破工程施工及验收规范》（GB 50201—2012）；

《土工试验方法标准》（GB/T 50123—1999）。

2）检验项目

常规检测项目包括：密度、压实度和含水量。

3）取样方法

（1）环刀法。

每段每层进行检验，应在夯实层的下半部（至每层表面以下的三分之二处）取样。

（2）灌砂法。

数量可较环刀法适当减少，取样部位应为每层压实后的全部深度。

（3）取样数量。

柱基：抽检柱基的10%，但不少于5组；

基槽管沟：每层按长度20 ~ 50 m取一组，但不少于1组；

基坑：每层100 ~ 500 m^2取一组，但不少于1组；

填方：每层100 ~ 500 m^2取一组，但不少于1组；

场地平整：每层400 ~ 900 m^2取一组，但不少于1组；

排水沟：每层长度20 ~ 50 m取一组，但不少于1组；

地路面基层：每层100 ~ 500 m^2取一组，但不少于1组。

4）处理程序

（1）填土的实际干密度应不小于实际规定控制的干密度。当实测填土的实际干密度小于设计规定控制的干密度时，该填土密实度判为不合格，应及时查明原因后，采取有效的技术措施进行处理，然后再对处理好后的填土重新进行干密度检验，直到判为合格为止。

（2）填土没有达到最优含水量时，即当检测填土的实际含水量没有达到该填土土类的最优含水量时，可事先向松散的填土均匀洒适量水，使其含水量接近最优含水量后，再加振、压、夯实后，重新用环刀法取样，检测新的实际干密度，务使实际干密度不小于设计规定控制的干密度。

（3）当填土含水量超过该填料最优含水量时，尤其是用黏性土回填，当含水量超过最优含水量再进行振、压、夯实时，易形成橡皮土，这就需要在采取如下技术措施后，还必须使该填料的实际干密度不小于设计规定控制的干密度：

① 开槽晾干。

② 均匀地向松散填土内掺入同类干性黏土或刚化开的熟石灰粉。

③ 当工程量不大，而且已夯压成“橡皮土”，则可采取“换填法”，即挖去已形成的“橡皮土”后，填入新的符合填土要求的填料。

④ 对黏性土填土的密实措施中，决不允许采用灌水法。因黏性土被水浸后，其含水量超过黏性土的最优含水量，在进行压、夯实时，易形成“橡皮土”。

（4）换填法用砂（或砂石）垫层分层回填时。

每层施工中，应按规定用环刀现场取样，并检测和计算出测试点砂样的实际干密度。

当实际干密度未达到设计要求或事先由实验室按现场砂样测算出的控制干密度值时，应及时通知现场：在该取样处所属的范围进行重新振、压、夯实；当含水量不够时（即没达到最优含水量），应均匀地洒水后再进行振、压、夯实。

经再次振压实后，还需在该处范围内重新用环刀取样检测，务使新检测的实际干密度达到规定要求。

3.3.4 屋面及防水工程的施工试验内容、方法和判定标准

防水工程应按《地下防水工程质量及验收规范》（GB 50208—2011）、《屋面工程质量验收规范》（GB 50207—2012）等规范进行检查与验收。

1. 防水工程施工前检查与检验

1）材　料

所用卷材及其配套材料、防水涂料和胎体增强材料、刚性防水材料、聚乙烯丙纶及其黏结材料等材料的出厂合格证、质量检验报告和现场抽样复验报告（查证明和报告，主要是查材料的品种、规格、性能等），卷材与配套材料的相容性、配合比等均应符合设计要求和国家现行有关标准规定。

防水混凝土原材料（包括掺合料、外加剂）的出厂合格证、质量检验报告、现场抽样试验报告、配合比、计量、坍落度。

2）人　员

分包队伍的施工资质、作业人员的上岗证。

2. 防水工程施工过程检查与检验

1）地下防水工程

防水层基层状况（包括干燥、干净、平整度、转角圆弧等）、卷材铺贴（胎体增强材料铺设）的方向及顺序、附加层、搭接长度及搭接缝位置、转角处、变形缝、穿墙管道等细部做法。

防水混凝土模板及支撑、混凝土的浇筑（包括方案、搅拌、运输、浇筑、振捣、抹压等）和养护、施工缝或后浇带及预埋件（套管）的处理、止水带（条）等的预埋、试块的制作和养护、防水混凝土的抗压强度和抗渗性能试验报告、隐蔽工程验收记录、质量缺陷情况和处理记录等是否符合设计和规范要求。

2）屋面防水工程

基层状况（包括干燥、干净、坡度、平整度、分格缝、转角圆弧等）、卷材铺贴（胎体增强材料铺设）的方向及顺序、附加层、搭接长度及搭接缝位置、泛水的高度、女儿墙压顶的坡向及坡度、玛琋脂试验报告单、细部构造处理、排气孔设置、防水保护层、缺陷情况、隐蔽工程验收记录等是否符合设计和规范要求。

3）厨房、厕浴间防水工程

基层状况（包括干燥、干净、坡度、平整度、转角圆弧等）、涂膜的方向及顺序、附加层、涂膜厚度、防水的高度、管根处理、防水保护层、缺陷情况、隐蔽工程验收记录等是否符合设计和规范要求。

3. 防水工程施工完成后的检查与检验

1）地下防水工程

检查标识好的“背水内表面的结构工程展开图”，核对地下防水渗漏情况，检验地下防水工程整体施工质量是否符合要求。

2）屋面防水工程

防水层完工后，应在雨后或持续淋水 2 h 后，有可能作蓄水检验的屋面，其蓄水时间不应少于 24 h，检查屋面有无渗漏、积水和排水系统是否畅通，施工质量符合要求方可进行防水层验收。

3.3.5 房屋结构的实体检测的内容、方法和判定标准

1. 主体结构包括的内容

主体结构主要包括混凝土结构、劲钢（管）混凝土结构、砌体结构、钢结构、木结构、网架及索膜结构等子分部工程，详见表 3-3-1。

表 3-3-1 主体结构工程一览表

序号	子分部工程名称	分项工程
1	混凝土结构	模板、钢筋、混凝土，预应力、现浇结构、装配式结构
2	劲钢（管）混凝土结构	劲钢（管）焊接、螺栓连接、劲钢（管）与钢筋的连接，劲钢（管）制作、安装，混凝土
3	砌体结构	砖砌体，混凝土小型空心砌块砌体，石砌体，填充墙砌体，配筋砖砌体
4	钢结构	钢结构焊接，紧固件连接，钢零部件加工，单层钢结构安装，多层及高层钢结构安装，钢结构涂装、钢构件组装，钢构件预拼装，钢网架结构安装，压型金属板
5	木结构	方木和原木结构、胶合木结构、轻型木结构、木构件防护
6	网架和索膜结构	网架制作、网架安装、索膜安装、网架防火、防腐涂料

2. 主体结构验收所需条件

1）工程实体

（1）主体分部验收前，墙面上的施工孔洞须按规定镶堵密实，并作隐蔽工程验收记录。未经验收不得进行装饰装修工程的施工，对确需分阶段进行主体分部工程质量验收时，建设单位项目负责人在质监交底上向质监人员提出书面申请，并经质监站同意。

（2）混凝土结构工程模板应拆除并清理干净其表面，混凝土结构存在缺陷处应整改完成。

（3）楼层标高控制线应清楚弹出墨线，并做醒目标志。

（4）工程技术资料存在的问题均已悉数整改完成。

（5）施工合同、设计文件规定和工程洽商所包括的主体分部工程施工的内容已完成。

（6）安装工程中各类管道预埋结束，位置尺寸准确，相应测试工作已完成，其结果符合规定要求。

（7）主体分部工程验收前，可完成样板间或样板单元的室内粉刷。

（8）主体分部工程施工中，质监站发出整改（停工）通知书要求整改的质量问题都已整改完成，完成报告书已送质监站归档。

2）工程资料

（1）施工单位在主体工程完工之后对工程进行自检，确认工程质量符合有关法律、法规和工程建设强制性标准后，提供主体结构施工质量自评报告，该报告应由项目经理和施工单位负责人审核、签字、盖章。

（2）监理单位在主体结构工程完工后对工程全过程监理情况进行质量评价，提供主体工程质量评估报告，该报告应当由总监和监理单位有关负责人审核、签字、盖章。

（3）勘察、设计单位对勘察、设计文件及设计变更进行检查，对工程主体实体是否与设计图纸及变更一致，进行认可。

（4）有完整的主体结构工程档案资料、见证试验档案、监理资料、施工质量保证资料、管理资料和评定资料。

（5）主体工程验收通知书。

（6）工程规划许可证复印件（需加盖建设单位公章）。

（7）中标通知书复印件（需加盖建设单位公章）。

（8）工程施工许可证复印件（需加盖建设单位公章）。

（9）混凝土结构子分部工程结构实体混凝土强度验收记录。

（10）混凝土结构子分部工程结构实体钢筋保护层厚度验收记录。

3）主体结构验收主要依据

（1）《建筑工程施工质量验收统一标准》（GB 50300—2013）等现行质量检验评定标准、施工验收规范。

（2）国家及地方关于建设工程的强制性标准。

（3）经审查通过的施工图纸、设计变更、工程洽商以及设备技术说明书。

（4）引进技术或成套设备的建设项目，还应出具签订的合同和国外提供的设计文件等资料。

（5）其他有关建设工程的法律、法规、规章和规范性文件。

4）主体结构验收组织及验收人员

（1）由监理单位项目总监负责组织实施建设工程主体验收工作，建设工程质量监督部门对建设工程主体验收实施监督，该工程的建设、施工、设计等单位参加。

（2）验收人员：验收组成员由建设单位负责人、项目现场管理人员及设计、施工、监理单位项目技术负责人或质量负责人组成。

5）主体工程验收的程序

建设工程主体验收按施工企业自评、设计认可、监理核定、业主验收、政府监督的程序进行。

（1）施工单位主体结构工程完工后，向建设单位提交建设工程质量施工单位（主体）报告，申请主体工程验收。

（2）监理单位核查施工单位提交的建设工程质量施工单位（主体）报告，对工程质量情况作出评价，填写建设工程主体验收监理评估报告。

（3）建设单位审查施工单位提交的建设工程质量施工单位（主体）报告，对符合验收要求的工程，组织设计、施工、监理等单位的相关人员组成验收组。

（4）建设单位在主体工程验收 3 个工作日前将验收的时间、地点及验收组名单报至区建设工程质量监督站。

（5）监理单位组织验收组成员在建设工程质量监督站监督下在规定的时间内对建设工程主体工程进行工程实体和工程资料的全面验收。

4　工程质量问题的分析、预防及处理方法

4.1　施工质量问题的分类与识别

根据我国《质量管理体系　基础和术语》（GB/T 19000—2008）标准的规定，凡工程产品没有满足某个规定的要求，就称之为质量不合格；而未满足某个与预期或规定用途有关的要求，称为质量缺陷。凡是工程质量不合格，影响使用功能或工程结构安全，造成永久质量缺陷或存在重大质量隐患，甚至直接导致工程倒塌或人身伤亡的，必须进行返修、加固或报废处理，按照由此造成直接经济损失的大小分为质量问题和质量事故。

工程质量事故具有成因复杂、后果严重、种类繁多、往往与安全事故共生的特点。建设工程质量事故的分类有多种方法，不同专业工程类别对工程质量事故的等级划分也不尽相同。

1. 按事故造成损失的程度分级

工程质量问题的分类方法较多，依据住房和城乡建设部《关于做好房屋建筑和市政基础设施工程质量问题报告和调查处理工作的通知》（建质〔2010〕111 号），根据工程质量问题造成的人员伤亡或者直接经济损失将工程质量问题分为四个等级：一般事故、较大事故、重大事故、特别重大事故。具体如下：

（1）特别重大事故，是指造成 30 人以上死亡，或者 100 人以上重伤，或者 1 亿元以上直接经济损失的事故。

（2）重大事故，是指造成 10 人以上 30 人以下死亡，或者 50 人以上 100 人以下重伤，或者 5 000 万元以上 1 亿元以下直接经济损失的事故。

（3）较大事故，是指造成 3 人以上 10 人以下死亡，或者 10 人以上 50 人以下重伤，或者 1 000 万元以上 5 000 万元以下直接经济损失的事故。

（4）一般事故，是指造成 3 人以下死亡，或者 10 人以下重伤，或者 100 万元以上 1 000 万元以下直接经济损失的事故。

2. 按事故责任分类

（1）指导责任事故：由于工程实施指导或领导失误而造成的质量事故。例如，由于工程负责人片面追求施工进度，放松或不按质量标准进行控制和检验，降低施工质量标准等。

（2）操作责任事故：在施工过程中，由于实施操作者不按规程和标准实施操作，而造成的质量事故。例如，浇筑混凝土时随意加水，或振捣疏漏造成混凝土质量事故等。

（3）然灾害事故：由于突发的严重自然灾害等不可抗力造成的质量事故。例如地震、台风、暴雨、雷电、洪水等对工程造成破坏甚至使其倒塌。这类事故虽然不是人为责任直接造

成，但灾害事故造成的损失程度也往往与人们是否在事前采取了有效的预防措施有关，相关责任人员也可能负有一定责任。

4.2 建筑工程中常见的质量问题（通病）

建筑工程质量通病是指建筑工程中经常发生的、普遍存在的一些工程质量问题。由于其量大面广，因此对建筑工程质量危害很大，是进一步提高工程质量的主要障碍。本节仅对部分主体工程中经常出现的质量通病进行列举。

1. 钢筋工程质量通病

（1）钢筋制作下料长度不准，抗震箍筋135°弯钩弯折角度不准，弯钩长度不均匀。

（2）洞口钢筋切断后未做弯折处理。

（3）主筋绑扎不到位，四角主筋不贴箍筋角，中间主筋不贴箍筋。

（4）钢筋搭接长度不足，钢筋绑扎接头位置不当，未避开受拉力较大处或接头，接头末端距弯点未大于10d。

（5）箍筋绑扎不垂直于主筋，接头未错开，间距不匀，绑扎不牢固，不贴主筋。

（6）柱钢筋、平台钢筋弯钩朝向不对。

（7）钢筋绑扎后未做定位处理，混凝土浇注后，钢筋发生位移。钢筋纠偏时，1∶6矫正坡度不准。

（8）钢筋对焊，焊头不匀。

（9）混凝土浇注施工时，悬挑梁板筋被踩下，有效厚度不足。

（10）钢筋弯折处的弯弧内直径小于规范规定。

2. 混凝土工程质量通病

（1）混凝土蜂窝、麻面、孔洞。

（2）露筋。

（3）混凝土强度偏高或偏低。

（4）混凝土板表面不平整。

（5）混凝土裂缝。

（6）混凝土夹芯。

（7）外形尺寸偏差。

3. 模板工程质量通病

（1）模板的强度、刚度和稳定性保证力度不够。

（2）模板制作成型后，验收认真程度不足。

（3）柱模板根部和顶部固定不牢，产生位移偏差，偏差的校正调整不认真造成累计误差。

（4）安装模板时，未拉水平、竖向通线；浇筑混凝土时通线已撤掉，造成模板的看护人员不易发现模板跑位变形。

（5）模板与脚手架拉接，产生位移跑模。

（6）门窗洞口模板支撑系统缺斜撑或十字拉杆，造成门窗洞口容易变形甚至失稳。

（7）阳角部位模板水平楞支撑悬挑，加固用钢管过稀造成阳角上模板胀开漏浆。

（8）竖向模板根部未做找平，造成模板漏浆烂根。

（9）模板顶部无标高标记或施工中不按标记检查。

（10）楼梯踏步模板支模时未考虑不同地面做法厚度不同。

（11）模板接缝处，堵缝措施不当造成漏浆影响混凝土质量。

（12）拆模后不清理模板即涂刷脱模剂，或模板清理不干净即涂刷脱模剂。

（13）脱模剂涂刷不均匀或漏涂，涂刷脱模剂时污染钢筋或混凝土面。

（14）雨季施工涂刷完水性脱模剂无遮盖保护措施，被冲洗。

（15）柱模板根部或堵头处，梁墙接头的最低点不留清扫口，或清扫口留置不当，无法有效清理。

（16）支模板用顶撑电焊在受力钢筋上，损伤受力筋。

（17）施工缝支模仅用钢丝网未立模板使混凝土漏浆。

（18）模板拆除过早，破坏混凝土棱角；低温下大模板拆除过早与墙体粘连。

4. 砌体工程质量通病

（1）垂直度、平整度不符合规范要求。

（2）砂浆强度不够。

（3）砖缝砂浆不饱满。

（4）与结构连接未设置拉结筋。

（5）砌体未湿水直接进行砌筑施工或砌筑完成不进行养护。

（6）直接一次性砌筑到顶，未设置斜砌。

（7）基础清理不够，导致上下不能连为一体。

5. 卷材防水工程质量通病

（1）防水基层强度不足，基层表面起砂起皮。

（2）基层表面平整度、光洁度差，表面清扫不彻底。

（3）外防外贴砌筑保护墙时与防水保护层之间未用砂浆填实。

（4）铺贴卷材时，立面与平面转角处，卷材接头未留在平面上，或距立面不足 600 mm。

（5）卷材到顶收头无有效固定及保护措施。

（6）卷材铺贴有气泡、裂缝及损伤，修补不按分层搭接，而是一次表面粘贴。

（7）卷材铺贴时，胶结材料涂刷不均匀或胶结材料的干硬程度未掌握好。

6. 涂膜防水工程质量通病

（1）基层清理不干净，冷底子油漏刷或涂刷不均匀。

（2）防水层空鼓、起泡，夹杂硬状颗粒。

（3）玻璃纤维布铺贴不密实。

4.3 形成质量问题的原因分析

1. 倾倒事故

（1）由于地基不均匀沉降或受到较大的外力而造成的建筑物或构筑物倾斜或倒塌。

（2）在砌筑过程中没有按图纸或规范要求的施工工艺操作而造成的墙体失稳、倾倒的情形。

（3）施工荷载超重，造成楼盖或墙体局部倒塌的情形。

2. 开裂事故

（1）由于施工措施、工艺不到位而造成混凝土构件表面或钢结构焊缝出现超过规范允许的裂缝。

（2）施工荷载过重、混凝土养护不到位、模板拆除过早造成混凝土构件表面出现超过规范允许的裂缝。

（3）项目在订购商品混凝土时，对混凝土原材料和配合比审核不严，即混凝土自身缺陷原因形成的裂缝。

3. 错位事故

（1）由于自身工作疏忽造成建筑物定位放线不准确。

（2）设备基础预埋件、预留洞位置不准确，严重偏位造成设备无法安装。

（3）钢结构制作工艺不良，运输、堆放、安装方法不当，焊接定位不精确。

（4）预留洞、预埋件位置错位。

4. 边坡支护事故

（1）设计方案不合理、基坑降水措施不到位、土方开挖程序不合理等。

（2）由于边坡顶部承载力过重，边坡锚杆深度不够或预应力张力不到位，孔内水泥灌浆不饱满、边坡监测不到位等造成的边坡塌陷。

5. 沉降事故

（1）回填材料或施工质量不合格，未按规范规定分层夯实、检测，导致回填部位出现下沉。

（2）不均匀沉降造成的损害。

6. 功能事故

1）防水工程

（1）防水材料的质量未达到设计、规范的要求，在使用中出现严重渗漏。

（2）防水施工时成品保护不到位，材料等未按要求堆放导致防水层被破坏。

（3）防水工程未按施工方案、工序、工艺要求进行施工，造成严重渗漏。

2）装饰工程

（1）保温、隔热、装饰等材料质量不合格或不符合节能环保的要求，从而影响使用功能。

（2）工程所使用的防火材料质量未达到设计、规范的防火等级标准。

（3）施工中未按方案、工序、工艺标准进行操作。

7. 安装事故

（1）大型设备、管道在运输、吊装过程中方案不正确或未按方案执行，导致滑脱、坠落。

（2）大型设备、管道的支、托、吊架、安装不牢固，所使用的型钢、铆栓，规格型号不符合要求，导致设备管道脱落变形，影响正常使用或形成安全隐患。

（3）阀类、压力容器等安装质量及承压能力不符合设计要求、规范验收要求。

（4）由于安装的原因，导致系统运转不正常或者不能满足设计的要求。

8. 管理事故

（1）分部分项工程施工顺序不当，造成质量问题和严重经济损失。

（2）施工人员不熟悉图纸，盲目施工，致使建筑物或预埋件定位错误。

（3）在施工过程中未严格按施工组织设计、方案和工序、工艺标准要求进行施工，造成经济损失。

（4）对进场的材料、成品、半成品不按规定检查验收、存放、复试等，造成经济损失。

（5）未尽到总包责任，导致现场出现管理混乱，进而形成一定的经济损失。

4.4 质量问题的处理方法

1. 修补处理

当工程某部分的质量虽未达到规定的规范、标准或设计的要求，存在一定的缺陷，但经过修补后可以达到要求的质量标准，又不影响使用功能或外观的要求时，可采取修补处理的方法。例如：某些混凝土结构表面出现蜂窝、麻面，经调查分析，该部位经修补处理后，不会影响其使用及外观；对混凝土结构局部出现的损伤，如结构受撞击、局部未振实、冻害、火灾、酸类腐蚀、碱骨料反应等，当这些损伤仅仅在结构的表面或局部，不影响其使用和外观，可进行修补处理。再比如对混凝土结构出现的裂缝，经分析研究后如果不影响结构的安全和使用时，也可采取修补处理。例如：当裂缝宽度不大于 0.2 mm 时，可采用表面密封法；

当裂缝宽度大于 0.3 mm 时，采用嵌缝密闭法；当裂缝较深时，则应采取灌浆修补的方法。

2. 加固处理

加固处理主要是针对危及承载力的质量缺陷的处理。通过对缺陷的加固处理，使建筑结构恢复或提高承载力，重新满足结构安全性与可靠性的要求，使结构能继续使用或改作其他用途。例如，对混凝土结构常用的加固方法主要有：增大截面加固法、外包角钢加固法、粘钢加固法、增设支点加固法、增设剪力墙加固法、预应力加固法等。

3. 返工处理

当工程质量缺陷经过修补处理后仍不能满足规定的质量标准要求，或不具备补救可能性时，必须采取返工处理。例如：某防洪堤坝填筑压实后，其压实土的干密度未达到规定值，经核算将影响土体的稳定且不满足抗渗能力的要求，须挖除不合格土，重新填筑，进行返工处理；某公路桥梁工程预应力按规定张拉系数为 1.3，而实际仅为 0.8，严重的质量缺陷，也无法修补，只能返工处理。再比如某工厂设备基础的混凝土浇筑时掺入木质素磺酸钙减水剂，因施工管理不善，掺量多于规定 7 倍，导致混凝土坍落度大于 180 mm，石子下沉，混凝土结构不均匀，浇筑后 5 d 仍然不凝固硬化，28 d 的混凝土实际强度不到规定强度的 32%，不得不返工重浇。

4. 限制使用

当工程质量缺陷按修补方法处理后无法保证达到规定的使用要求和安全要求，而又无法返工处理的情况下，不得已时可作出诸如结构卸荷或减荷以及限制使用的决定。

5. 不作处理

某些工程质量问题虽然达不到规定的要求或标准，但其情况不严重，对工程或结构的使用及安全影响很小，经过分析、论证、法定检测单位鉴定和设计单位等认可后可不作专门处理。一般可不作专门处理的情况有以下几种：

（1）不影响结构安全、生产工艺和使用要求的。例如，有的工业建筑物出现放线定位的偏差，且严重超过规范标准规定，若要纠正会造成重大经济损失，但经过分析、论证其偏差不影响生产工艺和正常使用，在外观上也无明显影响，可不作处理。又如，某些部位的混凝土表面的裂缝，经检查分析，属于表面养护不够的干缩微裂，不影响使用和外观，也可不作处理。

（2）后道工序可以弥补的质量缺陷。例如，混凝土结构表面的轻微麻面，可通过后续的抹灰、刮涂、喷涂等弥补，也可不作处理。再比如，混凝土现浇楼面的平整度偏差达到 10 mm，但由于后续垫层和面层的施工可以弥补，所以也可不作处理。

（3）法定检测单位鉴定合格的。例如，某检验批混凝土试块强度值不满足规范要求，强度不足，但经法定检测单位对混凝土实体强度进行实际检测后，其实际强度达到规范允许和设计要求值时，可不作处理。对经检测未达到要求值，但相差不多，经分析论证，只要使用前经再次检测达到设计强度，也可不作处理，但应严格控制施工荷载。

（4）出现的质量缺陷，经检测鉴定达不到设计要求，但经原设计单位核算，仍能满足结构安全和使用功能的。例如，某一结构构件截面尺寸不足，或材料强度不足，影响结构承载力，但按实际情况进行复核验算后仍能满足设计要求的承载力时，可不进行专门处理。这种做法实际上是挖掘设计潜力或降低设计的安全系数，应谨慎处理。

6. 报废处理

出现质量事故的工程，通过分析或实践，采取上述处理方法后仍不能满足规定的质量要求或标准，则必须予以报废处理。

专业技能篇

根据国家建筑施工企业岗位技能的要求，质检员能够运用质量管理与质量控制的基本原理正确分析影响工程质量的因素，并能够运用质量管理与质量控制的原则与方法对工程施工过程实施管理。在正确识读建筑施工图的基础上，能够编制施工项目质量计划；能够规范填写施工现场质量管理检查记录表；具有对一般工程进行质量验收划分的能力；能够规范填写质量验收表格；能够根据施工质量检验标准对所验工程的工程质量作出正确评价。具有常用建筑材料进场外观质量和质量证明文件阅读审查的能力；能够独立进行现场取样送检工作；具有阅读审查质量检验报告的能力。

1 施工项目质量计划

项目施工质量保证体系应有可行的施工质量计划。施工项目质量计划是指确定施工项目的质量目标和如何达到这些质量目标所确定的必要的作业过程、专门的质量措施和资源等工作。施工项目质量计划主要包括：组织管理、资源投入、质量措施、工作过程、质量控制点。施工质量工作计划的编制应具有针对性，不同的分部分项工程质量控制各有其不同的重点。首先要确定分部工程、分项工程、检验批，而后编制施工质量工作计划。

1.1 确定土建工程施工质量验收的分部、分项工程及检验批

1.1.1 地基与基础分部、分项、检验批划分

示例：

××市××中学教学楼地基与基础分部、分项、检验批划分，见表 1-1-1。地基与基础分部工程的主要施工工艺流程为：基坑一层开挖→一层锚杆→二层开挖→二层锚杆→垫层→砖砌保护墙→卷材水平防水层→保护层→防水底板、独立基础、墙下条基（模板、钢筋、混凝土）→房心土方回填→地下室挡土墙、柱（模板、钢筋、混凝土）→地下室外墙立面防水→

地下室顶梁板梯（模板、钢筋、混凝土）→室外土方回填。

表 1-1-1　地基与基础分部、分项、检验批划分表

分部工程	子分部工程	分项工程名称	检验批	检验批数量
地基与基础	无支护土方	土方开挖	土方开挖检验批质量验收记录（分两层开挖）	2
		土方回填	室内回填检验批质量验收记录（分两层）	2
			室外回填检验批质量验收记录（按规范分层）	15
	有支护土方	降水与排水	降水与排水检验批质量验收记录	1
		锚　杆	锚喷支护检验批质量验收记录（分两层支护）	2
	地基处理	土和灰土挤密桩地基	土和灰土挤密桩（CFG 桩）复合地基检验批质量验收记录	1
	地下防水	防水混凝土	防水混凝土工程检验批质量验收记录	1
		卷材防水	卷材防水层检验批质量验收记录（垫层上水平防水、地下室挡土墙立面防水）	2
		细部构造	细部构造检验批质量验收记录	1
	混凝土基础	模板	基础模板安装、拆除检验批质量验收记录（防水板、独立基础、墙下条基）	2
			模板安装、拆除检验批质量验收记录（地下室挡土墙、柱）	2
			模板安装、拆除检验批质量验收记录（地下室梁板、楼梯）	2
		钢筋	钢筋原材（防水板、独立基础、地梁、地下室挡土墙、柱、地下室梁、板、楼梯）	按批次
			钢筋加工（防水板、独立基础、地梁、地下室挡土墙、柱、地下室梁、板、楼梯）按楼层	1
			钢筋连接、安装（防水板、独立基础、地梁）按楼层	1
			钢筋连接、安装检验批质量验收记录（地下室挡土墙、柱）	1
			钢筋连接、安装检验批质量验收记录（地下室梁、板、楼梯）	1
		混凝土	混凝土原材	按批次
			防水板 C30 S6、独立基础 C30 S6、墙下条基 C30 S6、地下室挡土墙 C30 S6、柱 C40、垫层 C15、配筋砌体 C20 混凝土原材及配合比设计检验批质量验收记录（配合比设计按强度等级和耐久性及工作性能划分）	4
			垫层；防水层保护层混凝土；独立基础、防水板；独立柱、挡土墙；梁板梯混凝土施工检验批质量验收记录	5

续表

分部工程	子分部工程	分项工程名称	检验批	检验批数量
地基与基础	混凝土基础	现浇结构	现浇结构外观质量检验批质量验收记录（基础；地下室剪力墙、柱；地下室梁、板、楼梯）	3
			现浇结构尺寸偏差检验批质量验收记录（基础；地下室剪力墙、柱；地下室梁、板、楼梯）	3
	砌体	砖砌体	砖砌体（防水保护层）	1
		配筋砌体	配筋砌体检验批质量验收记录（地下室构造柱、边框柱、水平系梁）	1
		填充墙砌体	填充墙砌体检验批质量验收记录（地下室）	1
		混凝土空心砌块砌体	混凝土空心砌块砌体检验批质量验收记录（地下室）	1

1.1.2　主体结构分部、分项、检验批划分

××市××中学教学楼主体结构分部、分项、检验批划分，见表 1-1-2。主体分部工程采用分段施工，即 1 ~ 2 层分①~⑧轴、⑨~⑪轴两段，3 层以上仅为一段即①~⑧轴。主要施工工艺流程为：柱筋安装→柱、梁、板、梯模板安装→梁板梯钢筋安装→柱、梁、板、梯混凝土浇筑→模板拆除→墙体砌筑。

表 1-1-2　主体结构分部、分项、检验批划分表

分部工程	子分部工程	分项工程名称	检验批	检验批数量
主体结构	混凝土结构	模板	（一层①~⑧轴）模板安装、拆除检验批质量验收记录	2
			（一层⑨~⑪轴）模板安装、拆除检验批质量验收记录	2
			（二层①~⑧轴）模板安装、拆除检验批质量验收记录（按楼层、施工段）	2
			（二层⑨~⑪轴）模板安装、拆除检验批质量验收记录（按楼层、施工段）	2
			（三层①~⑧轴）模板安装、拆除检验批质量验收记录（按楼层、施工段）	2
			（四层①~⑧轴）模板安装、拆除检验批质量验收记录（按楼层、施工段）	2
			（五层①~⑧轴）模板安装、拆除检验批质量验收记录（按楼层、施工段）	2
			（屋面花房）模板安装、拆除检验批质量验收记录（按楼层、施工段）	2

续表

分部工程	子分部工程	分项工程名称	检验批	检验批数量
主体结构	混凝土结构	钢筋	钢筋原材检验批质量验收记录	（按批次）
			（一层①~⑧轴）钢筋加工；连接、安装（按楼层、施工段）	2
			（一层⑨~⑪轴）钢筋加工；连接、安装（按楼层、施工段）	2
			（二层①~⑧轴）钢筋加工；连接、安装（按楼层、施工段）	2
			（二层⑨~⑪轴）钢筋加工；连接、安装（按楼层、施工段）	2
			（三层①~⑧轴）钢筋加工；连接、安装（按楼层、施工段）	2
			（四层①~⑧轴）钢筋加工；连接、安装（按楼层、施工段）	2
			（五层①~⑧轴）钢筋加工；连接、安装（按楼层、施工段）	2
			（屋面花房）钢筋加工；连接、安装（按楼层、施工段）	2
		混凝土	混凝土原材	（按批次）
			柱C30、C35、C40；梁板梯C30；二次结构室内C20、室外C30。配合比施工检验批质量验收记录（配合比设计按强度等级和耐久性及工作性能划分）	4
			（一层⑨~⑪轴）混凝土施工检验批质量验收记录（按楼层、施工段）	2
			（二层①~⑧轴）混凝土施工检验批质量验收记录（按楼层、施工段）	2
			（二层⑨~⑪轴）混凝土施工检验批质量验收记录（按楼层、施工段）	2
			（三层①~⑧轴）混凝土施工检验批质量验收记录（按楼层、施工段）	2
			（四层①~⑧轴）混凝土施工检验批质量验收记录（按楼层、施工段）	2
			（五层①~⑧轴）混凝土施工检验批质量验收记录（按楼层、施工段）	2
			（屋面花房）混凝土施工检验批质量验收记录（按楼层、施工段）	2
		现浇结构	（一层①~⑧轴）现浇结构外观质量、尺寸偏差检验批质量验收记录（按楼层、施工段）	2
			（一层⑨~⑪轴）现浇结构外观质量、尺寸偏差检验批质量验收记录（按楼层、施工段）	2
			（二层①~⑧轴）现浇结构外观质量、尺寸偏差检验批质量验收记录（按楼层、施工段）	2
			（二层⑨~⑪轴）现浇结构外观质量、尺寸偏差检验批质量验收记录（按楼层、施工段）	2

续表

分部工程	子分部工程	分项工程名称	检验批	检验批数量
主体结构	混凝土结构	现浇结构	（三层①~⑧轴）现浇结构外观质量、尺寸偏差检验批质量验收记录（按楼层、施工段）	2
			（四层①~⑧轴）现浇结构外观质量、尺寸偏差检验批质量验收记录（按楼层、施工段）	2
			（五层①~⑧轴）现浇结构外观质量、尺寸偏差检验批质量验收记录（按楼层、施工段）	2
			（屋面花房）现浇结构外观质量、尺寸偏差检验批质量验收记录（按楼层、施工段）	2
	砌体结构子分部	配筋砌体	（一层①~⑧轴）配筋砌体检验批质量验收记录（按楼层、施工段）	1
			（一层⑨~⑪轴）配筋砌体检验批质量验收记录（按楼层、施工段）	1
			（二层①~⑧轴）配筋砌体检验批质量验收记录（按楼层、施工段）	1
			（二层⑨~⑪轴）配筋砌体检验批质量验收记录（按楼层、施工段）	1
			（三层①~⑧轴）配筋砌体检验批质量验收记录（按楼层、施工段）	1
			（四层①~⑧轴）配筋砌体检验批质量验收记录（按楼层、施工段）	1
			（五层①~⑧轴）配筋砌体检验批质量验收记录（按楼层、施工段）	1
			三层屋面女儿墙配筋砌体检验批质量验收记录（按楼层、施工段）	1
			四层屋面女儿墙配筋体检验批质量验收记录（按楼层、施工段）	1
			五层屋面女儿墙配筋体检验批质量验收记录（按楼层、施工段）	1
		填充砌体	（一层①~⑧轴）填充砌体检验批质量验收记录（按楼层、施工段）	1
			（一层⑨~⑪轴）填充砌体检验批质量验收记录（按楼层、施工段）	1
			（二层①~⑧轴）填充砌体检验批质量验收记录（按楼层、施工段）	1
			（二层⑨~⑪轴）填充砌体检验批质量验收记录（按楼层、施工段）	1

续表

分部工程	子分部工程	分项工程名称	检验批	检验批数量
主体结构	砌体结构子分部	填充砌体	（三层①~⑧轴）填充砌体检验批质量验收记录（按楼层、施工段）	1
			（四层①~⑧轴）填充砌体检验批质量验收记录（按楼层、施工段）	1
			（五层①~⑧轴）填充砌体检验批质量验收记录（按楼层、施工段）	1
		混凝土空心砌块砌体	（一层①~⑧轴）混凝土空心砌块砌体检验批质量验收记录（按楼层、施工段）	1
			（一层⑨~⑪轴）混凝土空心砌块砌体检验批质量验收记录（按楼层、施工段）	1
			（二层①~⑧轴）混凝土空心砌块砌体检验批质量验收记录（按楼层、施工段）	1
			（二层⑨~⑪轴）混凝土空心砌块砌体检验批质量验收记录（按楼层、施工段）	1
			（三层①~⑧轴）混凝土空心砌块砌体检验批质量验收记录（按楼层、施工段）	1
			（四层①~⑧轴）混凝土空心砌块砌体检验批质量验收记录（按楼层、施工段）	1
			（五层①~⑧轴）混凝土空心砌块砌体检验批质量验收记录（按楼层、施工段）	1
		砖砌体	三层屋面女儿墙砖砌体检验批质量验收记录（按楼层、施工段）	1
			四层屋面女儿墙砖砌体检验批质量验收记录（按楼层、施工段）	1个
			五层屋面女儿墙砖砌体检验批质量验收记录（按楼层、施工段）	1个

1.1.3 装饰装修工程分部、分项、检验批划分

××市××中学教学楼装饰装修工程分部、分项、检验批划分，见表1-1-3。

表1-1-3 装饰装修工程分部、分项、检验批划分表

分部工程	子分部工程	分项工程名称	检验批（部位）	检验批数量
装饰装修分部	地面子分部	整体面层、板块面层（基层、水泥砂浆面层、水磨石面层、板块面层）	基土检验批质量验收记录	
			D1、D2（按层、段分）	1
			散水、坡道、台阶（按层、段分）	1
			水泥混凝土垫层检验批质量验收记录	
			地1：100厚C15混凝土垫层（按层、段分）	1

续表

分部工程	子分部工程	分项工程名称	检验批（部位）	检验批数量
装饰装修分部	地面子分部	整体面层、板块面层（基层、水泥砂浆面层、水磨石面层、板块面层）	地 2：80 厚 C15 混凝土随打随抹平（按层、段分）	1
			卵石灌浆垫层检验批质量验收记录	
			台阶：150 厚 5～32 卵石灌 M5 混合砂浆（按层、段分）	1
			坡道：150 厚 5～32 卵石灌 M5 混合砂浆（按层、段分）	1
			混凝土找平层检验批质量验收记录	
			台阶：100 厚 C20 现浇钢筋混凝土，ϕ6 双向钢筋中距 200（厚度不包括踏步三角部分），台阶面向外坡 1%（按层、段分）	1
			坡道：60 厚 C20 混凝土（按层、段分）	1
			地 2：C15 细石混凝土垫层随打随抹平，加热管上皮厚度>30（按层、段分）	1
			楼 1：C15 细石混凝土垫层随打随抹平，加热管上皮厚度≥30（按层、段分）	5
			水泥砂浆找平层检验批质量验收记录	
			楼 1：10 厚 1∶3 水泥砂浆找平层（按层、段分）	5
			楼 4：20 厚 1∶3 水泥砂浆找平层，上卧分格条 10 高（按层、段分）	3
			水泥砂浆面层检验批质量验收记录	
			地 1：20 厚 1∶2 水泥砂浆压实抹光（按层、段分）	1
			隔离层检验批质量验收记录	
			地 2：厚涂膜防潮层（按工程设计）	1
			水磨石面层检验批质量验收记录	
			楼 1（按层、段分）	1
			地 2（按层、段分）	1
			填充层检验批质量验收记录	
			地 2：30 厚聚苯乙烯泡沫塑料保温层（材料由设计人员定）；40 厚聚苯乙烯泡沫塑料保温层（按层、段分）	2
			楼 1：30 厚聚苯乙烯泡沫塑料保温层；沿墙外内侧 20×50 聚苯乙烯泡沫塑料保温层，高与垫层上皮平（按层、段分）	10
			混凝土面层检验批质量验收记录	
			散水：细石混凝土散水（按层、段分）	1
			大理石面层和花岗岩面层检验批质量验收记录	
			台阶：花岗岩条石台阶（按层、段分）	1
			坡道：花岗岩坡道（按层、段分）	1

续表

分部工程	子分部工程	分项工程名称	检验批（部位）	检验批数量
装饰装修分部	地面子分	板块面层	板块面层（上人屋面）（按层、段分）	
			砖面层（楼2、楼3）（4个）	1
			混凝土找平层检验批质量验收记录	
			水泥砂浆找平层检验批质量验收记录（4个）	
			隔离层检验批质量验收记录（3个）	
	抹灰子分部	一般抹灰	一般抹灰检验批质量验收记录	
			外墙6厚1∶2.5水泥砂浆抹面（按面积分，4面墙）	4
			外墙6厚1∶1∶6水泥石灰膏砂浆抹平扫毛（按面积分，4面墙）	4
			外墙6厚1∶0.5∶4水泥石灰膏砂浆打底扫毛；墙面基层刷加气混凝土界面处理剂一道(按面积分，4面墙）	4
			踢2：6厚1∶2.5水泥砂浆罩面压实赶光；水泥浆一道（按工艺分）	1
			踢2：8厚1∶3水泥砂浆打底扫毛或划出纹道；水泥浆一道甩毛（内掺建筑胶）（按工艺分）	1
			裙2：12厚1∶1∶6水泥石灰膏砂浆打底扫毛划出纹；3厚外加剂专用砂浆抹基底部刮糙或界面剂一道甩毛（抹前先撑墙面用水润湿）；聚合物水泥砂浆修补墙面；刷界面处理剂一道（按工艺、层分）	7
			裙2：6厚1∶0.5∶2.5水泥石灰膏砂浆压实赶光（按工艺、层分）	7
			内墙1：15厚1∶3水泥砂浆打底；刷混凝土界面处理剂一道（随刷随抹底灰）（按工艺分）	1
			内墙1：5厚1∶2.5水泥砂浆抹面，压实赶光（按工艺分）	1
			裙1:6厚1∶1∶6水泥石灰膏砂浆打底扫毛或刮出纹道；3厚外加剂专用砂浆抹基底或界面剂一道甩毛（抹前将墙面用水湿润）；聚合物水泥砂浆修补墙面：刷界面处理剂一道（按工艺、层分）	5
			裙1：6厚1∶0.5∶2.5水泥石灰膏砂浆木抹子抹平（按工艺、层分）	5
			内墙2：6厚1∶0.5∶4水泥石膏砂浆打底扫毛；刷加气混凝土界面处理剂一道（按工艺分）	1
			内墙2：6厚1∶1∶6水泥石膏砂浆抹平（按工艺分）	1
			内墙3:6厚1∶0.5∶4水泥石灰膏砂浆打底扫毛；刷混凝土界面处理剂一道（按工艺、层分）	7

续表

分部工程	子分部工程	分项工程名称	检验批（部位）	检验批数量
装饰装修分部	抹灰子分部	一般抹灰	内墙 3：5 厚 1∶1∶6 水泥石灰膏砂浆扫毛（按工艺、层分）	7
			内墙 3：5 厚 1∶2.5 水泥砂浆抹面，压实赶光（按工艺、层分）	7
			棚 1：5 厚 1∶3 水泥砂浆打底；刷素水泥浆一道（内掺建筑胶）（按工艺、层分）	7
			棚 1：5 厚 1：2.5 水泥砂浆抹面（按工艺、层分）	7
	门窗	特种门安装	特种门安装检验批质量验收记录（按不同规格）	17
		金属门窗安装	金属门窗安装检验批验质量收记录（按不同规格）（M-1、MlC-1/2/3）	4
		木门窗制作与安装	木门窗安装检验批质量验收记录（按不同规格）	9
		塑料门窗安装	塑料门窗安装检验批质量验收记录（按不同规格）	23
		门窗玻璃安装	门窗玻璃安装检验批质量验收记录（按不同规格）	门 14、窗 25
	幕墙	玻璃幕墙	玻璃幕墙（明框）工程检验批质量验收记录（按 500～1 000 m^2，或是否连续分）	1
	吊顶子分部	明龙骨吊顶	棚 2：明龙骨吊顶工程检验批质量验收记录（按品种、自然间分）	1
		暗龙骨吊顶	棚 3：暗龙骨吊顶工程检验批质量验收记录（按品种、自然间分）	6
	轻质隔墙	玻璃隔墙	玻璃隔墙工程检验批质量验收记录（按品种、自然间分）	1
	饰面板	饰面砖粘贴	饰面砖粘贴工程检验批质量验收记录	
			踢 1（按材料、工艺简约按层分）	7
			裙 1（按材料、工艺简约按层分）	6
			内墙 2（按自然间分）	1
		饰面板安装	饰面板工程检验批质量验收记录（外墙勒脚按面积分）	1
	涂料	水性涂料涂饰	水性涂料涂饰工程（薄涂料）检验批质量验收记录	
			外墙（按 4 面墙）	4
			内墙 1（按自然间分）	1
			内墙 3（按层和楼梯间分）	7
		溶剂型涂料涂饰	溶剂型涂料涂饰工程（色漆）检验批质量验收记录	
			裙 2（按层和楼梯间分）	7
			楼梯间（按楼梯部数）	3
			木门漆（按规格）	9
			护栏和扶手（按楼梯部数）	1
			室内外明露金属件	1

续表

分部工程	子分部工程	分项工程名称	检验批（部位）	检验批数量
装饰装修分部	细部构造	窗台板	窗帘盒、窗台板制作与安装工程检验批质量验收记录（按层）	6
		护栏和扶手制作与安装	护栏和扶手制作与安装工程检验批质量验收记录（按楼梯部数）	3

1.1.4 屋面工程分部、分项、检验批划分

××市××中学教学楼屋面工程分部、分项、检验批划分，见表 1-1-4。

表 1-1-4 屋面工程分部、分项、检验批划分表

分部工程	子分部工程	分项工程名称	检验批	检验批数量
屋面工程	卷材屋面	涂膜防水层	二、四、五层屋面涂膜防水层检验批质量验收记录（隔流层）	3
		保温层	二、四、五层屋面保温层检验批质量验收记录(按不同层高分）	3
		找平层	二、四、五层屋面及雨篷找平层检验批质量验收记录（按不同层高分）	4
		卷材防水层	二、五层屋面及雨篷卷材防水层，四层上人屋面卷材防水层检验批质量验收记录（按不同层高分）	4
		屋面细部构造	二、四、五层屋面及雨篷细部构造检验批质量验收记录（按不同层高分）	4

1.1.5 节能工程分部、分项、检验批划分

××市××中学教学楼节能工程分部、分项、检验批划分，见表 1-1-5。

表 1-1-5 节能工程分部、分项、检验批划分表

分部工程	分项工程名称	检验批	检验批数量
建筑节能	墙体节能工程	墙体节能工程分项检验批质量验收记录（按 4 面墙分）	4
	幕墙节能工程	幕墙节能工程分项检验批质量验收记录	1
	门窗节能工程	门窗节能工程分项检验批质量验收记录（外窗 19、外门 6）	25
	屋面节能工程	屋面节能工程分项检验批质量验收记录	1

续表

分部工程	分项工程名称	检验批	检验批数量
建筑节能	地面节能工程	地面节能工程分项检验批质量验收记录（按施工段或变形缝，每 200 m^2 可划分为一个检验批，不同构造做法的）	9
	采暖节能工程	采暖节能工程分项检验批质量验收记录（按系统、楼层分）	6
	通风与空调节能工程	通风与空调节能工程分项检验批质量验收记录（按系统、楼层分）	2
	配电与照明节能工程	配电与照明节能工程分项检验批质量验收记录（按系统、楼层、建筑分）	6

1.2　编制土建工程中有关分项工程的质量控制计划

1.2.1　土方开挖及土方回填质量控制计划

1. 组织管理

由项目经理李×负总责；项目技术负责人王×和施工员张×负责施工现场技术指导；质量员赵×和班长钱×负责现场旁站指挥，并指导测量员孙×等随时量测基坑平面尺寸、边坡坡度和基底标高是否符合规范规定和设计要求；挖土机司机为周×和伍×；自卸车队由梁×负责；配合用工由郑×负责；夜间照明由冯×负责；锚杆由陈×负责；降排水由褚×负责。

2. 资源投入

2 台反铲挖土机斗容量 11 m^3，12 辆 15 t（12.5 m^3）自卸车运距 3 km，DJ_2 经纬仪、DS_3 水准仪各一台，100 m 钢卷尺一把，施工线、小木桩、小钢钉、红蓝铅笔、榔头、铁锹等若干，洛阳铲 10 把，ϕ32 锚杆、ϕ12 钢筋、砂石水泥若干，手推车 3 辆，降排水交由×专业承包公司负责，设备等自备。

3. 质量措施

（1）基底轴线尺寸①轴至⑩轴为 72 400 mm，A 轴至 B 轴为 5 400 mm，B 轴至 C 轴为 5 000 mm，C 轴至 F 轴 13 000 mm；轴线至坡底（基底边沿）为 2 300 mm；放坡系数 1∶0.75，坡底至坡顶水平距离为 3 450 mm，并均分为 1 725 mm 两圈。

（2）沿坑边 8 m 以外按 6 m 间距设置孔径 600 mm 的水泥花管，外包过滤网，泥浆护壁成孔，深度 10 m，管四周回填卵石，水由汇水总管排至市政管网。水应降至基底以下 500 ~ 1 000 mm。

（3）挖至−2.9 m 时，放坡并施工第一层锚杆，灌浆后用钢筋相连再喷浆；−2.9 m 至−5.2 m

施工第一层锚杆，方法同上。

（4）基底土质必须符合地勘和设计要求，施工时应预留 20 cm 人工清除，严禁扰动。

（5）地基开挖完成后，应将轴线投测于基底，并钉设轴线桩和引测标高控制桩，由总监理工程师组织建设、设计、勘察、施工等单位共同验收。

4. 工作过程

放轴线→定控制桩→降排水→放基底边沿线→放坡顶边沿线→从基底边沿线开挖→由坡顶边沿线向基底边沿线放坡并设置第一层锚杆→同上设置第二层锚杆→挖至基底标高 20 cm 处并观察是否符合设计与勘察的要求→人工清至设计标高→钉设轴线桩和引测标高控制桩→验收。

5. 确定土方开挖工程的质量控制点

1）土方开挖工程控制点

（1）基底超挖。

（2）基底未保护。

（3）施工顺序不合理。

（4）开挖尺寸不足，边坡过陡。

2）土方开挖工程预防措施

（1）根据结构基础图绘制基坑开挖基底标高图，经审核无误方可使用。土方开挖过程中，特别是临近基底时，派专业测量人员控制开挖标高。

（2）基坑开挖后尽量减少对基土的扰动，如基础不能及时施工时，应预留 30 cm 土层不挖，待基础施工时再开挖。

（3）开挖时应严格按施工方案规定的顺序进行，先从低处开挖，分层分段，依次进行，形成一定坡度，以利排水。

（4）基底的开挖宽度和坡度，除考虑结构尺寸外，应根据施工实际要求增加工作面宽度。

3）回填土工程控制点

（1）未按要求测定土的干密度。

（2）回填土下沉。

（3）回填土夯压不密实。

（4）管道下部夯填不实。

4）回填土工程预防措施

（1）回填土每层都应测定夯实后的干土密度，检验其密实度，符合设计要求才能铺上层土；未达到设计要求的部位应有处理方法和复验结果。

（2）因虚铺土超过规定厚度或冬期施工时有较大的冻土块，或压实遍数不够，甚至漏压，坑（槽）底有机物或落土等杂物清理不彻底等因素造成回填土下沉，施工中要认真执行规范规定，检查发现后及时纠正。

（3）回填时，应在夯压前对干土适当洒水湿润，对土太湿造成的“橡皮土”要挖出换土重填。

（4）回填管沟时，为防止管道中心线位移或损坏管道，应用人工先在管子周围填土夯实，并应从管道两边同时进行，直至管顶 0.5 m 以上，在不损坏管道的情况下，可采用机械回填和压实。）

1.2.2 地下防水质量控制计划

1. 组织管理

由项目经理李×负总责；项目技术负责人王×和施工员张×负责施工现场技术指导；质量员赵×和班长钱×负责现场旁站指挥，并指导测量员孙×等随时量测平面尺寸和标高是否符合规范规定和设计要求；砌筑由周×负责；混凝土由伍×负责；防水由郑×负责；保护层由冯×负责；回填土由陈×负责。

2. 资源投入

普通实心黏土砖 3 万块，砂浆 17 m^3；聚氯乙烯丙纶布 110 卷（每卷 18 m^2），钠基水泥黏结剂若干，50 厚苯板 900 m^2；S6 防水混凝土为商品混凝土。

3. 质量措施

（1）地基应平整坚实，浇水湿润后浇筑 100 厚 C15 混凝土垫层。

（2）放基础外扩 5 cm 边线，砌筑 240 厚 1.1 m 高矮挡墙，并于内侧抹灰，外侧按 30 cm 每层回填并夯实取样，回填土应低于砖墙 20 cm。

（3）在垫层和砖墙立面上错缝分两层铺设聚氯乙烯丙纶防水卷材，搭接长度不应小于 100 cm，且两层卷材不得垂直铺贴，错缝不得小于幅宽的 1/3 至 1/2。

（4）防水层平面铺设 60 厚 C15 混凝土保护层，砖墙立面铺设 50 厚苯板。

（5）基础施工（略）。

（6）挡土墙施工（螺杆须加设止水环，余略）。

（7）挡土墙外侧防水层施工至-0.6 m，外贴 50 厚苯板保护层。

（8）外侧按 30 cm 每层回填并夯实取样，合格后逐渐停止抽水并于内部观察防水效果，全部停止抽水后由专业监理工程师组织验收。

4. 工作过程

浇筑混凝土垫层→放线砌筑挡墙并抹灰→铺防水层→防水层保护层→基础施工→挡土墙施工→挡土墙外侧防水层施工→外贴 50 厚苯板保护层→回填土。

5. 确定地下防水工程的质量控制点

1）地下防水工程控制点

（1）地下防水材料的正确选择。

（2）地下防水面空鼓、粘贴不牢。

（3）地下防水渗漏。

（4）地下部分进户管线洞口防渗漏。

2）地下防水预防措施

（1）多方案、多材料的比较，选择一种价格合理，最适合现场实际情况使用的防水材料。

（2）施工时要严格控制基层含水率；卷材铺贴时，要将空气排除彻底，接缝处应认真操作，使其粘结牢固。对阴阳角、管根等特殊部位，在防水施工前，应做增强处理，可根据具体部位采取有效措施。

（3）卷材末端的收头处理，必须用嵌缝膏或其他密封材料封闭；防水层施工完成后，要做好成品保护，并及时按设计要求做保护层。

（4）进户管线套管止水环的设置。洞口接缝处应认真操作，必须用嵌缝膏或其他密封材料封闭。

（5）铺贴卷材严禁在雨天、雪天施工；五级风及其以上时不得施工；冷黏法施工气温不宜低于 5 °C，热熔法施工气温不宜低于-10 °C。

1.2.3　（主体）混凝土小型空心砌块填充墙配筋砌体质量控制计划

1. 组织管理

由项目经理李×负总责；项目技术负责人王×和施工员张×负责施工现场技术指导；质量员赵×和班长钱×负责现场旁站指挥，并指导测量员孙×等随时量测平面尺寸和标高是否符合规范规定和设计要求；砌筑由周×负责；混凝土由伍×负责；钢筋由郑×负责；模板由冯×负责；安装由陈×负责。

2. 资源投入

每层需陶粒混凝土空心砌块 MU2.5 规格为 390×250×190（外墙）的 3.4 万块、规格为 390×150×190（内墙）的 1.7 万块，M5 混合砂浆 160 m^3；钢筋 φ6 箍筋和拉结筋 1.3 t、φ12 的 0.75 t、φ14 的 0.6 t、φ16 的 0.3 t；过梁、构造柱、边梃等 15 mm 厚模板 150 m^2；C20 混凝土 15.2 m^3。所有材料均使用塔吊垂直运输，配 4 台手推车做水平倒运。砌筑架使用移动式工具脚手架。砌筑工 50 人，钢筋安装工 12 人，木工 22 人，配合用工 6 人。工期 3 d。

3. 质量措施

（1）施工前，应清理基层放线并洒水湿润，外墙底部应砌筑 3 皮实心黏土砖（宽 240，高 200），内墙底部应用 C20 细石混凝土浇筑[宽 150，高 200（卫生间 250）]，端部应用实心黏土砖错缝。小砌块可浇水湿润，但不宜过多，龄期不足 28 d 及表面有浮水的不能砌筑。

（2）填充墙砌体应与主体结构可靠连接，连接构造应符合规范规定和设计要求。

（3）小砌块施工应对孔错缝搭接，灰缝应横平竖直，灰缝宽度 8 ~ 12 mm，水平灰缝饱满度不应低于 90%；竖向灰缝饱满度不应低于 80%。

（4）小砌块砌体临时间断处应砌成斜槎，斜槎长度不应小于高度的2/3，如留斜槎有困难，可从砌体面伸出200 mm砌成阴阳槎，并沿砌体高每3皮砌块（600 mm）设拉结筋或钢筋网片。

（5）砌筑至梁底时，应预留一定的空隙，15 d后用实心黏土砖斜砌抵紧。

（6）模板、钢筋、混凝土质量控制应符合《砌体结构工程施工质量验收规范》（GB 50203—2011）第8章配筋砌体的规定和设计要求。

4. 工作过程

清理基层→放线→砌筑或浇筑底沿→砌筑墙体→绑扎钢筋→支模→浇筑混凝土。

5. 确定混凝土小型空心砌块填充墙配筋砌体质量控制点

1）砌体质量控制点

（1）砌块及砌筑砂浆强度等级。

（2）构造柱的设置。

（3）墙体拉结筋的设置。

（4）砌体砂浆饱满度，砖缝厚度，避免游丁走缝。

（5）墙体留槎，接槎不严。

2）砌筑工程质量问题预防措施

（1）砌砖时要注意保护好拉结筋，不允许任意弯折或切断。

（2）砌筑时必须认真拉线，浇筑混凝土构造柱或圈梁时必须加好支撑，要坚持分层浇注，分层振捣，浇注高度不能大于2 m，插振不得过度。

（3）施工间歇和流水作业需要留槎时必须留斜槎，留槎的槎口大小要根据所使用的材料和组砌方法而定；留槎的高度不超过1.2 m，一次到顶的留槎是不允许的。

（4）拉结筋、拉结带应按设计要求预留、设置，预留位置应预先计算好砖行模数，以保证拉结筋与砖行吻合，不应将拉结筋弯折使用。

1.2.4 （主体）梁板柱模板质量控制计划

1. 组织管理

由项目经理李×负总责；项目技术负责人王×和施工员张×负责施工现场技术指导；质量员赵×和班长钱×负责现场旁站指挥，并指导测量员孙×等随时量测平面尺寸和标高是否符合规范规定和设计要求；木工班由冯×负责。

2. 资源投入

每层需柱模板18厚复合木模板500 m^2、梁模板18厚复合木模板500 m^2、板模板15厚复合木模板1 100 m^2。$\phi 48\times 3.5$钢管8500 m，扣件6 000个，对拉螺杆300副，U型卡400付，顶丝1 690个，C型钢7 500 m，铁钉320 kg，10$^{\#}$铁丝330 kg，胶带530卷。应配3层料，所有材料均使用塔吊垂直运输，配4台手推车做水平倒运。木工42人，配合用工6人。工期3 d。

3. 质量措施

（1）满堂脚手架顶撑间距 800 mm，距地 200 mm 设纵横向扫地杆，横杆步距 1 500 mm，自由端不应大于 500 mm，顶丝不应超过 200 mm，梁底设纵横向剪刀撑，扣件紧固力矩应为 46 kN・m，梁板柱间应采用刚性连接。

（2）柱底模板应留清扫口，柱底柱箍 200 mm 间距 3 道，柱身柱箍 350 mm 间距 6 道，柱顶柱箍 500 mm 间距至顶，并应有斜撑加固。

（3）梁底模肋条间距 300 mm，侧模肋条间距 400 mm，跨度大于 4 m 时应起 1‰～3‰的拱。

（4）板模底 C 型钢间距 800 mm，上铺花板并与板模固定。

（5）模板接缝处均应用胶带密封，并涂刷隔离剂。

（6）模板拆除的原则是：先支后拆，后支先拆；先非承重后承重；应按事先制订拆模方案拆除。

4. 工作过程

清理基层→放线→支满堂脚手架（柱钢筋平行施工）→支梁模→支板模→支柱模（梁板钢筋平行施工）→加固校正→密封→涂刷隔离剂→混凝土达到强度后拆除。

5. 确定梁板柱模板质量控制点

1）梁板柱模板质量控制点

（1）模板支撑体系的强度、刚度、稳定性。

（2）模板体系的标高、尺寸、形状。

（3）预留洞口的模板支撑。

（4）模板体系的垂直度、平整度。

2）模板工程预防措施

（1）墙体放线时误差应小，穿墙螺栓应全部穿齐、拧紧；加工钢筋固定撑具（梯子筋），撑具内的短钢筋直接顶在模板的竖肋上。模板的刚度应满足规定要求。

（2）要定期对模板进行检修，板面有缺陷时，应随时进行修理，不得用大锤或振捣棒猛振模板，不得用撬棍击打模板；模板不能过早拆除，混凝土强度达到 1.2 MPa 方可拆除模板，并认真及时清理和均匀涂刷隔离剂，要有专人验收检查。

（3）对于阴角处的角模，支撑时要控制其垂直度，并且用顶铁加固，保证阴角模的每个翼缘必须有一个顶铁，阴角模的两侧边粘贴海绵条，以防漏浆。

（4）在柱模上口焊 20 mm×6 mm 的钢条，柱子浇完混凝土后，使混凝土柱端部四周形成一个 20 mm×6 mm 交圈的凹槽，第二次支梁柱顶模时，在柱顶混凝土的凹槽处粘贴橡胶条，梁柱顶模压在橡胶条上，以保证梁柱接头不产生错台。

1.2.5 （主体）梁板柱钢筋质量控制计划

1. 组织管理

由项目经理李×负总责；项目技术负责人王×和施工员张×负责施工现场技术指导；质

量员赵×和班长钱×负责现场旁站指挥，并指导测量员孙×等随时量测平面尺寸和标高是否符合规范规定和设计要求；钢筋工班由冯×负责。

2. 资源投入

每层需钢筋总量为 70 t，柱梁大于$\phi 16$的均采用机械连接，22#绑扎丝 60 kg。所有材料均使用塔吊垂直运输，人工做水平倒运。调直机、切断机、弯曲机、车丝机、切割机、电焊机各 1 台。钢筋工 22 人，配合用工 6 人。工期 3 d。

3. 质量措施

（1）使用前应检查外观及三证。

（2）加工时应保证受力钢筋的锚固长度、弯钩的弯曲半径和平直长度、搭接料的长度、马凳和预埋件的形状尺寸符合《混凝土结构工程施工质量验收规范》（GB 50204—2015）第 5 章的规定和设计要求，并按图纸顺序编号分类堆放。

（3）连接接头、绑扎搭接长度应按规范规定和设计要求错开。

（4）安装时应按顺序编号置于相应的位置，尺寸、间距、排距、保护层厚度应符合设计要求。柱箍筋开口应螺旋状交替布置，梁箍筋开口向上且错开，加密应符合《混凝土结构工程施工质量验收规范》（GB 50204—2015）第 5 章的规定和设计要求。板钢筋四周两行应满绑，中间可花绑，并应每平方米布置不少于 1 个马凳。垫好保护层。

4. 工作过程

进场验收→配料→连接→清理→放线→安装柱钢筋→安装梁钢筋→安装板钢筋→隐蔽验收和三检。

5. 确定梁板柱钢筋质量控制点

1）梁板柱钢筋质量控制点

（1）墙柱钢筋位移。

（2）钢筋接头位置、接头形式错误。

（3）绑扎接头、对焊接头未错开。

（4）箍筋弯钩不足 135°。

（5）板的弯起钢筋、负弯矩筋被踩到下面。

（6）纵向钢筋的锚固长度。

（7）钢筋的净距。

2）钢筋工程预防措施

（1）在混凝土浇注前检查钢筋位置，宜用梯子筋、定位卡或临时箍筋加以固定；浇筑混凝土前再复查一遍，如发生位移，则应校正后再浇筑混凝土。浇筑混凝土时注意浇筑振捣操作，尽量不碰到钢筋，浇筑过程中派专人随时检查，及时修整钢筋。

（2）梁、柱、墙钢筋接头较多时，翻样配料加工时应根据图纸预先画施工简图，注明各号钢筋搭配顺序，并避开受力钢筋的最大弯矩处。

（3）经对焊加工的钢筋，在现场进行绑扎时对焊接头要错开搭接位置，加工下料时，凡距钢筋端头搭接长度范围以内不得有对焊接头。

（4）钢筋加工成型时应注意检查平直长度是否符合要求，现场绑扎操作时，应认真按 135°弯钩。

（5）板的钢筋绑好之后禁止人在钢筋上行走或采取有效措施防止负筋被踩到下面，且在混凝土浇注前先整修合格。

1.2.6　（主体）梁板柱楼梯混凝土质量控制计划

1. 组织管理

由项目经理李×负总责；项目技术负责人王×和施工员张×负责施工现场技术指导；质量员赵×和班长钱×负责现场旁站指挥，并指导测量员孙×等随时量测平面尺寸和标高是否符合规范规定和设计要求；混凝土班由冯×负责。

2. 资源投入

C30 商品混凝土 320 m^3、运输车、输送泵均由×商混凝土站提供。平板振动器 1 台、插入式振捣器 3 台套、开关箱 4 套、绝缘电缆 200 m、水管 150 m、水泵 1 台。混凝土工 12 人，配合用工 6 人。工期 1 d。

3. 质量措施

（1）×商混凝土站根据“供货计划单”按时供货泵送到位，并按《供货合同》约定向监理、施工方提供原材料、配合比、试块强度等相关资料。

（2）施工前应清除杂物，浇水湿润。

（3）柱浇筑前应用与混凝土相同成分砂浆 50 ~ 100 厚尘浆，输送软管应放至柱底 500 mm 左右开始泵送，缓缓提升以避免触动钢筋，振动泵应快插慢拔。

（4）梁应采用赶浆法施工，砂浆成分与混凝土相同。应在柱浇筑完 1 ~ 1.5 h 后开始浇筑梁板，箍筋过密处辅以钢钎振捣。主次梁的楼板宜顺着次梁方向浇筑，单向板宜沿着长边方向浇筑。

（5）随振随收（第一遍收光），混凝土初凝前（1 ~ 2 h）进行第二次收光，盖上薄膜养护，并应保证薄膜内有凝结水，养护时间不少于 7 d。柱和梁侧模 24 h 左右拆模后养护方法同前。

（6）已浇筑的混凝土强度未达到 1.2 MPa 前禁止上人。

4. 工作过程

验收×商混凝土站提供的相关资料→清除杂物，浇水湿润→浇筑柱混凝土→浇筑梁板混凝土→抹面找平→养护。

5. 确定梁板柱楼梯混凝土质量控制点

1）混凝土工程控制点

（1）麻面、蜂窝、孔洞。

（2）漏浆、烂根。

（3）楼板面凸凹不平整。

2）混凝土工程预防措施

（1）在进行墙柱混凝土浇注时，要严格控制下灰厚度（每层不超过 50 cm）及混凝土振捣时间；为防止混凝土墙面气泡过多，应采用高频振捣棒振捣至气泡排除为止；遇钢筋较密的部位时，用细振捣棒振捣，以杜绝蜂窝、孔洞。

（2）墙体支模前应在模板下口抹找平层，找平层嵌入模板不超过 1 cm，保证下口严密；浇筑混凝土前先浇筑 5 ~ 10 cm 同等级混凝土水泥砂浆；混凝土坍落度要严格控制，防止混凝土离析；底部振捣应认真操作。

（3）梁板混凝土浇注方向应平行于次梁推进，并随打随抹；在墙柱钢筋上用红色油漆标注楼面+0.5 m 的标高，拉好控制线控制楼板标高，浇混凝土时用刮杠找平；混凝土浇注 2 ~ 3 h 后，用木抹子反复（至少 3 遍）槎平压实；当混凝土达到规定强度时方可上人。

1.2.7 墙体节能工程质量控制计划

1. 组织管理

由项目经理李×负总责；项目技术负责人王×和施工员张×负责施工现场技术指导；质量员赵×和班长钱×负责现场旁站指挥；各施工班组由冯×负责协调。

2. 资源投入

80 厚 EPS 聚苯乙烯泡沫塑料板材 3 200 m^2，玻纤网 3 900 m^2，双组分聚合物砂浆 30 m^3 现场搅拌，黏结剂 15 m^3，锚栓 12 000 个，外墙用腻子、外墙用弹性涂料各 800 kg。手提式搅拌机 2 台，电钻 5 把，放线工具、剪刀、橡皮榔头、2 m 靠尺、钢卷尺、螺丝刀若干。自升式电动吊篮 5 台，专业工人 12 人，配合用工 3 人。工期 10 d。

3. 质量措施

（1）检查 EPS 聚苯乙烯泡沫塑料板材、玻纤网、胶粘剂、抹面砂浆复验报告。

（2）基层处理后，应做基层墙体与胶粘剂之间的拉伸黏结强度检验，合格后方可施工。

（3）沿 EPS 板阳角挂垂线与底部贴 EPS 板后阳角重合；胶粘剂搅拌均匀后，须静置 5 ~ 10 min 再次搅拌后方可使用，并应在 1.5 h 后用完。

（4）排板设计弹出垂直、水平控制线；粘板前应先布好系统起端的玻纤翻包；涂胶面积不得小于板面积的 40%，门窗洞口侧不得小于 60%；竖缝应逐行错开，错缝长度不得小于 1/3 板长，阴阳角处应交错咬错搭接；应先从门窗洞口周边开始，大面压小面，切割板应放在大面积墙中间。

（5）电钻头直径应与锚栓直径相同，应垂直于基层打孔，并应做现场拉拔试验。

（6）大于 2 mm 的板缝应用薄板塞实，贴板 24 h 后，对板面不平整处用粗砂纸磨平。

（7）EPS 板找平修补后 24 h 可进行抹面胶施工，网格布四周搭接长度横向大于 100 mm，纵向大于 80 mm；细部及地面以上 2 m 以下部位均应翻边做二布三浆。

（8）饰面层的施工应符合有关规范规定及设计要求，并应做好成品保护。

4. 工作过程

基层处理→挂线→配置胶粘剂→粘板→安装膨胀锚栓→填缝磨平→配置抹面胶浆、铺贴玻纤网→细部处理→饰面层。

5. 确定墙体节能工程质量控制点

（1）建筑节能工程使用的材料、设备等，必须符合设计要求及国家有关标准规定。

（2）建筑节能工程的施工作业环境的要求。

（3）建筑节能工程关于样板间（件）的要求。建筑节能工程施工前，对于采用相同建筑节能设计的房间（墙面）和构造做法，应按施工方案及安全技术交底的要求。

（4）墙体节能工程当采用外保温定型产品或成套技术时，其型式检验报告中应包括安全性和耐候性检验。

2　土建工程中主要材料的质量检验

2.1　常用建筑材料检验

原材料、成品、半成品是形成建筑物的物质基础。如果使用材料不合格，轻则影响建筑物的外表及观感、使用功能和使用寿命，重则危及整个结构安全或使用安全。因此对形成建筑物的原材料、成品、半成品应严格把关，避免不合格品混到建筑物中去。这是一项很艰巨的任务，需要设计、施工、监理、建设单位、各材料供应部门等共同努力去完成。施工单位是建筑材料的直接使用者，全体施工人员特别是施工管理人员必须树立质量意识，重视材料质量控制工作。

材料进场时，必须查验生产或经营单位提供的产品合格证和性能试验报告，并应符合设计要求。使用生产许可证或准用证管理的建筑材料，应当查验其生产许可证或建筑材料准用证。使用进口建筑材料、建筑构配件和设备的，应当符合国家标准，并持有国家商检部门签发的商检合格证书。同时，应检查证书和质检报告的有效性（如检验单位级别、检验时间、检验性质、检验标准、检验项目及补充的质量要求等）。如质量不符合要求的要拒绝收货进场，已经进场的，要立即清退出场。

主要建筑材料、建筑构配件和设备进场时的取样送检应注意以下几点：

（1）主要建筑材料：主要建筑材料一般是指结构用钢材及焊接试件、水泥、混凝土试块、砌筑砂浆试块、防水材料、混凝土及砂浆外加剂、建筑砂石及轻骨料、砌块等建筑材料。

（2）见证取样和送检：为加强建设工程质量管理，保证工程施工检（试）验的科学性、真实性和公正性，确保工程结构安全，我国对涉及结构安全的试块、试件和材料等实行见证取样和送检制度。见证取样和送检的有关规定如下：

① 必须实施见证取样和送检的试块、试件和材料有：用于承重结构的混凝土试块、混凝土中使用的外加剂、钢筋及连接接头试件；用于承重墙体的砌筑砂浆试块、砖和混凝土小型砌块；用于拌制混凝土和砌筑砂浆的水泥；地下、屋面、厕浴间使用的防水材料；国家标准规定必须实行见证取样和送检的其他试块、试件和材料。

② 见证人员应由建设单位或该工程的监理单位具备相应资质的人员担任。

③ 在施工过程中，见证人员应按照见证取样和送检计划，对施工现场的取样和送检进行见证，取样人员应在试样或其包装上作出标志、封志。标志和封志应标明工程名称、取样部位、取样日期、样品名称和样品数量，并由见证人员和取样人员签字。

④ 见证取样的试块、试件和材料送检时，应由送检单位填写委托单，委托单应有见证人员和送检人员签字。

2.2 钢筋（原材料、连接）的抽样方法及检验要求

2.2.1 钢筋原材料的抽样方法及检验要求

热轧钢筋的具体检查方法见本书岗位知识篇 3.3.2 节内容。

2.2.2 钢筋连接的抽样方法及检验要求

1. 钢筋闪光对焊连接的抽样方法及检验要求

1）钢筋闪光对焊连接的抽样方法

在同一班内，由同一焊工按同一焊接参数完成的 300 个同类型接头作为一批。一周内连续焊接时，可以累计计算。一周内累计不足 300 个接头时，也按一批计算。取样数量：外观检查，每批抽查 10%的接头，并不得少于 10 个。力学性能试验包括拉伸试验和弯曲试验，应从每批成品中切取 6 个试样，3 个进行拉伸试验，3 个进行弯曲试验。

2）钢筋闪光对焊连接的检验要求

外观检查：接头处不得有横向裂纹；与电极接触处的钢筋表面，对于 HPB235、HRB335、HRB400 钢筋，不得有明显的烧伤；对于 RRB400 钢筋不得有烧伤；低温对焊时，对于 HRB335、HRB400、RRB400 钢筋，均不得有烧伤；接头处的弯折，不得大于 3°；接头处的钢筋轴线偏移不得大于钢筋直径的 0.1 倍，同时不得大于 2 mm；当有一个接头不符合要求时，应对全部接头进行检查，剔出不合格品。不合格接头经切除重焊后，可提交二次验收。

拉伸试验：3 个试样的抗拉强度均不得低于该级别钢筋的抗拉强度标准值；至少有两个试样断于焊缝之外，并呈塑性断裂。当检验结果有一个试样的抗拉强度低于规定指标，或有两个试样在焊缝或热影响区发生脆性断裂时，应取双倍数量的试样进行复验。复验结果，若仍有一个试样的抗拉强度低于规定指标，或有 3 个试样呈脆性断裂，则该批接头即为不合格品。

弯曲试验：弯曲试验结果中有 2 个试件发生破断时，应取双倍数量试件进行复验。复验结果，仍有 3 个试件发生破断，则该批接头为不合格品。

2. 钢筋电弧焊连接的抽样方法及检验要求

1）钢筋电弧焊连接的抽样方法

电弧焊接头应以一至二楼层中 300 个同接头形式、同钢筋级别的接头作为一批；不足 300 个时，仍作为一批。取样数量：外观检查应全数检查；力学性能试验应从成品中每批随机切取 3 个接头进行拉伸试验。

2）钢筋电弧焊连接的检验要求

外观检查：焊缝表面应平整，不得有凹陷或焊瘤；焊接接头区域不得有裂纹；咬边深度、气孔、夹渣等缺陷允许值及接头尺寸的允许偏差，应符合规定；坡口焊、熔槽帮条焊和窄间隙焊接头的焊缝余高不得大于 3 mm。外观检查不合格的接头，经修整或补强后可提交二次验收。

拉伸试验：3 个热轧钢筋接头试件的抗拉强度均不得小于该级别钢筋规定的抗拉强度；3 个接头试件均应断于焊缝之外，并应至少有 2 个试件呈延性断裂；当试验结果，有 1 个试件的抗拉强度小于规定值，或有 1 个试件断于焊缝，或有 2 个试件发生脆性断裂时，应再取 6 个试件进行复验。复验结果当有 1 个试件抗拉强度小于规定值，或有 1 个试件断裂于焊缝，或有 3 个试件呈脆性断裂时，应确认该批接头为不合格品。

3）钢筋电渣压力焊连接的抽样方法及检验要求

（1）钢筋电渣压力焊连接的抽样方法同钢筋电弧焊连接的抽样方法。

（2）钢筋电渣压力焊连接的检验要求。

外观检查：四周焊包凸出钢筋表面的高度应符合相关的规定；钢筋与电极接触处，应无烧伤缺陷；接头处的弯折角不得大于 3°；接头处的轴线偏移不得大于钢筋直径的 0.1 倍，且不得大于 2 mm。外观检查不合格的接头应切除重焊，或采取补强焊接措施。

拉伸试验：检验要求同电弧焊连接。

4. 钢筋机械连接的抽样方法及检验要求

1）钢筋机械连接的抽样方法

同一施工条件下的同一批材料的同等级、同规格接头，以 500 个为一个验收批进行检验与验收，不足 500 个也作为一个验收批。取样数量：外观检查随机抽取同规格接头数的 10% 进行；单向拉伸试验每一验收批，应在工程结构中随机截取 3 个试件进行，在现场连续检验 10 个验收批，全部单向拉伸试件一次抽样均合格时，验收批接头数量可扩大一倍。

接头拧紧力矩值抽检：梁、柱构件按接头数的 15%，且每个构件的接头抽验数不得少于一个接头；基础、墙、板构件按各自接头数，每 100 个接头作为一个验收批，不足 100 个也作为一个验收批，每批抽检 3 个接头。

2）钢筋机械连接的检验要求

外观检查应满足钢筋与连接套的规格一致，接头丝扣无完整丝扣外露；单向拉伸试验应满足设计要求；接头拧紧力矩值抽检的接头应全部合格，如有一个接头不合格，则该验收批接头应逐个检查，对查出的不合格接头应进行补强，并填写接头质量检查记录。

2.3 水泥的抽样方法及检验要求

1. 水泥的抽样方法

水泥抽样，按同一生产厂家、同一等级、同一品种、一批号且连续进场的水泥，袋装水泥不超过 200 t 为一批，散装水泥不超过 500 t 为一检验批。

取样数量：取样应在同一批水泥的不同部位等量采集，取样点不少于 20 个点，并应有代表性，总质量不少于 12 kg。

2. 水泥的检验要求

水泥进场时应审查出厂试验报告，对强度、安定性及其他必要性能指标进行复验。凡氧化镁、三氧化硫、初凝时间、安定性中的任何一项不符合标准规定者均为废品；凡细度、终凝时间中的任一项不符合标准规定或混合材料掺量超过最大限量和强度低于商品强度等级规定的指标时为不合格品；水泥包装标志中水泥品种、强度等级、生产者名称和出厂编号不全的也属于不合格品。

2.4 骨料的抽样方法及检验要求

1. 砂的抽样方法及检验要求

1）砂的抽样方法

砂的抽样，按同产地、同规格的砂，400 m^3 或 600 t 为一验收批，不足上述者亦为一批。取样数量：在料堆上取样时，取样部位应均匀分布。取样前先将取样部位表层铲除，然后从不同部位抽取大致等量的砂 8 份，总量不少于 10 kg，混合均匀。

2）砂的检验要求

砂的检验主要是颗粒级配、含泥量以及表观密度和堆积密度等。检验（含复检）后，各项性能指标都符合本标准的相应类别规定时，可判为该产品合格。若有一项性能指标不符合标准要求时，则应从同一批产品中加倍取样，对不符合标准要求的项目进行复检。复检后，该项指标符合标准要求时，可判该批产品合格。

2. 碎石（含碎卵石）的抽样方法及检验要求

1）碎石（含碎卵石）的抽样方法

碎石（含碎卵石）的抽样，按同产地、同规格的碎石，400 m^3，或 600 t 为一验收批，不足上述者亦为一批。

取样数量：在料堆上取样时，取样部位应均匀分布。在料堆的顶部、中部和底部分别选取五个均匀分布不同的部位，取样前先将取样部位表层铲除，然后从不同部位抽取大致等量的石子 15 份，总量不少于 60 kg，混合均匀。

2）碎石（含碎卵石）的检验要求

检验项目为：颗粒级配、含泥量、泥块含量、针片状颗粒含量等，检验（含复检）后，各项性能指标都符合本标准的相应类别规定时，可判定为该产品合格。若有一项性能指标不符合标准要求时，则应从同一批产品中加倍取样，对不符合标准要求的项目进行复检。复检后，该项指标符合标准要求时，可判定该批产品合格，仍然不符合本标准要求时，则判该批产品为不合格。

2.5　混凝土的抽样方法及检验要求

混凝土拌制前，应测定砂、石含水率并依此确定施工配合比，每工作台班检查一次。在拌制和浇筑过程中，应检查组成材料的称量偏差，每一工作班抽查不应少于一次；坍落度的检查在浇筑地点进行，每一工作班至少检查两次；在每一工作班内，如混凝土配合比由于外界影响而有变动时，应及时检查；对混凝土搅拌时间应随时检查；混凝土强度抽检如下：用于检查结构构件混凝土强度的试件，应在混凝土的浇筑地点随机取。取样与试件留置应符合下列规定：

（1）每拌制 100 盘且不超过 100 m^3 的同配合比的混凝土，取样不得少于一次。

（2）每工作班拌制的同一配合比的混凝土不足 100 盘时，取样不得少于一次。

（3）当一次连续浇筑超过 1 000 m^3 时，同一配合比的混凝土每 200 m^3 取样不得少于一次。

（4）每一楼层、同一配合比的混凝土，取样不得少于一次。

（5）每次取样应至少留置一组标准养护试件，每组不少于 3 个试件。

同条件养护试件的留置组数应根据实际需要确定（预拌混凝土运到现场后，也应按上述要求取样）。对有抗渗要求的混凝土结构，其混凝土试件应在浇筑地点随机取样，同一工程、同一配合比的混凝土，取样不应少于一次，留置组数按连续浇筑混凝土每 500 m^3 留一组，每组不少于 6 个试件，且每项工程不得少于两组。采用预拌混凝土的可根据实际需要确定。

（6）检查评价预拌混凝土的质量。

① ×商混凝土站根据“供货计划单”按时供货泵送到位，并按《供货合同》约定向监理、施工方提供原材料、配合比、试块强度等相关资料。

② 混凝土进场时应检查坍落度，泵送混凝土坍落度宜为 100 ~ 140 mm。

③ 施工过程中，应按《混凝土结构工程施工质量验收规范》（GB 50204—2014）第 7.4.1 条的规定见证取样。

2.6　砖及砌块的抽样方法及检验要求

1. 砖的抽样方法及检验要求

1）砖的取样方法

每一生产厂家的砖到现场后，应按烧结砖 20 万块为一验收批，抽检数量为 1 组。

取样数量：外观质量抽 50 块；尺寸偏差抽 20 块；强度等级抽 10 块。

取样方法：外观试样的抽取从每一批的堆垛中随机抽取；其他检验项目从外观检验后的试样中随机抽取。取样后应立即送试验室委托试验。

2）砖的检验要求

砖产品的检验分出厂检验和型式检验。出厂检验项目包括尺寸偏差、外观质量和强度等级。型式检验项目包括标准规定的全部技术要求。

现场主要复检出厂检验项目：外观检验中有欠火砖、酥砖或螺旋纹砖则判该批产品不合格；尺寸偏差、强度等级应按《普通烧结砖》（GB/T 5101—2003）中技术标准要求判定，其中有一项不合格则判该批产品质量不合格。产品出厂时，必须提供质量合格证。出厂产品质量证明书主要内容包括生产厂名、产品标记、批量及编号、证书编号、本批产品实测技术性能和生产日期等，并由检验员和承检单位签章。

2. 砌块的抽样方法及检验要求

（1）同品种、同规格、同等级的砌块，以 1 万块为一批，不足 1 万块亦为一批。

取样数量：每批随机抽取 32 块做尺寸偏差和外观质量检。从尺寸偏差和外观质量检验合格的砌块中抽取 5 块做强度等级检查；取 3 块相对含水率检查；取 3 块做抗渗性检查；取 10 块做抗冻性检查；取 3 块做空心率检查。

（2）砌块的检验要求。

普通混凝土小型空心砌块的检验分出厂检验和型式检验。出厂检验项目包括尺寸偏差、外观质量、强度等级及相对含水率，用于清水墙的砌块还应有抗渗性。型式检验项目包括标准规定的全部技术要求。

砌块出厂时，生产厂应提供产品质量合格证书，其内容包括：厂名、商标、批量编号、砌块数量（块）、产品标记、检验结果、合格证编号、检验部门和检验人员签章等。

3. 砌筑砂浆的抽样方法

砂浆试块的取样数量：每一检验批以不超过 250 m^3 砌体的各种类型与各种强度等级的砌筑砂浆，每台搅拌机应至少检查一次。每次至少制作一组试件，每组不少于 6 块。同一类型强度等级的砂浆试块应不少于 3 组。

取样方法：在砂浆搅拌机出料口随机取样制作砂浆试块（同盘砂浆只应制作一组试块，不可一次制作多组试块）。

同一检验批砂浆试块抗压强度平均值必须大于或等于设计强度等级所对应的立方体抗压强度；同一检验批砂浆试块抗压强度的最小一组平均值必须大于或等于设计强度等级所对应的立方体抗压强度的 0.75 倍。

2.7 检查评价防水材料的外观质量、质量证明文件、复验报告

防水材料分为防水卷材、防水涂料和防水密封膏。

1. 检查评价防水材料的外观质量

防水卷材的尺幅、厚度、孔洞、硌伤、折纹、皱褶、色泽、涂盖不均匀、裂口、缺边应符合相关规定；防水涂料的包装、名称、生产日期、生产厂家、产品有效期、无沉淀、凝胶、分层应符合相关规定；防水密封膏均匀、无结块、未浸透的填料应符合相关规定。

2. 检查评价防水材料质量证明文件

（1）检查评价防水材料的质量应符合《屋面工程质量验收规范》（GB 50207—2012）、《地下防水工程质量验收规范》（GB 50208—2011）、《建筑地面工程施工质量验收规范》（GB 50209—2010）的有关规定。

（2）防水材料材料进场时，应检查产品合格证、出厂检验报告：对于防水卷材着重查看拉伸强度、断裂伸长率、低温弯折性、不透水性压力等指标；对于防水涂料着重查看固体含量、拉伸强度、断裂伸长率、柔性、不透水性压力等指标；对于防水密封膏着重查看黏结强度、拉伸率、柔性、拉伸-压缩率、2 000 次后破坏面积等指标。

（3）检查评价防水材料的复验报告。

防水材料进入施工现场，应会同监理见证取样，并送有相应资格的试验室复验：对于防水卷材着重查看拉伸强度、低温弯折性、不透水性压力等指标；对于防水涂料着重查看固体含量、柔性、不透水性压力等指标；对于防水密封膏着重查看黏结强度、拉伸率、柔性、2000 次后破坏面积等指标。

2.8 检查评价外墙 EPS 节能材料的外观质量、质量证明文件、复验报告

1. 检查评价 EPS 节能材料的外观质量

（1）用钢尺检查长、宽、厚，尺寸偏差应符合有关规定。

（2）查看边角是否正确，色泽是否均匀。两条面高低差、弯曲度、缺棱掉角的破坏尺寸、裂纹长度、完整面的偏差应符合有关规定。

（3）孔洞、硌伤、折纹、皱褶、色泽、裂口、缺边应符合相关规定。

（4）包装、名称、生产日期、生产厂家、产品有效期应符合相关规定。

2. 检查评价 EPS 节能材料的质量证明文件

（1）检查评价 EPS 节能材料的质量应符合《建筑节能工程施工质量验收规范》（GB 50411—2007）和新疆 J11255、XJJ037 的有关规定。

（2）EPS 节能材料进场时，应检查产品合格证、出厂检验报告，着重查看密度、抗拉强度、尺寸稳定性、导热系数等指标。

（3）检查评价 EPS 节能材料的复验报告。

EPS 节能材料进入施工现场，应会同监理见证取样，并送有相应资格的试验室复验，对于复验报告应着重查看密度、抗拉强度、导热系数等指标。

3 地基与基础工程质量检验

3.1 土方工程质量检验

土方工程就是按照设计文件和工程地质条件等编制土方施工方案，按方案要求将场地开挖到设计标高，为地基与基础处理施工创造工作面，待地基与基础分部施工完毕并验收合格后，就可以将基坑回填到设计标高。

3.1.1 土方开挖工程质量检验

本节内容适用于除岩石开挖以外的土方工程。

1. 土方开挖工程施工前质量控制

土方工程施工前的准备工作非常重要，这是保证土方工程施工顺利进行的前提，主要内容有：

（1）工程定位与放线的控制与检查：根据城市坐标基准点或建筑物相对位置设置基准点桩及水准点桩，要定期进行复检和检验；按设计总平面图，认真检查建筑物或构筑物的定位桩或轴线控制桩；按基础平面图和放坡宽度，对基坑的灰线进行轴线和几何尺寸的复核，并认真核查工程的朝向、方位是否符合图纸；办理工程定位测量记录、基槽验线记录。

（2）施工区域内、施工区周围的地上或地下障碍物的清理拆迁情况的检查，做好周边环境监测初读数据的记录。

2. 土方开挖过程中质量控制

（1）土方开挖时应遵循“开槽支撑，先撑后挖，分层开挖，严禁超挖”的原则，检查开挖的顺序为平面位置、水平标高和边坡坡度。

（2）机械开挖时，应留基底标高以上 150 ~ 300 mm 厚的土层，采用人工清除，避免超挖现象的出现。

（3）开挖过程中，应经常测量和校核平面位置、水平标高、边坡坡度，并随时观测周围的环境变化。进行地面排水和降低地下水位工作情况的检查和监控。

（4）基坑（槽）挖至设计标高后，对原土表面不得扰动，并及时进行地基钎探、垫层等后续工作。

（5）严格控制基底标高。如个别地方发生超挖，严禁用虚土回填，处理方法应征得设计单位的同意。

3.1.2　土方开挖土程质量检验标准

1. 检验数量

1）主控项目

（1）柱基按总数抽查 10%，但不少于 5 个，每个不少于 2 点；基坑每 20 m^2 取 1 点，每坑不少于 2 点；基槽、管沟、排水沟、路面基层每 20 m 取 1 点，但不少于 5 点；场地平整每 100 ~ 400 m^2 取 1 点，但不少于 10 点。

（2）基坑长度、密度：每边不少于 1 点。

2）一般项目

（1）表面平整度：每 30 ~ 50 m^2 取 1 点。

（2）基底土性：全数检查。

2. 检验标准与检验方法

土力开挖工程质量检验标准与检验方法详见现行国家有关施工质量验收规范及相关标准。

3.1.3　验槽内容

（1）进行表面检查验收，观察土的分布、走向情况是否符合勘探报告和设计；是否挖到原（老）土、槽底土颜色是否均匀一致，并结合地基钎探情况，如有异常应会同设计等单位进行处理。填写地基验槽检查记录、地基处理记录、地基验收记录。

（2）检查钎探记录。

按钎孔顺序标号，钎探深度应达到设计要求，统一表格内应分别注明准确锤击数；在钎孔平面图上，检查过硬或过软孔号的位置及钎孔有无遗漏；检查钎孔灌砂密实程度。场地平整的表面坡度应符合设计要求，无设计要求时，向排水沟方向的坡度不小于 2%。

3.2　土方回填工程质量检验

1.原材料质量检验

（1）土料。

可采用就地挖出的黏性土及塑性指数大于 4 的粉土，土内不得含有松软杂质和耕植土；土料应过筛，其颗粒不应大于 15 mm；不得回填冻土块；回填土含水量要符合压实要求。

（2）石屑。

不含有机质，最大颗粒不大于 50 mm，碾压前宜充分洒水湿透，以提高压实效果。填料为爆破石渣时，应通过碾压试验确定含水量的控制范围。

2. 施工过程质量检验

（1）土方回填前应查验基底的建筑垃圾、树根等杂物，抽除坑穴积水、淤泥等是否已清理；如在耕植土或松土上填方，应在基底压实后再进行。

（2）查验回填土方的土质及含水量是否符合要求，填方土料应按设计要求验收后方可填入。

（3）填方施工过程中应检查排水措施、每层填筑厚度、含水量控制、压实程度、分段施工时上下两层的搭接长度。填筑厚度及压实遍数应根据土质、压实系数及所用机具确定。

3. 土方回填工程质量检验标准

（1）主控项目。

采用环刀法取样时：柱基回填，抽查柱基总数的 10%，但不少于 5 点。基坑及管沟回填，每层按长度 20 ~ 50 m 取样 1 组，但不少于 1 组；基坑和室内填土，每层按 100 ~ 500 m^2 取样 1 组，但不少于 1 组；场地平整填方，每层按 400 ~ 900 m^2 取样 1 组，但不少于 1 组。取样部位应在每层压实后的下半部。

采用灌砂（灌水）法取样时，取样数量可较环刀法适当减少。取样部位应为每层压实后的全部深度。

（2）一般项目。

全数检查。每 30 ~ 50 m^2 取 1 点检查标高和表面平整度。

检验标准与检验方法详见现行国家有关施工质量验收规范及相关标准。

3.3 桩基工程质量检验

桩基是一种深基础，桩基一般由设置于土中的桩和承接上部结构的承台组成。桩基础工程是地基与基础分部工程的子分部工程。根据类型不同，桩基可以划分为静力压桩、预应力离心管桩、钢筋混凝土预制桩、钢桩、混凝土灌注桩等分项工程。

3.3.1 钢筋混凝土灌注桩质量检验标准

1. 检验数量

1）主控项目

（1）承载力检验。

关于静载荷试验桩的数量，如果施工区域地质条件单一，当地又有足够的实践经验，数量可根据实际情况，由设计确定，并符合下列要求。施工前的试桩如没有破坏又用于实际工程中应可作为验收的依据。

① 当设计有要求或满足下列条件之一时，施工前应采用静载试验确定单桩竖向抗压承载力特征值：地基基础设计等级为甲级、乙级的桩基；地质条件复杂、桩施工质量可靠性低；

本地区采用的新桩型或新工艺。

检测数量：在同一条件下不应少于 3 根，且不宜少于总桩数的 1%；当工程桩总数在 50 根以内时，不应少于 2 根。

② 对单位工程内且在同一条件下的工程桩，当符合下列规定条件之一时，应采用单桩竖向抗压承载力静载试验进行验收检测：设计等级为甲级的桩基；地质条件复杂、桩施工质量可靠性低；本地区采用的新桩型或新工艺；挤土群桩施工产生挤土效应。

对上述规定条件外的工程桩，当采用竖向抗压静载试验进行验收承载力检测时，抽检数量宜按上述规定检测数量要求执行。

抽检数量：不应少于总桩数的 1%，且不少于 3 根；当总桩数在 50 根以内时，不应少于 2 根。

③ 满足高应变法适用检测范围的灌注桩，可采用高应变法进行单桩竖向抗压承载力验收检测。当有本地区相近条件的对比验证资料时，高应变法也可作为上述规定条件下单桩竖向抗压承载力验收检测的补充。

抽检数量：不宜少于总桩数的 5%，且不得少于 5 根。

④ 对于端承型大直径灌注桩，当受设备或现场条件限制无法检测单桩竖向抗压承载力时，可采用钻芯法测定桩底沉渣厚度并钻取桩端持力层岩土芯样检验桩端持力层。

抽检数量：不应少于总桩数的 10%，且不应少于 10 根。

（2）混凝土桩的桩身完整性检测。

桩身质量的检验方法很多，可按国家现行行业标准《建筑基桩检测技术规范》（JGJ 106—2014）所规定的方法执行。打入桩制桩的质量容易控制，问题也较易发现，抽查数可较灌注桩少。

① 对于柱下三桩或三桩以下的承台，桩身抽检数量不得少于 1 根。

② 地基基础设计等级为甲级，或地质条件复杂，成桩质量可靠性较低的灌注桩。

抽检数量：不应少于总桩数的 30%，且不得少于 20 根；其他桩基工程的抽检数量不应少于总桩数的 20%，且不得少于 10 根。

③ 对端承型大直径灌注桩，应在规定的抽检桩数范围内，选用钻芯法或声波透射法对部分受检桩进行桩身完整性检测。

抽检数量：不应少于总桩数的 10%。

④ 地下水位以上且终孔后桩端持力层已通过核验的人工挖孔桩，以及单节混凝土预制桩。

抽检数量：可适当减少，但不应少于总桩数的 10%，且不应少于 10 根。

⑤ 当出现异常情况（施工质量有疑问的桩、设计方认为重要的桩、局部地质条件出现异常的桩、施工工艺不同的桩）的桩数较多或为了全面了解整个工程基桩的桩身完整性情况时，应适当增加抽检数量。

（3）单桩竖向抗拔、水平承载力检测。

对于承受拔力和水平力较大的桩基，应进行单桩竖向抗拔、水平承载力检测。

检测数量：不应少于总桩数的 1%，且不应少于 3 根。

（4）单桩承载力和桩身完整性验收抽样检测的受检桩选择宜符合下列规定：

① 施工质量有疑问的桩。

② 设计方认为重要的桩。

③ 局部地质条件出现异常的桩。

④ 施工工艺不同的桩。

⑤ 承载力验收检测时适量选择完整性检测中判定的 111 类桩。

⑥ 同类型桩宜均匀随机分布。

（5）混凝土强度。

每浇注 50 m^3 必须有 1 组试件，小于 50 m^3 的桩，每根桩必须有 1 组试件。

（6）除单桩承载力、桩身完整性和混凝土强度验收外，其他主控项目应全部检查。

2）一般项目

混凝土灌注桩应全部检查。

检验标准与检验方法详见现行国家有关施工质量验收规范及相关标准。

3.3.2　能够判断土建工程施工试验结果

成孔灌注桩、扩底墩试验结果的判断：如表 3-4-1 所示。

（1）表头：工程名称、抽样地点、受检单位、商标、生产单位、产品号、委托单位、样品批次、规格型号、样品数量、检测依据、抽样基数、检测项目、抽样日期、样品描述、抽样人员。

（2）表中：主要仪器设备、检验结论、试验环境。

（3）表尾：送检人、见证人、试验员、主检人、审核人。

（4）续表：单桩竖向抗压承载力极限值、桩身完整性检验。

表 3-4-1　××岩土工程测试有限公司

检 验 报 告

报告编号：060-2012JYYT　　　　第 1 页

工程名称	××项目试桩检测工程	抽样地点	××市南环路南侧
受检单位	××基础工程有限责任公司	商　　标	—
生产单位	—	产 品 号	—
委托单位	××文化体育广播影视局	样品批次	—
规格型号	人工挖孔扩底灌注桩：试桩直径 1.0 m，扩底直径 2.0 m，桩身混凝土强度 C30，桩端持力层为圆砾，桩端进入持力层深度不小于 1.5 m，桩长为 11.9～16.8 m	样品等级	—
检测类别	委托检测	样品数量	1. 单桩竖向抗压静载荷试验 3 点； 2. 低应变动力测试 3 根
检测依据	1.《建筑基桩检测技术规范》（JGJ 106—2003） 2.《建筑桩基技术规范》（JGJ 94—2008）	抽样基数	试桩总桩数 3 根

续表

<table>
<tr><td>检测项目</td><td colspan="2">单桩竖向抗压极限承载力；
桩身完整性</td><td>抽样日期</td><td colspan="2">2012-06-09—2012-06-19</td></tr>
<tr><td>样品描述</td><td colspan="2">桩径 1 000 mm</td><td>抽样人员</td><td colspan="2">××监理公司</td></tr>
<tr><td>主要仪器设备</td><td colspan="5">1. 智能动测仪：RSM-PDT（1040094）；
2. 千斤顶：YD5000A20C（96159、96092）；
3. 百分表：50 mm（91205150、00202165、00112649、00112156）；
4. 压力表：0.4 级（11050826）</td></tr>
<tr><td>检测结论</td><td colspan="5">1. S1$^{\#}$、S2$^{\#}$、S3$^{\#}$试桩单桩竖向抗压极限承载力平均值 8 000 kN，极差（1 200 kN）为平均值的 15.0%，试验确定该组试桩单桩竖向抗压极限承载力 8 000 kN，满足设计要求。
2. 低应变动力测 3 根：其中Ⅰ类桩 3 根（占检测桩数的 100.0%），无Ⅱ、Ⅲ、Ⅳ类桩</td></tr>
<tr><td>试验环境</td><td colspan="5">温度：（15 °C）~（34 °C）　　相对湿度：40%　　大气压：标准</td></tr>
<tr><td>批准人</td><td colspan="2">2012 年 6 月 23 日</td><td>审核人</td><td colspan="2">2012 年 6 月 23 日</td></tr>
<tr><td>主检人</td><td colspan="5">2012 年 6 月 23 日</td></tr>
<tr><td>备　注</td><td colspan="5"></td></tr>
<tr><td>录　入</td><td></td><td>校　对</td><td></td><td>打印日期</td><td>2012 年 6 月 23 日</td></tr>
</table>

检 验 报 告（续页）

报告编号：051-2012JYYT

序号	检验项目	单位	标准规定	检验结果	单项判断
1	单桩竖向抗压承载力极限值	点	《建筑基桩检测技术规范》（JGJ 106—2003）《建筑桩基技术规范》（JGJ 94—2008）	S1$^{\#}$、S2$^{\#}$、S3$^{\#}$试桩单桩竖向抗压极限承载力平均值 8 000 kN，极差（1 200 kN）为平均值的15.0%，试验确定该组试桩单桩竖向抗压极限承载力 8 000 kN，满足设计要求	S1$^{\#}$、S2$^{\#}$、S3$^{\#}$试桩单桩竖向抗压极限承载力平均值 8 000 kN，极差（1 200 kN）为平均值的15.0%，试验确定该组试桩单桩竖向抗压极限承载力 8 000 kN，满足设计要求
2	桩身完整性检验	根	《建筑基桩检测技术规范》（JGJ 106—2003）	低应变动力测 3 根：其中Ⅰ类桩 3 根（占检测桩数的 100.0%），无Ⅱ、Ⅲ、Ⅳ类桩	低应变动力测 3 根：其中Ⅰ类桩 3 根（占检测桩数的 100.0%），无Ⅱ、Ⅲ、Ⅳ类桩
3	以下为空				

4　主体结构工程质量检验

4.1　钢筋工程质量检验

钢筋工程质量检验包括钢筋进场检验、钢筋加工、钢筋连接、钢筋安装等一系列检验。施工过程中应重点检查：原材料进场合格证和复试报告、成型加工质量、钢筋连接试验报告及操作者上岗合格证。钢筋安装质量包括纵向、横向钢筋的品种、规格、数量、位置、连接方式、锚固和接头位置、接头数量、接头面积百分率、搭接长度、几何尺寸、间距、保护层厚度，预埋件的规格、数量、位置及锚固长度，箍筋间距、数量及其弯钩角度和平直段长度。验收合格并按有关规定检查或填写有关质量验收记录文件。

4.1.1　钢筋原材料及加工质量检验

1. 钢筋原材料的质量检验

（1）对进场的钢筋原材料应按批次进行检查验收，检查内容包括：检查产品合格证、出厂检验报告、进场复检报告；钢筋的品种、规格、型号、化学成分、力学性能等，并且必须满足设计要求，符合有关现行国家标准的规定。当用户有特别要求时，还应列出某些专门的检验数据。

（2）对进场的钢筋按进场的批次和产品的抽样检验方案确定抽样复验，钢筋复试报告结果应符合现行国家标准。进场复试报告是判断材料能否在工程中应用的依据。进场的每捆（盘）钢筋均应有标牌（标明生产厂、生产日期、钢号、炉罐号、钢筋级别、直径等标记），应按炉罐号、批次及直径分批验收，分别堆放整齐，严防混料，并应对其检验状态进行标识，防止混用。

（3）检查现场复试报告时，对于有抗震设防要求的框架结构，其纵向受力钢筋的强度应满足设计要求；当设计无具体要求时，对一、二级抗震等级，检验所得的强度实测值应符合下列规定：

① 钢筋的抗拉强度实测值与屈服强度实测值的比值不应小于 1.25。

② 钢筋的屈服强度实测值与强度标准值的比值不应大于 1.3。

（4）钢筋进场或存放了较长一段时间后，在使用前应全数检查其外观质量。钢筋外表应平直、无损伤，弯折后的钢筋不得敲直后作为受力钢筋使用。钢筋表面不应有影响钢筋强度和锚固性能的锈蚀和污染，即表面不得有裂纹、油污、颗粒状或片状老锈。

2. 钢筋加工过程的质量检验

（1）仔细查看结构施工图，弄清不同结构件的配筋数量、规格、间距、尺寸等（注意处理好接头位置和接头百分率问题）。

（2）钢筋加工过程中，检查钢筋冷拉的方法和控制参数。检查钢筋翻样图及配料单中钢筋尺寸、形状应符合设计要求，加工尺寸偏差应符合规定。检查受力钢筋加工时的弯钩和弯折的形状及弯曲半径。检查箍筋末端的弯钩形式。

（3）钢筋加工过程中，若发现钢筋脆断、焊接性能不良或力学性能显著不正常等现象时，应立即停止使用，并对该批钢筋进行化学成分检验或其他专项检验，按其检验结果进行技术处理。如果发现力学性能或化学成分不符合要求时，必须作退货处理。

（4）钢筋加工机械须经试运转，调试正常后，才能正常使用。

3. 钢筋原材料及加工质量检验

（1）钢筋原材料及加工质量检验数量。

钢筋原材料及加工质量检验数量，按进场的批次和产品的抽样检验方案确定。一般钢筋混凝土用的钢筋组批规则：每批质量不大于 60 t 为一个检验批，每批应由同一牌号、同一炉罐号、同一规格的钢筋组成。其中冷轧带肋钢筋的检验批由同一牌号、同一外形、同一规格、同一生产工艺和同一交货状态钢筋组成，每批不大于 60 t。冷轧扭钢筋的检验批由同一牌号、同一规格尺寸、同一台轧机、同一台班的钢筋组成，且每批不大于 10 t，不足 10 t 也按一个检验批计。

（2）钢筋原材料及加工检验标准与检查方法详见《混凝土结构工程施工质量验收规范》（GB50204—2015）。

4.1.2 钢筋连接工程质量检验

1. 钢筋连接工程质量控制

（1）钢筋连接方法有机械连接、焊接、绑扎搭接等，纵向受力钢筋的连接方式应符合设计要求。钢筋的机械接头、焊接接头外观质量和力学性能，在施工现场，应按国家现行标准规定抽取试件进行检验，其质量符合要求。绑扎接头应重点查验搭接长度，特别注意钢筋接头百分率对搭接长度的修正。

（2）钢筋机械连接和焊接的操作人员必须经过专业培训，考试合格持证上岗。焊接操作工只能在其上岗证规定的施焊范围实施操作。

（3）钢筋连接操作前应进行安全技术交底，并履行相关手续。

（4）钢筋连接所用的焊（条）剂、套筒等材料必须符合技术检验认定的技术要求，并具有相应的出厂合格证。

（5）钢筋机械连接和焊连接操作前应首先做试件确定钢筋连接的工艺参数。

（6）钢筋接头宜设置在受力较小处，同一纵向受力钢筋不宜设置两个或两个以上接头。接头末端至弯起点的距离不应小于钢筋直径的 10 倍。

（7）钢筋机械连接接头或焊接接头在同一构件中的设置宜相互错开，接头位置、接头百分率应符合规范要求。

（8）同一构件相邻纵向受力钢筋的绑扎搭接接头宜相互错开，纵向受拉钢筋搭接接头面积百分率应符合设计要求。

（9）电阻点焊：适用于焊接直径 6 ~ 14 mm 的 HPB300 级、HRB335 级钢筋，直径 3 ~ 5 mm 的冷拔低碳钢丝及直径 4 ~ 12 mm 的冷轧带肋钢筋。点焊的焊接通电时间和电极压力应根据钢筋级别、直径决定。焊点的压入深度：点焊热轧钢筋时，压入深度应为较小钢筋直径的 25% ~ 45%；点焊冷拔低碳钢丝、冷轧带肋钢筋时，压入深度应为较小钢筋直径的 25% ~ 40%。

（10）电弧焊：帮条焊适用于焊接直径 10 ~ 40 mm 的热轧光圆及带肋钢筋、直径 10 ~ 25 mm 的余热处理钢筋，搭接焊适用焊接的钢筋与帮条焊相同。

（11）钢筋电渣压力焊：适用于焊接直径 14 ~ 40 mm 的 HPB235 级、HRB335 级钢筋。焊机容量应根据钢筋直径选定。

（12）钢筋气压焊：适用于焊接直径 14 ~ 40 mm 的热轧圆钢及带肋钢筋。当焊接直径不同的钢筋时，两直径之差不得大于 7 mm。气压焊等压法、二次加压法、三次加压法等，工艺应根据钢筋直径等条件选用。

（13）带肋钢筋套筒挤压连接：挤压操作应符合规范要求：钢筋插入套筒内深度应符合设计要求。钢筋端头离套筒长度中心点不宜超过 10 mm。先挤压一端钢筋，插入接连钢筋后，再挤压另一端套筒。挤压宜从套筒中部开始，依次向两端挤压，挤压机与钢筋轴线保持垂直。

（14）钢筋锥螺纹连接：钢筋锥螺纹丝头的锥度、螺距必须与套筒的锥度、螺距一致。对准轴线将钢筋拧入套筒内，接头拧紧值应满足规定的力矩。

2. 钢筋连接工程质量检验

（1）钢筋连接工程质量检验数量。

钢筋连接工程质量检验数量应按《钢筋机械连接通用技术规程》（JGJ 107—2016）、《钢筋焊接及验收规程》（JGJ 18—2012）的有关规定执行。一般机械连接时，应按同一施工条件采用同一批材料的同等级、同形式、同规格接头，以 500 个为一个检验批，不足 500 个也作为一个检验批，随机抽取 3 个试件；焊接连接时，按同一工作班、同一焊接参数、同一接头形式、同一级别钢筋，以 300 个焊接接头为一个检验批，闪光对焊一周内不足 300 个、电弧焊每一至二层中不足 300 个、电渣（气压）焊同一层中不足 300 个接头仍按一批计算。闪光对焊接头应从每批成品中随机切取 6 个试件，3 个试件做拉伸试验，3 个试件做弯曲试验。电弧焊及电渣焊接头应从每批接头成品随机切取 3 个试件做拉伸试验。气压焊接头应从每批接头成品中随机切取 3 个试件做拉伸试验，在梁、板的水平钢筋连接中，另切取 3 个接头试件做弯曲试验。

（2）钢筋连接工程质量检验标准与检查方法详见《混凝土结构工程施工质量验收规范》（GB 50204—2015）。

（3）根据试验结果判断钢材及其连接的质量（表头、表中、表尾同前识读方法）如表 4-1-1 所示。

表 4-1-1　新疆维吾尔自治区建筑材料、建筑构件产品质量监督检验站

（新疆建设工程质量安全检测中心）

钢材力学（焊接）检验报告

样品名称	电渣压力焊	报告编号	JK-2012B-0032
工程名称	住宅楼	试验编号	0032
工程部位	四层独立柱	钢筋产地	八钢
委托单位	建筑有限责任公司	送样人	郭
见证单位	新疆	见证人	官
钢筋牌号	HRB235	强度等级	
委托项目	力学性能	样品数量	1 组/4 根
检验依据	GB 1499.2—2007	代表数量	60 t
委托日期	2012-05-19	连接方法	—
连接操作人	—	操作证号	—

试样编号	公称直径（mm）	面积（mm^2）	力学性能							弯曲试验（d 为钢筋直径）		
			质量指标			实测值						
			屈服强度（MPa）R_{el}	抗拉强度（MPa）R_m	伸长率（%）A	屈服强度（MPa）R_{el}	抗拉强度（MPa）R_m	伸长率（%）A	断口位置及判定、距标距点距离（mm）	弯心直径（mm）	角度	弯曲结果
0018（6）	16	201.1	235	370	25	285	413	29	1/3L_D 塑断	3	180°	无裂纹
	16	201.1	235	370	25	285	410	28	1/3L_D 塑断	3	180°	无裂纹
检验结论	经检验符合 GB 1499.2—2007 要求 （检验报告专用章） 签发日期：2012 年 6 月 7 日											
备注												

批准：　　　　审核：　　　　主检：

4.1.3 钢筋安装工程质量控制与检验

1. 钢筋安装工程质量控制

（1）钢筋安装前，应进行安全技术交底，并履行有关手续。

（2）钢筋安装前，应根据施工图核对钢筋的品种、规格、尺寸和数量，并落实钢筋安装工序。

（3）钢筋安装时应检查钢筋的品种、级别、规格、数量是否符合设计要求。

（4）钢筋安装时检查钢筋骨架、钢筋网绑扎方法是否正确、是否牢固可靠。

（5）钢筋绑扎时应检查钢筋的交叉点是否用铁丝扎牢，板、墙钢筋网的受力钢筋位置是否准确；双向受力钢筋必须绑扎牢固，绑扎基础底板钢筋，应使弯钩朝上，梁和柱的箍筋（除有特殊设计要求外）应与受力钢筋垂直，箍筋弯钩叠合处应沿受力钢筋方向错开放置，梁的箍筋弯钩应放在受压处。

（6）注意控制框架结构节点核心区、剪力墙结构暗柱与连梁交接处梁与柱的箍筋设置是否符合要求。

（7）注意控制，框-剪或剪力墙结构中连梁箍筋在暗柱中的设置是否符合要求。

（8）注意控制，框架梁、柱箍筋加密区长度和间距是否符合要求。

（9）注意控制，框架梁、连梁在柱（墙、梁）中的锚固方式和锚固长度是否符合设计要求（工程中往往存在部分钢筋水平段锚固不满足设计要求的现象）。

（10）当剪力墙钢筋直径较细时，注意控制钢筋的水平度与垂直度，应当采取适当措施（如增加梯子筋数量等）确保钢筋位置正确。

（11）工程实践中为便于施工，剪力墙中的拉筋加工往往是一端加工成135°弯钩，另一端暂时加工成90°弯钩，待拉筋就位后再将90°弯钩弯轧成型。这样，如加工措施不当往往会出现拉筋变形使剪力墙筋骨架减小现象，钢筋安装时应予以控制。

（12）注意控制，预留洞口加强筋的设置是否符合设计要求。

（13）工程中常常出现由于墙柱钢筋固定措施不合格，导致下柱（墙）钢筋位置偏离设计要求的现象，隐蔽工程验收时应查验防止墙柱钢筋错位的措施是否得当。

（14）注意控制，钢筋接头质量、位置和百分率是否符合设计要求。

（15）钢筋安装时，检查梁、柱箍筋弯钩处是否沿受力钢筋方向相互错开放置，绑扎扣是否按变换方向进行绑扎。

（16）钢筋安装完毕后，检查钢筋保护层垫块、马镫等是否根据钢筋直径、间距和设计要求正确放置。

（17）钢筋安装时，检查受力钢筋放置的位置是否符合设计要求，特别是梁、板、悬挑构件的上部纵向受力钢筋。

2. 钢筋安装工程质量检验

（1）划分检验批。

检验批可根据施工及质量控制和专业验收需要按楼层、施工段、变形缝等进行划分，即每层、段可按基础、柱、剪力墙、梁板梯等结构构件进行划分。

（2）钢筋安装质量工程检验标准和检查方法详见现行国家有关施工质量验收规范及相关标准。

4.1.4 钢筋工程主要质量问题及防治措施

1. 钢筋成型质量问题

钢筋成型质量的优劣直接影响钢筋承受由地震所产生的破坏荷载。

（1）影响钢筋成型尺寸不准确的主要因素是：

① 下料不准。

② 画线方法不对或不准。

③ 手工弯曲时板距选择不当；角度控制没有采取保证措施。

（2）防治措施：

① 预先确定各种形状钢筋下料长度调整值。

② 板距根据参考值进行调整。

③ 复杂形状或大批量同一种形状的钢筋，要放出实样，选择适合的操作参数，如画线、板距等。

2. 钢筋安装质量问题

钢筋安装质量的优劣会造成钢筋合理受力位置的变化，影响抵抗震害的能力。

1）平板中钢筋的混土保护层不准

（1）主要因素是：保护层砂浆垫块厚度不准，或垫块垫得太少。

（2）防治措施：

① 检查保护层砂浆垫块厚度是否准确，并根据平板面积大小适当垫够。

② 钢筋网片有可能随混凝土浇捣而沉落。

2）柱钢筋错位

下柱钢筋从柱顶甩出，位置偏离设计要求，上柱钢筋搭接不上。

（1）主要因素是：

① 钢筋安装后虽已检查合格，但由于固定钢筋措施不可靠，发生变位。

② 浇筑混凝土时被振动器或其他操作机具碰歪撞斜，没有及时校正。

（2）防治措施：

① 在外伸部分加一道临时箍筋，按图纸位置安设好，然后用样板、铁卡或木方卡好固定。

② 浇筑混凝土前再复查一遍，如发生移位，则应矫正后再浇筑混凝土。

③ 注意浇筑操作，尽量不碰撞钢筋。

④ 浇筑过程中由专人随时检查，及时校核改正。

3）露　筋

混凝土结构构件拆模时发现其表面有钢筋露出。

（1）主要因素是：保护层砂浆垫块垫得太稀或脱落；由于钢筋成型尺寸不准确，或钢筋骨架绑扎不当，造成骨架外形尺寸偏大，局部接触模板；振捣混凝土时，振动器撞击钢筋，使钢筋移位或引起绑扣松散。

（2）防治措施：

① 砂浆垫块垫得适量可靠。

② 对于竖立钢筋，绑在钢筋骨架外侧；可采用埋有钢丝的垫块，同时，为使保护层厚度准确，需用钢丝将钢筋骨架拉向模板，挤牢垫块；钢筋骨架如果是在模外绑扎，要控制好它的总外形尺寸，不得超过允许偏差。

4）柱箍筋接头位置同向或接头设在受力最大处

（1）主要因素是：工人不懂有关要求或绑扎钢筋骨架时疏忽。

（2）防治措施：安装前应做好技术交底，操作时随时互相提醒，将接头位置错开绑扎。

5）梁上部钢筋（负弯矩钢筋）向构件截面中部移位或向下沉落

（1）主要因素是：网片固定方法不当；振捣碰撞；绑扎不牢；被施工人员踩踏。

（2）防治措施：

① 利用一些套箍或各种"马凳"之类支架将上、下网片予以相互联系，成为整体；在板面架设跳板，供施工人员行走（跳板可支于底模或其他物件上，不能直接铺在钢筋网片上）。

② 施工前，教育工人严禁随便踩踏板的支座钢筋。

6）梁柱节点核心处柱箍筋未加密

（1）主要因素是：因施工较为困难，工人责任心不强或不懂设计和规范要求而不精心安装。

（2）防治措施：

① 加强对工人的教育和培训。

② 在模板上方绑扎梁钢筋时，应事先放好梁柱节点核心处柱箍筋，待钢筋放入模板时精心绑扎。

7）梁柱节点处纵向钢筋间距未按设计或规范要求设置

（1）主要因素是：钢筋未按设计或规范要求分层绑扎或绑扎不牢而移动错位。

（2）防治措施：

① 梁上部钢筋分层要有可靠的间距保证措施，防止下层钢筋下沉。

② 钢筋应与接触的箍筋绑扎牢靠。

8）钢筋遗漏

在检查核对绑扎好的钢筋骨架时，发现某号钢筋遗漏。

（1）主要因素是：施工管理不当，没有深入熟悉图纸内容和研究各号钢筋安装顺序。

（2）防治措施：

① 绑扎钢筋骨架之前要根据图纸内容，并按钢筋材料表核对配料单和料牌，检查钢筋规格是否齐全准确，形状、数量是否与图纸相符 。

② 梁钢筋绑扎成形下放模板前，再次核对钢筋是否与设计图纸一致；整个钢筋骨架绑完后，应清理现场，检查有无某号钢筋遗留。

4.2 模板工程质量检验

4.2.1 模板安装工程质量检验

1. 模板安装工程质量检验

1）模板原材料的质量检验

混凝土结构模板可采用木模板、钢模板、木胶合板模板、竹胶合板模板、塑料和玻璃钢模板等。常用的模板主要有木模板、钢模板、竹胶合板模板等。

（1）木模板。木模板的材质不宜低于Ⅲ等材，其含水率不小于25%。平板模板宜用定型模板铺设，底端要支撑牢固。模板安装尽量做到构造简单、装拆方便。木模板在拼制时，板边应找平刨直，接缝严密，不得漏浆。模板安装硬件具有足够的强度、刚度、稳定性。当为清水混凝土时板面应刨光。

（2）组合钢模板。组合钢模板由钢模板、连接件和支承件组成。

① 钢模板配板要求：配板宜选用大规格的钢模板为主板，使用的种类尽量少；根据模面的形状和几何尺寸以及支撑形式决定配板；模板长向拼接应错开配制，尽量采用横排或竖排，利于支撑系统布置。预埋件和预留孔洞的位置，应在配板图上标明，并注明固定方法。

② 连接件有U形卡、L形插销、紧固螺栓、钩头螺栓、对拉螺栓、扣件等，应满足配套使用、装拆方便、操作安全的要求，使用前应检查质量合格证明。

③ 支承件有木支架和钢支架。支架必须有足够强度、刚度和稳定性。支架应能承受新浇筑混凝土的重量、模板重量、侧压力，以及施工荷载。其质量应符合有关标准的规定，并检查质量合格证明。

（3）竹胶合板模板。应选用无变质、厚度均匀、含水率小的竹胶合板模板，并优先采用防水胶质型。竹胶合板根据板面处理的不同分为素面板、复木板、涂膜板和复膜板，表面处理应按《竹胶合板模板》（JG/T 3026—1995）的要求进行。

（4）隔离剂。不得采用影响结构性能或妨碍装饰工程施工的隔离剂，严禁使用废机油作隔离剂。常用的隔离剂有皂液、滑石粉、石灰水及混合液和各种专门化学制品如隔离剂等。隔离剂材料宜拌成黏稠状，应涂刷均匀，不得流淌。

2）模板安装工程的质量控制

（1）施工前，必须编制模板工程施工技术方案并附设计计算书。特别是应计算模板及其支撑系统在浇筑混凝土时的重量、侧压力以及施工荷载作用下强度、刚度和稳定性是否满足要求。

（2）严格按编制的模板设计文件和施工技术方案进行模板安装。在混凝土浇筑前，进行模板工程验收。

（3）竖向模板和支架的支撑部分必须坐落在坚实的基土上，接触面要平整。立架的立杆底部应铺设合适的垫板。

（4）安装过程中要多检查，注意垂直度、中心线、标高及各部分的尺寸，保证结构部分的几何尺寸和相对位置正确。

（5）成排柱支模时应先立两端柱模，在底部弹出通线，定出位置并兜方找中且垂直度吊正后，顶部拉通线，再立中间柱，确保模板横平竖直、位置准确。

（6）应随时检查测量、放样、弹线工作是否按施工技术方案进行，并进行复核记录。

（7）模板及其支架使用的材料规格尺寸，应符合模板设计要求。模板及其支架应定期维修，钢模板及钢支架应有防锈措施。

（8）模板的接缝应严密不漏浆：在浇筑混凝土前，木模板应浇水湿润，但模板内不应有积水。

（9）防渗（水）混凝土墙使用的对拉螺栓或对拉片应有防水措施。

（10）清水混凝土工程及装饰混凝土工程所使用的模板，应满足设计要求的效果。

（11）泵送混凝土对模板的要求与常规作业不同，必须通过混凝土侧压力计算，采取增强模板支撑，将对拉螺栓加密、截面加大，减少围檩间距或增大围檩截面等措施，防止模板变形。

（12）安装现浇结构的上下层模板及其支架时，下层楼板应具有承受上层荷载的承载能力或架设支架支撑，确保有足够的刚度和稳定性；多层楼板支架系统的立柱应上下对齐，安装在同一条直线上。

（13）模板安装时应检查接头处，梁、柱、板交叉处是否连接牢固可靠，防止烂根、位移、胀模等不良现象。

（14）对照图纸检查所有预埋件及预留孔洞，并检查其固定是否牢固准确。

（15）检查防止模板变形的控制措施。基础模板为防止变形，必须支撑牢固；墙和柱模板下端要做好定位基准；墙柱与梁板同时安装时，应先安装墙柱模板，再在其上安装梁模板。当梁、板跨度大于或等于 4 m 时，梁、板应按设计起拱，当设计无具体要求时，起拱高度宜为跨度的 1‰ ~ 3‰。

（16）检查模板的支撑体系是否牢固可靠。模板及支撑系统应连成整体，竖向结构模板（墙、柱等）应加设斜撑和剪刀撑，水平结构模板（梁、板等）应加强支撑系统的整体连接，对木支撑纵横方向应加拉杆，采用钢管支撑时，应扣成整体排架。所有可调节的模板及支撑系统在模板验收后，不得任意改动。

17）模板与混凝土的接触面应清理干净并涂刷隔离剂，严禁隔离剂污染钢筋和混凝土接槎处。混凝土浇筑前，检查模板内的杂物是否清理干净。

3）模板安装工程的质量检验

检验批可根据施工及质量控制和专业验收需要按楼层、施工段、变形缝等进行划分，即每层、段可按基础、柱、剪力墙、梁板梯等结构构件进行划分。

现浇结构模板安装工程质量检验标准与检验方法详见《混凝土结构工程施工质量验收规范》（GB 50204—2015）。

4.2.2 模板拆除工程质量检验

1. 模板拆除工程质量控制

（1）拆模工程，应编制模板拆除的技术方案，并随时检查模板拆除时执行的情况。

（2）底模拆除时检查混凝土强度是否符合设计要求。

（3）拆除模板应遵循先支后拆、后支先拆、自上而下，先拆非承重模板，后拆承重模板的顺序。

（4）多层建筑施工，当上层楼板正在浇混凝土时，下一层的模板支架不得拆除，再下一层楼板的支架也仅可部分拆除。

（5）拆除时要文明施工，要有专人指挥、专人监护、设置警戒区；拆下的物品应及时清运，避免在梁板上施加过大的荷载。

（6）拆模后，必须清除模板上遗留的混凝土残浆后，再刷隔离剂；严禁用废机油作隔离剂。隔离剂材料选用原则应为：既便于脱模又便于混凝土表面装饰。隔离剂涂刷后，应在短期内及时浇筑混凝土，以防隔离层遭受破坏。

（7）后浇带模板的拆除和支顶方法应按施工技术方案执行。

2. 模板拆除工程的质量检验

（1）模板拆除工程的检验批可根据施工及质量控制和专业验收需要按楼层、施工段、变形缝等进行划分，即每层、段可按基础、柱、剪力墙、梁板梯等结构构件进行划分。

（2）现浇结构模板拆除工程质量检验标准与检验方法详见《混凝土结构工程施工质量验收规范》（GB 50204—2015）。

4.3 混凝土工程质量检验

4.3.1 混凝土原材料及配合比的质量检验

1. 水　泥

（1）水泥进场时必须有产品合格证、出厂检验报告，并对水泥品种、级别、包装或散装仓号、出厂日期等进行检查验收。对其强度、安定性及其他必要的性能指标进行复试，其质量必须符合《通用硅酸盐水泥》（GB 175—2007）等的规定。

（2）当使用中对水泥的质量有怀疑或水泥出厂超过三个月（快硬水泥超过一个月）时，应进行复试，并按复试结果使用。

（3）钢筋混凝土结构、预应力混凝土结构中，严禁使用含氯化物的水泥。

（4）水泥在运输和储存时，应有防潮、防雨措施，防止水泥受潮凝结结块强度降低，不同品种和强度等级的水泥应分别储存，不得混存混用。

2. 骨　料

（1）混凝土中用的骨料有细骨料（砂）、粗骨料（碎石、卵石）。其质量必须符合国家现行标准《普通混凝土用碎石或卵石质量标准及检验方法》（JGJ 53—92）、《普通混凝土用砂、石质量及检验方法标准》（JGJ 52—2006）规定。

（2）骨料进场时，必须进行复验，按进场的批次和产品的抽样检验方案，检验其颗粒级配、含泥量及粗细骨料的针片状颗粒含量，必要时还应检验其他质量指标。对海砂，还应按批检验其氯盐含量，其检验结果应符合有关标准的规定。对含有活性二氧化硅或其他活性成分的骨料，应进行专门试验，待验证确认对混凝土质量无有害影响时，方可使用。

（3）骨料在生产、采集、运输与存储过程中，严禁混入煅烧过的白云石或石灰块等影响混凝土性能的有害物质；骨料应按品种、规格分别堆放，不得混杂。

3. 水

拌制混凝土宜采用饮用水；当采用其他水源时，应进行水质试验，水质应符合国家现行标准《混凝土用水标准》（JGJ 63—2006）的规定。不得使用海水拌制钢筋混凝土和预应力混凝土；不宜用海水拌制有饰面要求的素混凝土。

4. 外加剂

（1）混凝土中掺用的外加剂应有产品合格证、出厂检验报告，并按进场的批次和产品的抽样检验方案进行复验，其质量及应用技术应符合现行国家标准《混凝土外加剂应用技术规范》（GB 50119—2013）等及有关环境保护的规定。

（2）预应力混凝土结构中，严禁使用含氯化物的外加剂。钢筋混凝土结构中，当使用含氯化物的外加剂时，混凝土中氯化物的总含量应符合现行国家标准《混凝土质量控制标准》（GB 50164—2011）的规定。选用的外加剂，需要时还应检验其氯化物、硫酸盐等有害物质的含量，经验证确认对混凝土无有害影响时方可使用。

（3）不同品种外加剂应分别存储，做好标记，在运输和存储时不得混入杂物和遭受污染。

5. 掺合料

混凝土中使用的掺合料主要是粉煤灰，其掺量应通过试验确定。进场的粉煤灰应有出厂合格证，并应按进场的批次和产品的抽样检验方案进行复试。其质量应符合国家现行标准《粉煤灰混凝土应用技术规范》（GB 50164—2014）、《粉煤灰在混凝土和砂浆中应用技术规程》（JGJ 28—86）、《用于水泥和混凝土中的粒化高炉矿渣粉》（GB/T 18046—2008）等的规定。

6. 配合比

（1）混凝土的配合比应根据现场采用的原材料进行配合比设计，再按普通混凝土拌合物性能试验方法等标准进行试验、试配，以满足混凝土强度、耐久性和和易性的要求，不得采用经验配合比。

（2）施工前应审查混凝土配合比设计是否满足设计和施工要求，并应经济合理。

（3）混凝土现场搅拌时应对原材料的计量进行检查，并经常检查坍落度，控制水灰比。

7. 混凝土工程原材料及配合比质量检验

混凝土原材料及配合比检验质量标准与检验方法详见《混凝土结构工程施工质量验收规范》（GB 50204—2015）。

4.3.2 混凝土施工工程质量检验

1. 混凝土施工工程质量控制

（1）混凝土现场搅拌时应按常规要求检查原材料的计量坍落度和水灰比。

（2）检查混凝土搅拌的时间，并在混凝土搅拌后和浇筑地点分别抽样检测混凝土的坍落度，每班至少检查两次，评定时应以浇筑地点的测值为准。

（3）混凝土施工前检查混凝土的运输设备、道路是否良好畅通，保证混凝土的连续浇筑和良好的混凝土和易性。运至浇筑地点时的混凝土坍落度应符合规定要求。

（4）泵送混凝土时应注意以下几个方面的问题：

① 操作人员应持证上岗，应有高度的责任感和职业素质，并能及时处理操作过程中出现的故障。

② 泵与浇筑地点联络畅通。

③ 泵送前应先用水灰比为 0.7 的水泥砂浆湿润管道，同时要避免将水泥砂浆集中浇筑。

④ 泵送过程严禁加水，需要增加混凝土的坍落度时，应加与混凝土相同品种水泥、水灰比相同的水泥浆。

⑤ 应配专人巡视管道，发现异常及时处理。

⑥ 在梁、板上铺设的水平管道泵送时振动大，应采取相应的防止损坏钢筋骨架（网片）的措施。

（5）混凝土浇筑前检查模板表面是否清理干净，防止拆模时混凝土表面粘模，出现麻面。木模板是否浇水湿润，防止出现由于木模板吸水黏结或脱模过早，拆模时缺棱、掉角导致露筋。

（6）混凝土浇筑前检查对已完钢筋工程的必要保护措施，防止钢筋被踩踏，产生位移或钢筋保护层减薄。

（7）混凝土施工中检查控制混凝土浇筑的方法和质量。一是防止浇筑速度过快，避免在钢筋上面和墙与板、梁与柱交界处出现裂缝。二是防止浇筑不均匀，或接槎处处理不好易形成裂缝。混凝土浇筑应在混凝土初凝前完成，浇筑高度不宜超过 2 m，竖向结构不宜超过 3 m，否则应检查是否采取了相应措施。控制混凝土一次浇筑的厚度，并保证混凝土的连续浇筑。

（8）浇筑与墙、柱联成一体的梁和板时，应在墙、柱浇筑完毕 1 ~ 1.5 h 后，再浇筑梁和板；梁和板宜同时浇筑混凝土。

（9）浇筑墙、柱混凝土时应注意保护钢筋骨架，防止墙、柱钢筋产生位移。

（10）浇筑混凝土时，施工缝的留设位置应符合有关规定。

（11）混凝土浇筑时应检查混凝土振捣的情况，保证混凝土振捣密实。防止振捣棒撞击钢筋，使钢筋位移。合理使用混凝土振捣机械，掌握正确的振捣方法，控制振捣的时间。

（12）混凝土施工前应审查施工缝、后浇带处理的施工技术方案。检查施工缝、后浇带留设的位置是否符合规范和设计要求，其处理应按施工技术方案执行。

（13）混凝土施工过程中应对混凝土的强度进行检查，在混凝土浇筑地点随机留取标准养护试件和同条件养护试件，其留取的数量应符合要求。

（14）混凝土浇筑后应检查是否按施工技术方案进行养护，并对养护的时间进行检查落实。

2. 混凝土施工工程质量检验

（1）混凝土施工工程检验批可根据施工及质量控制和专业验收需要按工作班、楼层、施工段、变形缝等进行划分，即每层、段可按基础、柱、剪力墙、梁板梯等结构构件进行划分。

（2）用于检查结构构件混凝土强度的试件，应在混凝土的浇筑地点随机抽取。取样与留置应符合下列规定：

① 每拌制 100 盘且不超过 100 m^3 的同配合比的混凝土，取样不得少于一次。

② 每工作班拌制的同一配合比混凝土不足 100 盘时，取样不得少于一次。

③ 当一次连续浇筑超过 1 000 m^3 时，同一配合比的混凝土每 200 m^3 取样不得少于一次。

④ 每一楼层、同一配合比的混凝土，取样不得少于一次。

⑤ 每次取样至少留置一组标准养护试件，同条件养护试件的留置组数应根据实际需要确定。

（3）混凝土施工工程质量验收标准及检查方法。

混凝土施工工程质量检验标准及检验详见现行国家有关施工质量验收规范及相关标准 。

4.3.3 混凝土现浇结构工程质量检验

1. 混凝土现浇结构工程质量控制

（1）现浇混凝土结构待强度达到一定程度拆模后，应及时对混凝土外观质量进行检查（严禁未经检查擅自处理混凝土缺陷），主要针对结构性能和使用功能影响严重程度进行检查，应及时提出技术处理方案，待处理后对经处理的部位应重新检查验收。

（2）现浇结构不应有影响结构性能和使用功能的尺寸偏差，混凝土设备基础不应有影响结构性能和设备安装的尺寸偏差。现浇结构的外观质量不应有严重缺陷。

（3）对于现浇混凝土结构外形尺寸偏差，检查主要轴线、中心线位置时，应沿纵横两个方向量测，并取其中的较大值。

2. 混凝土现浇结构工程质量检验

（1）按楼层、结构缝或施工段划分检验批。

（2）现浇混凝土结构外观质量和尺寸偏差检验标准及检验方法详见现行国家有关施工质量验收规范及相关标准。

① 判读混凝土试验检测报告（表头、表中、表尾同前识读方法），见表 4-3-1。

② 判读砖砌体试验检测报告（表头、表中、表尾同前识读方法），见表 4-3-2。

3. 根据混凝土试块强度评定混凝土验收批质量

《混凝土强度检验评定标准》（GB/T 50107—2010）中规定：混凝土的取样，宜根据规定的检验评定方法要求制定检验批的划分方案和相应的取样计划。即混凝土强度试样应在混凝土的浇筑地点随机抽取。试件的取样频率和数量应符合下列规定：每 100 盘，但不超过 100 m^3 的同配合比混凝土，取样次数不应少于一次；每一工作班拌制的同配合比混凝土，不足 100 盘和 100 m^3 时其取样次数不应少于一次；当一次连续浇筑的同配合比混凝土超过 1 000 m^3 时，每 200 m^3 取样不应少于一次；对房屋建筑，每一楼层、同一配合比的混凝土，取样不应少于一次。

表 4-3-1　新疆维吾尔自治区建筑材料、建筑构件产品质量监督检验站
（新疆建设工程质量安全检测中心）
同条件养护混凝土立方体抗压强度检验报告

第　页共　页

工程名称		报告编号	
工程部位		试验编号	
委托单位		委托人	
见证单位		见证人	
检验依据	GB 50204—2002　GB/T 50081—2002	设计强度等级	
水泥品种及强度等级		混凝土供应商	
砂子产地		试验编号	
石子产地及规格		试验编号	
掺合料名称及产地		占水泥用量（%）	
外加剂名称及产地		占水泥用量（%）	
混凝土配合比例		编号	
混凝土成型日期		养护期日平均温度（°C）	
等效养护龄期累计达到 600 °C 所对应的龄期（d）		试件收到日期	
		要求检验日期	

试件编号	检验日期	实际龄期（d）	立方体试件尺寸（mm）	试件承压面积（mm^2）	单块破坏荷载（kN）	抗压强度（MPa）		折合 150 mm 立方体强度（MPa）	乘 1.10 强度折算系数后的立方体抗压强度（MPa）	达到设计强度（%）
						单块值	强度代表值			
备注	委托检验、送样				签发日期：（检验专用章）					

批准：　　　　审核：　　　　主检：

表 4-3-2　新疆维吾尔自治区建筑材料、建筑构件产品质量监督检验站
（新疆建设工程质量安全检测中心）
砂浆抗压强度检验报告

共　页第　页

<table>
<tr><td colspan="2">工程名称</td><td colspan="3"></td><td colspan="2">报告编号</td><td colspan="2"></td></tr>
<tr><td colspan="2">工程部位</td><td colspan="3"></td><td colspan="2">试验编号</td><td colspan="2"></td></tr>
<tr><td colspan="2">委托单位</td><td colspan="3"></td><td colspan="2">委托人</td><td colspan="2"></td></tr>
<tr><td colspan="2">见证单位</td><td colspan="3"></td><td colspan="2">见证人</td><td colspan="2"></td></tr>
<tr><td colspan="2">检验依据</td><td colspan="3">JGJ/T 70—2009</td><td colspan="2">设计强度等级</td><td colspan="2"></td></tr>
<tr><td colspan="2">砂浆品种</td><td colspan="3"></td><td colspan="2">稠度（mm）</td><td colspan="2"></td></tr>
<tr><td colspan="2">水泥品种强度等级</td><td colspan="3"></td><td colspan="2">水泥生产厂</td><td colspan="2"></td></tr>
<tr><td colspan="2">外加剂产地及品种</td><td colspan="3"></td><td colspan="2">占水泥用量（%）</td><td colspan="2"></td></tr>
<tr><td colspan="2">掺合料产地及品种</td><td colspan="3"></td><td colspan="2">占水泥用量（%）</td><td colspan="2"></td></tr>
<tr><td colspan="2">试块成型日期</td><td colspan="3"></td><td colspan="2">试块收到日期</td><td colspan="2"></td></tr>
<tr><td colspan="2">要求检验日期</td><td colspan="3"></td><td colspan="2">要求养护龄期（d）</td><td colspan="2"></td></tr>
<tr><td colspan="2">试块养护条件</td><td colspan="3"></td><td colspan="2">样品状态</td><td colspan="2"></td></tr>
<tr><td rowspan="2">试件编号</td><td rowspan="2">检验日期</td><td rowspan="2">实际龄期（d）</td><td rowspan="2">试件规格尺寸（mm）</td><td rowspan="2">受压面积（mm^2）</td><td rowspan="2">单块荷载（kN）</td><td colspan="2">抗压强度（MPa）</td><td rowspan="2">达到设计强度（%）</td></tr>
<tr><td>单块值（乘 1.35 强度换算系数）</td><td>强度代表值</td></tr>
<tr><td></td><td></td><td></td><td></td><td></td><td></td><td></td><td></td><td></td></tr>
<tr><td>备注</td><td colspan="4">委托检验、送样</td><td colspan="4">签发日期：
（检验专用章）</td></tr>
</table>

批准：　　　　审核：　　　　主检：

1）混凝土强度的检验评定

（1）采用统计方法评定时

① 当连续生产的混凝土，生产条件在较长时间内保持一致，且同一品种、同一强度等级混凝土的强度变异性保持稳定时，应按下列规定进行评定。一个检验批的样本容量应为连续的 3 组试件，其强度应同时符合下列规定：

$$m_{f_{cu}} \geqslant f_{cu,k} + 0.7\sigma_0$$

$$f_{cu,min} \geqslant f_{cu,k} - 0.7\sigma_0$$

检验批混凝土立方体抗压强度的标准差应按下式计算：

$$\sigma_0 = \sqrt{\frac{\sum_{i=1}^{n} f_{cu,i}^2 - nm_{f_{cu}}^2}{n-1}}$$

当混凝土强度等级不高于 C20 时，其强度的最小值尚应满足下式要求：

$$f_{cu,min} \geqslant 0.85 f_{cu,k}$$

当混凝土强度等级高于 C20 时，其强度的最小值尚应满足下列要求：

$$f_{cu,min} \geqslant 0.90 f_{cu,k}$$

式中：$m_{f_{cu}}$——同一检验批混凝土立方体抗压强度的平均值（N/mm^2），精确到 0.1 N/mm^2；

$f_{cu,k}$——混凝土立方体抗压强度标准值（N/mm^2），精确到 0.1 N/mm^2；

σ_0——检验批混凝土立方体抗压强度的标准差（N/mm^2），精确到 0.01 N/mm^2，当检验批混凝土强度标准差 σ_0 计算值小于 2.0 N/mm^2 时，应取 2.5 N/mm^2；

$f_{cu,i}$——前一个检验期内同一品种、同一强度等级的第 i 组混凝土试件的立方体抗压强度代表值（N/mm^2），精确到 0.1 N/mm^2，该检验期不应少于 60 d，也不得大于 90 d；

n——前一检验期内的样本容量，在该期间内样本容量不应少于 45；

$f_{cu,min}$——同一检验批混凝土立方体抗压强度的最小值（N/mm^2），精确到 0.1 N/mm^2。

② 当样本容量不少于 10 组时，其强度应同时满足下列要求：

$$m_{f_{cu}} \geqslant f_{cu,k} + \lambda_1 \cdot S_{f_{cu}}$$

$$f_{cu,min} \geqslant \lambda_2 \cdot f_{cu,k}$$

同一检验批混凝土立方体抗压强度的标准差应按下式计算：

$$S_{f_{cu}} = \sqrt{\frac{\sum_{i=1}^{n} f_{cu,i}^2 - mn_{f_{cu}}^2}{n-1}}$$

式中：$S_{f_{cu}}$——同一检验批混凝土立方体抗压强度的标准差（N/mm^2），精确到 0.01 N/mm^2，当检验批混凝土强度标准差 $S_{f_{cu}}$ 计算值小于 2.5 N/mm^2 时，应取 2.5 N/mm^2；

λ_1，λ_2——合格评定系数，按表 4-3-3 取用；

n——本检验期内的样本容量。

（2）其他情况应按非统计方法评定。

当用于评定的样本容量小于 10 组时，应采用非统计方法评定混凝土强度。按非统计方法评定混凝土强度时，其强度应同时符合下列规定：

表 4-3-3　混凝土强度的合格评定系数

试件组数	10～14	15～19	≥20
λ_1	1.15	1.05	0.95
λ_2	0.90	0.85	

$$m_{f\mathrm{cu}} \geqslant \lambda_3 \cdot f_{\mathrm{cu,\,k}}$$

$$f_{\mathrm{cu,\,min}} \geqslant \lambda_4 \cdot f_{\mathrm{cu,\,k}}$$

式中：λ_3，λ_4——合格评定系数，应按表 4-3-4 取用。

表 4-3-4　混凝土强度的非统计法合格评定系数

混凝土强度等级	<C60	≥C60
λ_3	1.15	1.10
λ_4	0.95	

2）混凝土强度的合格性评定

当检验结果满足上述规定时，该批混凝土强度应评定为合格；当不能满足上述规定时，该批混凝土强度应评定为不合格。对评定为不合格批的混凝土，可按国家现行的有关标准进行处理。混凝土试块强度统计、评定记录见表 4-3-5。

表 4-3-5　混凝土试块强度统计、评定记录（C.6.6）

工程名称	××市××中学教学楼				编号		02-01-C6-0××			
					强度等级		C30			
施工单位	××建筑安装有限公司				养护方法		标准养护			
统计期	××××年××月××日至××××年××月××日				结构部位		主体 1-顶层梁、板、楼梯			
试块组数 n	强度标准值 $f_{\mathrm{cu,k}}$（MPa）		平均值 $m_{f_{\mathrm{cu}}}$（MPa）		标准差 $s_{f_{\mathrm{cu}}}$（MPa）		最小值 $f_{\mathrm{cu,min}}$（MPa）		合格判定系数	
									λ_1	λ_2
30	30.0		33.6		1.8		30.6			
每组强度值（MPa）	32.5	33.6	37.2	34.2	31.5	30.6	36.2	33.5	33.7	32.5
	32.8	34.2	32.3	33.8	35.6	34.5	31.2	32.3	34.2	34.2
	35.1	32.5								
评定界限	☑统计方法					□非统计方法				
	$0.90f_{\mathrm{cu,k}}$		$m_{f_{\mathrm{cu}}}-\lambda_1\times s_{f_{\mathrm{cu}}}$		$\lambda_2\times f_{\mathrm{cu,k}}$	$1.15\,f_{\mathrm{cu,k}}$			$0.95\,f_{\mathrm{cu,k}}$	
	27.0		30.72		25.5	—			—	
判定式	$m_{f_{\mathrm{cu}}}-\lambda_1\times s_{f_{\mathrm{cu}}}\geqslant 0.90\,f_{\mathrm{cu,k}}$			$f_{\mathrm{cu,min}}\geqslant\lambda_2\times f_{\mathrm{cu,k}}$		$m_{f_{\mathrm{cu}}}\geqslant 1.15\,f_{\mathrm{cu,k}}$			$f_{\mathrm{cu,min}}\geqslant 0.95\,f_{\mathrm{cu,k}}$	
结果	30.72≥27.0			30.6≥25.5						
结论：试块强度符合《混凝土强度检验评定标准》（GB/T 50107—2010）要求，合格										
签字栏	批准				审核		统计			
	×××				×××		×××			
	报告日期				××××年××月××日					

4.3.4 混凝土工程常见质量通病

混凝土强度不足、尺寸不准确、露筋、裂缝等施工质量缺陷会使混凝土结构构件达不到设计的抗震能力。

1. 蜂 窝

1）产生蜂窝的主要因素

（1）混凝土配合比不当或砂、石子、水泥材料加水量计量不准，造成砂浆少、石子多。

（2）混凝土搅拌时间不够，未拌和均匀，和易性差，振捣不密实。

（3）下料不当或下料过高，未设串筒使石子集中，造成石子砂浆离析。

（4）混凝土未分层下料，振捣不实或漏振，或振捣时间不够。

（5）模板缝隙未堵严，水泥浆流失。

（6）钢筋较密，使用的石子粒径过大或坍落度过小。

（7）基础、柱、墙根部未间歇就继续浇筑上层混凝土。

2）防治措施

认真设计、严格控制混凝土配合比，经常检查，计量准确，混凝土拌和均匀，坍落度合适；混凝土下料高度超过 2 m 应设串筒或溜槽；浇筑应分层下料，分层捣固，防止漏振；模板缝应堵塞严密，浇筑中应随时检查模板支撑情况防止漏浆，基础、柱、墙根部应在下部浇完间歇 1 ~ 5 h，沉实后再浇上部混凝土，避免出现“烂脖子”。

小蜂窝：洗刷干净后，用 1∶2 或 1∶2.5 水泥砂浆抹平压实；较大蜂窝：凿去蜂窝薄弱松散颗粒，刷洗净后，支模用高一级细石混凝土仔细填塞捣实；较深蜂窝：如清除困难，可埋压浆管、排气管、表面抹砂浆或浇筑混凝土封闭后，进行水泥压浆处理。

2. 麻 面

1）产生麻面的主要因素

（1）模板表面粗糙或黏附水泥浆渣等杂物未清理干净，拆模时混凝土表面被黏坏。

（2）模板未浇水湿润或湿润不够，构件表面混凝土的水分被吸去，使混凝土失水过多出现麻面。

（3）模板拼缝不严，局部漏浆 。

（4）模板隔离剂涂刷不匀，或局部漏刷或失效，混凝土表面与模板黏结造成麻面。

（5）混凝土振捣不实，气泡未排出，停在模板表面形成麻点。

2）防治措施

模板表面清理干净，不得黏有水泥砂浆等杂物，浇筑混凝土前，模板应浇水充分湿润，模板缝隙应用油毡纸、腻子等堵严；模板隔离剂应选用长效的，涂刷均匀，不得漏刷；混凝土应分层均匀振捣密实，至排除气泡为止。表面作粉刷的，可不处理；表面无粉刷的，应在麻面部位浇水充分湿润后，用原混凝土配合比去石子砂浆，将麻面抹平压光。

3. 孔 洞

1）产生孔洞的主要因素

（1）在钢筋较密的部位或预留孔洞和预埋件处，混凝土下料被搁住，未振捣就继续浇筑上层混凝土。

（2）混凝土离析，砂浆分离，石子成堆，严重跑浆，又未进行振捣。

（3）混凝土一次下料过多、过厚、下料过高，振捣器振动不到，形成松散孔洞。

（4）混凝土内掉入工具、木块、泥块等杂物，混凝土被卡住。

2）防治措施

在钢筋密集处及复杂部位，采用细石混凝土浇筑，在模板内充满，认真分层振捣密实或配人工捣固；预留孔洞，应两侧同时下料，侧面加开浇灌口，严防漏振，砂石中混有黏土块、工具等杂物掉入混凝土内时，应及时清除干净。将孔洞周围的松散混凝土和软弱浆膜凿除，用压力水冲洗，支设带托盒的模板，洒水充分湿润后用高强度等级细石混凝土仔细浇筑、捣实。

4. 露　筋

1）产生露筋的主要因素

（1）浇筑混凝土时，钢筋保护层垫块位移，或垫块太少或漏放，致使钢筋紧贴模板外露。

（2）结构构件截面小，钢筋过密，石子卡在钢筋上，使水泥砂浆不能充满钢筋周围，造成露筋。

（3）混凝土配合比不当，产生离析，靠模板部位缺浆或模板漏浆。

（4）混凝土保护层太小或保护层处混凝土漏振、振捣不实、振捣棒撞击钢筋或踩踏钢筋，使钢筋位移，造成露筋 。

（5）木模板未浇水湿润，吸水黏结或脱模过早，拆模时缺棱、掉角导致露筋。

2）防治措施

浇筑混凝土，应保证钢筋位置和保护层厚度正确，并加强检查；钢筋密集时，应选用适当粒径的石子，保证混凝土配合比准确和具有良好的和易性；浇筑高度超过 2 m，应用串筒或溜槽进行下料，以防止离析；模板应充分湿润并认真堵好缝隙，混凝土振捣严禁撞击钢筋，在钢筋密集处，可采用刀片或振捣棒进行振捣；操作时，避免踩踏钢筋，如有踩弯或脱扣等及时调直修正；保护层混凝土要振捣密实；正确掌握脱模时间，防止过早拆模，碰坏棱角。表面露筋：洗刷干净后，在表面抹 1∶2 或 1∶2.5 水泥砂浆，将露筋部位充满抹平；露筋较深：凿去薄弱混凝土和突出颗粒，洗刷干净后，用比原来高一级的细石混凝土填塞压实。

5. 缝隙、夹层

1）产生缝隙、夹层的主要因素

（1）施工缝或变形缝未经接缝处理、清除表面水泥薄膜和松动石子或未除去软弱混凝土层并充分湿润就浇筑混凝土。

（2）施工缝处锯屑、泥土、砖块等杂物未清除或未清除干净。

（3）混凝土浇筑高度过大，未设串筒、溜槽，造成混凝土离析。

（4）底层交接处未灌接缝砂浆层，接缝处混凝土未充分振捣。

2）防治措施

认真按施工验收规范要求处理施工缝及变形缝表面；接缝处锯屑、泥土砖块等杂物应清理干净并洗净；混凝土浇筑高度大于 2 m 应设串筒或溜槽；接缝处浇筑前应先浇 5 ~ 10 cm 厚原配合比无石子砂浆，或 10 ~ 15 cm 厚减半石子混凝土，以利于结合良好，并将接缝处混凝土的振捣密实。缝隙夹层不深时，可将松散混凝土凿去，洗刷干净后，用 1∶2 或 1∶2.5 水泥砂浆强力填嵌密实；缝隙夹层较深时，应清除松散部分和内部夹杂物，用压力水冲洗干净后支模，强力浇细石混凝土或将表面封闭后进行压浆处理。

6. 缺棱、掉角

1）产生缺棱掉角的主要因素

（1）木模板未充分浇水湿润或湿润不够；混凝土浇筑后养护不好，造成脱水、强度低，或模板吸水膨胀将边角拉裂，拆模时，棱角被黏掉。

（2）低温施工过早拆除侧面非承重模板。

（3）拆模时，边角受外力或重物撞击，或保护不好，棱角被碰掉。

（4）模板未涂刷隔离剂，或涂刷不匀。

2）防治措施

木模板在浇筑混凝土前应充分湿润，混凝土浇筑后应认真浇水养护；拆除侧面非承重模板时，混凝土应具有 2.5 MPa 以上强度，拆模时注意保护棱角，避免用力过猛过急；吊运模板，防止撞击棱角，运输时，将成品阳角用草袋等保护好，以免碰损。缺棱掉角，可将该处松散颗粒凿除，冲洗充分湿润后，视破损程度用 1∶2 或 1∶2.5 水泥砂浆修补齐整，或支模用比原来高一级混凝土捣实补好，认真养护。

7. 表面不平整

1）产生表面不平整的主要因素

（1）混凝土浇筑后，表面仅用铁锹拍平，未用抹子找平压光，造成表面粗糙不平。

（2）模板未支承在坚硬土层上，或支承面不足，或支撑松动、泡水，致使新浇筑混凝土早期养护时发生不均匀下沉。

（3）混凝土未达到一定强度时，上人操作或运料，使表面出现凹陷不平或印痕。

2）防治措施

严格按施工规范操作，浇筑混凝土后，应根据水平控制标志或弹线用抹子找平、压光，终凝后浇水养护；模板应有足够的强度、刚度和稳定性，应支在坚实地基上，有足够的支撑面积，并防止浸水，确保不发生下沉；在浇筑混凝土时，加强检查；混凝土强度达到 1.2 MPa 以上，方可在已浇混凝土结构上走动。

8. 强度不够、均质性差

1）产生强度不够，均质性差的主要因素

（1）水泥过期或受潮，活性降低，砂石集料级配不好，空隙大，含泥量大，杂物多，外加剂使用不当，掺量不准确。

（2）混凝土配合比不当，计量不准，施工中随意加水，使水灰比增大。

（3）混凝土加料顺序颠倒，搅拌时间不够，拌和不匀。

（4）冬期施工，拆模过早或早期受冻。

（5）混凝土试块制作未振捣密实，养护管理不善，或养护条件不符合要求，在同条件养护时，早期脱水或受外力砸坏。

2）防治措施

水泥应有出厂合格证，砂、石子粒径、级配、含泥量等应符合要求；严格控制混凝土配合比，保证计量准确，混凝土应按顺序拌制，保证搅拌时间和拌匀；防止混凝土早期受冻，冬期施工用普通水泥配制混凝土，强度达到 30%，矿渣水泥配制的混凝土，强度达到 40%，不可遭受冻结；按施工规范要求认真制作混凝土试块，并加强对试块的管理和养护。当混凝土强度偏低时，可用非破损方法（如回弹仪法、超声波法）来测定结构混凝土实际强度，如仍不能满足要求，可按实际强度校核结构的安全度，研究处理方案，采取相应加固或补强措施。

9. 塑性收缩裂缝

1）产生塑性收缩裂缝的主要因素

（1）混凝土早期养护不好，表面没有及时覆盖，受风吹日晒，表面游离水分蒸发过快，产生急剧的体积收缩，而此时混凝土强度很低，还不能抵抗这种变形应力而导致开裂。

（2）使用收缩率较大的水泥，或水泥用量过多，或使用过量的粉砂，或混凝土水灰比过大。

（3）模板、垫层过于干燥，吸水大。

（4）浇筑在斜坡上的混凝土，由于重力作用有向下流动的倾向，亦会出现这类裂缝。

2）防治措施

配制混凝土时，严格控制水灰比和水泥用量，选择级配良好的石子，减小空隙率和砂率；混凝土要振捣密实，以减少收缩量；浇筑混凝土前，将基层和模板浇水湿透；混凝土浇筑后，表面及时覆盖，认真养护；在高温、干燥及刮风天气，应及早喷水养护，或设挡风设施。当表面发现细微裂缝时，应及时抹压一次，再护盖养护，或采用重新振捣的方法来消除；如硬化，可向裂缝撒上水泥加水湿润、嵌实，再覆盖养护。

10. 沉降收缩裂缝

1）产生沉降收缩裂缝的主要因素

混凝土浇筑振捣后，粗骨料沉降，挤出水分、空气，表面呈现泌水，而形成竖向体积缩小沉降，这种沉降受到钢筋、预埋件、模板或大的粗骨料以及先期凝固混凝土的局部阻碍或约束，或混凝土本身各部相互沉降量相差过大，而造成裂缝。

2）防治措施

加强混凝土配制和施工操作控制，水灰比、砂率、坍落度不要过大，振捣要充分，但避免过度；对于截面相差较大的混凝土构筑物，可先浇筑较深部位，静停 2～3 h，待沉降稳定后，再与上部薄截面混凝土同时浇筑，以免沉降过大导致裂缝，适当增加混凝土的保护层厚度治理方法同“塑性收缩裂缝”。

11. 凝缩裂缝

1）产生凝缩裂缝的主要因素

（1）混凝土表面过度的抹平压光，使水泥和细集料过多地浮到表面，形成含水量很大的砂浆层，它比下层混凝土有更大的干缩性能，水分蒸发后，产生凝缩而出现裂缝。

（2）在混凝土表面撒干水泥面压光，也常产生这类裂缝。

2）防治措施

混凝土表面刮抹应限制到最低程度；避免在混凝土表面撒干水泥刮抹，如表面粗糙、含水量大，可撒较稠水泥砂浆或干水泥再压光。裂缝不影响强度，一般可不处理，对有美观要求的，可在表面加抹薄层水泥砂浆处理。

12. 干缩裂缝

1）产生干缩裂缝的主要因素

（1）混凝土成型后，养护不当，受到风吹日晒，表面水分散失快，体积收缩大，而内部湿度变化很小，收缩小，表面收缩受到内部混凝土的约束，出现拉应力而引起开裂；或者平卧薄型构件水分蒸发过快，体积收缩受到地基垫层或台座的约束，而出现干缩裂缝。

（2）混凝土构件长期露天堆放，时干时湿，表面湿度发生剧烈变化。

（3）采用含泥量大的粉砂配制混凝土，收缩大，抗拉强度低。

（4）混凝土经过度振捣，表面形成水泥含量较大的砂浆层，收缩量加大。

（5）后张法预应力构件，露天长久堆放而不张拉等。

2）防治措施

控制混凝土水泥用量、水灰比和砂率不要过大；严格控制砂石含量，避免使用过量粉砂；混凝土应振捣密实，并注意对板面进行二次抹压，以提高抗拉强度、减少收缩量；加强混凝土早期养护，并适当延长养护时间；长期露天堆放的预制构件，可覆盖草帘、草袋，避免暴晒，并定期适当洒水，保持湿润；薄壁构件应在阴凉地方堆放并覆盖，避免发生过大湿度变化，其余参见“塑性裂缝”的预防措施。表面干缩裂缝，可将裂缝加以清洗，干燥后涂刷两遍环氧胶泥或加贴环氧玻璃布进行表面封闭；深进的或贯穿的，就用环氧灌缝或在表面加刷环氧胶泥封闭。

13. 温度裂缝

1）产生温度裂缝的主要因素

（1）表面温度裂缝，多由温差较大引起，如冬期施工过早拆除模板、保温层，或受到寒潮袭击，导致混凝土表面急剧的温度变化而产生较大的降温收缩，受到内部混凝土的约束，产生较大的拉应力，而使表面出现裂缝。

（2）深进和贯穿的温度裂缝，多由结构温差较大，受到外界约束引起，如大体积混凝土基础、墙体浇筑在坚硬地基或厚大混凝土垫层上，如混凝土浇筑时温度较高，当混凝土冷却收缩，受到地基、混凝土垫层或其他外部结构的约束，将使混凝土内部出现很大拉应力，产生降温收缩裂缝。裂缝有时为较深的，有时是贯穿性的，常破坏结构整体性。

（3）基础长期不回填，受风吹日晒或寒潮袭击作用；框架结构的梁、墙板、基础等，由于与刚度较大的柱、基础连接，或预制构件浇筑在台座伸缩缝处，因温度收缩变形受到约束，降温时也常出现深进的或贯穿的温度裂缝。

（4）采用蒸汽养护的预制构件，混凝土降温制度不严、降温过速，使混凝土表面剧烈降温，而受到肋部或胎模的约束，常导致构件表面或肋部出现裂缝。

2）防治措施

预防表面温度裂缝，可控制构件内外不出现过大温差；浇筑混凝土后，应及时用草帘或草袋覆盖，并洒水养护；在冬期混凝土表面应采取保温措施，不过早拆除模板或保温层；对薄壁构件，适当延长拆模时间，使之缓慢降温；拆模时，块体中部和表面温差不宜大于 25 °C，以防急剧冷却造成表面裂缝；地下结构混凝土拆模后要及时回填。预防深进和贯穿温度裂缝，应尽量选用矿渣水泥或粉煤灰水泥配制混凝土；或混凝土中掺适量粉煤灰、减水剂，以节省水泥，减少水化热量；选用良好级配的集料，控制砂、石子含泥量，降低水灰比（0.6 以下）加强振捣，提高混凝土密实性和抗拉强度；避开炎热天气浇筑大体积混凝土，必须浇筑时，可采用冰水搅制混凝土，或对集料进行喷水预冷却，以降低浇筑温度，分层浇筑混凝土，每层厚度不大于 30 cm，大体积基础，采取分块分层间隔浇筑（间隔时间为 5 ~ 7 d），分块厚度 1.0 ~ 1.5 m，以利水化热散发和减少约束作用；或每隔 20 ~ 30 m 留一条 0.5 ~ 1.0 m 宽间断缝，40 d 后再填筑，以减少温度收缩应力；加强洒水养护，夏季应适当延长养护时间，冬期适当延缓保温和脱模时间，缓慢降温，拆模时内外温差控制不大于 20 °C；在岩石及厚混凝土垫层上，浇筑大体积混凝土时，可浇一层沥青胶或铺二层沥青，油毡作隔离层，预制构件与台座或台模间应涂刷隔离剂，以防黏结，长线台座生产构件及时放松预应力筋，以减少约束作用；蒸汽养护构件时，控制升温速度不大于 25 °C/h，降温不大于 20 °C/h，并缓慢揭盖，及时脱模，避免引起过大的温差应力。表面温度裂缝可采用涂两遍环氧胶泥，或加贴环氧玻璃布进行表面封闭；对有防渗要求的结构，缝宽大于 0.1 mm 的深进或贯穿性裂缝，可根据裂缝可灌程度，采用灌水泥浆等方法进行修补，或灌浆与表面封闭同时采用，宽度小于 0.1 mm 的裂缝，一般会自行愈合，可不处理或只进行表面处理。

14. 沉陷裂缝

1）产生沉陷裂缝的主要因素

（1）结构、构件下面地基软硬不均，或局部存在软弱土未经夯实和必要的加固处理，混凝土浇筑后，地基局部产生不均匀沉降而引起裂缝。

（2）现场平卧生产的预制构件（如屋架、薄腹梁等），底模部分在回填土上，由于养护时浸水局部下沉，而构件侧向刚度差，在弦、腹杆件或梁的侧面常产生裂缝。

（3）模板刚度不足，或模板支撑间距过大或底部支撑在松软土上泡水；混凝土未达到一定强度，过早拆模，也常导致不均匀沉降裂缝出现。

（4）结构各部荷载悬殊，未作必要的加强处理，混凝土浇筑后，因地基受力不均匀，产生不均匀下沉，造成结构应力集中而导致出现裂缝。

2）防治措施

对软弱土、填土地基应进行必要的夯（压）实和加固处理，避免直接在软弱土或填土上平卧制作较薄预制构件，或经压、夯实处理后作预制场地；模板应支撑牢固，保证有足够强度和刚度，并使地基受力均匀；拆模时间应按规定执行，避免过早拆模，构件制作场地周围应做好排水设施，并注意防止水管漏水或养护水浸泡地基；各部荷载悬殊的结构，适当增设构造钢筋加强，以避免不均匀下沉造成应力集中。沉降裂缝应根据裂缝严重程度，进行适当的加固处理，如设钢筋混凝土围套、加钢套箍等。

15. 冻胀裂缝

1）产生冻胀裂缝的主要因素

（1）冬期施工混凝土结构，构件未保温，混凝土早期遭受冻结，将表层混凝土冻胀，解冻后，钢筋部位变形仍不能恢复，而出现裂缝、剥落。

（2）冬期进行预应力孔道灌浆，未采取保温措施，或保温不善，孔道内灰浆含游离水分较多，受冻后体积膨胀，沿预应力筋方向孔道薄弱部位胀裂。

2）防治措施

结构、构件冬期施工时，配制混凝土应采用普通水泥、低水灰比，并掺入适量早强剂、抗冻剂，以提高早期强度，对混凝土进行蓄热保温或加热养护，直至达到设计强度的 40%；避免在冬期进行预应力构件孔道灌浆，应在灰浆中掺加早强型防冻减水剂或掺加气剂，防止水泥沉淀产生游离水；灌浆后进行加热养护，直至达到规定强度。

对一般裂缝可用环氧胶泥封闭；对较宽较深裂缝，用环氧砂浆补缝或再加贴环氧玻璃布处理；对较严重裂缝，应将剥落疏松部分凿去，加焊钢丝网后，重新浇筑一层细石混凝土，并加强养护。

4.3.5 混凝土其他裂缝产生的原因

1. 混凝土材料方面

（1）水泥凝结（时间）不正常。

裂缝特征：面积较大，混凝土凝结初期出现不规则裂缝。

（2）混凝土凝结时浮浆及下沉。

裂缝特征：混凝土浇筑 1 ~ 2 h 后在钢筋上面及墙和楼板交接处断续发生。

（3）骨料中含泥量过大。

裂缝特征：混凝土表面出现不规则网状干裂。

（4）水泥水化热没有及时散出。

裂缝特征：大体积混凝土浇筑后 1 ~ 2 周出现等距离规则的直线裂缝，有表面的也有贯通的。

（5）混凝土的硬化、干缩。

裂缝特征：浇筑两三个月后逐渐出现及发展，在窗口及梁柱端角出现斜裂纹，在细长梁、楼板、墙等处则出现等距离垂直裂纹。

（6）接槎不好。

裂缝特征：从混凝土内部爆裂，潮湿地方比较多。

2. 施工方面

（1）搅拌时间过长。

裂缝特征：全面出现网状及长短不规则裂缝。

（2）泵送时增加水及水泥量。

裂缝特征：易出现网状及长短不规则裂缝。

（3）配筋踩乱，钢筋保护层减薄。

裂缝特征：沿混凝土肋周围发生，及沿配筋和配管表面发生。

（4）浇筑速度过快。

裂缝特征：浇筑 1～2 h 后，在钢筋上面，在墙与板、梁与柱交接处部分出现裂缝。

（5）浇筑不均匀，不密实。

裂缝特征：易成为各种裂纹的起点。

（6）模板鼓起。

裂缝特征：平行于模板移动的方向，部分出现裂缝。

（7）接槎处理不好。

裂缝特征：接槎处出现冷茬裂缝。

（8）硬化前受振或加荷。

裂缝特征：硬化后出现受力状态的裂缝。

（9）初期养护不好、过早干燥、初期受冻。

裂缝特征：浇筑不久表面出现不规则短裂。微细裂纹，脱模后混凝土表面出现返白、空鼓等。

（10）模板支柱下沉。

裂缝特征：在梁及楼板端部上面与中间部分下面出现裂纹。

3. 使用及环境方面

（1）温度、湿度变化。

裂缝特征：类似干缩裂纹，已出现的裂纹随环境温度、湿度的变化而变化。

（2）混凝土构件两面的温湿度差。

裂缝特征：在低温或低湿的侧面，拐角处易发生。

（3）多次冻融。

裂缝特征：表面空鼓。

（4）火灾表面受热。

裂缝特征：整个表面出现龟背头裂纹。

（5）钢筋锈蚀膨胀。

裂缝特征：沿钢筋出现大裂缝，甚至剥落、流出锈水等。

（6）受酸及盐类侵蚀。

裂缝特征：混凝土表面受腐蚀或产生膨胀性物质而全面溃裂。

4. 结构及外力影响方面

（1）超载。

裂缝特征：在梁与楼板受拉侧出现垂直裂纹。

（2）地震、堆积荷载。

裂缝特征：柱、梁、墙等处发生 45°斜裂纹。

（3）断面钢筋量不足。

裂缝特征：构件受拉力出现垂直裂纹。

（4）结构物地基不均匀下沉。

裂缝特征：发生 45°大裂缝。

4.4 砌体工程质量检验

4.4.1 砖砌体工程原材料质量检验

1. 砖

砖的品种、强度等级必须符合设计要求。用于清水墙、柱表面的砖，应边角整齐、色泽均匀。砌筑时蒸压（养）砖的产品龄期不得少于 28 d。

2. 砂浆材料

（1）水泥：水泥进场使用前，应分批对其强度、安定性进行复验。检验批应以同一生产厂家、同一编号为一批。当在使用中对水泥质量有怀疑或水泥出厂超过三个月（快硬性硅酸盐水泥超过一个月）时，应复查试验，并按其结果使用。不同品种、强度等级的水泥不得混合使用。水泥砂浆采用的水泥，其强度等级不宜大于 32.5 级；水泥混合砂浆采用的水泥，其强度等级不宜大于 42.5 级。

（2）砂：宜采用中砂，不得含有有害杂质。砂中含泥量，对水泥砂浆和强度等级不小于 M5 的水泥混合砂浆，不得超过 5%；对强度等级小于 M5 的水泥混合砂浆，不应超过 10%；人工砂、山砂及特细砂，经试配应能满足砌筑砂浆技术条件要求。

（3）水：水质应符合国家现行标准《混凝土用水标准》（JGJ 63—2006）的规定。

（4）掺合料：拌制水泥混合砂浆用的石灰膏、粉煤灰和磨细石灰粉等掺合料应符合下列要求：

生石灰熟化成石灰膏时，应用孔洞不大于 3 mm×3 mm 的网过滤，熟化期不得少于 7 d；对于磨细生石灰粉，其熟化时间不得少于 2 d。沉淀池中贮存的熟石灰，应防止干燥、冻结和污染。

不得采用脱水硬化的石灰膏。消石灰粉不得直接使用于砌筑砂浆中。粉煤灰应符合国家标准《用于水泥和混凝土中的粉煤灰》（GB/T 1596—2017）规定。

（5）外加剂：凡在砂浆中掺入有机塑化剂、早强剂、缓凝剂、防冻剂等，应经检验和试配符合要求后，方可使用。有机塑化剂应有砌体强度的型式检验报告。

3. 砂浆要求

（1）砂浆的品种、强度等级必须符合设计要求。

（2）砂浆的稠度应符合规定。

（3）砂浆的分层度不得大于 30 mm。

（4）水泥砂浆中水泥用量不应小于 200 kg/m^3；水泥混合砂浆中水泥和掺合料总量宜为 300 ~ 350 kg/m^3。

（5）具有冻融循环次数要求的砌筑砂浆，经冻融试验后，质量损失率不得大于 5%，抗压强度损失率不得大于 25%。

（6）水泥混合砂浆不得用于基础等地下潮湿环境中的砌体工程。

4. 钢　筋

（1）用于砌体工程的钢筋品种、强度等级必须符合设计要求，并应有产品合格证书和性能检测报告，进场后应进行复验。

（2）设置在潮湿环境或有化学侵蚀性介质的环境中的砌体灰缝内的钢筋应采取防腐措施。

4.4.2　砖砌体工程施工质量控制要求

（1）砌筑前检查测量放线的测量结果并进行复核。标志板、皮数杆设置位置准确牢固。

（2）检查砂浆拌制的质量。砂浆配合比、和易性应符合设计及施工要求。砂浆应随拌随用，常温下水泥和水泥混合砂浆应分别在 3 h 和 4 h 内用完，温度高于 30 °C 时，应再提前 1 h。

（3）检查砖的含水率，砖应提前 1 ~ 2 d 浇水湿润。普通砖、多孔砖的含水率宜为 10% ~ 15%，灰砂砖、粉煤灰砖宜为 8% ~ 12%。现场可断砖以水侵入砖 10 ~ 15 mm 为宜。

（4）施工中应在砂浆拌制地点留置砂浆强度试块，各类型及强度等级的砌筑砂浆每一检验批不超过 250 m^3 的砌体，每台搅拌机应至少制作一组试块（每组 6 块），其标养 28 d 的抗压强度应满足设计要求。

（5）施工过程随时检查砌体的组砌形式，保证上下皮砖至少错开 1/4 的砖长，避免产生通缝；检查砌体的砌筑方法，应采取“三一”砌筑法；检查墙体平整度和垂直度，并应采取“三皮一吊、五皮一靠”的检查方法，保证墙面的横平竖直；检查砂浆的饱满度，水平灰缝饱满度应达到 80%，竖向灰缝不得出现透明缝、瞎缝和假缝。

（6）施工过程中应检查转角处和交接处的砌筑及接槎的质量。施工中应尽量保证墙体同时砌筑，以提高砌体结构的整体性和抗震性。检查时要注意砌体的转角处和交接处应同时砌筑，严禁无可靠措施的内外墙分砌施工。对不能同时砌筑而又必须留置的临时间断处应砌成斜槎，斜槎水平投影长度不应小于高度的 2/3。当不能留斜槎时，除转角处外，也可留直槎（阳槎）。抗震设防区应按规定在转角和交接部位设置拉结钢筋（拉结筋的设置应予以特别的关注）。

（7）设计要求的洞口、管线、沟槽应在砌筑时按设计留设或预埋。超过 300 mm 的洞口上部应设过梁，不得随意在墙体上开洞、凿槽，特别严禁开凿水平槽。

（8）砌体中的预埋件应做防腐处理。

（9）在砌体上预留的施工洞口，其洞口侧边距墙端不应小于 500 mm，洞口净宽不应超 1.0 m，并在洞口上部设过梁。

（10）检查脚手架眼的设置是否符合要求。在下列位置不得留设脚手架眼：半砖厚墙、料石清水墙和砖柱；过梁上与过梁成 60°的三角形范围及过梁净跨 1/2 的高度范围内；门窗洞口两侧 200 mm 及转角 450 mm 范围内的砖砌体；宽度小于 1.0 m 厚的窗间墙；梁及梁垫下及其左右 500 mm 范围内。

（11）检查构造柱的设置、施工（构造柱与圈梁交接处箍筋间距不均匀是常见的质量缺陷）是否符合设计及施工规范的要求。

（12）砌体的伸缩缝、沉降缝、防震缝中，不得有混凝土、砂浆块、砖块等杂物。

4.4.3 砖砌体工程施工质量检验

1. 检验批划分

砌砖工程均按楼层、结构缝或施工段划分检验批。

2. 检验标准与检验方法

砌砖体工程质量检验标准与检验方法详见现行国家有关施工质量验收规范及相关标准。

4.4.4 填充墙砌体工程施工质量检验

1. 填充墙砌体工程原材料质量控制

（1）施工前应检查填充墙砌体材料，蒸压加气混凝土砌块、轻骨料混凝土小型空心砌块，要求其产品龄期应超过 28 d，并查看产品出厂合格证书及产品性能检测报告。

（2）在空心砖、蒸压加气混凝土砌块、轻骨料混凝土小型空心砌块等的运输和装卸过程中，严禁抛掷和倾倒。进场后应按品种、规格分别堆放整齐，堆置高度不宜超过 2 m。加气混凝土砌块应防止雨淋。

（3）施工前要求填充墙砌体砌筑块材应提前 2 d 浇水湿润，以便保证砌筑砂浆的强度及砌体的整体性。

（4）含水率控制：为避免砌筑时产生砂浆流淌或保证砂浆不至失水过快。可控制小砌块的含水率，并应与砌筑砂浆稠度相适应。空心砖宜为 10%～15%；轻骨料混凝土小砌块宜为 5%～8%；加气混凝土砌块含水率宜控制在小于 15%，粉煤灰加气混凝土砌块宜小于 20%。

（5）加气混凝土砌块不得砌于以下部位。

① 建筑物±0.000 以下部位。

② 易浸水及潮湿环境中。

③ 经常处于 80 °C 以上高温环境及受化学介质侵蚀的环境中。

2. 填充墙砌体工程施工质量控制

（1）施工中用轻骨料混凝土小型空心砌块或蒸压加气混凝土砌块砌筑墙体时，考虑到轻骨料混凝土小砌块和加气混凝土砌块的强度及耐久性，又不宜剧烈碰撞，以及吸湿性大等因素，要求墙底部应砌烧结普通砖或多孔砖，或普通混凝土小型空心砌块，或现浇混凝土坎台等，其高度不宜小于 200 mm。

（2）填充墙砌至接近梁、板底时，应留一定空隙，待填充墙砌筑完并应至少间隔 7 d 后，再用烧结砖补砌挤紧。

（3）填充墙砌体留置的拉结钢筋或网片的位置应与块体皮数相符合。将其置于灰缝中，埋置长度应符合设计要求，竖向位置偏差不应超过一皮砖高度。

（4）加气混凝土砌块墙上不得留脚手架眼。

填充墙工程质量检验标准与检验方法详见现行国家有关施工质量验收规范及相关标准。

3. 根据砌筑砂浆试块强度评定砂浆质量

《砌体工程施工质量验收规范》（GB 50202—2011）规定，砌筑砂浆试块强度验收时其强度合格标准必须符合以下规定：

（1）同一验收批砂浆试块抗压强度平均值必须大于或等于设计强度等级所对应的立方体抗压强度；同一验收批砂浆试块抗压强度的最小一组平均值必须大于或等于设计强度等级所对应的立方体抗压强度的 0.75 倍。

砌筑砂浆的验收批，同一类型、强度等级的砂浆试块应不少于 3 组。当同一验收批只有一组试块时，该组试块抗压强度的平均值必须大于或等于设计强度等级所对应的立方体抗压强度。

（2）砂浆强度应以标准养护、龄期为 28 d 的试块抗压试验结果为准。

抽检数量：每一检验批且不超过 250 m^3 砌体的各种类型及强度等级的砌筑砂浆，每台搅拌机应抽检不少于一次。

检验方法：在砂浆搅拌机出料口随机取样制作砂浆试块（同盘砂浆只应制作一组试块），最后检查试块强度试验报告单。

施工单位填写的砌筑砂浆试块强度统计、评定记录应一式三份，并应由建设单位、施工单位、城建档案馆各保存一份。砌筑砂浆试块强度统计、评定记录宜采用表 4-4-1 的格式。

表 4-4-1 砌筑砂浆试块强度统计、评定记录（C.6.5）

<table>
<tr><td colspan="2" rowspan="2">工程名称</td><td colspan="6" rowspan="2">××市××中学教学楼</td><td colspan="2">编号</td><td colspan="2">02-03-C6-0××</td></tr>
<tr><td colspan="2">强度等级</td><td colspan="2">M5</td></tr>
<tr><td colspan="2">施工单位</td><td colspan="6">××建筑安装有限公司</td><td colspan="2">养护方法</td><td colspan="2">标准养护</td></tr>
<tr><td colspan="2">统计期</td><td colspan="6">××××年××月××日至××××年××月××日</td><td colspan="2">结构部位</td><td colspan="2">填充墙砌体</td></tr>
<tr><td colspan="2">试块组数 n</td><td colspan="3">强度标准值 f_2（MPa）</td><td colspan="3">平均值 $f_{2,m}$（MPa）</td><td colspan="2">最小值 $f_{2,min}$（MPa）</td><td colspan="2">$0.75f_2$</td></tr>
<tr><td colspan="2">18</td><td colspan="3">5.00</td><td colspan="3">6.15</td><td colspan="2">5.7</td><td colspan="2">3.75</td></tr>
<tr><td rowspan="7">每组强度值（MPa）</td><td>6.00</td><td>7.00</td><td>6.60</td><td>6.40</td><td>5.80</td><td>6.30</td><td>6.00</td><td>5.90</td><td>6.20</td><td>7.00</td></tr>
<tr><td>5.80</td><td>6.10</td><td>5.70</td><td>5.80</td><td>6.10</td><td>6.20</td><td>5.90</td><td>5.90</td><td></td><td></td></tr>
<tr><td></td><td></td><td></td><td></td><td></td><td></td><td></td><td></td><td></td><td></td></tr>
<tr><td></td><td></td><td></td><td></td><td></td><td></td><td></td><td></td><td></td><td></td></tr>
<tr><td></td><td></td><td></td><td></td><td></td><td></td><td></td><td></td><td></td><td></td></tr>
<tr><td></td><td></td><td></td><td></td><td></td><td></td><td></td><td></td><td></td><td></td></tr>
<tr><td></td><td></td><td></td><td></td><td></td><td></td><td></td><td></td><td></td><td></td></tr>
</table>

续表

<table>
<tr><td>判定式</td><td colspan="2">$f_{2,m} \geqslant f_2$</td><td colspan="2">$f_{2,m} \geqslant 0.75f_2$</td></tr>
<tr><td>结果</td><td colspan="2">6.15≥5.00　合格</td><td colspan="2">5.7≥3.75　合格</td></tr>
<tr><td colspan="5">结论：依据《砌体工程施工质量验收规范》（GB 50203—2011）第 4.0.12 条，该统计结果评定为合格</td></tr>
<tr><td rowspan="3">签字栏</td><td>批准</td><td colspan="2">审核</td><td>统计</td></tr>
<tr><td>××</td><td colspan="2">×××</td><td>××</td></tr>
<tr><td>报告日期</td><td colspan="3">××××年××月××日</td></tr>
</table>

4.4.5　砌体结构工程常见质量问题

1. 设计方面的主要原因

（1）设计马虎，不够细心，盲目套用图纸，与实际工程地质不符。

（2）整体方案欠佳，空旷房屋层高大，横墙少。

（3）忽视墙体高厚比和局压的计算。

（4）重计算、轻构造。

2. 砌体结构常见裂缝现象及预防措施

（1）现象：地基不均匀沉降引起的裂缝。

预防措施：

① 合理设置沉降缝。

② 加大上部的刚度和整体性，提高墙体的抗剪能力。

③ 加强地基验槽工作。

④ 不宜将建筑物设置在不同刚度的地基上。

（2）现象：地基冻胀引起的裂缝。

预防措施：

① 一定要将基础埋置到冰冻线以下。

② 不能埋置到冰冻线以下时，应采取措施消除土的冻胀性。

③ 用单独基础。

（3）现象：地震作用引起的裂缝。

预防措施：

① 应按结构抗震设计规范要求设置圈梁。

② 设置构造柱。

3. 施工方面的主要原因及预防措施

砌体的砌筑砂浆强度不足、留槎形式不符合规定、砂浆和易性差，会影响砌体的强度和整体性，降低砌体的抗震能力；轴线位移、标高偏差等，则使墙体的实际受力状态与设计不符，最终影响砌体的抗震能力；混凝土现浇板支撑长度不够，造成混凝土现浇板不能达到设计的承载能力，也影响砌体房屋的平面刚度，削弱建筑物的抗震能力。为使砌体结构能达到设计要求的抗震设防标准，必须确保砌体工程的施工质量。

1）影响砂浆强度的主要因素及防治措施

主要因素：

（1）计量不准确。对砂浆的配合比，多数工地使用体积比，以铁锹凭经验计量。由于砂子含水率的变化，可导致砂子体积变化幅度达 10% ~ 20%；水泥密度随工人操作情况而异，这些都造成配料计量的偏差，使砂浆强度产生较大的波动。

（2）水泥混合砂浆中无机掺合料（如石灰膏、黏土膏、电石膏及粉煤灰等）的掺量，对砂浆强度影响很大，随着掺量的增加，砂浆和易性越好，但强度降低，如超过规定用量一倍，砂浆强度约降低 40%。但施工时往往片面追求良好的和易性，无机掺合料的掺量常常超过规定用量，因而降低了砂浆的强度。

（3）无机掺合料材质不佳，如石灰膏中含有较多的灰渣，或运至现场保管不当，发生结硬、干燥等情况，使砂浆中含有较多的软弱颗粒，降低了强度。或者在确定配合比时，用石灰膏、黏土膏试配，而实际施工时却采用干石灰或干黏土，这不但影响砂浆的抗压强度，而且对砌体抗剪强度非常不利。

（4）砂浆搅拌不匀，人工拌和翻拌次数不够，机械搅拌加料顺序颠倒，使无机掺合料未散开，砂浆中含有多量的疙瘩，水泥分布不均匀，影响砂浆的匀质性及和易性。

（5）在水泥砂浆中掺加微沫剂（微沫砂浆），由于管理不当，微沫剂超过规定掺用量，或微沫剂质量不好，甚至变质，严重地降低了砂浆的强度。

（6）砂浆试块的制作、养护方法和强度取值等，没有执行规范的统一标准，致使测定的砂浆强度缺乏代表性，产生砂浆强度的混乱。

防治措施：

（1）砂浆配合比的确定，应结合现场材质情况进行试配，试配时应采用重量比。在满足砂浆和易性的条件下，控制砂浆强度。如低强度等级砂浆受单方水泥预算用量的限制而不能达到设计要求的强度时，应适当调整水泥预算用量。

（2）建立施工计量器具校验、维修、保管制度，以保证计量的准确性。

（3）无机掺合料一般为湿料，计量称重比较困难，而其计量误差对砂浆强度影响很大，故应严格控制。计量时，应以标准稠度（120±5）mm 为准，如供应的无机掺合料的稠度小于 120 mm 时，应调成标准稠度，或者进行折算后称重计量，计量误差应控制在±5%以内。

（4）施工中，不得随意增加石灰膏、微沫剂的掺量来改善砂浆的和易性。

（5）砂浆搅拌加料顺序为：用砂浆搅拌机搅拌应分两次投料，先加入部分砂子、水和全部塑化材料，通过搅拌叶片和砂子搓动，将塑化材料打开（不见疙瘩为止），再投入其余的砂子和全部水泥。用鼓式混凝土搅拌机拌制砂浆，应配备一台抹灰用麻刀机，先将塑化材料搅成稀粥状，再投入搅拌机内搅拌。人工搅拌应有拌灰池，先在池内放水，并将塑化材料打开至不见疙瘩，另在池边干拌水泥和砂子至颜色均匀时，用铁锹将拌好的水泥砂子均匀撒入池内，同时用三齿铁耙来回耙动，直至拌和均匀。

（6）试块的制作、养护和抗压强度取值，应按《建筑砂浆基本性能试验方法标准》（JGJ/T 70—2009）的规定执行。

2）形成砂浆和易性差、沉底结硬的主要因素及防治措施

主要因素：

（1）强度等级低的水泥砂浆由于采用高强度等级水泥和过细的砂子，使砂子颗粒间起润滑作用的胶结材料——水泥量减少，因而砂子间的摩擦力较大，砂浆和易性较差，砌筑时，压薄灰缝很费劲。而且，由于砂粒之间缺乏足够的胶结材料起悬浮支托作用，砂浆容易产生沉淀和出现表面泛水现象。

（2）水泥混合砂浆中掺入的石灰膏等塑化材料质量差，含有较多灰渣、杂物，或因保存不好发生干燥和污染，不能起到改善砂浆和易性的作用。

（3）砂浆搅拌时间短，拌和不均匀。

（4）拌好的砂浆存放时间过久，或灰槽中的砂浆长时间不清理，使砂浆沉底结硬。

（5）拌制砂浆无计划，在规定时间内无法用完，而将剩余砂浆捣碎加水拌和后继续使用。

防治措施：

（1）低强度等级砂浆应采用水泥混合砂浆，如确有困难，可掺微沫剂或掺水泥用量5%～10%的粉煤灰，以达到改善砂浆和易性的目的。

（2）水泥混合砂浆中的塑化材料，应符合实验室试配时的质量要求。现场的石灰膏、黏土膏等，应在池中妥善保管，防止暴晒、风干结硬，并经常浇水保持湿润。

（3）宜采用强度等级较低的水泥和中砂拌制砂浆。拌制时应严格执行施工配合比，并保证搅拌时间。

（4）灰槽中的砂浆，使用中应经常用铲翻拌、清底，并将灰槽内边角处的砂浆刮净，堆于一侧继续使用，或与新拌砂浆混在一起使用。

（5）拌制砂浆应有计划性，拌制量应根据砌筑需要来确定，尽量做到随拌随用、少量储存，使灰槽中经常有新拌的砂浆。砂浆的使用时间与砂浆品种、气温条件等有关，一般气温条件下，水泥砂浆和水泥混合砂浆必须分别在拌后 3 h 和 4 h 内用完；当施工期间气温超过 30 °C 时，必须分别在 2 h 和 3 h 内用完。超过上述时间的多余砂浆，不得再继续使用。

3）造成基础轴线位移的主要因素及防治措施

主要因素：

（1）基础是将龙门板中线引至基槽内进行摆底砌筑的。基础大放脚进行收分（退台）砌筑时，由于收分尺寸不易掌握准确，砌至大放脚顶处，再砌基础直墙部位容易发生轴线位移。

（2）横墙基础的轴线，一般应在槽边打中心桩，有的工程放线仅在山墙处有控制桩，横墙轴线由山墙一端排尺控制，由于基础一般是先砌外纵墙和山墙部位，待砌横墙基础时，基槽中线被封在纵墙基础外侧，无法吊线找中。若采取隔墙吊中，轴线容易产生更大的偏差。有的槽边中心控制桩，由于堆土、放料或运输小车的碰撞而丢失、移位。

防治措施：

（1）在建筑物定位放线时，外墙角处必须设置标志板，并有相应的保护措施，防止槽边堆土和进行其他作业时碰撞而发生移动。标志板下设永久性中心桩（打入地面一截，四周用混凝土封固），标志板拉通线时，应先与中心桩核对。为便于机械开挖基槽，标志板也可在基槽开挖后钉设。

（2）横墙轴线不宜采用基槽内排尺方法控制，应设置中心桩。横墙中心桩应打入与地面平，为便于排尺和拉中线，中心桩之间不宜堆土和放料，挖槽时应用砖覆盖，以便于清土寻找。在横墙基础拉中线时，可复核相邻轴线距离，以验证中心桩是否有移位情况。

（3）为防止砌筑基础大放脚收分不均而造成轴线位移，应在基础收分部分砌完后，拉通线重新核对，并以新定出的轴线为准，砌筑基础直墙部分。

（4）按施工流水分段砌筑基础，应在分段处设置标志板。

4）造成基础标高偏差的主要因素及防治措施

主要因素：

（1）砖基础下部的基层（灰土、混凝土）标高偏差较大，因而在砌筑砖基础时不易控制标高。

（2）由于基础大放脚宽大，基础皮数杆不能贴近，难以察觉所砌砖层与皮数杆的标高差。

（3）基础大放脚填芯砖采用大面积铺灰的砌筑方法，由于铺灰厚薄不匀或铺灰面太长，砌筑速度跟不上，砂浆因停歇时间过久挤浆困难，灰缝不易压薄而出现冒高现象。

防治措施：

（1）应加强对基层标高的控制，尽量控制在允许负偏差之内。砌筑基础前，应将基土垫平。

（2）基础皮数杆可采用小断面（20 mm×20 mm）方木或钢筋制作，使用时，将皮数杆直接夹砌在基础中心位置。采用基础外侧立皮数杆检查标高时，应配以水准尺校对水平。

（3）宽大基础大放脚的砌筑，应采取双面挂线保持横向水平，砌筑填芯砖应采取小面积铺灰，随铺随砌，顶面不应高于外侧跟线砖的高度。

5）造成基础防潮层失效的主要因素及防治措施

主要因素：

（1）防潮层的失效不是当时或短期内能发现的质量问题，因此，施工质量容易被忽视。如施工中经常发生砂浆混用，将砌基础剩余的砂浆作为防潮砂浆使用，或在砌筑砂浆中随意加一些水泥，这些都达不到防潮砂浆的配合比要求。

（2）在防潮层施工前，基面上不作清理，不浇水或浇水不够，影响防潮砂浆与基面的黏结。操作时表面抹压不实，养护不好，使防潮层因早期脱水，强度和密实度达不到要求，或者出现裂缝。

（3）冬期施工防潮层因受冻失效。

防治措施：

（1）防潮层应作为独立的隐蔽工程项目，在整个建筑物基础工程完工后进行操作，施工时尽量不留或少留施工缝。

（2）防潮层下面三层砖要求满铺满挤，横、竖向灰缝砂浆都要饱满，240 mm 墙防潮层下的顶皮砖，应采用满丁砌法。

（3）防潮层施工宜安排在基础房心土回填后进行，避免填土时对防潮层的损坏。

（4）如设计对防潮层做法未作具体规定时，宜采用 20 mm 厚 1∶2.5 水泥砂浆掺适量防水剂的做法，操作要求如下：

① 清除基面上的泥土、砂浆等杂物，将被碰动的砖块重新砌筑，充分浇水润湿，待表面略见风干，即可进行防潮层施工。

② 两边贴尺抹防潮层，保证 20 mm 厚度。不允许用防潮层的厚度来调整基础标高的偏差。

砂浆表面用木抹子槎平，待开始起干时，即可进行抹压（2～3 遍）。抹压时，可在表面撒少许干水泥或刷一遍水泥净浆，以进一步堵塞砂浆毛细管通路。防潮层施工应尽量不留施工缝，一次做齐，如必须留置，则应留在门口位置。

③ 防潮层砂浆抹完后，第二天即可浇水养护。可在防潮层上铺 20～30 mm 厚砂子，上面

盖一层砖，每日浇水一次，这样能保持良好的潮湿养护环境。至少养护 3 d，才能在上面砌筑墙体。

（5）60 mm 厚混凝土圈梁的防潮层施工，应注意混凝土石子级配和砂石含泥量，圈梁面层应加强抹压，也可采取撒干水泥压光处理的方法，养护方法同水泥砂浆防潮层。

（6）防潮层砂浆和混凝土中禁止掺盐，在无保温条件下，不应进行冬期施工。防潮层应按隐蔽工程进行验收。

6）形成砖砌体组砌混乱的主要因素及防治措施

主要因素：

（1）因混水墙面要抹灰，操作人员容易忽视组砌形式，或者操作人员缺乏砌筑基本技能，因此，出现了多层砖的直缝和“二层皮”现象。

（2）砌筑砖柱需要大量的七分砖来满足内外砖层错缝的要求，打制七分砖会增加工作量，影响砌筑效率，而且砖损耗很大。在操作人员思想不够重视，又缺乏严格检查的情况下，三七砖柱习惯于用包心砌法。缝宽度设置没有做到均匀一致。

防治措施：

在同一栋号工程中，应尽量使用同一砖厂的砖，以避免因砖的规格尺寸误差而经常变动组砌方法。

7）造成砖缝砂浆不饱满，砂浆与砖黏结不良的主要因素及防治措施

主要因素：

（1）低强度等级的砂浆，如使用水泥砂浆，因水泥砂浆和易性差，砌筑时挤浆费劲，操作者用大铲或瓦刀铺刮砂浆后，使底灰产生空穴，砂浆不饱满。

（2）用于砖砌墙，使砂浆早期脱水而降低强度，且与砖的黏结力下降，而砖表面的粉屑又起隔离作用，减弱了砖与砂浆层的黏结。

（3）用铺浆法砌筑，有时因铺浆过长，砌筑速度跟不上，砂浆中的水分被底砖吸收，使砌上的砖层与砂浆失去黏结。

（4）砌清水墙时，为了省去刮缝工序，采取了大缩口的铺灰方法，使砌体砖缝缩口深度达 2 mm，既降低了砂浆饱满度，又增加了勾缝工作量。

防治措施：

（1）改善砂浆和易性是确保灰缝砂浆饱满度和提高黏结强度的关键，详见“砂浆和易性差，沉底结硬”的防治措施。

（2）改进砌筑方法。不宜采取铺浆法或摆砖砌筑，应推广“三一砌砖法”，即“使用大铲，一块砖、一铲灰、一挤揉”的砌筑方法。

（3）当采用铺浆法砌筑时，必须控制铺浆的长度，一般气温情况下不得超过 750 mm，当施工期间气温超过 30 °C 时，不得超过 500 mm。

（4）严禁用干砖砌墙。砌筑前 1 ~ 2 d 应将砖浇湿，使砌筑时烧结普通砖和多孔砖的含水率为 10% ~ 15%；灰砂砖和粉煤灰砖的含水率为 8% ~ 12%。

（5）冬期施工时，在正温度条件下也应将砖面适当湿润后再砌筑。负温下施工无法浇砖时，应适当增大砂浆的稠度。对于 9 度抗震设防地区，在严冬无法浇砖情况下，不能进行砌筑。

8）造成清水墙面游丁走缝的主要因素及防治措施

主要因素：

（1）砖的长、宽尺寸误差较大，如砖的长为正偏差，宽为负偏差，砌一顺一丁时，竖缝宽度不易掌握，稍不注意就会产生游丁走缝。

（2）开始砌墙摆砖时，未考虑窗口位置对砖竖缝的影响，当砌至窗台处分窗口尺寸时，窗的边线不在竖缝位置，使窗间墙的竖缝搬家，上下错位。

（3）里脚手砌外清水墙，需经常探身穿看外墙面的竖缝垂直度，砌至一定高度后，穿看墙缝不大方便，容易产生误差，稍有疏忽就会出现游丁走缝。

防治措施：

（1）砌筑清水墙，应选取边角整齐、色泽均匀的砖。

砌清水墙前应进行统一摆底，并先对现场砖的尺寸进行实测，以便确定组砌方法和调整竖缝宽度。

（2）摆底时应将窗口位置引出，使砖的竖缝尽量与窗口边线相齐，如安排不开，可适当移动窗口位置（一般不大于 20 mm）。当窗口宽度不符合砖的模数（如 1.8 m 宽）时，应将七分头砖留在窗口下部的中央，以保持窗间墙处上下竖缝不错位。

（3）游丁走缝主要是丁砖游动所引起，因此在砌筑时，必须强调丁压中，即丁砖的中线与下层顺砖的中线重合。

（4）在砌大面积清水墙（如山墙）时，在开始砌的几层砖中，沿墙角 1 m 处，用线坠吊一次竖缝的垂直度，至少保持一步架高度有准确的垂直度。

（5）沿墙面每隔一定间距，在竖缝处弹墨线，墨线用经纬仪或线坠引测。当砌至一定高度（一步架或一层墙）后，将墨线向上引伸，以作为控制游丁走缝的基准。

9）形成“螺丝”墙的主要因素及防治措施

主要因素：

砌筑时，没有按皮数杆控制砖的层数。每当砌至基础顶面和混凝土楼板上接砌砖墙时，由于标高偏差大，皮数杆往往不能与砖层吻合，需要在砌筑中用灰缝厚度逐步调整。如果砌同一层砖时，误将负偏差标高当作正偏差，砌砖时反而压薄灰缝，在砌至层高赶上皮数杆时，与相邻位置的砖墙正好差一皮砖，形成“螺丝”墙。

防治措施：

（1）砌墙前应先测定所砌部位基面标高误差，通过调整灰缝厚度，调整墙体标高。

（2）调整同一墙面标高误差时，可采取提（或压）缝的办法，砌筑时应注意灰缝均匀，标高误差应分配在一步架的各层砖缝中，逐层调整。

（3）挂线两端应相互呼应，注意同一条水平线所砌砖的层数是否与皮数杆上的砖层数相符。

（4）当内外墙有高差，砖层数不好对照时，应以窗台为界由上向下倒清砖层数。当砌至一定高度时，可检查与相邻墙体水平线的平行度，以便及时发现标高误差。

（5）在墙体一步架砌完前，应进行抄平弹半米线，用半米线向上引尺检查标高误差，墙体基面的标高误差，应在一步架内调整完毕。

10）造成清水墙面水平缝不直，墙面凹凸不平的主要因素及防治措施

主要因素：

（1）由于砖在制坯和晾干过程中，底条面因受压墩厚了一些，形成砖的两个条面大小不等，厚度差 2 ~ 3 mm。砌砖时，如若大小条面随意跟线，必然使灰缝宽度不一致，个别砖大条面偏大较多，不易将灰缝砂浆压薄，因而出现冒线砌筑。

（2）所砌的墙体长度超过 20 m，拉线不紧，挂线产生下垂，跟线砌筑后，灰缝就会出现下垂现象。

（3）搭脚手排木直接压墙，使接砌墙体出现“捞活”（砌脚手板以下部位）；挂立线时没有从下步脚手架墙面向上引伸，使墙体在两步架交接处，出现凹凸不平、水平灰缝不直等现象。

（4）由于第一步架墙体出现垂直偏差，接砌第二步架时进行了调整，因而在两步架交接处出现凹凸不平。

防治措施：

（1）砌砖应采取小面跟线，因一般砖的小面棱角裁口整齐，表面洁净。用小面跟线不仅能使灰缝均匀，而且可提高砌筑效率。

（2）挂线长度超长 15 ~ 20 m 时，应加腰线。腰线砖探出墙面 30 ~ 40 mm，将挂线搭在砖面上，由角端检查挂线的平直度，用腰线砖的灰缝厚度调平。

（3）墙体砌至脚手架排木搭设部位时，预留脚手眼，并继续砌至高出脚手板面一层砖，以消灭“捞活”。挂立线应由下面一步架墙面引伸，立线延至下部墙面至少 0.5 m。挂立线吊直后，拉紧平线，用线坠吊平线和立线，当线坠与平线、立线相重合，即“三线归一”时，则可认为立线正确无误。

11）造成墙体留槎形式不符合规定，接槎不严的主要因素及防治措施

主要因素：

（1）操作人员对留槎形式与抗震性能的关系缺乏认识，习惯于留直槎，认为留斜槎费事，技术要求高，不如留直槎方便，而且多数留阴槎。有时由于施工操作不便，如外脚手砌墙，横墙留斜槎较困难而留置直槎。

（2）施工组织不当，造成留槎过多。由于重视不够，留直槎时，漏放拉结筋，或拉结筋长度、间距未按规定执行；拉结筋部位的砂浆不饱满，使钢筋锈蚀。

（3）后砌 120 mm 厚隔墙留置的阳槎（马牙槎）不正不直，接槎时由于咬槎深度较大（砌十字缝时咬槎深 120 mm），使接槎砖上部灰缝不易塞严。

（4）斜槎留置方法不统一，留置大斜槎工作量大，斜槎灰缝平直度难以控制，使接槎部位不顺线。

（5）施工洞口随意留设，运料小车将混凝土、砂浆撒落到洞口留槎部位，影响接槎质量。填砌施工洞的砖、色泽与原墙不一致，影响清水墙面的美观。

防治措施：

（1）在安排施工组织计划时，对施工留槎应作统一考虑。外墙大角尽量做到同步砌筑不留槎，或一步架留槎，二步架改为同步砌筑，以加强墙角的整体性。纵横墙交接处，有条件时尽量安排同步砌筑，如外脚手砌纵墙，横墙可以与此同步砌筑，工作面互不干扰。这样可尽量减少留槎部位，有利于房屋的整体性。

（2）执行抗震设防地区不得留直槎的规定，斜槎宜采取斜槎砌法，为防止因操作不熟练，使接槎处水平缝不直，可以加立小皮数杆。清水墙留槎，如遇有门窗口，应将留槎部位砌至转角。

（3）应注意接槎的质量。首先应将接槎处清理干净，然后浇水湿润，接槎时，槎面要填实砂浆，并保持灰缝平直。

（4）后砌非承重隔墙，可于墙中引出凸槎，对抗震设防地区还应按规定设置拉结钢筋，非抗震设防地区的 120 mm 隔墙，也可采取在墙面上留榫式槎的做法。接槎时，应在榫式槎洞

口内先填塞砂浆，顶皮砖的上部灰缝用大铲或瓦刀将砂浆塞严，以稳固隔墙，减少留槎洞口对墙体断面的削弱。

（5）外清水墙施工洞口（竖井架上料口）留槎部位，应加以保护和遮盖，防止运料小车碰撞槎子和撒落混凝土、砂浆造成污染。为使填砌施工洞口用砖规格和色泽与墙体保持一致，在施工洞口附近应保存一部分原砌墙用砖，供填砌洞口时使用。

12）造成配筋砌体钢筋遗漏和锈蚀的主要因素及防治措施

主要因素：

（1）配筋砌体钢筋漏放，主要是操作时疏忽造成的。由于管理不善，待配筋砌体砌完后，才发现配筋网片有剩余，但已无法查对，往往不了了之。

（2）配筋砌体灰缝厚度不够，特别当同一条灰缝中，有的部位（如窗间墙）有配筋，有的部位无配筋时，皮数杆灰缝若按无配筋砌体绘制，则会造成配筋部位灰缝厚度偏小，使配筋在灰缝中没有保护层，或局部未被砂浆包裹，造成钢筋锈蚀。

防治措施：

（1）砌体中的配筋与混凝土中的钢筋一样，都属于隐蔽工程项目，应加强检查，并填写检查记录存档。施工中，对所砌部位需要的配筋应一次备齐，以便检查有无遗漏。砌筑时，配筋端头应从砖缝处露出，作为配筋标志。

（2）配筋宜采用冷拔钢丝点焊网片，砌筑时，应适当增加灰缝厚度（以钢筋网片厚度上下各有 2 mm 保护层为宜）。如同一标高墙面有配筋和无配筋两种情况，可分划两种皮数杆，一般配筋砌体最好为外抹水泥砂浆混水墙，这样就不会影响墙体缝式的美观。

（3）为了确保砖缝中钢筋保护层的质量，应先将钢筋网片刷水泥净浆。网片放置前，底面砖层的纵横竖缝应用砂浆填实，以增强砌体强度，同时也能防止铺浆砌筑时，砂浆掉入竖缝中而出现露筋现象。

（4）配筋砌体一般均使用强度等级较高的水泥砂浆，为了使挤浆严实，严禁用干砖砌筑。应满铺满挤（也可适当敲砖振实砂浆层），使钢筋能很好地被砂浆包裹。

（5）如有条件，可在钢筋表面涂刷防腐涂料或防锈剂。

13）地基不均匀下沉引起墙体裂缝的主要因素及防治措施

主要因素：

斜裂缝一般发生在纵墙的两端，多数裂缝通过窗口的两个对角，裂缝向沉降较大的方向倾斜，并由下向上发展。横墙由于刚度较大（门窗洞口也少），一般不会产生太大的相对变形，故很少出现这类裂缝。裂缝多出现在底层墙体，向上逐渐减少，裂缝宽度下大上小，常常在房屋建成后不久就在窗台处产生竖直裂缝。为避免多层房屋底层窗台下出现裂缝，除了加强基础整体性外，也采取通长配筋的方法来加强。另外，窗台部位也不宜使用过多的半砖砌筑。

防治措施：

（1）对于沉降差不大，且已不再发展的一般性细小裂缝，因不会影响结构的安全和使用，采取砂浆堵抹即可。

（2）对于不均匀沉降仍在发展，裂缝较严重并且在继续开展的情况，应本着先加固地基后处理裂缝的原则进行。一般可采用桩基托换加固方法来加固，即沿基础两侧布置灌注桩，上设抬梁，将原基础圈梁托起，防止地基继续下沉。然后根据墙体裂缝的严重程度，分别采用灌浆充填法（1∶2 水泥砂浆）、钢筋网片加固法（$\phi 4 \sim 6$@250 mm×250 mm 钢筋网，用穿墙拉筋固定于墙体两侧，上抹 35 mm 厚 M10 水泥砂浆或 C20 细石混凝土）、拆砖重砌法（拆去局部砖墙，用高于原强度等级一级的砂浆重新砌筑）进行处理。

14）温度变化引起墙体裂缝的主要因素及防治措施

主要因素：

（1）八字裂缝一般发生在平屋顶房屋顶层纵墙面上，这种裂缝的产生，往往是在夏季屋顶圈梁、挑檐混凝土浇筑后，保温层未施工前，由于混凝土和砖砌体两种材料线胀系数的差异（前者比后者约大一倍），在较大温差情况下，纵墙因不能自由缩短而在两端产生八字裂缝。无保温屋盖的房屋，经过夏、冬季气温的变化，也容易产生八字裂缝。裂缝之所以发生在顶层，还由于顶层墙体承受的压应力较其他各层小，从而砌体抗剪强度比其他各层要低的缘故。

（2）檐口下水平裂缝、包角裂缝以及在较长的多层房屋楼梯间处，楼梯休息平台与楼板邻接部位发生的竖直裂缝，以及纵墙上的竖直裂缝，产生的原因与上述原因相同。

防治措施 ：

（1）合理安排屋面保温层施工。由于屋面结构层施工完毕至做好保温层，中间有一段时间间隔，因此屋面施工应尽量避开高温季节，同时应尽量缩短间隔时间。

（2）屋面挑檐可采取分块预制的方式或者在顶层圈梁与墙体之间设置滑动层。

（3）按规定留置伸缩缝，以减少温度变化对墙体产生的影响。伸缩缝内应清理干净，避免碎砖或砂浆等杂物填入缝内。此类裂缝一般不会危及结构的安全，且 2 ~ 3 年将趋于稳定，因此，对于这类裂缝可待其基本稳定后再作处理。其治理方法与“地基不均匀下沉引起墙体裂缝”的处理方法基本相同。

15）引起大梁处墙体裂缝的主要因素及防治措施

主要因素：

（1）大梁下面墙体竖直裂缝，主要由于未设梁垫或梁垫面积不足，砖墙局部承受荷载过大。

（2）该部位墙体厚度不足，或未砌砖垛。

（3）砖和砂浆强度偏低，施工质量较差。

防治措施：

（1）有大梁集中荷载作用的窗间墙，应有一定的宽度（或加垛）。

（2）梁下应设置足够面积的现浇混凝土梁垫，当大梁荷载较大时，墙体尚应考虑横向配筋。

（3）对宽度较小的窗间墙，施工中应避免留脚手眼。治理方法：由于此类裂缝属受力裂缝，将危及结构的安全，因此一旦发现，应尽快进行处理。首先由设计部门根据砖和砂浆的实际强度，并结合施工质量情况进行复核验算，如果局部受压不能满足规范要求，可会同施工部门采取加固措施。处理时，一般应先加固结构，后处理裂缝。对于情况严重者，为确保安全，必要时在处理前应采取临时加固措施，以防墙体突然性破坏。

4.4.6 填充墙砌体工程质量问题

1. 造成混砌的主要因素及防治措施

主要因素：

因墙面要抹灰，操作人员容易忽视组砌形式，或者操作人员缺乏砌筑基本技能及思想不够重视。

防治措施：

应使操作者了解组砌形式，加强对操作人员的技能培训和考核，达不到技能要求者不能上岗。

2. 造成拉结钢筋遗漏、错放和生锈的主要因素及防治措施

（1）拉结钢筋漏放和错放，主要是操作时疏忽造成的。

（2）配筋砌体灰缝厚度不够，特别当同一条灰缝中，有的部位（如窗间墙）有配筋，有的部位无配筋时，皮数杆灰缝若按无配筋砌体绘制，则会造成配筋部位灰缝厚度偏小，使配筋在灰缝中没有保护层，或局部未被砂浆包裹，造成钢筋锈蚀。

防治措施：

（1）砌体中配筋与混凝土中的钢筋一样，都属于隐蔽工程项目，应加强检查，并填写检查记录存档。施工中，对所砌部位需要的配筋应一次备齐，以便检查有无遗漏和错放。砌筑时，配筋端头应从砖缝处露出，作为配筋标志。

（2）砌筑填充墙时，必须把预埋在柱中的拉结钢筋砌入墙内，拉结钢筋的规格、数量、间距、长度应符合要求；填充墙与框架柱间隙应用砂浆填满。

（3）为了确保砖缝中钢筋保护层的质量，应先将钢筋网片刷水泥净浆。网片放置前，底层的纵横竖缝应用砂浆填实，以增强砌体强度，同时也能防止铺浆砌筑时，砂浆掉入竖缝中而出现露筋现象。

（4）配筋砌体一般均使用强度等级较高的水泥砂浆，为了使挤浆严实，严禁用干砌块砌筑。应采取满铺满挤的方式，使钢筋能很好地被砂浆包裹。

（5）如有条件，可在钢筋表面涂刷防腐涂料或防锈剂。

3. 造成灰缝偏大、过小、不饱满以及通缝的主要因素及防治措施

主要因素：

施工时工人没有严格按照操作工艺要求砌筑；砌筑前没有统一摆底；砂浆和易性差；用干砖砌墙；铺浆过长。

防治措施：

（1）施工前应对工人进行安全技术交底。

（2）操作之前先进行摆底，以确定灰缝和砌块搭接错缝。

（3）采用和易性好的砂浆，严格控制砂浆配合比。铺灰均匀，即铺即砌。

（4）砌筑前砌块要提前浇水湿润。

4. 引起距梁、板底缝隙过大的主要因素及防治措施

主要因素：

填充墙一次直接砌到顶；补砌没有挤紧塞严。

防治措施：

填充墙砌至接近梁、板底时，应留一定的空隙，待填充墙砌筑完并应至少间隔 7 d 后，再

将其补砌挤紧。

5. 引起边梃、抱框节点处理不当的主要因素及防治措施

主要因素：

未进行边梃、抱框纵向钢筋的预埋，后期设置钢筋的方法不正确，钢筋接头方法不正确。

防治措施：

（1）边梃、抱框的纵向钢筋应事先预埋。

（2）后期设置钢筋，应采用植筋工艺。

（3）钢筋的接头应满足相应的工艺标准。

4.5 钢结构工程质量检验

4.5.1 钢结构工程原材料质量检验

原材料及成品进场，是指用于钢结构各分项工程施工现场的主要材料、零（部）件、成品件、标准件等产品的进场验收。加强原材料及成品进场的质量控制，有利于从源头上把好钢结构工程质量关。

1. 钢结构原材料质量控制

（1）钢材、钢铸件、焊接材料、连接用紧固件、焊接球、螺栓球、封板、锥头和套筒、涂装材料等的品种、规格、性能等应符合现行国家产品标准和设计要求，使用前必须检查产品质量合格证明文件、中文标志和检验报告；进口的材料应进行商检，其产品的质量应符合设计和合同规定标准的要求。

（2）高强度大六角头螺栓连接副和扭剪型高强度螺栓连接副出厂时应分别随箱带有扭矩系数和紧固力（与拉力）的检验报告，并应检查复检报告。

（3）工程中所有的钢构件必须有出厂合格证和有关质量证明。

（4）凡标志不清或怀疑有质量问题的材料、钢结构件、重要钢结构主要受力构件钢材和焊接材料、高强螺栓、需进行追踪检验的以控制和保证质量可靠性的材料和钢结构等，均应进行抽检。材料质量抽样和检验方法，应符合国家有关标准和设计要求，要能反映该批材料的质量特性。

（5）材料的代用必须征得设计单位的认可。

2. 钢结构原材料质量检验批划分

钢结构分项工程是按照主要工种、材料、施工工艺等进行划分的。钢结构分项工程检验批划分遵循以下原则：

（1）单层钢结构按变形缝划分。

（2）多层及高层钢结构按楼层或施工段划分。

（3）压型金属板工程可按屋面、墙板、楼面等划分。

对于原材料及成品进场时的检验批原则上应与各分项工程检验批一致，也可以根据工程规模及进料实际情况合并或分解检验批。

3. 钢材质量检验标准与检验方法

钢材质量检验标准与检验方法详见现行国家有关施工质量验收规范及相关标准。

4.5.2 钢结构焊接工程质量控制与检验

1. 钢构件焊接工程质量控制

（1）焊工必须经考试合格并取得合格证书。持证焊工必须在其考试合格项目及其认可范围内施焊。

（2）焊条、焊丝、焊剂、电渣焊熔嘴等焊接材料，与母材的匹配应符合设计及规范要求。焊条、焊剂药芯焊丝、熔嘴等在使用前，应按其产品说明书及焊接工艺文件的规定进行烘焙和存放。

（3）焊接材料应存放在通风干燥、温度适宜的仓库内，存放时间超过一年的，原则上应进行焊接工艺及机械性能复验。

（4）根据工程重要性、特点、部位，必须进行同环境焊接工艺评定试验，其试验方法、内容及其结果必须符合国家有关标准、规范的要求，并应得到监理和质量监督部门的认可。

（5）焊缝尺寸、探伤检验、缺陷、热处理、工艺试验等，均应符合设计规范要求。

（6）碳素结构应在焊缝冷却到环境温度、低合金结构钢应在完成焊接 24 h 以后，进行焊缝探伤检验。

2. 钢构件焊接工程质量检验

（1）钢结构焊接工程可按相应的钢结构制作或安装工程检验批的划分方式划分为一个或若干个检验批。

（2）钢构件焊接工程质量检验标准与检验方法详见现行国家有关施工质量验收规范及相关标准。

4.5.3 单层钢结构安装工程质量检验

1. 单层钢结构施工质量控制

（1）安装的测量校正、高强度螺栓安装、负温度下施工及焊接工艺等，应在安装前进行工艺试验或评定，并应在此基础上制订相应的施工工艺或方案。

（2）安装偏差的检测，应在结构形成空间刚度单元并连接固定后进行。

（3）安装时，必须控制屋面、楼面、平台等的施工荷载，施工荷载和冰雪荷载等严禁超过梁、桁架、楼面板、屋面板、平台铺板等的承载能力。

（4）在形成空间刚度单元后，应及时对柱底板和基础顶面的空隙进行细石混凝土、灌浆料等二次浇灌。

（5）吊车梁或直接承受动力荷载的梁，其受拉翼缘、吊车桁架或直接承受动力荷载的桁架，其受拉弦杆上不得焊接悬挂物和卡具等。

2. 单层钢结构安装工程质量检验

（1）单层钢结构安装工程可按变形缝或空间刚度单元等划分成一个或若干个检验批。地下钢结构可按不同地下层划分检验批。

（2）钢结构安装检验批应在进场验收和焊接连接、紧固件连接、制作等分项工程验收合格的基础上进行验收。

（3）单层钢结构安装工程质量检验标准和检验。

① 基础和支承面。

基础和支承面质量检验标准和检验方法应符合《钢结构工程施工质量验收规范》（GB 50205—2001）中 10.1 和 10.2 的规定。

② 安装和校正主控项目。

安装和校正主控项目的质量检验标准和检验方法应符合《钢结构工程施工质量验收规范》（GB 50205—2001）中 10.1 和 10.3.1 ~ 10.3.4 的规定。

③ 安装和校正一般项目。

安装和校正一般项目的质量检验标准和检验方法应符合《钢结构工程施工质量验收规范》（GB 50205—2001）中 10.1 和 10.3.5 ~ 10.3.12 的规定。

4.5.4 多层钢结构安装工程质量检验

1. 多层钢结构施工质量控制

（1）多层及高层钢结构的柱与柱、主梁与柱的接头，一般用焊接方法连接，焊缝的收缩值以及荷载对柱的压缩变形，对建筑物的外形尺寸有一定的影响。因此，柱与主梁的制作长度要作如下考虑：柱要考虑荷载对柱的压缩变形值和接头焊缝的收缩变形值；梁要考虑焊缝的收缩变形值。

（2）安装柱时，下面一层柱的柱顶位置有安装偏差，因此每节柱的定位轴线应从地面控制轴线直接引上，不得从下层柱的轴线引上。

（3）多层及高层钢结构安装中，建筑物的高度可以按相对标高控制，也可按设计标高控制，在安装前要先决定采用哪一种方法。

2. 多层钢结构安装工程质量检验标准

多层及高层钢结构安装工程可按楼层或施工段等划分为一个或若干个检验批。地下钢结构可按不同地下层划分检验批。

1）主控项目

（1）基础和支撑面。

基础和支撑面质量检验标准和检验方法应符合《钢结构工程施工质量验收规范》（GB 50205—2001）中 11.1 和 11.2 的规定。

（2）安装和校正。

安装和校正主控项目的质量检验标准和检验方法应符合《钢结构工程施工质量验收规范》（GB 50205—2001）中 10.1 和 11.3.1 ~ 11.3.5 的规定。

2）一般项目

安装和校正一般项目的质量检验标准和检验方法应符合《钢结构工程施工质量验收规范》（GB 50205—2001）中 11.1 和 11.3.6 ~ 11.3.14 的规定。

5　屋面工程质量检验

建筑屋面工程是建筑工程九大分部工程之一，又可以划分为保温层、找平层、卷材防水层、涂膜防水层、细石混凝土防水层、密封材料嵌缝、细部构造、瓦屋面、架空屋面、蓄水屋面、种植屋面等分项工程。

5.1　屋面保温层质量检验

屋面保温层是屋面工程的重要组成部分。常用的材料有块状保温材料和整体现浇（喷）保温材料等。

5.1.1　屋面保温层质量检验

1. 原材料质量控制

（1）材料进场应具有生产厂家提供的产品出厂合格证、质量检验报告。材料外表或包装物应有明显标志，标明材料生产厂家、材料名称、生产日期、执行标准、产品有效期等。材料进场后，应按规定抽样复验，并提交试验报告。不合格材料，不得使用。

（2）进场的保温隔热材料抽样数量，应按使用的数量确定，每批材料至少应抽样 1 次。

（3）进场后的保温隔热材料物理性能应检验下列项目：

① 板状保温材料：表现密度、导热系数、吸水率、压缩强度、抗压强度。

② 现喷硬质聚氨酯泡沫塑料应先在实验室试配，达到要求后再进行现场施工。现喷硬质聚氨酯泡沫塑料的表观密度应为 35 ~ 40 kg/m^3，导热系数应小于 0.030 W/（m·K），压缩强度应大于 150 kPa，闭空率应大于 92%。

2. 施工过程质量控制

保证材料的干湿程度与导热系数关系很大，限制含水率是保证工程质量的重要环节。封闭式保温层的含水率，应相当于该材料在当地自然风干状态下的平衡含水率。屋面保温层干燥有困难时，应采用排气措施。排气目的：一是因为保温材料含水率过大，保温性能降低，达不到设计要求。二是当气温升高，水分蒸发，产生气体膨胀后使防水层鼓泡而破坏。板状保温材料也要求基层干燥，避免产生冷桥。保温（隔热）层施工应符合下列规定：

（1）检查保温层的基层是否平整、干燥和干净。

（2）检查保温层边角处质量：防止出现边线不直、边槎不齐整，影响屋面找坡、找平和排水。

（3）检查保温隔热层功能是否良好：避免出现保温材料表观密度过大、铺设前含水量大、未充分晾干等现象。施工选用的材料应达到技术标准，控制保温材料导热系数、含水率和铺实密度，保证保温的功能效果。

（4）检查保温层铺筑厚度是否满足设计要求，检查铺设厚度是否均匀：铺设时应认真操作，拉线找坡，铺顺平整，操作中避免材料在屋面上堆积二次倒运，保证匀质铺设及表面平整，铺设厚度应满足设计要求。

（5）板状保温材料施工，当采用干铺法时保温材料应紧贴基层表面，多层设置的板块上下层接缝要错开，板缝间隙嵌填密实；当采用胶粘剂粘贴时，板块相互之间与基层之间应满涂胶粘材料，保证相互黏牢；当采用水泥砂浆粘贴板桩保温材料时，板缝间隙应采用保温灰浆填实并勾缝。

（6）检查板块保温材料铺贴是否密实，采用粘贴的板状保温材料是否贴严、粘牢，以确保保温、防水效果，防止找平层出现裂缝。应严格按照规范和质量验收评定标准的质量标准，进行严格验收。

（7）松散保温材料施工时应分层铺设，每层虚铺厚度不宜大于 150 mm，压实的程度与厚度必须经试验确定，压实后不得直接在保温层上行车或堆物。施工人员宜穿软底鞋进行操作。

（8）整体现浇（喷）保温层质量的关键，是表面平整和厚度满足设计要求。施工应符合下列规定：

① 沥青膨胀蛭石、沥青膨胀珍珠岩宜用机械搅拌，并应色泽一致，无沥青团；压实程度根据试验确定，其厚度应符合设计要求，表面应平整。

② 硬质聚氨酯泡沫塑料应按配比准确计量，发泡厚度均匀一致。

（9）要求屋面保温层严禁在雨天、雪天和五级风及其以上时施工。施工环境气温宜符合要求，施工完成后应及时进行找平层和防水层的施工。

3. 施工过程质量检验

保证材料的干湿程度与导热系数关系很大，限制含水率是保证工程质量的重要环节。封闭式保温层的含水率，应相当于该材料在当地自然风干状态下的平衡含水率。屋面保温层干燥有困难时，应采用排气措施。排气目的：一是因为保温材料含水率过大，保温性能降低，达不到设计要求。二是当气温升高，水分蒸发，产生气体膨胀后使防水层鼓泡而破坏。板状保温材料也要求基层干燥，避免产生冷桥。保温（隔热）层施工应符合下列规定：

（1）检查保温层的基层是否平整、干燥和干净。

（2）检查保温层边角处质量：防止出现边线不直、边槎不齐整，影响屋面找坡、找平和排水。

（3）检查保温隔热层功能是否良好：避免出现保温材料表观密度过大、铺设前含水量大、未充分晾干等现象。施工选用的材料应达到技术标准，控制保温材料导热系数、含水率和铺实密度，保证保温的功能效果。

（4）检查保温层铺筑厚度是否满足设计要求，检查铺设厚度是否均匀：铺设时应认真操作、拉线找坡、铺顺平整，操作中避免材料在屋面上堆积二次倒运，保证匀质铺设及表面平整，铺设厚度应满足设计要求。

（5）板状保温材料施工时，当采用干铺法时保温材料应紧贴基层表面，多层设置的板块上下层接缝要错开，板缝间隙嵌填密实；当采用胶粘剂粘贴时，板块相互之间与基层之间应满涂胶粘材料，保证相互黏牢；当采用水泥砂浆粘贴板桩保温材料时，板缝间隙应采用与防水层同时的施工。同时要求屋面保温层进行隐蔽验收，施工质量应验收合格，质量控制资料应完整。

4. 屋面保温层质量检验

（1）屋面保温层质量检验批检验与检验数量。

检验批：按一栋、一个施工段（或变形缝）作为一个检验批，全部进行检验。

检验数量：

① 细部构造根据分项工程的内容，应全部进行检查。

② 其他主控项目和一般项目，应按屋面面积每 100 m^2 抽查一处，每处 10 m^2，且不得少于 3 处。

（2）屋面保温层质量检验方法与检验标准详见现行国家有关施工质量验收规范及相关标准。

5.2 屋面找平层质量检验

屋面找平层是防水层的基层，防水层要求基层有较好的结构整体性和刚度，一般采用水泥砂浆、细石混凝土或沥青砂浆的整体找平层。

5.2.1 原材料质量检验

（1）材料进厂应具有生产厂家提供的产品出厂合格证、质量检验报告。材料外表或包装物应有明显标志，标明材料生产厂家、材料名称、生产日期、执行标准、产品有效期等。

（2）屋面找平层所用材料必须进场验收，并按要求对各类材料进行复试，其质量、技术性能必须符合设计要求和施工及验收规范的规定。

（3）材料具体质量要求是：

① 水泥：不低于强度等级为 32.5 的硅酸盐水泥、普通硅酸盐水泥。

② 砂：宜用中砂、级配良好的碎石，含泥量不大于 3%，不含有机杂质，级配要良好。

③ 石：用于细石混凝土找平层的石子，最大粒径不应大于 15 mm。含泥量应不超过设计规定。

④ 水：拌和用水宜采用饮用水。当采用其他水源时，水质应符合国家现行标准《混凝土用水标准》（JGJ 63—2006）的规定。

⑤ 沥青：可采用 10 号、30 号的建筑石油沥青或其熔合物。具体材质及配合比应符合设计要求。

⑥ 粉料：可采用矿渣、页岩粉、滑石粉等。

5.2.2 施工过程质量控制

（1）找平层的厚度和技术要求详见现行国家有关施工质量验收规范及相关标准的规定。

（2）找平层的基层采用装配式钢筋混凝土板时，应符合下列规定：

① 板端、侧缝应用细石混凝土灌缝，其强度等级不应低于 C20。

② 板缝宽大于 40 mm 或上窄下宽时，板缝内应设置构造钢筋。

③ 板端缝应进行密封处理。

（3）检查找平层的坡度是否准确，是否符合设计要求，是否造成倒泛水。屋面防水应以防为主，以排为辅。在完善设防的基础上，应将水迅速排走，以减少渗水的机会，所以正确的排水坡度很重要。找平层的排水坡度是否符合设计要求是质量控制的重点。平屋面采用结构找坡不应小于 3%，采用材料找坡宜为 2%；檐沟纵向找坡不应小于 1%，沟底水落差不得超过 200 mm。

（4）检查水落口周围的坡度是否准确。水落口杯与基层接触处应留宽 20 mm、深 20 mm 凹槽，嵌填密封材料天沟。

（5）基层与突出屋面结构的交接处和基层的转角处，找平层均应做成圆弧形，圆弧半径应符合要求。内部排水的水落口周围，找平层应做成略低的凹坑。

（6）检查收缩缝的留设是否符合规范和设计要求。由于找平层收缩和温差的影响，应预先留设分格缝，使裂缝集中于分格缝中，减少找平层大面积开裂的可能，并嵌填密封材料。分格缝应留设在结构变形最易发生负弯矩的板端缝处，其纵横缝的最大间距：水泥砂浆或细石混凝土找平层，不宜大于 6 m；沥青砂浆找平层，不宜大于 4 m。

（7）检查找平层是否空鼓、开裂。基层表面清理不干净、水泥砂浆找平层施工前未用水湿润好，造成空鼓；由于砂子过细、水泥砂浆级配不好、找平层厚薄不匀、养护不够，均可造成找平层开裂；注意使用符合要求的砂料，保护层平整度应严格控制，保证找平层的厚度基本一致，加强成品养护，防止表面开裂。

（8）找平层要在收水后二次压光，使表面坚固、平整；水泥砂浆终凝后，应采取浇水、覆盖浇水、喷养护剂、涂刷冷底子油等手段充分养护，保护砂浆中的水泥充分水化，以确保找平层质量。

（9）沥青砂浆找平层，除强调配合比准确外，施工中应注意拌和均匀和表面密实。找平层表面不密实会产生蜂窝现象，使卷材胶结材料或涂膜的厚度不均匀，直接影响防水层的质量。

5.2.3 屋面找平层质量检验标准

（1）屋面找平层质量检验批检验与检验数量。

检验批：按一个施工段（或变形缝）作为一个检验批，全部进行检验。检验数量：① 细部构造根据分项工程的内容，应全部进行检查。② 其他主控项目和一般项目：应按屋面面积每 100 m^2 抽查一处，每处 10 m^2，且不得少于 3 处。

（2）屋面找平层工程质量检验标准详见现行国家有关施工质量验收规范及相关标准。

5.3 卷材屋面防水层质量检验

5.3.1 防水卷材质量的一般要求

（1）屋面卷材防水层包括高聚物改性沥青防水卷材、合成高分子防水卷材或沥青防水卷材。适用于Ⅰ～Ⅳ防水等级的屋面防水。沥青防水卷材产品质量应符合国标《石油沥青纸胎油毡》（GB 326—2007）的要求。高聚物改性沥青防水卷材产品质量应符合国标《弹性体改性沥青防水卷材》（GB 18242—2008），《塑性体改性沥青防水卷材》（GB 18243—2008）和《改性沥青聚乙烯胎防水卷材》（GB 18967—2009）的要求。合成高分子防水卷材产品质量应符合国标《高分子防水材料　第1部分：片材》（GB 18173.1—2012）的要求。

（2）所用卷材防水材料应有产品合格证书和性能检测报告，材料的品种、规格、性能等应符合现行国家产品标准和设计要求。材料进场后，应按规定抽样复验，并提交试验报告。不合格材料，不得使用。

（3）控制所选用的基层处理剂、接缝胶粘剂、密封材料等配套材料应与铺贴的卷材材性相容。

5.3.2 防水卷材的质量要求

（1）沥青防水卷材的外观质量和规格应符合现行国家有关施工质量验收规范及相关标准的要求。

（2）合成高分子防水卷材的外观质量和规格应合详现行国家有关施工质量验收规范及相关标准的要求。

5.3.3 卷材的贮运、保管

（1）不同品种、型号和规格的卷材应分别堆放。

（2）卷材应贮存在阴凉通风的室内，避免雨淋、日晒和受潮，严禁接近火源。沥青防水卷材贮存环境温度，不得高于 45 °C。

（3）沥青防水卷材宜直立堆放，其高度不宜超过两层，并不得倾斜或横压，短途运输平放不宜超过四层。

（4）卷材应避免与化学介质及有机溶剂等有害物质接触。

5.3.4 卷材胶粘剂、胶粘带、沥青玛瑺脂

（1）改性沥青胶粘剂的剥离强度不应小于 8 N/10 mm。

（2）合成高分子胶粘剂的剥离强度不应小于 15 N/10 mm，浸水 168 h 后的保持率不应小于 70%。

（3）双面胶粘带的剥离强度不应小于 10 N/25 mm，浸水 168 h 后的保持率不应小于 70%。

（4）不同品种、规格的卷材胶粘剂和胶粘带，应分别用密封桶或纸箱包装。

（5）卷材胶粘剂和胶粘带应贮存在阴凉通风的室内，严禁接近火源和热源。

（6）配制沥青玛琋脂用的沥青，可采用 10 号、30 号的建筑石油沥青和 60 号甲、60 号乙的道路石油沥青或其熔合物。

（7）在配制沥青玛琋脂的石油沥青中，可掺入 10% ~ 25%的粉状填充料或掺入 5% ~ 10%的纤维填充料。填充料宜采用滑石粉、板岩粉、云母粉、石棉粉。填充料的含水率不宜大于 3%。粉状填充料应全部通过 0.21 mm（900 孔/cm^2）孔径的筛子，其中大于 0.085 mm（4 900 孔 4 900/cm^2）的颗粒不超过 15%。

5.3.5　进场的卷材、卷材胶粘剂抽样复验

（1）同一品种、型号和规格的卷材，抽样数量：大于 1 000 卷抽取 5 卷；500 ~ 1 000 卷抽取 4 卷；100 ~ 499 卷抽取 3 卷；小于 100 卷抽取 2 卷。

（2）将受检的卷材进行规格尺寸和外观质量检验，全部指标达到标准规定时，即为合格。其中若有一项指标达不到要求，允许在受检产品中另取相同数量卷材进行复检，全部达到标准规定为合格。复检时仍有一项指标不合格，则判定该产品外观质量为不合格。

（3）在外观质量检验合格的卷材中，任取一卷做物理性能检验，若物理性能有一项指标不符合标准规定，应在受检产品中加倍取样进行该项复检，复检结果如仍不合格，则判定该产品为不合格。

（4）进场的卷材、卷材胶粘剂和胶粘带物理性能应检验下列项目：

① 沥青防水卷材：纵向拉力、耐热度、柔度、不透水性。

高聚物改性沥青防水卷材：可溶物含量、拉力、最大拉力时延伸率、耐热度、低温柔度、不透水性。

② 合成高分子防水卷材：断裂拉伸强度、扯断伸长率、低温弯折、不透水性。

改性沥青胶粘剂：剥离强度。

③ 合成高分子胶粘剂：剥离强度和浸水 168 h 后的保持率。

④ 双面胶粘带：剥离强度和浸水 168 h 后的保持率。

5.3.6　施工过程质量控制

屋面防水多道设防时，可采用同种卷材叠层或不同卷材和涂膜复合及刚性防水和卷材复合等。采取复合使用虽增加品种，给施工和采购带来不便，但对材性互补、保证防水可靠性是有利的。

（1）为确保防水工程质量，使屋面在防水层合理使用年限内不发生渗漏，除卷材的材性

材质因素外，其厚度应是最主要因素。同时还应考虑到防水层的施工、人们的踩踏、机具的压扎、穿刺、自然老化等。卷材厚度选用应符合现行国家有关施工质量验收规范及相关标准。

（2）卷材防水层所选用的基层处理剂、接缝胶粘剂、密封材料等配套材料应与铺贴的卷材料性相容。

（3）卷材屋面坡度过大时，常发生下滑现象，故应采取防止下滑措施。在坡度大于25%的屋面上采用卷材作防水层时，应采取固定措施。防止卷材下滑的措施除采取满粘法外，目前还有钉压固定等方法，固定点亦应封闭严密。

（4）铺设屋面隔汽层和防水层前，基层必须干净、干燥。干燥程度的简易检验方法，是将1 m^2卷材平坦地干铺在找平层上，静置3～4 h后掀开检查，找平层覆盖部位与卷材上未见水印即可铺设。

（5）高聚物改性沥青防水卷材和合成高分子防水卷材耐温性好，厚度较薄，不存在流淌问题，故对铺贴方向不予限制。考虑到沥青软化点较低，防水层较厚，屋面坡度较大时须垂直屋脊方向铺贴，以免发生流淌。沥青防水卷材铺贴方向应符合下列规定：

① 屋面坡度小于3%时，卷材宜平行屋脊铺贴。

② 屋面坡度在3%～15%时，卷材可平行或垂直屋脊铺贴。

③ 屋面坡度大于15%或屋面受振动时，沥青防水卷材应垂直屋脊铺贴，高聚物改性沥青防水卷材和合成高分子防水卷材可平行或垂直屋脊铺贴；上下层卷材不得相互垂直铺贴。

（6）为确保卷材防水屋面的质量，所有卷材均应采用搭接法。且上下层及相邻两幅卷材的搭接缝应错开。各种卷材搭接宽度应符合现行国家有关施工质量验收规范及相关标准的要求。

（7）卷材的粘贴方法一般有冷粘法、热熔法、自粘法、材热风焊接等。采用冷粘法铺贴卷材时，胶粘剂的涂刷质量、间隔时间、搭接宽度和黏结密封性能对保证卷材防水施工质量关系极大。冷粘法铺贴卷材应符合下列规定：

① 胶粘剂涂刷应均匀，不露底，不堆积。

② 根据胶粘剂的性能，应控制胶黏剂涂刷与卷材铺贴的间隔时间。

③ 铺贴的卷材下面的空气应排尽，并辊压黏结牢固。

④ 铺贴卷材应平整顺直，搭接尺寸准确，不得扭曲、皱褶。

⑤ 接缝口应用密封材料封严，宽度不应小于10 mm。

（8）采用热熔法铺贴卷材时，加热是关键。热熔法铺贴卷材应符合下列规定：

① 火焰加热器加热卷材应均匀，不得过分加热或烧穿卷材；厚度小于3 mm的高聚物改性沥青防水卷材严禁采用热熔法施工。

② 卷材表面热熔后应立即滚铺卷材，卷材下面的空气应排尽，并辊压黏结牢固，不得空鼓。

③ 卷材接缝部位必须溢出热熔的改性沥青胶。

④ 铺贴的卷材应平整顺直，搭接尺寸准确，不得扭曲、皱褶。

（9）自粘法铺贴卷材应符合下列规定：

① 铺贴卷材前基层表面应均匀涂刷基层处理剂，干燥后应及时铺贴卷材。

② 铺贴卷材时，应将自粘胶底面的隔离纸全部撕净。

③ 卷材下面的空气应排尽，并辊压黏结牢固。

④ 铺贴的卷材应平整顺直，搭接尺寸准确，不得扭曲、皱褶。搭接部位宜采用热风加热，随即粘贴牢固。

⑤ 接缝口应用密封材料封严，宽度不应小于 10 mm。

（10）对热塑性卷材（如 PVC 卷材等）可以采用热风焊枪进行焊接施工。焊接前卷材的铺设平整性、焊接速度与热风温度、操作人员的熟练程度关系极大，焊接施工时必须严格控制。卷材热风焊接施工应符合下列规定：

① 焊接前卷材的铺设应平整顺直，搭接尺寸准确，不得扭曲、皱褶。

② 卷材的焊接面应清扫干净，无水滴、油污及附着物。

③ 焊接时应先焊长边搭接缝，后焊短边搭接缝。

④ 控制热风加热温度和时间，焊接处不得有漏焊、跳焊、焊焦或焊接不牢现象。

⑤ 焊接时不得损害非焊接部位的卷材。

（11）粘贴各层沥青防水卷材和黏结绿豆砂保护层可以采用沥青玛琋脂，其标号应根据屋面的使用条件、坡度和当地历年极端最高气温选用。沥青玛琋脂的质量要求，应符合现行国家有关施工质量验收规范及相关标准的规定。沥青玛琋脂的配制和使用应符合下列规定：

① 配制沥青玛琋脂的配合比应视使用条件、坡度和当地历年极端最高气温，并根据所用的材料经试验确定；施工中应确定的配合比严格配料，每工作班应检查软化点和柔韧性。

② 热沥青玛琋脂的加热应高于 240 °C，使用应低于 190 °C。

③ 冷沥青玛琋脂使用时应搅匀，稠度太大时可加少量溶剂稀释搅匀。

④ 沥青玛琋脂应涂刮均匀，不得过厚或堆积。

黏结层厚度：热沥青玛琋脂宜为 1 ~ 1.5 mm，冷沥青玛琋脂宜为 0.5 ~ 1 mm。面层厚度：热沥青玛琋脂宜为 2 ~ 3 mm，冷沥青玛琋脂宜为 1 ~ 1.5 mm。若卷材防水层上有块体保护层或整体刚性保护层时，沥青玛琋脂标号可按表 5-3-1 降低 5 号。

（12）天沟、檐口、泛水和立面卷材的收头端部处理十分重要，如果处理不当容易存在渗漏隐患。为此，必须要求把卷材收头的端部裁齐，塞入预留凹槽内，采用黏结或压条（垫片）钉压固定，最大钉距不应大于 900 mm，凹槽内应用密封材料封严。

（13）为防止紫外线对卷材防水层的直接照射和延长其使用年限，卷材防水层完工并经验收合格后，应做好成品保护。保护层的施工应符合下列规定：

① 用绿豆砂做保护层，系传统的做法。绿豆砂应清洁、预热、铺撒均匀，并使其与沥青玛琋脂黏结，不得有未黏结的绿豆砂。这样绿豆砂保护层才能真正起到保护的作用。

② 云母或蛭石保护层是用冷玛琋酯纸黏结云母或蛭石作为保护层，要求不得有粉料，撒铺应均匀，不得露底，多余的云母或蛭石应清除。

③ 水泥砂浆保护层的表面应抹平压光，由于水泥砂浆自身的干缩或温度变化影响，水泥砂浆保护层往往产生严重龟裂，且裂缝宽度较大，以致造成碎裂、脱落。在水泥砂浆保护层上划分表面分格缝，将裂缝均匀分布在分格缝内，可避免大面积边表面龟裂，所以要求表面设分格缝，分格面积宜为 1 m²。

④ 用块体材料做保护层时，往往因温度升高、膨胀致使块体隆起。故块体材料保护层应留设分格缝，分格面积不宜大于 100 m²，分格缝宽度不宜小于 20 mm。

⑤ 细石混凝土保护层应密实，表面抹平压光，并设分格缝。分格缝过密会给施工带来困难，也不容易确保质量，规格定为大于 36 m。

⑥ 浅色涂料保护层要求将卷材表面清理干净，均匀涂刷保护涂料。浅色涂料保护层应与卷材黏结牢固，厚薄均匀，不得漏涂。

⑦ 水泥砂浆、块材或细石混凝土保护层等刚性保护层与柔性防水层之间要设置隔离层，以保证刚性保护层胀缩变形时不致损坏防水层。

⑧ 水泥砂浆、块材、细石混凝土等刚性保护层与女儿墙、山墙之间应预留宽度为 30 mm 的缝隙，并用密封材料嵌填严密。避免当高温季节时，刚性保护层热胀顶推女儿墙，有的还将女儿墙推裂造成渗漏。

（14）卷材屋面防水层严禁在雨天、雪天和五级风及以上时施工。施工环境气温宜符合以下要求：

① 沥青防水卷材，不低于 5 °C。

② 高聚物改性沥青防水卷材，冷粘法不低于 5 °C，热熔法不低于-10 °C。

③ 合成高分子防水卷材，冷粘法不低于 5 °C，热风焊接法不低于-10 °C。

（15）检查卷材防水层是否有渗漏或积水现象。检验方法：雨水或淋水、蓄水检验。

5.3.7 卷材屋面防水层质量检验标准

（1）卷材屋面防水层质量检验与检验数量。

检验批：按一个施工段（或变形缝）作为一个检验批，全部进行检验。

检验数量：

① 细部构造根据分项工程的内容，应全部进行检查。

② 其他主控项目：应按屋面面积每 100 m²抽查一处，每处 10 m²，且不得少于 3 处。

（2）卷材屋面防水层质量检验标准与方法详见现行国家有关施工质量验收规范及相关标准。

5.4 地下防水工程质量检验

地下防水工程是地基与基础分部工程的子分部工程。根据地下防水工程的类型不同，地下防水工程可以划分为防水混凝土、水泥砂浆防水层、卷材防水层、涂料防水层、细部构造等分项工程。

常用的地下防水卷材有高聚物性沥青防水卷材、合成高分子防水卷材。

1. 高聚物改性沥青防水卷材的质量要求

目前适用于地下工程的高聚物改性沥青类防水卷材的主要品种有：弹性体改性沥青防水卷材，是用苯乙烯-丁二烯-苯乙烯嵌段共聚物（SBS）改性沥青和聚酯毡或玻纤毡胎体制成的；塑性体改性沥青防水卷材是用无规则聚丙烯（APP）等改性沥青和聚酯毡或玻纤毡胎体制成的；改性沥青聚乙烯胎防水卷材是以改性沥青为基料、高密度聚乙烯膜为胎体制成的卷材。

（1）高聚物改性沥青防水卷材的外观质量应符合现行国家有关施工质量验收规范及相关标准的要求。

（2）高聚物改性沥青防水卷材的物理性能要求见表5-4-1。

2. 合成高分子防水卷材的质量要求

目前，适用于地下工程的合成高分子卷材的类型有：硫化橡胶类卷材[主要有JLI——三元乙丙橡胶（EPPM）和JL2——氯化聚乙烯-橡胶共混等产品]、非硫化橡胶类卷材[主要有JF3——氯化聚乙烯（CPE）等产品]、合成树脂类卷材[主要有 JSI——聚氯乙烯（PVC）等产品]、纤维胎增强类卷材（主要有丁基、氯丁橡胶、聚氯乙烯、聚乙烯等产品）。

合成高分子防水卷材的外观质量应符合现行国家有关施工质量验收规范及相关标准的要求。

卷材的贮运、保管同屋面防水材料。

3. 施工过程质量控制

（1）为确保地下工程在防水层合理使用年限内不发生渗漏，除卷材的材性材质因素外，卷材的厚度应是最重要的因素。卷材厚度由设计确定，当设计无具体要求时，防水卷材厚度选用应符合现行国家有关施工质量验收规范及相关标准的规定。

（2）卷材防水层的基层应平整牢固、清洁干燥，无起砂、空鼓等缺陷。

（3）铺贴前应在基层上涂刷基层处理剂。目前，大部分合成高分子卷材只能采用冷粘法、自粘法铺贴，为保证其在较潮湿基面上的黏结质量，当基面较潮湿时，应涂刷湿固化型胶粘剂或潮湿界面隔离剂。可采用喷涂或涂刷法施工，喷涂应均匀一致、不露底，待表面干燥后方可铺贴卷材。

（4）基层阴阳角处应做成圆弧或45°（135°）折角，在转角处、阴阳角等特殊部位，应增贴1～2层相同的卷材，宽度不宜小于500mm。

（5）建筑工程地下防水的卷材铺贴方法，主要采用冷粘法和热熔法。底板垫层混凝土平面部位的卷材宜采用空铺法、点粘法或条粘法，其他与混凝土结构相接触的部位应采用满铺法。两幅卷材短边和长边的搭接宽度均不应小于100 mm。采用多层卷材时，上下两层和相邻两幅卷材的接缝应错开1/3幅宽，且两层卷材不得相互垂直铺贴。

（6）冷粘法铺贴卷材的施工，胶粘剂的涂刷对保证卷材防水施工质量关系极大，应符合下列规定：

① 胶粘剂涂刷应均匀，不露底，不堆积。

② 铺贴卷材时应控制胶粘剂涂刷与卷材铺贴的间隔时间，排除卷材下面的空气，并辊压黏结牢固，不得有空鼓。

③ 铺贴卷材应平整、顺直，搭接尺寸正确，不得有扭曲、皱褶。

④ 接缝口应用密封材料封严，其宽度不应小于10 mm。

（7）热熔法铺贴卷材的施工，加热是关键，应符合下列规定。

① 火焰加热器加热卷材应均匀，不得过分加热或烧穿卷材；厚度小于3 mm的高聚物改性沥青防水卷材，严禁采用热熔法施工。

② 卷材表面热溶后应立即滚铺卷材，排除卷材下面的空气，并辊压黏结牢固，不得有空鼓、皱褶。

③ 滚铺卷材时接缝部位必须溢出沥青热溶胶，并应随即刮封接使接缝黏结严密。

④ 铺贴后的卷材应平整、顺直，搭接尺寸正确，不得有扭曲。

（8）卷材防水层完工并经验收合格后应及时做保护层，防止防水层被破坏。保护层应符合下列规定：

① 顶板卷材防水层上的细石混凝土保护层厚度不应小于 70 mm，防水层为单层卷材时，在防水层与保护层之间应设置隔离层。

② 底板卷材防水层上的细石混凝土保护层厚度应大于 50 mm。

③ 侧墙宜采用聚苯乙烯泡沫塑料保护层，或砌砖保护墙（边砌边填实）和铺抹 30 mm 厚的 1∶3 水泥砂浆。

（9）基础底板防水层施工应留足与墙体防水卷材的搭接长度，并注意采取保护措施防止破损。

（10）铺贴卷材严禁在雨天、雪天施工；五级风及其以上时不得施工；冷粘法施工气温不宜低于 5 °C，热熔法施工气温不宜低于-10 °C。

4. 卷材防水层质量检验标准

（1）检验数量。

主控项目全数检查。一般项目：应按铺贴面积每 100 m^2 抽查 1 处，每处 10 m^2，且不得少于 3 处。

（2）检验标准与检验方法。

卷材防水层施工质量检验标准与检验方法详见现行国家有关施工质量验收规范及相关标准。

5. 根据蓄水试验的结果判断防水工程的质量

1）地下防水工程质量检验

现行国家标准《地下防水工程质量验收规范》（GB 50208—2011）规定，地下工程验收时，应对地下工程有无渗漏现象进行检查，检查内容应包括裂缝、渗漏部位、大小、渗漏情况和处理意见等。填写注意事项和要求如下：

（1）收集背水内表面结构工程展开图、相关图片、相片及说明文件等。

（2）由施工单位填写，报送建设单位和监理单位，各相关单位保存。

（3）相关要求：地下工程验收时，发现渗漏水现象应制作、标示好背水内表面结构工程展开图。

（4）注意事项：“检查方法及内容”栏内按《地下防水工程质量验收规范》（GB 50208—2011）的相关内容及技术方案填写。

“地下工程防水效果检查记录”应由施工单位填写，一式三份，并应由建设单位、监理单位、施工单位各保存一份。“地下工程防水效果检查记录”宜采用表 5-4-1 的格式。

2）地面、屋面防水质量检验

现行国家标准《建筑地面工程施工质量验收规范》（GB 50209—2010）规定：地面工程中凡有防水要求的房间应有防水层及装修后的蓄水检查记录。检查内容包括蓄水方式、蓄水时间、蓄水深度、水落口及边缘的封堵情况和有无渗漏现象等。

表 5-4-1　地下工程防水效果检查记录（C.5.7）

<table>
<tr><td colspan="2">工程名称</td><td colspan="2">××市××中学教学楼</td><td>编　　号</td><td colspan="2">01-05-C5-0××</td></tr>
<tr><td colspan="2">检查部位</td><td colspan="2">地下一层</td><td>检查日期</td><td colspan="2">××××年××月××日</td></tr>
<tr><td colspan="7">检查方法及内容：
检察人员用手触摸混凝土墙面及用吸墨纸（或报纸）贴附背水墙面检查地下一层外墙，有无裂缝和渗水现象。</td></tr>
<tr><td colspan="7">检查结论：
地下室混凝土墙面不渗水，结构表面无湿渍现象，观感质量合格，符合设计要求和《地下防水工程质量验收规范》（GB 50208—2002）规定。</td></tr>
<tr><td colspan="7">复查结论：
符合有关规范规定及设计要求。
复查人：　　　　　　　　　　　复查日期：</td></tr>
<tr><td rowspan="3">签字栏</td><td rowspan="2">施工单位</td><td colspan="2" rowspan="2">×××建筑安装有限公司</td><td>专业技术负责人</td><td>专业质检员</td><td>施测人</td></tr>
<tr><td>×××</td><td>×××</td><td>×××</td></tr>
<tr><td>监理或建设单位</td><td colspan="3">×××监理有限责任公司</td><td>专业工程师</td><td>×××</td></tr>
</table>

根据现行国家标准《屋面工程质量验收规范》（GB 50207—2012）的有关规定：屋面工程完工后，应对细部构造（屋面天沟、檐沟、檐口、泛水、水落口、变形缝、伸出屋面管道等）、接缝处和保护层进行雨期观察或淋水、蓄水检查。淋水试验持续时间不得少于 2 h；做蓄水检查的屋面，蓄水时间不得少于 24 h。

“防水工程试水检查记录”应由施工单位填写，一式三份，并由建设单位、监理单位、施工单位各保存一份。“防水工程试水检查记录”宜采用表 5-4-2 的格式。

表 5-4-2　防水工程试水检查记录（C.5.8）

<table>
<tr><td colspan="2">工程名称</td><td colspan="2">××市××中学教学楼</td><td>编　　号</td><td colspan="2">01-05-C5-0××</td></tr>
<tr><td colspan="2">检查部位</td><td colspan="2">四层卫生间</td><td>检查日期</td><td colspan="2">××××年××月××日</td></tr>
<tr><td colspan="2" rowspan="2">检查方式</td><td colspan="2">☑第一次蓄水　□第二次蓄水</td><td>蓄水时间</td><td colspan="2">从××××年××月××日××时
至××××年××月××日××时</td></tr>
<tr><td colspan="5">□淋水　　　　　　□雨期观察</td></tr>
<tr><td colspan="7">检查方法及内容：
四层卫生间蓄水试验：在门口用水泥砂浆做挡水墙 50 mm，地漏用球塞（或棉丝）的地漏堵严密且不影响试水，然后进行放水，蓄水最浅处 20 mm，蓄水时间为 24 h。</td></tr>
<tr><td colspan="7">检查结论：
经检查，四层卫生间第一次蓄水 24 h 后，蓄水最浅处仍为 20 mm，无渗漏现象，检查合格。</td></tr>
<tr><td colspan="7">复查结论：
经复查四层卫生间蓄水试验符合有关规范规定及设计要求。
复查人：　　　　　　　　　　　复查日期：</td></tr>
<tr><td rowspan="3">签字栏</td><td rowspan="2">施工单位</td><td colspan="2" rowspan="2">×××建筑安装有限公司</td><td>专业技术负责人</td><td>专业质检员</td><td>施测人</td></tr>
<tr><td>×××</td><td>×××</td><td>×××</td></tr>
<tr><td>监理或建设单位</td><td colspan="2">×××监理有限责任公司</td><td colspan="2">专业工程师</td><td>×××</td></tr>
</table>

6　建筑装饰装修与节能工程质量检验

6.1　门窗工程质量检验

6.1.1　木门窗安装工程质量检验

1. 材料质量要求

（1）应按设计要求配料。木门窗的木材品种、材质等级、规格、尺寸、框扇的线形及人造木板的甲醛含量均应符合设计要求。

（2）木门窗应采用烘干的木材，其含水率应符合规范的规定。

（3）木门窗的防火、防腐、防虫处理应符合设计要求。

（4）制作木门窗所用的胶料，宜采用国产的酚醛树脂胶和脲醛树脂胶。普通木门窗可采用半耐水的脲醛树脂胶，高档木门窗应采用耐水的酚醛树脂胶。

（5）工厂生产的木门窗必须有出厂合格证。由于运输堆放等原因而受损的门窗框、扇，应进行预处理，达到合格要求后方可用于工程中。

（6）小五金零件的品种、规格、型号、颜色等均应符合设计要求，质量必须合格，地弹簧等五金零件应有出厂合格证。

（7）对人造木板的甲醛含量应进行复检。

2. 施工过程的质量控制

（1）制作前必须选择符合设计要求的材料。

（2）检查木门框和厚度大于 50 mm 的门窗扇是否采用双榫连接，未采用双榫连接的必须用双榫连接。榫槽应采用胶料严密嵌合，并应采用胶楔加紧。

（3）门窗框、扇进场后，框的靠墙、靠地一面应刷防腐涂料，其他各面应刷清漆一道，刷油后码放在干燥通风仓库。

（4）木门窗框安装宜采用预留洞口的施工方法（即后塞口的施工方法），如采用先立框的方法施工，则应注意避免门窗框在施工中被污染、挤压变形、受损等现象。

（5）木门窗与砖石砌体、混凝土或抹灰层接触处做防腐处理，埋入砌体或混凝土的木砖应进行防腐处理。

（6）木门窗及门窗五金运到现场，必须按图纸检查框扇型号、检查产品防锈红丹漆有无薄刷、漏涂现象，不合格产品严禁用于工程。

（7）检查木门窗的品种、类型、规格、开启方向、安装位置及连接方式是否符合设计要求。预埋木砖的防腐处理、木门窗框固定点的数量、位置及固定方法应符合设计要求。

（8）检查木门窗框的安装是否牢固，开关是否灵活，关闭是否严密，有无倒翘现象。

（9）检查木门窗配件的型号、规格、数量是否符合设计要求，安装是否牢固，位置是否正确，功能是否满足使用要求。在砌体上安装门窗时严禁采用射钉固定。

（10）检查木门窗表面是否洁净，且不得有刨痕、锤印。

（11）检查木门窗的割角、拼缝是否严密平整，门窗框、扇裁口是否顺直，刨面是否平整。

（12）检查木门窗上的槽、孔是否边缘整齐，有无毛刺。

（13）检查木门窗与墙体间缝隙的填嵌料是否符合设计要求，填嵌是否饱满。寒冷地区外门窗（或门窗框）与砌体间的空隙应填充保温材料。

（14）检查木门窗批水、盖口条、压缝条、密封条的安装是否顺直，与门窗结合是否牢固、严密。

（15）对预埋件、锚固件及隐蔽部位的防腐、填嵌处理应进行隐蔽工程的质量验收。

3. 木门窗安装工程质量检验

（1）木门窗安装工程质量检验检验批划分。

同一品种、同一类型和规格的木门窗及门窗玻璃每 100 樘应划分为一个检验批，不足 100 樘也应划分为一个检验批。每个检验批应至少抽查总数的 5%，且不得少于 3 樘，不足 3 樘时应全数检查；高层建筑的外窗，每个检验批应至少抽查总数的 10%，且不得少于 6 樘，不足 6 樘时应全数检查。

（2）木门窗安装工程质量检验标准与检验方法。

木门窗安装工程质量检验标准与检验方法详见现行国家有关施工质量验收规范及相关标准。

6.1.2 塑料门窗安装工程质量检验

1. 材料质量要求

（1）检查原材料的质量证明文件：门窗材料应有产品合格证书、性能检测报告、进场验收记录和复检报告。

（2）异型材、密封条的质量控制：门窗采用的异型材、密封条等原材料应符合国家现行标准《门、窗用未增塑聚氯乙烯（PVC-U）型材》（GB/T 8814—2017）和《塑料门窗用密封条》（GB 12002—89）中的有关规定。

（3）门窗采用的紧固件、五金件、增强型钢及金属衬板等应进行表面防腐处理。

（4）紧固件的镀层金属及其厚度宜符合现行国家标准《紧固件电镀层》（GB/T 5267.1—2002）中的有关规定，紧固件的尺寸、螺纹、公差、十字槽及机械性能等技术条件应符合现行国家标准《十字槽沉头自攻螺钉》（GB 846—85）、《十字槽半沉头自攻螺钉》（GB/T 847—2017）中的有关规定。

（5）五金件的型号、规格和性能均应符合现行国家标准的有关规定，滑撑铰链不得使用铝合金材料。

（6）组合窗及其拼樘料应采用与其内腔紧密吻合的增强型钢作为内衬，型钢两端应比拼樘料长出 10 ~ 15 mm。外窗拼樘料的截面尺寸及型钢的形状、壁厚应符合要求。

（7）固定片材质应采用 Q235-A 冷轧钢板，其厚度应不小于 1.5 mm，最小宽度应不小于 15 mm，且表面应进行镀锌处理。

（8）全防腐型门窗应采用相应的防腐型五金件及紧固件。

（9）密封门窗与洞口所用的嵌缝膏应具有弹性和黏结性。

（10）出厂的塑料门窗应符合设计要求，其外观、外形尺寸、装配质量、力学性能应符合现行国家标准的有关规定；门窗中竖框、中横框或拼栓料等主要受力杆件中的增强型钢，应在产品说明中注明规格、尺寸。

（11）建筑外窗的水密性、气密性、抗风压性能、保温性能、中空玻璃露点、玻璃遮阳系数和可见光透射比应符合设计要求。

（12）建筑外窗进入施工现场时，应按地区类别对其水密性、气密性、抗风压性能、保温性能、中空玻璃露点、玻璃遮阳系数和可见光透射比等性能进行复验，复检合格方可用于工程。

2. 施工过程的质量控制

（1）安装前应按设计要求检查门窗洞口位置和尺寸，左右位置挂垂线控制，窗台标高通过 50 线控制，合格后方可进行安装。

（2）塑料门窗安装应采用预留洞口的施工方法（即后塞口的施工方法），不得采用边安装边砌口或先安装后砌口的施工方法。

（3）当洞口需要设置预埋件时，要检查其数量、规格、位置是否符合要求。

（4）塑料门窗安装前，应先安装五金配件及固定片（安装五金配件时，必须加衬增强金属板）。安装时应先钻孔，然后再拧入自攻螺钉，不得直接钉入；固定点距离窗角、中横框、中竖框 150 ~ 200 mm，且固定点间距应不大于 600 mm。在砌体上安装门窗时严禁采用射钉固定。

（5）检查组合窗的拼樘料与窗框的连接是否牢固，通常是先将两窗框与拼樘料卡接，卡接后用紧固件双向拧紧，其间距应小于等于 600 mm。

（6）窗框与洞口之间的伸缩缝内腔，应采用闭孔泡沫塑料、发泡聚苯乙烯等弹性材料分层填塞。对于保温、隔声等级较高的工程，应采用相应的隔热、隔声材料填塞。填塞后，一定要撤掉临时固定的木楔或垫块，其空隙也要用弹性闭孔材料填塞。

（7）塑料门窗扇的密封条不得脱槽，旋转窗间隙应基本均匀，玻璃密封条与玻璃及玻璃槽口的接缝应平整，不得卷边及脱槽。检验方法：观察检查。

（8）检查排水孔是否畅通，位置和数量是否符合设计要求。

（9）塑料门窗框与墙体间缝隙用闭孔弹性材料填嵌饱满后，检查其表面是否应采用密封胶密封，密封胶是否黏结牢固，表面是否光滑、顺直、有无裂纹。

3. 塑料门窗安装工程质量检验

（1）塑料门窗安装工程质量检验批及检验数量。

塑料门窗安装工程质量检验数量同木门窗安装工程。

（2）塑料门窗安装工程质量检验标准与检验方法。

塑料门窗安装工程质量检验标准与检查方法详见现行国家有关施工质量验收规范及相关标准。

6.1.3　金属门窗工程质量检验

金属门窗安装工程一般指钢门窗、铝合金门窗、涂色镀锌钢板门窗等安装。

1. 材料质量检验

（1）选用的铝合金型材应符合现行国家标准的规定，壁厚不得小于 1.5 mm；选用的配件除不锈钢外，应做防腐处理，防止与铝合金型材直接接触。

（2）铝合金型材表面阳极氧化膜厚度应符合要求。

（3）铝合金门窗的质量（窗框尺寸偏差；窗框、窗扇和相邻构件装配间隙和同一平面高低差；窗框、扇四周宽度偏差；平板玻璃与玻璃槽的配合尺寸；中空玻璃与玻璃槽的配合尺寸；窗装饰表面的各种损伤）应符合要求。

（4）进入现场的铝合金门窗，必须有产品准用证和出厂合格证。

（5）建筑外窗的水密性、气密性、抗风压性能、保温性能、中空玻璃露点、玻璃遮阳系数和可见光透射比应符合设计要求。

（6）建筑外窗进入施工现场时，应按地区类别对其水密性、气密性、抗风压性能、保温性能、中空玻璃露点、玻璃遮阳系数和可见光透射比等性能进行复验，复检合格方可用于工程。

2. 施工过程质量检验

（1）安装前应按设计要求检查门窗洞口位置和尺寸，左右位置挂垂线控制，窗台标高通过 50 线控制，合格后方可进行安装。

（2）金属门窗安装应采用预留洞口的施工方法（即后塞口的施工方法），不得采用边安装边砌口或先安装后砌口的施工方法。

（3）门窗安装就位后应暂时用木楔固定，定位木楔应设置于门窗四角或框梃端部，否则易产生变形。

（4）铝合金门窗装入洞口应横平竖直，外框与洞口应弹性连接牢固，不得将门窗外框直接埋入墙体。与混凝土墙体连接时，门窗框的连接件与墙体可用射钉或膨胀螺栓固定，与砖墙连接时，应预先在墙体埋设混凝土块，然后按上述办法处理。

（5）铝合金门窗的连接件应伸出铝框予以内外锚固，连接件应采用不锈钢或经防腐处理的金属件，其厚度不小于 1.5 mm，宽度不小于 25 mm，数量、位置应符合规范规定。

（6）铝合金门窗横向、竖向组合时，应采取套插，搭接形成曲面组合，搭接长度宜为 10 mm，并用密封胶密封。

（7）铝合金门窗框与墙体间隙塞填应按设计要求处理，如设计无要求时，应采用矿棉条或聚氨酯 PU 发泡剂等软质保温材料填塞，框四周缝隙须留 5 ~ 8 mm 深的槽口用密封胶密封。

（8）门窗附件安装，必须在地面、墙面和顶棚等抹灰完成后，并在安装玻璃之前进行，且应检查门窗扇质量，对附件安装有影响的应先校正，然后再安装。

（9）铝合金门窗玻璃安装时，要在门窗槽内放弹性垫块（如胶木等），不准玻璃与门窗直接接触。玻璃与门窗槽搭接数量应不少于 6 mm，玻璃与框槽间隙应用橡胶条或密封胶压牢或填满。

（10）铝合金门窗安装好后，应经喷淋试验，不得有渗漏现象。

（11）铝合金推拉窗顶部应设限位装置，其数量和间距应保证窗扇抬高或推拉时不脱轨。

（12）钢门窗及零附件质量必须符合设计要求和规范规定，安装的位置、开启方向必须符合设计要求。

（13）门窗地脚与预埋件宜采用焊接，如不采用焊接，应在安装完地脚后，用水泥砂浆或细石混凝土将洞口缝隙填实。

（14）钢门窗扇安装应关闭严密，开关灵活，无阻滞、回弹和倒翘。

（15）双层钢窗的安装间距应符合设计要求。

（16）钢门窗与墙体缝隙填嵌应饱满，表面平整；嵌套材料和方法符合设计要求。

3. 金属门窗安装工程施工质量检验

（1）金属门窗安装工程质量检验批及检验数量

金属门窗安装工程质量检验数量同木门窗安装工程。

（2）金属门窗安装工程质量检验标准与检验方法。

金属门窗安装工程质量检验标准与检查方法详见现行国家有关施工质量验收规范及相关标准。

6.1.4 门窗玻璃安装工程质量检验

1. 材料质量检验

（1）进场玻璃应提供玻璃质量证明文件。

（2）检查玻璃的品种、规格、尺寸、色彩、图案和涂膜朝向应符合设计要求。

（3）镶嵌用的镶嵌条、定位块和隔片、填色材料、密封条等的品种、规格、断面尺寸、颜色、物理及化学性能应符合设计要求。

2. 施工过程质量检验

（1）木门窗和钢门窗玻璃安装前，必须清理玻璃槽内的木屑、灰浆、尘土等杂物，使油灰与槽口黏结牢固。

（2）安装金属门窗玻璃时，应先检查金属门窗扇是否有相关证书，预留安钢丝卡的孔眼是否齐全、准确。

（3）金属门窗扇如有扭曲变形，安钢丝卡的孔眼如不符合要求，则应校正及补钻孔眼。

（4）玻璃安装应在门窗五金件安装后，涂刷最后一遍油漆前进行。

（5）油灰应具有塑性，嵌模时不断裂、不麻面，用于钢门窗玻璃的油灰应具有防锈性能。

（6）油灰抹完后，要用抹布将玻璃擦干净。

（7）铝合金和塑料门窗玻璃安装前，应将玻璃槽内的灰浆、尘土、垃圾等杂物清除干净，检查排水孔是否畅通。

（8）磨砂玻璃安装时，磨砂面应向内。

（9）带密封条的玻璃压条，其密封条必须与玻璃全部紧贴，压条与型材之间无明显缝隙，压条接缝应不大于 0.5 mm。

（10）检查密封胶条的转角处理是否符合要求。

3. 玻璃安装工程质量检验

（1）玻璃安装工程质量检验批及检验数量。

玻璃安装工程检验批及检查数量同木门窗工程。

（2）门窗玻璃安装工程质量检验标准与检验方法。

窗玻璃安装工程的质量检验标准与检验方法详见现行国家有关施工质量验收规范及相关标准。

6.2 抹灰工程

抹灰工程一般指一般抹灰、装饰抹灰、清水砌体勾缝等分项工程。

6.2.1 一般抹灰工程质量检验

1. 材料质量要求

（1）水泥宜采用强度等级不小于 32.5 的硅酸盐水泥、普通硅酸盐水泥；水泥进场应进行外观检查，检查品种、生产日期、生产批号、强度等级等；要注意检查水泥的质量证明文件（如出厂合格证、出厂检验报告），并按规定现场随机取样进行复检，试验合格后方可使用。进场水泥如遇水泥强度等级不明或出厂日期超过 3 个月及受潮变质等情况，应经试验鉴定，按试验结果确定使用与否。不同品种的水泥不得混合使用。

（2）抹灰用石灰，一般由块状石灰熟化成石灰膏后使用，熟化时应用筛孔孔径不大于 3 mm 的网筛过滤。石灰在池内熟化时间一般不少于 15 d；罩面用的磨细石灰粉的熟化时间不应少于 30 d。

（3）抹灰宜采用中砂（平均粒径为 0.35 ~ 0.5 mm）或粗砂（平均粒径不大于 0.5 mm）与中砂混合掺用，尽可能少用细砂（平均粒径为 0.25 ~ 0.35 mm），不宜使用特细砂（平均粒径小于 0.25 mm）。砂在使用前必须过筛，不得含有杂质，含泥量应符合标准规定。

（4）常用的建筑石膏的密度为 2.6 ~ 2.75 g/cm^3，堆积密度为 800 ~ 1 000 kg/m^3。石膏加水后凝结硬化速度很快，规范规定初凝时间不得少于 4 min，终凝时间不得超过 30 min。

2. 施工过程的质量控制

（1）一般抹灰应在基体或基层的质量检查合格后才能进行。

（2）正式抹灰前，应按施工方案（或安全技术交底）及设计要求抹出样板间，待有关方检验合格后，方可正式进行。

（3）检查抹灰前基层表面的尘土、污垢、油渍等是否清除干净，砌块、混凝土缺陷部位应先期进行处理，并应洒水润湿基层。

（4）抹灰前，应纵横拉通线，用与抹灰层相同的砂浆设置标志或表筋。

（5）检查抹灰层厚度，要求当抹灰厚度大于或等于 35 mm 时，应采取加强措施。不同材料基体交接处表面的抹灰，应采取防止开裂的加强措施；当采用加强网时，加强网与各基体的搭接宽度不应小于 100 mm。

（6）检查普通抹灰表面是否光滑、洁净，接槎是否平整，分割缝是否清晰；高级抹灰表面应光滑、洁净、颜色均匀、无抹纹，分割缝和灰线应清晰美观。

（7）检查护角、孔洞、槽、盒周围的抹灰表面是否整齐、光滑，管道后面的抹灰表面是否平整。

（8）检查抹灰层的总厚度，要求总厚度应符合设计要求。水泥砂浆不得抹在石灰砂浆层上；罩面石膏灰不得抹在水泥砂浆层上。

（9）室内墙面、柱面和门窗洞口的阳角做法应符合设计要求，当设计无要求时应采用 1∶2 的水泥砂浆做暗护角，其高度不低于 2 m，宽度不小于 50 mm。

（10）外墙窗台、窗眉、雨篷、压顶和突出腰线等，上面应做出排水坡度，下面应抹滴水线或做滴水槽，滴水槽的深和宽均不小于 10 mm。

3. 一般抹灰工程施工质量检验

（1）一般抹灰工程质量检验批与检验数量。

相同材料、相同工艺和施工条件的室外抹灰工程每 500 ~ 1 000 m^2 应划分为一个检验批，不足 500 m^2 也应划分为一个检验批；相同材料、相同工艺和施工条件的室内抹灰工程每 50 个自然间（大面积房间和走廊按抹灰面积 30 m^2 为一间）应划分为一个检验批，不足 50 间也应划分为一个检验批；室内每个检验批应至少抽查总数的 10%，且不得少于 3 间，不足 3 间时应全数检查；室外每个检验批内每 100 m^2 应至少抽查 1 处，且每处不得小于 10 m^2。

（2）一般抹灰工程质量检验方法与标准详见现行国家有关施工质量验收规范及相关标准。

6.2.2 装饰抹灰工程质量检验

1. 材料质量要求

（1）水泥、砂质量控制要点同上相应要点。

（2）应控制骨料质量，其质量要求是颗粒坚韧、有棱角、洁净且不得含有风化的石粒，使用时应冲洗干净并晾干。

（3）应控制彩色瓷粒质量，其粒径为 1.2 ~ 3 mm，且应具有大气稳定性好、表面瓷粒均匀等。

（4）装饰砂浆中的颜料，应采用耐碱和耐晒（光）的矿物颜料，常用的有氧化铁黄、铬黄、氧化铁红、群青、钴蓝、铬绿、氧化铁棕、氧化铁黑、钛白粉等。

（5）建筑胶粘剂应选择无醛胶粘剂，产品性能参照《水溶性聚乙烯醇建筑胶粘剂》（J C/T 438—2006）的要求，游离甲醛含量≤0.1 g/kg，其他有害物质限量符合《室内装饰装修材料胶粘剂中有害物质限量》（GB 18583—2008）的要求。当选择聚乙烯醇缩甲醛类胶粘剂时，不得用于医院、老年建筑、幼儿园、学校教室等民用建筑的室内装饰装修工程。

2. 施工过程的质量控制

（1）一般抹灰应在基体或基层的质量检查合格后才能进行。基层必须清理干净。

（2）正式抹灰前，应按施工方案（或安全技术交底）及设计要求抹出样板间，待有关方检验合格后，方可正式进行。

（3）装饰抹灰应做在已硬化、粗糙而平整的中层砂浆面上，涂抹前应洒水湿润。

（4）装饰抹灰的施工缝，应留在分格缝、墙面阴角、水落管背后或独立装饰组成部分的边缘处。每个分块必须连续作业，不显接槎。

（5）喷涂、弹涂等工艺不能在雨天进行；干粘石等工艺在大风天气不宜施工。

（6）装饰抹灰的周围墙面，窗洞口等部位，应采取遮挡措施，以防污染。

（7）检查装饰抹灰工程的表面质量。

3. 装饰抹灰工程质量检验

（1）装饰抹灰工程质量检验批与检验数量。

标准装饰抹灰工程质量检验数量同一般抹灰工程。

（2）装饰抹灰工程质量检验标准与检验方法。

装饰抹灰工程质量检验标准与检验方法详见现行国家有关施工质量验收规范及相关标准。

6.3 饰面工程质量检验

6.3.1 饰面板安装工程质量检验

1. 材料质量要求

（1）饰面板的品种、规格、质量、花纹、颜色和性能应符合设计要求，木龙骨、木饰面、塑料饰面板的燃烧性能等级应符合设计要求，进场产品应有合格证书和性能检测报告，并应做进场验收记录。

（2）天然石饰面板主要有天然大理石饰面板、花岗石饰面板、青石板等。其质量要求规定如下：大理石质地较密实，表观密度为 2 500 ~ 2 600 kg/m^3，抗压强度为 70 ~ 150 MPa，磨光打蜡后表面光滑，但大理石易风化和溶蚀，表面会失去光泽，所以不宜用于室外，大理石应石质细密、无腐蚀斑点、光洁度高、棱角齐全、色泽美观、底面整齐；花岗石属坚硬石材，表观密度为 2 600 kg/m^3，抗压强度为 120 ~ 250 MPa，空隙率与吸水率较小、耐风化、耐冻性强，但耐火性不好，颜色一般为淡灰、淡红或微黄；青石板材质软、易风化，使用规格多为

30 ~ 50 cm 不等的矩形块，常用于园林建筑的墙柱面及勒脚等饰面。

（3）人造石饰面板主要有预制水磨石饰面板、预制水刷石饰面板、人造大理石饰面板、金属饰面板、瓷板饰面板等。其质量要求规定如下：预制水磨石饰面板要求表面平整光滑石子显露均匀无磨纹、色泽鲜明、棱角齐全、底面整齐；预制水刷石饰面板要求石粒均匀紧密、表面平整、色泽均匀、棱角齐全、底面整齐；人造大理石饰面板可分为水泥型、树脂型、复合型、烧结型四类，质量要求同大理石，不宜用于室外装饰。常用的金属饰面板有铝合金饰面板、不锈钢饰面板、彩色涂层钢板（烤漆钢板）、复合钢板等，金属饰面板表面应平整、光滑、无裂缝和皱褶、颜色一致、边角整齐、涂膜厚度均匀；瓷板饰面板材料应符合现行国家标准的有关规定，并应有出厂合格证，其材料应具有不燃烧性或难燃烧性及耐候性等特点。

（4）工程中所用龙骨的品种、规格、尺寸、形状应符合设计规定。当墙体采用普通型钢时，应做除锈、防锈处理。木龙骨要干燥、纹理顺直、没有节疤。

（5）木龙骨、木饰面板、塑料饰面板的燃烧性能等级应符合设计要求。

（6）镀锌膨胀螺栓的规格及拉拔试验应符合设计要求。

（7）硅胶的品种、规格、颜色等应符合设计要求，并具有出厂合格证和复检报告。

（8）安装饰面板所用的铁制锚固件、连接件，应经镀锌或防锈处理；镜面和光面的大理石、花岗石饰面板，应采用铜或不锈钢的连接件。

（9）安装装饰板所用的水泥，其体积安定性必须合格，其初凝时间不得少于 45 min，终凝时间不得超过 12 h。砂则要求颗粒坚硬、洁净，且含泥量不得大于 3%（质量分数）。石灰膏不得含有未熟化的颗粒。施工所采用的其他胶结材料的品种、掺合比例应符合设计要求。

（10）室内采用的花岗石应进行放射性检测。

2. 施工过程的质量检验

（1）饰面板安装工程应在主体结构、穿过墙体的所有管道、线路等施工完毕并经验收合格后进行。

（2）瓷板安装前应对基层进行验收，对影响主体安全性、适用性及饰面板安装的基层质量缺陷给予修补。

（3）饰面板安装工程安装前，应编制施工方案和进行安全技术交底，并监督其有效实施。

（4）石材饰面板安装前，应按品种、规格和颜色进行分类选配，并将其侧面和背面清扫干净，修边打眼，每块板上的上下打眼数量不少于 2 个，并用防锈金属丝穿入孔内以做系固之用。

（5）饰面板的安装顺序宜由下往上进行，避免交叉作业。

（6）饰面板挂件的规格、位置、数量及其安装质量应满足设计及相关规程的规定。

（7）石材饰面板安装时，缝宽用木楔调整，并确保外表面平整垂直及板的上沿平顺。

（8）室内安装天然石光面和镜面的饰面板，接缝应干接，接缝处宜用与饰面板相同颜色的水泥擦缝；室外安装天然石光面和镜面的饰面板，板缝可干接或用水泥细砂浆勾缝，干接缝应用与饰面板相同颜色的水泥浆擦缝。安装天然石粗磨面、麻面、条纹面、天然面饰面板的接缝和勾缝应用水泥砂浆，接缝要填塞密实无“瞎”缝。

（9）安装人造石饰面板，接缝宜用与饰面板相同颜色的水泥浆或水泥砂浆抹勾严实。

（10）饰面板完工后，表面应清洗干净。光面和镜面饰面板经清洗晾干后，方可打蜡擦亮。

（11）冬期施工应采取相应措施保护砂浆，以免受冻。

3. 饰面板安装工程施工质量检验标准

（1）饰面板安装工程质量检验批与检验数量。

饰面板安装工程同一般抹灰工程。

（2）饰面板安装工程质量检验标准与检验方法。

饰面板安装工程质量检验标准与检验方法详见现行国家有关施工质量验收规范及相关标准。

6.3.2 饰面砖粘贴工程检验

1. 材料质量要求

（1）釉面瓷砖要求尺寸一致，颜色均匀，无缺釉、脱釉现象，无凸凹扭曲和裂纹、夹心等缺陷，边缘和棱角整齐，吸水率不大于 1.8%，常用于厕所、浴室、厨房、游泳池等场所。

（2）饰面砖的品种、规格、图案、颜色和性能应符合设计要求。进场后应派人进行挑选，并分类堆放备用。使用前，应在清水中浸泡 2 h 以上，晾干后方可使用。

（3）陶瓷锦砖要求规格颜色一致，无受潮变色现象，拼接在纸板上的图案应符合设计要求，纸板完整，颗粒齐全，无缺棱掉角及碎粒，常用于室内外墙面及室内地面。

（4）水泥、石灰、砂和纸筋同一般抹灰。

2. 施工过程的质量检验

（1）饰面砖粘贴工程应在主体结构、穿过墙体的所有管道、线路等施工完毕并经验收合格后进行。

（2）饰面砖粘贴前，应编制施工方案和进行安全技术交底，并监督其有效实施。

（3）饰面砖粘贴前，应对基层进行验收，对于不满足要求的基层必须进行处理。当基体的抗拉强度小于外墙面砖粘贴强度时，必须进行加固处理，加固后应对粘贴样板进行强度检测；对于加气混凝土砌块、轻质砌块、轻质墙板等基体，若采用外墙面饰面砖作贴面装饰时，必须有可靠的粘贴质量保证措施，否则，不宜采用外墙面砖饰面；对于混凝土基体表面，应采用聚合物砂浆或其他界面处理剂做结合层。

（4）饰面砖粘贴应预排，以便拼缝均匀，同一墙面上的横竖排列，不得有一项以上的非整砖。非整砖应排在次要部位或阴角处。

（5）粘贴饰面砖横竖须按弹线标志进行。表面应平整，不显接槎，接缝平直，宽度一致；基层表面如有管线、灯具、卫生设备等突出物，周围的砖应用整砖套割吻合，不得用非整砖拼凑镶砖。

（6）粘贴室内面砖时一般由下往上逐层粘贴，从阳角起贴，先贴大面，后贴阴阳角及凹槽等难度较大的部位。

（7）每皮砖上口平齐划一，竖缝应单边按墙上控制线齐直，砖缝应横平竖直。

（8）粘贴室内面砖时，如设计无要求，接缝宽度为 1 ~ 1.5 mm；墙裙、浴盆、水池等处和阴阳角处应使用配件砖；粘贴室内面砖的房间，阴阳角须找方，要防止地面沿墙边出现宽窄不一现象。

（9）粘贴室外面砖时，水平缝用嵌缝条控制，使用前木条应先捆扎后用水浸泡，施工中每次重复使用木条前都要及时清除余灰，以保证缝格均匀；粘贴室外面砖的竖缝用竖向弹线控制，其弹线密度可根据操作工人水平确定，可每块弹，也可 5～10 块弹一垂线，操作时，面砖下面坐在嵌条上，一边与弹线水平。然后依次向上粘贴。

（10）饰面板（砖）工程的防震缝、伸缩缝、沉降缝等部位的处理应保证缝的使用功能和饰面的完整性。

3. 饰面砖粘贴工程质量检验

（1）饰面砖粘贴工程质量检验批与检验数量。

饰面砖粘贴工程质量检验数量同一般抹灰工程。

（2）饰面砖粘贴工程质量检验标准和检验方法。

饰面砖粘贴工程质量检验标准和检验方法详见现行国家有关施工质量验收规范及相关标准。

6.3.3 涂饰工程质量检验

1. 材料质量检验

（1）腻子：材料进入现场应有产品合格证、性能检验报告、出厂质量保证书、进场验收记录，水泥、胶粘剂的质量应按有关规定进行复试，严禁使用安定性不合格的水泥，严禁使用黏结强度不达标的胶粘剂。普通硅酸盐水泥强度等级不得低于 32.5。超过 90 d 的水泥应进行复检，复检不达标的不得使用。

配套使用的腻子和封底材料必须与选用饰面涂料性能相适应，内墙腻子的主要技术指标应符合现行行业标准《建筑室内用腻子》（JG/T 298—2010）的规定，外墙腻子的强度应符合现行国家标准《复层建筑涂料》（GB/T 9779—2015）的规定，且不易开裂。建筑室内用胶粘剂材料必须符合《民用建筑工程室内环境污染控制规范》（GB 50325—20010）的有关要求。

（2）涂料：涂料类型的选用应符合设计要求。检查材料的产品合格证、性能检测报告及进场验收记录。进场涂料按有关规定进行复试，并经试验鉴定合格后方可使用。超过出厂保质期的涂料应进行复验，复验达不到质量标准不得使用。

室内用水性涂料、溶剂型涂料必须符合《民用建筑工程室内环境污染控制规范》（GB 50325—2010）的有关要求。

2. 施工过程质量检验控制

（1）检查基层是否牢固，基层应不开裂、不掉粉、不起砂、不空鼓、无剥离、无石灰爆裂点和无附着力不良的旧涂层等。

（2）检查基层的表面平整度、立面垂直度、阴阳角垂直、方正和有无缺棱掉角现象，检查分格缝深浅是否一致且横平竖直。基层允许偏差应符合技术规范的要求且表面应平而不光。

3. 施工过程质量检验控制

（1）检查基层是否牢固，基层应不开裂、不掉粉、不起砂、不空鼓、无剥离、无石灰爆裂点和无附着力不良的旧涂层等。

（2）检查基层的表面平整度、立面垂直度、阴阳角垂直、方正和有无缺棱掉角现象，检查分格缝深浅是否一致且横平竖直。基层允许偏差应符合现行国家有关施工质量验收规范及相关标准的要求且表面应平而不光。

6.4 楼地面工程质量检验

6.4.1 基层工程质量检验

1. 材料质量要求

（1）基土严禁采用淤泥、腐殖土、冻土、耕植土、膨胀土和含有 8%（质量分数）以上有机物质的土作为填土。

（2）填土应保持最优含水率，重要工程或大面积填土前，应取土样按击实试验确定最优含水率与相应的最大干密度。

（3）灰土垫层应采用熟化石灰粉与黏土（含粉质黏土、粉土）的拌合料铺设，其厚度不应小于 100 mm。灰土体积比应符合设计要求。

（4）碎石或卵石的粒径不应大于其厚度的 2/3，含泥量不应大于 2%。

（5）砂为中粗砂，其含泥量不应大于 3%水泥砂浆体积比或水泥混凝土强度等级应符合设计要求，且水泥砂浆体积比不应小于 1∶3（或相应的强度等级）；水泥混凝土强度等级不应小于 C15。

（6）找平层应采用水泥砂浆或水泥混凝土铺设，并应符合设计规定。隔离层的材料，其材质应经有资质的检测单位认定。

（7）当采用掺有防水剂的水泥类找平层作为防水隔离层时，其掺量和强度等级（或配合比）应符合设计要求。

（8）填充层应按设计要求选用材料，其密度和导热系数应符合国家有关产品标准的规定。

2. 施工过程的质量控制

（1）施工前，应检查垫层下土层，对于软弱土层应按设计要求进行处理。

（2）基层铺设前，应检查其下一层表面是否干净、有无积水。

（3）填方施工，每层填筑厚度及压实遍数应根据土质、压实程度要求及所选用的压实机具确定。

（4）施工时，应检查在垫层、找平层内埋设暗管时，管道是否按设计要求予以稳固。待隐蔽工程完工后，经验收合格方可进行垫层的施工。

（5）对填方材料应按设计要求验收合格后方可填入。

（6）建筑地面工程基层（各构造层）的铺设，应待下一层检验合格后方可进行上一层施工。基层施工要注意与相关专业（如管线安装专业）的相互配合与交接检验。

（7）施工时，应随时检查基层的标高、坡度、厚度等是否符合设计要求，基层表面是否平整、是否符合规定。

（8）灰土垫层应铺设在不受地下水浸泡的基土上，施工后应有防止水浸泡的措施。

（9）施工时，应检查对有防水要求的建筑地面工程在铺设前是否对立管、套管和地面与楼板的节点之间进行了密封处理，排水坡度是否符合设计要求。

（10）施工时，应检查在水泥类找平层上铺设沥青类防水卷材、防水涂料或以水泥类材料作为防水隔离层时，其表面是否坚固、洁净、干燥，且在铺设前是否涂刷了基层处理剂，基层处理剂是否采用了与卷材性能配套的材料或采用了同类涂料的底子油。

（11）施工时，应检查铺设防水隔离层时，在管道穿过楼板面四周防水材料是否向上铺涂，且超过套管的上口；在靠近墙面处，是否高出面层 200 ~ 300 mm 或按设计要求的高度铺涂，阴阳角和管道穿过楼板面的根部是否增设了附加防水隔离层。

（12）施工时，检查填充层的下一层表面是否平整。当为水泥类时，是否洁净、干燥，并不得有空鼓、裂缝和起砂等缺陷。

3. 基层工程施工质量检验

（1）基层工程质量检验的检验批与检验数量。

基层（各构造层）和各类面层的分项工程的施工质量验收应按每一层次或每层施工段（或变形缝）作为一个检验批，高层建筑的标准层可按每三层（不足三层按三层计）作为一个检验批。每个检验批应以各子分部工程的基层（各构造层）和各类面层所划分的分项工程按自然间（或标准间）检验，随机检验抽查数量不应少于 3 间，不足 3 间应全数检查；走廊（过道）应以 10 延长米为 1 间，工业厂房（按单跨计）、礼堂、门厅应以两个轴线为 1 间计算；有防水要求的建筑地面子分部工程的分项工程，每个检验批的抽查数量应按其房间总数随机抽查，且不应少于 4 间，不足 4 间应全数检查。

（2）基层工程质量检验标准与检验方法。

基层工程质量检验标准与检验方法详见现行国家有关施工质量验收规范及相关标准。

6.4.2 厕浴间（隔离层）工程质量检验

1. 材料质量要求

（1）隔离层的材料，应符合设计要求。其材质应经有资质的检测单位认定，从源头上进行材质控制。

（2）基层涂刷的处理剂应与隔离层材料（卷材、防水涂料）具有相容性。

2. 施工过程的质量检验

（1）在水泥类找平层上铺设沥青类防水卷材，防水涂料或以水泥类材料作为防水隔离层时，基层表面应坚固、清洁、干燥。铺设前，应涂刷基层处理剂，基层处理剂应采用与卷材性能配套的材料或采用同类涂料的底子油。

（2）水泥类材料作隔离层的施工要点。采用刚性隔离层时，应采用硅酸盐水泥或普通硅酸盐水泥，水泥强度等级不应低于 32.5 级。当掺用防水剂时，其掺量和强度等级（或配合比）应符合设计要求。

（3）铺设隔离层时，在管道穿过楼面四周，防水材料应向上铺涂，并超过套管上口；在靠近墙面处，应高出面层 200～300 mm，或按设计要求的高度铺涂。阴阳角和管道穿过楼面的根部应增加铺涂附加水隔离层。

（4）铺设隔离层时，在厕浴间门洞口、铺底管道的穿墙口处的隔离层应连续铺设过洞口。

（5）铺设隔离层时，应注意控制穿过楼面管道背后等施工困难处的涂铺质量。

（6）隔离层的铺设层数、涂铺遍数即涂铺厚度应满足设计要求。

（7）涂刷隔离层时要涂刷均匀，不得有堆积、露底等现象。

（8）防水材料铺设后，必须做蓄水检验。蓄水深度应为 20～30 mm，24 h 内无渗漏为合格，并做记录。

（9）隔离层铺设后，应做好成品的保护工作，防止隔离层破坏。

（10）进行厕浴间地面垫层施工时，应采取防止隔离层损坏的措施。

（11）隔离层施工质量检验应符合《屋面工程质量验收规范》（GB 50207—2012）的有关规定。

3. 厕浴间（隔离层）工程质量检验

（1）厕浴间（隔离层）工程质量检验数量。

基层（各构造层）和各类面层的分项工程的施工质量验收应按每一层次或每层施工段（或变形缝）作为检验批，高层建筑的标准层可按每三层作为检验批。每检验批应以各个分部工程的基层（各构造层）和各类面层所划分的分项工程按自然间（或标准层）检验，抽查数量应随机检验不应少于 3 间，不足 3 间应全数检查，其中走廊（过道）应以 10 延长米为 1 间，工业厂房、礼堂、门厅应以两个轴线为 1 间计算；有防水要求的建筑地面分部工程的分项工程施工质量每检验批抽查数量应按其房间总数随机检验，不应少于 4 间，不足 4 间应全数检查。

（2）厕浴间（隔离层）工程质量检验标准和检验方法。

厕浴间（隔离层）工程质量检验标准和检验方法详见现行国家有关施工质量验收规范及相关标准。

6.4.3 整体楼地面工程质量检验

1. 材料质量要求

（1）整体楼地面面层材料应有出厂合格证、样品试验报告以及材料性能检测报告。

（2）整体楼地面面层材料的出厂时间应符合要求。

（3）应控制水泥品种与质量，面层中采用的水泥应为硅酸盐水泥、普通硅酸盐水泥，其强度等级不应小于 32.5，不同品种、不同强度等级的水泥严禁混用；砂应为中粗砂，当采用石屑时，其粒径应为 1 ~ 5 mm，且含泥量不应大于 3%（质量分数）。

（4）要检查水泥混凝土采用的粗骨料，其最大粒径不应大于面层厚度的 2/3，细石混凝土面采用的石子粒径不应大于 15 mm。

（5）应严格控制各类整体面层的配合比。

2. 施工过程的质量检验

（1）楼面、地面施工前应先在房间的墙上弹出标高控制线（50 线）。

（2）基层应清理干净，表面应粗糙、湿润但不得有积水。

（3）水泥砂浆面层的抹平工作应在初凝前完成，压光工作应在终凝前完成。地面压光后 24 h 铺锯末洒水养护，保持湿润，且养护不得少于 7 d；抗压强度达到 5 MPa 后，方准上人行走；抗压强度应达到设计要求后，方可正常使用。

（4）当水泥砂浆面层内埋设管线等出现局部厚度减薄时，应按设计要求做防止面层开裂处理后方可施工。

（5）当采用掺有水泥的拌合料做踢脚时，严禁用石灰砂浆打底。踢脚线出墙厚度一致，高度应符合设计要求，上口应用铁板压光。

（6）细石混凝土必须搅拌均匀，铺设时按标筋厚度刮平，随后用平板式振动器振捣密实。待稍收水，即用铁抹子预压一遍，使之平整，不显露石子；或是用铁滚筒往复交叉滚压 3 ~ 5 遍，低凹处用混凝土填补，滚压至表面泛浆，如泛出的浆水呈细花纹状，表明已滚压密实，即可进行压光，抹平压光时不得在表面撒干水泥或水泥浆。

（7）水泥混凝土面层原则上是不应留置施工缝。当施工间歇超过允许时间规定，在继续浇筑混凝土时，应对已凝结的混凝土接槎处进行处理；再浇筑混凝应不显接槎。

（8）养护和成品保护：细石混凝土面层铺设后 1 d 内，可用锯末、草带、砂或其他材料覆盖，在常温下洒水养护。养护期不少于 7 d，且禁止上人走动或进行其他作业。

3. 整体楼地面工程施工质量检验

（1）整体楼地面工程质量检验批与检验数量。

整体楼地面工程质量检验数量与检验批同基层工程。

（2）整体楼地面工程质量检验标准与检验方法。

整体楼地面工程质量检验标准与检验方法详见现行国家有关施工质量验收规范及相关标准。

6.4.4 板块楼地面工程质量检验

1. 材料质量要求

（1）板块的品种、规格、花纹图案以及质量必须符合设计要求，必须有材质合格证明文件及检测报告。检查中应注意大理石、花岗岩等天然石材有害杂质的限量报告，必须符合现行国家相关标准规定。

（2）胶粘剂、沥青胶结材料和涂料等材料应按设计选用，并应符合现行国家标准的规定。

（3）砖面层的表面应洁净、图案清晰、色泽一致、接缝平整、深浅一致、周边顺直。板块无裂纹、掉角和缺棱等缺陷。

（4）配制水泥砂浆时应采用硅酸盐水泥、普通硅酸盐水泥或矿渣硅酸盐水泥，其水泥强度等级不宜小于32.5。

2. 施工过程的质量检验

（1）施工前应检查地面垫层、预埋管线等是否全部完工，并已办完隐蔽工程验收手续。

（2）施工前应在室内墙面弹出标高控制线（50线），以控制标高。

（3）穿越楼板管道的洞口要用C20混凝土填塞密实；有防水构造层的蓄水试验合格，并已办理完验收手续。

（4）基层已经清理，并达到粗糙、洁净和潮湿的要求；地漏和排水口已预先封堵。

（5）水泥类基层的抗压强度等级，达到铺设板块面层时不得低于1.5 MPa的要求。

（6）板块地面的水泥类找平层，宜用干硬性水泥砂浆，且不能过稀和过厚，否则易引起地面空鼓。

（7）有地漏等带有坡度的面层，其表面坡度应符合设计要求。

（8）检查板块的铺砌是否符合设计要求，当设计无要求时，宜避免出现小于1/4板块面积的边角料。

（9）水泥砂浆铺设的板块地面铺设完毕，应予以覆盖并浇水养护不少于7 d。

3. 板块楼地面工程施工质量检验标准

（1）板块楼地面工程质量检验数量。

板块楼地面工程质量检验数量同基层工程。

（2）板块楼地面工程质量检验标准与检验方法。

板块楼地面工程质量检验标准与检验方法详见现行国家有关施工质量验收规范及相关标准。

6.5 建筑节能工程质量检验

6.5.1 建筑节能质量检验

1. 原材料质量要求

（1）建筑节能工程使用的材料、设备等，必须符合设计要求及国家有关标准规定，严禁使用国家明令禁止使用与淘汰的材料的设备。

（2）建筑节能材料和设备的进场验收的规定。

① 对材料和设备的品种、规格、包装、外观和尺寸等进行检查验收，并应经监理工程师（建设单位代表）确认，形成相应的验收记录。

② 对材料和设备的质量证明文件进行核查，并应经监理工程师（建设单位代表）确认，纳入工程技术档案。进入施工现场用于节能工程的材料和设备均应具有出厂合格证、中文说

明书及相关性能检测报告；定型产品和成套技术应有型式检验报告，进口材料和设备应规定进行出入境商品检验。

③ 材料和设备应按照《建筑节能工程施工质量验收规范》（GB 50411—2007）附录 A 及各章的规定，在施工现场抽样复验。复验应为见证取样送检。

（3）进场节能保温材料与构配件的外观和包装应完整无损，符合设计要求和产品标准的规定。

（4）墙体节能工程使用的保温隔热材料，其导热系数、密度、抗压强度或压缩强度、燃烧性能等应符合设计要求。

（5）严寒和寒冷地区外保温使用的黏结材料，其冻融试验结果应符合该地区最低气温环境的使用要求。

（6）建筑节能材料应满足燃烧性能要求。耐火性能是建筑工程最重要的性能之一，因此，建筑节能工程使用材料的燃烧性能等级和阻燃处理，应符合设计要求，同时符合现行国家标准，即《建筑内部装修设计防火规范》（GB 50222—2017）和((建筑设计防火规范》（GB 50016—2014）的规定，工程施工过程中要严格按设计规定选材和施工。

（7）建筑节能材料应满足有害杂质限量要求，不得对室外环境造成污染。建筑节能工程使用的材料与建筑装饰材料类似，容易造成污染。建筑节能工程使用的材料应符合国家现行有关标准对材料有害物质限量的规定，工程施工过程中要严格按设计规定选材和施工。

（8）现场配置保温材料的控制。现场配制的材料如保温浆料、聚合物砂浆等，应按设计要求或试验室给出的配合比配制。当未给出要求时，应按照施工方案和产品说明书配制。

（9）建筑节能材料使用时含水率的控制。节能保温材料在施工使用时的含水率应符合设计要求、工艺要求及施工技术方案要求。当无上述要求时，节能保温材料施工使用时的含水率不应大于正常施工环境下的自然含水率，否则应采取降低含水率的措施。

2. 施工技术与管理要求

（1）建筑节能工程关于图审及施工方案的要求。建筑节能工程应按照经审查合格的设计文件和经审查批准的施工方案。本条为强制性条文，施工执行时须特别重视。

（2）建筑节能工程的施工作业环境的要求。建筑节能工程的施工作业环境和条件，应满足相关标准和施工工艺的要求。节能保温材料不宜在雨雪天气中露天施工。

（3）建筑节能工程关于样板间（件）的要求。建筑节能工程施工前，对于采用相同建筑节能设计的房间（墙面）和构造做法，应按施工方案及安全技术交底的要求，在现场采用相同材料和工艺制作样板间或样板件，经有关各方确认后方可进行大面积施工。制作样板间（或样板件）的做法，是我国长期施工中总结出来的行之有效的方法，主要适用于重复采用同样建筑设计的房间和构件做法。节能工程施工也应当借鉴和采用。

（4）关于承担建筑节能工程的施工企业的资质要求。承担建筑节能工程的施工企业应具备相应的资质；施工现场应建立相应的质量管理体系、施工质量控制和检验制度，具有相应的施工技术标准。

（5）关于节能工程施工方案审批及安全技术交底的要求。建筑节能工程施工前，施工单位应编制建筑节能工程施工方案并经监理（建设）单位审查批准。施工单位应对从事建筑节能施工作业的人员进行技术交底和必要的实际操作培训。

（6）建筑节能工程采用的“四新”技术的规定。建筑节能工程采用的新技术、新设备、新材料、新工艺，应按照有关规定进行评审、鉴定及备案。施工前应对新的或首次采用的施工工艺进行评价，并制订专门的施工技术方案。

3. 墙体节能工程质量检验

墙体节能适用于采用板材、浆料、块材及预制复合墙板等墙体保温材料或构件的建筑墙体节能工程质量验收。

墙体节能工程应符合下列规定：

（1）主体结构完成后进行施工的墙体节能工程，应在基层质量验收合格后施工，施工过程中应及时进行质量检查、隐蔽工程验收和检验批验收，施工完成后应进行墙体节能分项工程验收。与主体结构同时施工的墙体节能工程，应与主体结构一同验收。

（2）墙体节能工程当采用外保温定型产品或成套技术时，其型式检验报告中应包括安全性和耐候性检验。

（3）墙体节能工程应对下列部位或内容进行隐蔽工程验收，并应有详细的文字记录和必要的图像资料：

① 保温层附着的基层及其表面处理；

② 保温板黏结或固定；

③ 锚固件；

④ 增强网铺设；

⑤ 墙体热桥部位处理；

⑥ 预置保温板或预制保温墙板的板缝及构造节点；

⑦ 现场喷涂或浇筑有机类保温材料的界面；

⑧ 被封闭的保温材料厚度；

⑨ 保温隔热砌块墙体。

（4）墙体节能工程的保温材料在施工过程中应采取防潮、防水等保护措施。

6.5.2 墙体节能工程质量检验

1. 施工过程质量检验

1）现浇混凝土模板内置保温板外墙外保温施工质量检验

（1）采用预制点焊网片做墙体主筋的，靠近保温板墙体横向钢筋应弯成 L 形，防止钢筋戳破保温板。

（2）内外墙钢筋绑扎经验收合格后，方可进行保温板安装。

（3）安装保温板前，在外墙钢筋外侧绑卡数量不少于 6 块分布均匀的砂浆垫块，不得使用塑料卡。

（4）保温板安装时，无网体系保温板表面应涂界面剂，板之间高低槽应用专用胶黏结，保温板应稳固，位置正确，接缝严密。

（5）保温板外侧低碳钢丝网片应按楼层层高断开，互不连接。

（6）浇筑混凝土前，保温板顶部必须采取遮挡措施，应安放保护套。

（7）支模、浇混凝土和拆模施工过程中，不得使保温板产生移位、变形或损坏。

（8）拆模时，穿墙套管拆除后，混凝土墙体部分孔洞应用干硬性砂浆捻塞，保温板部位孔洞应用保温材料填塞，其深度进入混凝土墙体不小于 50 mm。

2）外墙保温浆料施工质量控制

（1）保温浆料，界面砂浆及柔性腻子，严格按产品说明书或设计说明配置。

（2）保温浆料施工前墙面的垂直度和平整度应经检查，符合设计和验收规范的要求方可进行下道工序的施工。

（3）墙面的垂直度和平整度经检查合格后，保温浆料施工前，应先吊垂直线，弹控制线和贴饼。

（4）保温浆料应分层作业，每次抹灰厚度应控制在 20 mm 左右，每层施工间隔以 24 h 为宜，底层浆料抹在压实的基础上，可尽量加大抹灰厚度，厚度应抹至距保温标准贴饼差 1 cm 左右为宜。中层厚度要抹至与标准贴饼平齐。中层抹灰后，应用杠尺刮平，最后用铁抹抹压至与标准贴饼一致。中层砂浆抹完 4 ~ 6 h 后可进行保温浆料面层抹灰，保温浆料面层抹灰应以修补为主，对于凹陷处用稀浆料抹平，对于凸起处，将其刮平，最后再抹压墙面，使其平直度及垂直度满足规范要求。

（5）阴阳角方正的控制法。保温浆料中层抹灰后用标尺压住墙角保温浆料上下搓动，使墙角保温浆料基本达到垂直，然后用阴、阳角抹子压光。

（6）门窗洞处施工时，应先抹侧面和顶面，然后抹大面，窗台部分则应先抹大面然后再抹窗台。

（7）门窗滴水线在保温浆料施工完成后，应按设计要求在保温层上划线，再在保温层上用壁纸刀沿线开槽，用抗裂砂浆填凹槽，再将滴水槽压入凹槽。

3）保温层粘贴安装

（1）测设控制线。在基层测设基准线，并依基准线弹出水平和垂直控制线。

（2）按测设挂出控制线，根据板厚和黏结砂浆的厚度在墙面的阳角、阴角及其他必要处用钢丝挂垂直基准线，水平线用钢丝勾住垂直控制线，上下移动用以控制板的垂直度和平整度。

（3）涂抹胶粘剂。采用推点粘法施工时，在板边缘抹宽 50 mm、厚 10 mm 的胶粘剂，板上应留出 50 mm 宽的排气口，板中间按梅花形布点，形成间距不大于 200 mm、直径不大于 100 mm 的圆形黏结“灰饼”；胶结点黏结面积>0.3 倍板面积，板在阳角处要留马牙槎，伸出部分不涂胶粘剂。

（4）粘包边网格布。安装墙面上下左右边板（含门窗洞口、伸缩缝等处）时注意预包边网格布，布宽通常为板厚加 200 mm。

（5）粘板：按规定涂抹胶粘剂后，开始粘贴保温板。为增加挤塑板与胶粘的结合力，挤塑板应采用双面拉毛板。施工前，根据墙面的实际尺寸编制挤塑板的排板图，挤塑板应横向水平铺贴，保证连续结合。上下两排板须错缝 1/2 板长，严禁通缝出现，局部最小错口不得小于 200 mm。粘板时不允许采用上下、左右错动挤压的方式调整预粘板与已粘板的平整度，而应轻柔均匀压板面，用橡胶锤轻击橡胶板调整其平整度，防止由于上下、左右错动而导致胶粘剂溢进板与板间的缝隙内。挤塑板的黏结，应从细部节点及阴阳角部位开始向中间进行。门窗口部位的保温板不允许用碎板拼凑，须用整块板裁切出门窗四角及洞口形状。其他接缝距洞口四边应不小于 300 mm。保温板应挤紧、拼严，缝隙不得大于 2 mm，且板缝间不得有黏结砂浆，每粘完一块板，要及时清除四周挤出的黏结砂浆。板缝大于 2 mm 时，须用挤塑板条将缝填塞满，不得用砂浆或胶粘剂填塞，板间高差不应大于 1.5 mm，大于 1.5 mm 的部位，应在抹灰前用木锉、粗砂纸或砂轮打磨平整。

（6）安装锚固件：保温板安装 12 h 后，即可安装锚固件。要注意锚固件的数量、位置及入墙深度应符合设计要求。任何面积大于 0.1 m^2 的单板必须加锚固件，在阳角、孔洞边缘及门窗洞口四周，其水平和垂直方向 2 m 范围内锚固件应加密，其间距不大于 300 mm，固定件距阳角和洞口边缘不大于 40 mm。

（7）压贴翻包网格布：在设翻包网格布处的聚苯板边缘表面，点抹聚合物砂浆，将预贴的翻包网格布抽紧后粘贴平整，粘贴时注意与聚苯板侧边顺平。

4）抹抗裂砂浆

（1）挤塑板表面界面剂晾干后，进行面层抹面砂浆施工。用铁抹子将抹面抗裂砂浆均匀地抹在挤塑板上，厚度控制在 3 ~ 4 mm，在抹好的面上立即粘耐碱网格布，然后用铁抹子将其压入砂浆中，网格布之间搭接宽度为 100 mm，不得使网格布褶皱、空鼓、翻边。砂浆饱满度 100%。网格布压入程度可见暗漏网眼，但以边面看不到网格布为宜。

（2）阴阳角处，必须从两边墙身埋贴的网格布双向绕角互相搭接，各面搭接宽度不得小于 200 mm，阴阳角、门窗口角应用双层玻纤布包裹增强，包角网格布单边长度不应小于 120 mm。

（3）所有阳角部位，面层抗裂抹面砂浆均应做成尖角，不得做成圆弧。

（4）面层砂浆施工应在 24 h 内防止水淋，避免水淋冲刷造成返工。

2. 墙体节能工程施工质量检验

（1）墙体节能工程质量检验批与检验数量。

检验批：可根据与施工流程相一致且方便施工与验收的原则，由施工单位与监理（建设）单位共同商定。

检验数量：采用相同材料、工艺和施工做法的墙面，每 500 ~ 1 000 m^2 面积划分为一个检验批，不足 500 m^2 也为一个检验批。

（2）墙体节能工程质量检验标准与检验方法。

墙体节能工程质量检验标准与检验方法详见现行国家有关施工质量验收规范及相关标准。

7　图纸会审记录

图纸会审应由建设单位组织设计、监理和施工单位技术负责人及有关人员参加。设计单位对各专业问题进行交底，施工单位负责将设计交底内容按专业汇总、整理，形成图纸会审记录。图纸会审记录应由建设、设计、监理和施工单位的项目相关负责人签认，形成正式图纸会审记录。

施工单位整理汇总的图纸会审记录应一式五份，并应由建设单位、设计单位、监理单位、施工单位、城建档案馆各保存一份。图纸会审记录宜采用表 7-0-1 的格式。表中设计单位签字栏应为项目专业设计负责人的签字，建设单位、监理单位、施工单位签字栏应为项目技术负责人或相关专业负责人的签字。

表 7-0-1　图纸会审记录（C.2.4）

<table>
<tr><td rowspan="2">工程名称</td><td colspan="2" rowspan="2">××市××中学教学楼</td><td>编号</td><td colspan="2">00-00-C2-×××</td></tr>
<tr><td>日期</td><td colspan="2">××××年××月××日</td></tr>
<tr><td>设计单位</td><td colspan="2">×××建筑设计研究院</td><td>专业名称</td><td colspan="2">结构</td></tr>
<tr><td>地　点</td><td colspan="2">施工现场会议室</td><td>页数</td><td colspan="2">共 1 页，第 1 页</td></tr>
<tr><td>序　号</td><td>图　号</td><td>图纸问题</td><td colspan="3">答复意见</td></tr>
<tr><td>1</td><td>结施-1</td><td>地下室剪力墙、框架柱保护层厚度为多少</td><td colspan="3">剪力墙保护层外 25 mm，内 20 mm，框架柱外 35 mm，内 30 mm</td></tr>
<tr><td>2</td><td>结施-1</td><td>结构总说明中基础混凝土的强度等级为多少</td><td colspan="3">C20</td></tr>
<tr><td></td><td>…</td><td>…</td><td colspan="3">…</td></tr>
<tr><td rowspan="2">签字栏</td><td>建设单位</td><td>监理单位</td><td colspan="2">设计单位</td><td>施工单位</td></tr>
<tr><td>李××</td><td>张××</td><td colspan="2">王××</td><td>陈××</td></tr>
</table>

8 技术交底记录

技术交底是指工程开工前，由各级技术负责人将有关工程施工的各项技术要求逐级向下贯彻，直到班组作业层。技术交底可分为施工组织设计交底、专项施工方案技术交底、分项工程施工技术交底、“四新”（新材料、新产品、新技术、新工艺）技术交底和设计变更技术交底。

技术交底的主要内容有：施工方法、技术安全措施、规范要求、质量标准、设计变更等。对于重点工程、特殊工程、新设备、新工艺和新材料的技术要求，更需做详细的技术交底。

施工组织设计交底：重点及大型工程施工组织设计交底，施工单位应在开工前进行由施工企业技术负责人对项目主要管理人员进行交底。

专项施工方案技术交底：应由施工单位项目专业技术负责人根据专项施工方案在专项工程开工前对专业工长进行交底。

分部、分项工程施工技术交底：按分项工程分别进行。分项工程的项目划分，可根据实际情况增加或调整。分部、分项施工工艺技术交底应有专业工长对专业施工班组在分部、分项工程开工前进行。

“四新”技术交底：新材料、新产品、新技术、新工艺技术交底，应由企业技术负责人组织项目技术负责人及有关人员编制。

安全专项交底：由安全技术人员进行交底。

设计变更技术交底：项目技术负责人根据变更要求，结合具体施工步骤、措施及注意事项等对专业工长进行交底。

施工单位填写的技术交底记录为一式一份，并由施工单位自行保存见例 1 ~ 例 6。

例 1 质量控制技术交底记录（表 C.2.3）

建设单位名称	××市××中学	交底人	（签名）
工程项目名称	××市××中学教学楼	接受交底班组长	（签名）
施工单位名称	××工程公司	记录人	（签名）
交底执行标准名称及编号		交底内容摘要	
分部分项名称	钢筋成品保护措施	交底日期	××××年××月××日
交底内容： 1. 加工成型的钢筋应按规格品种堆放整齐。当用垫木垫起时，需安放足够的垫木，保证钢筋不被压弯变形。 2. 成型钢筋的运输保护。成型钢筋在装车及卸车的过程应注意保护，分类捆扎装车；当采用人工卸车时不能乱抛钢筋，造成变形。 3. 成型钢筋需堆放较长时间时，须注意防雨，防止钢筋锈蚀。 4. 由于采用逆作法施工，在往下输送钢筋时，不得采用人工抛掷，造成钢筋难以调整的变形，影响钢筋的绑扎的质量。 5. 浇灌混凝土时，混凝土输送管应用钢筋凳支起，拆管时不得乱抛管，应轻放。 6. 钢筋绑扎后，应尽快验收并浇筑混凝土，防止暴露时间过长，造成锈蚀或人为破坏。			

注 1：

① 执行标准名称及编号系指施工单位自行制定的企业标准（如施工操作工艺标准、工法等）的名称编号。

② 企业标准应有编制人、批准人、批准时间、执行时间、标准名称及编号。

③ 企业标准的质量水平不得低于国家施工质量验收规范的规定要求。

④ 施工单位当前如无企业标准，可暂选用国家有关部委、省市及其他企业公开发布的标准，但选用标准的质量水平不得低于国家现行施工质量验收的规定要求。

⑤ 交底内容摘要，只填写已交待执行标准中的章、节标题和补充内容概要。

注 2：

① 本交底应按施工段、楼层和不同检验批分别作交底。

② 应由本人签名。

③ 本表一式 2 份，工地、班组各一份。

例 2　质量控制技术交底记录（表 C.2.3）

建设单位名称	××市××中学	交底人	（签名）
工程项目名称	××市××中学教学楼	接受交底班组长	（签名）
施工单位名称	工程公司	记录人	（签名）
交底执行标准名称及编号		交底内容摘要	
分部分项名称	混凝土成品保护措施	交底日期	××××年××月××日

交底内容：

1. 浇灌混凝土时，应采取措施防止雨水直接滴落在混凝土面上，以防混凝土在凝固前产生凹坑麻面。

2. 已浇筑混凝土的顶管应在其强度达到或超过 1.2 MPa 后方可在其上面进行后续工作的施工。

3. 浇筑混凝土后应注意加强养护，有专人浇水，防止混凝土表面干裂。

4. 在浇筑过程中注意振动棒的振捣，避免造成移位，如有移位，应及时调整。

5. 模板及支架拆除时，混凝土应达到一定的强度。对于侧模，应在混凝土强度能保证其表面及棱角不因拆除模板而受损坏时方可拆除；对于底模，应在与结构同等条件下养护的试件达到设计强度标准值的 85%方可拆除。

6. 在拆除模板的过程中，如发现混凝土有影响结构安全的质量问题时，应暂停拆除，经处理后，方可继续拆除。

7. 模板使用前应刷脱模剂，防止拆模时造成对混凝土的损坏。

注 1：

① 执行标准名称及编号系指施工单位自行制定的企业标准（如施工操作工艺标准、工法等）的名称编号。

② 企业标准应有编制人、批准人、批准时间、执行时间、标准名称及编号。

③ 企业标准的质量水平不得低于国家施工质量验收规范的规定要求。

④ 施工单位当前如无企业标准，可暂选用国家有关部委、省市及其他企业公开发布的标准，但选用标准的质量水平不得低于国家现行施工质量验收的规定要求。

⑤ 交底内容摘要，只填写已交待执行标准中的章、节标题和补充内容概要。

注 2：

① 本交底应按施工段、楼层和不同检验批分别作交底。

② 应由本人签名。

③ 本表一式 2 份，工地、班组各一份。

例 3　质量控制技术交底记录（表 C.2.3）

建设单位名称	××市××中学	交底人	（签名）
工程项目名称	××市××中学教学楼	接受交底班组长	（签名）
施工单位名称	工程公司	记录人	（签名）
交底执行标准名称及编号		交底内容摘要	
分部分项名称	砌体工程	交底日期	××××年××月××日

交底内容：砌筑施工及质量检测标准方法

1. 砌筑方法：多孔砖砌体采用一顺一丁或梅花丁砌法；加气混凝土砌筑立面采用全顺形式。砌筑应上下错缝、内外搭砌（加气混凝土砌块搭接长度不宜小于砌块长度的 1/3）。以抽检数量：从检验批中的标准间中抽检 10%，且不应少于 3 间。检查方法：观察和用尺量检查。

2. 填充墙砌体灰缝应横平竖直，均匀一致。黏土砖砌体灰缝控制在 10 mm 左右（8～12 mm）；加气混凝土砌体水平及竖向灰缝分别控制在 15 mm 和 20 mm。黏土砖砌体水平缝及加气混凝土砌体水平、垂直缝，灰缝饱满度不少于 80%，黏土砖砌体垂直缝填满砂浆，不得有透明缝、瞎缝、假缝。抽检数量：从灰缝厚度检验批中的标准间中抽检 10%，且不应少于 3 间。灰缝饱满度抽检每步架不少于 3 处，且每处不少于 3 块。检查方法：灰缝厚度用尺量 5 皮块体高度和 2 m 砌体长度折算。灰缝饱满度检查采用百格网检查块体底面砂浆的黏结痕迹面积。

3. 砖撂底：黏土砖外墙第一层砖撂底时，根据弹好的门窗口位置线及构造柱的尺寸，认真核对窗间墙、垛尺寸，综合外墙面砖规格及窗套做法，决定长度是否符合排砖模数，如不符合模数时，可将门窗口的位置左右移动。七分头或丁砖排在窗口中间或其他不明显的部位。移动门窗口位置时，应注意暖卫立管及门窗开启时不受影响。另外，在排条砖时还要考虑在门窗口上边的砖墙合拢时也不出现破活。所以排砖时必须全盘考虑。前后檐墙排第一皮砖时，要考虑甩窗口后砌条砖，窗角上必须是七分头。加气混凝土砌块排砖应合理，同时定制部分异形规格，尽量减少现场切锯量，避免材料浪费。平面排块兼顾建筑开间、进深及门窗洞口以确定砌块主要规格和辅助规格。先排窗下墙，后排窗间墙，窗间墙不合模数时，在不影响使用功能的前提下，可调整门窗位置。立剖面排块根据轴线先排窗槛墙，然后排窗间墙至圈梁部位。离地面及圈过梁以上 1 000 mm 处、门窗洞口顶部加设钢筋砖带。

4. 砖：黏土砖要棱角整齐，无弯曲、裂纹，颜色均匀，规格一致。敲击时声音响亮、焙烧过火变色、变形的砖可用在不影响外观的墙上。加气混凝土砌块出釜停放时间不应小于 28 d，尽量避免砌块缺楞掉角，断裂、损坏较严重的砌块不能使用（但完整部分可按规范要求切锯成非标准块用于局部镶嵌部位），砌块上墙含水率控制在 15%～20%。

5. 盘角：砌砖前应先盘好角，每次盘角不要超过 5 层，新盘的大角，及时进行吊、靠。如有偏差及时修整。盘角时要仔细对照皮数杆的砖层和标高，水平缝均匀一致，大盘角盘好后再复查一次，平整和垂直完全符合要求后，再挂线砌墙。

6. 挂线：砌墙时，采用双面挂线，长墙几个人共使用一根通线，中间应设几个支点，小线要拉紧，每层砖都要穿线看平，使水平缝均匀一致，平直通顺；提高砌砖质量，兼顾砖墙两面平整，为下道工序控制抹灰厚度奠定基础。

7. 砌砖：砌砖采用一铲灰、一块砖、一挤揉的“三一”砌砖法。铺浆砌筑，铺浆长度不超过 750 mm。砌砖时，多孔砖孔洞应垂直于受压面；砖要放平，要“上跟线，下跟棱，左右相邻要对平”，水平缝均匀，砂浆饱满，竖向灰缝采用“加浆填实法”，以保证竖缝饱满，严禁用水冲浆灌缝。砌筑砂浆稠度控制在 60～80 mm，要随搅拌随使用，一般水泥砂浆必须在 3 h 内使用完，混合砂浆必须在 4 h 内用完，超过上述时间，不得使用；对出现泌水现象的砂浆，砌筑前进行二次拌和。

8. 留槎：砌体竖向施工缝一般留在构造柱处。一般情况下，砖墙上不留直槎；如果不能留斜槎时，可留直槎，但必须砌成凸槎，并应加设拉结筋。拉结筋的数量为每 240 mm 墙设 2 ϕ6@ 500 mm。其埋入长度从墙的留槎处算起，每边不小于 1 000 mm（门窗洞口根据实际尺寸留设），末端加弯钩。

续表

建设单位名称	××市××中学	交底人	（签名）
工程项目名称	××市××中学教学楼	接受交底班组长	（签名）
施工单位名称	工程公司	记录人	（签名）
交底执行标准名称及编号		交底内容摘要	
分部分项名称	砌体工程	交底日期	××××年××月××日

9. 预埋：黏土砖砌体门窗洞口镶砌实心砖。加气混凝土砌体门窗洞口：重型门（防火、安全门）两侧墙每隔一皮砌块，现浇（或预制）C20 混凝土（长度 300 mm，宽度同墙厚，高度同块高）；铝合金门窗两侧墙每隔一皮砌块打孔，预埋加气混凝土专用尼龙锚栓。

10. 凿槽打洞、管线预埋及修补：已砌多孔砖墙体上不得凿槽打洞；不应在墙面上留（凿）水平槽、斜槽和埋设水平、斜暗管，无法避免时居中埋设于混凝土构件中；竖管宜暗埋，预留槽的深度、宽度不宜大于 95 mm×95 mm。安装完毕并经验收后，采用细石混凝土或 M10.0 水泥砂浆填塞。宽度小于 500 mm 的承重小墙段及壁柱内不应埋设竖向管线。加气混凝土砌体上开槽应在砌体砌筑 14 d 后采用电动工具或专业工具切槽，严禁用砌刀、锤凿进行砍、凿，开槽深度应小于墙厚的 1/4。安装完毕并经验收后，采用 1∶2 水泥砂浆填满压实，并加贴网格布（每边盖过槽口边缘 100 mm）。门窗框与墙体间的缝隙，采用 PU 发泡剂进行填塞。并切割成深 5～8 mm 的槽后，内外用砂浆填补密实，待砂浆达到强度后用建筑密封胶封口。

11. 多孔砖和加气混凝土砌体底部加砌三皮实心黏土砖（200 mm 高）或加设混凝土坎，以找平基层，调整灰缝，使砌体受力均匀，并且防止加气混凝土砌体墙脚发霉，不利于粉刷。加气混凝土砌体和多孔砖不应与其他砌块混砌（符合规范要求因构造要求的墙底部、顶部、局部门窗洞口等特殊部位可酌情采用其他块材补砌）。抽检数量：检验批中抽检 20%，且不应少于 5 处。检查方法：外观检查。

12. 过梁两支承端下墙体局部受压区，300 mm 高范围内多孔砖孔洞用砂浆灌实或用黏土砖镶砌；过梁安装标高、位置及型号必须准确；两端支座长度必须一致，坐灰饱满，当坐灰厚度超过 20 mm 时，要用细石混凝土铺垫。

13. 多孔砖砌体每层圈梁或窗台下面最上一皮砖和梁上第一皮砖，采用整砖丁砌筑。

14. 填充墙砌至接近梁、板底时，应留一定空隙，填充墙砌筑完并至少隔 7 d 后，再补砌、填缝。多孔砖砌体顶部用黏土砖斜砌挤紧；加气混凝土砌体顶部放置通长高弹性材料（泡沫交联聚乙烯），再用防腐木楔顺墙长方向楔紧。抽检数量：检验批中抽检 10%填充墙片（每两柱间的填充墙为一墙片），且不应少于 3 片墙。检查方法：外观检查。

15. 构造柱及圈、过梁设置：砌体填充墙水平长度大于 5 m 或墙端部无钢筋混凝土墙柱时，综合门窗位置，在墙中间或端部加设构造柱；砌筑的楼梯间、电梯间四角设置构造柱。水平长度大于 5 m 的砌体填充墙，墙顶与梁按多层及高层钢筋混凝土结构抗震构造设置可靠拉结。门洞口边砌体长度不大于 240 mm 时，用与混凝土柱同标号素混凝土和柱整浇。构造柱做法：在构造柱连接处必须砌成马牙槎。每一个马牙槎高度方向为 300 mm，宽度 60 mm，并且是先退后进。拉结筋按设计要求放置，设计无要求按构造要求放置。构造柱主筋 4Φ12，箍筋 Φ6@200 mm（角柱主筋 4Φ14，箍筋 Φ6@150 mm），主筋下端预埋，上端采用化学植筋，连接方式为搭接；混凝土采用的强度等级为 C20。

构造柱浇捣时，采用插入式振动棒，振捣时，振动棒不应直接触碰砖墙；构造柱混凝土分段浇捣时，新老混凝土结合面要冲洗、湿润，再铺 10～20 mm 厚的同配比去石子砂浆，方可继续浇捣混凝土。圈梁按设计及多层及高层钢筋混凝土结构抗震构造要求设置。圈梁采用现浇钢筋混凝土，宜连续设置在同一水平面上，形成封闭状；被洞口截断时，在洞口上部增设相同截面的附加圈梁，两者搭接长度不小于其中到中垂直间距的 2 倍，且不小于 1 m。砌筑楼梯间、电梯间每层均要设置封闭的圈梁；高度大于 4 m 的砌体填充墙，在墙半高处与柱连接而且沿墙设置全长贯通的钢筋混凝土水平系梁，加气混凝土设置钢筋砖带。圈梁宽度同墙厚，高度不小于 200 mm。除设计另有注明外，纵筋 4Φ2，两端与结构墙柱连接处采用化学植筋，搭接接头按受拉钢筋考虑，箍筋 Φ6@250 mm；混凝土 C20。砌体填充墙中的门窗洞及设备预留洞，洞口顶部均需设过梁。除图纸另有注明外，统一按中南图集钢筋混凝土过梁设置。洞顶与结构梁板底距离小于过梁高度时，过梁与结构梁板整浇。

续表

建设单位名称	××市××中学	交底人	（签名）
工程项目名称	××市××中学教学楼	接受交底班组长	（签名）
施工单位名称	工程公司	记录人	（签名）
交底执行标准名称及编号		交底内容摘要	
分部分项名称	砌体工程	交底日期	××××年××月××日
16. 填充墙体按设计要求及多层及高层钢筋混凝土结构抗震构造设置 2Φ6@ 500 mm 拉结筋（与主体结构墙柱及人防墙与混凝土顶部梁板连接采用化学植筋预埋）。其埋入墙体长度从墙的留槎处算起，每边不小于强长的 1/5 且不小于 1 000 mm，末端加弯钩。拉结筋的位置应与块体皮数相符，竖向位置偏差不应超过一皮砖高，不得错放、漏放。抽检数量：检验批中抽检 20%，且不应少于 5 处。检查方法：观察和用尺量检查。 17. 屋顶女儿墙构造按多层及高层钢筋混凝土结构抗震构造处理。 18. 宽度小于 1 000 mm 的窗间墙，采用整砖砌筑，半砖应分散使用在受力较小的砌体中或墙心。 19. 施工过程中多孔砖墙体留设临时孔洞，其侧边离交界处的墙面不小于 500 mm，洞口顶部视具体情况设置钢筋砖过梁或混凝土过梁。小洞口填补采用砂浆或细石混凝土，不允许塞砖。大的孔洞用实心砖砌筑修补，砂浆填实。多孔砖砌体洞孔宽度大于或等于 3 m 时，洞口两侧设置钢筋混凝土边框或壁柱。 20. 雨天施工应覆盖保护，防止雨水冲刷砂浆；砂浆稠度适当减小，每日砌筑高度不宜超过 1 200 mm。 21. 冬期施工时，严格执行《建筑工程冬期施工规程》（JGJ 104—2011）的有关规定。 22. 填充砌体允许偏差及检验方法应符合表 C.2.3.1 规定：抽检数量：对表中 1、2 项，在检验批中的标准间中抽检 10%，且不应少于 3 间；大面积房间和楼道按两个轴线或每 10 延长米按一标准间计数。每间检验不少于 3 处。			

注 1：

① 执行标准名称及编号系指施工单位自行制定的企业标准（如施工操作工艺标准、工法等）的名称编号。

② 企业标准应有编制人、批准人、批准时间、执行时间、标准名称及编号。

③ 企业标准的质量水平不得低于国家施工质量验收规范的规定要求。

④ 施工单位当前如无企业标准，可暂选用国家有关部委、省市及其他企业公开发布的标准，但选用标准的质量水平不得低于国家现行施工质量验收的规定要求。

⑤ 交底内容摘要，只填写已交待执行标准中的章、节标题和补充内容概要。

注 2：

① 本交底应按施工段，楼层和不同检验批分别作交底。

② 应由本人签名。

③ 本表一式 2 份，工地、班组各一份。

例 4　质量控制技术交底记录（表 C.2.3）

建设单位名称	××市××中学	交底人	（签名）
工程项目名称	××市××中学教学楼	接受交底班组长	（签名）
施工单位名称	工程公司	记录人	（签名）
交底执行标准名称及编号		交底内容摘要	
分部分项名称	混凝土工程	交底日期	××××年××月××日
交底内容： 1. 应提前做好配合比，并根据砂、石实际含水率调整成施工配合比。现场搅拌的混凝土应将材料过磅正确后搅拌。			

续表

建设单位名称	××市××中学	交底人	（签名）
工程项目名称	××市××中学教学楼	接受交底班组长	（签名）
施工单位名称	工程公司	记录人	（签名）
交底执行标准名称及编号		交底内容摘要	
分部分项名称	混凝土工程	交底日期	××××年××月××日
2. 首次使用的混凝土配合比应进行开盘鉴定。商品混凝土应有厂内制作的试块和现场抽样制作的试块。 3. 混凝土试块的留置应按施工规范的规定进行，抽取试样应有监理（建设）单位人员的见证。 4. 拌制混凝土应采用饮用水，当采用其他水源时，水质应符合国家现行标准的规定。 5. 混凝土运输、浇筑及间歇的全部时间不应超过混凝土的初凝时间，同一施工段应连续浇筑。 6. 混凝土的施工缝应设置在结构受剪力较小的部位，楼梯的施工缝应设置在第三个踏步处（即梯负弯矩筋的末端）。 7. 墙体的抗震构造柱不得与框架结构同时浇筑，应待砖墙砌筑完成 7 d 后方可进行混凝土的浇灌，并与上端的框架梁接触处采用柔性连接。 8. 柱、梁、板的混凝土应在浇筑完成后 12 h 以内加以覆盖和浇水，浇水次数应能保持混凝土处于湿润状态。 9. 对于普通水泥拌制的混凝土养护时间不得少于 7 d，对有抗渗要求的地下室、水箱、屋面等混凝土其养护时间不得少于 14 d。 10. 混凝土强度达到 1.2 N/mm^2 前，不得在其上踩踏或安装柱筋、柱模和堆放材料等活动。 11. 在板面铺设水平运输架路时，架路的下方应先铺上一层彩条塑料布，以保证运料斗车掉下的混凝土不会直接黏结在模板上。 12. 对混凝土出现的一般缺陷，可由公司内部按技术处理方案进行处理，并重新检查验收。 13. 对混凝土出现的严重缺陷，应经监理（建设）单位认可的处理方案进行处理，并重新验收。 14. 对尺寸超过允许偏差且影响结构性能和安装、使用功能的部位，应经监理（建设）单位认可的处理方案进行处理，对经处理的部位，应重新检查验收。 15. 为保证板面的标高和平整，除了对四周模板内侧弹上水平控制和柱筋上标注水平点外，尚应设置移动灰饼。 16. 如果浇筑过程中巧遇下雨，应用彩条塑料布遮盖板面，要迅速做好产品的保护工作。 17. 班组长应从始至终在现场跟班、调度和指挥该班组工人认真做好混凝土的捣固工作。 18. 除了以上交底要求外，尚应遵守国家有关的标准、规范和行业规程等，并严格执行工程建设强制性标准。			

例 5　质量控制技术交底记录（表 C.2.3）

建设单位名称	××市××中学	交底人	（签名）
工程项目名称	××市××中学教学楼	接受交底班组长	（签名）
施工单位名称	工程公司	记录人	（签名）
交底执行标准名称及编号		交底内容摘要	
分部分项名称	模板工程	交底日期	××××年××××月××日
交底内容： 1. 模板及其支架应根据工程结构、荷载大小、地基土类别、施工设备和材料供应等条件进行设计。			

续表

建设单位名称	××市××中学	交底人	（签名）
工程项目名称	××市××中学教学楼	接受交底班组长	（签名）
施工单位名称	工程公司	记录人	（签名）
交底执行标准名称及编号		交底内容摘要	
分部分项名称	模板工程	交底日期	××××年××××月××日
2. 模板及其支架应具有足够的承载能力、刚度和稳定性。 3. 模板安装和浇筑混凝土时，应对模板及支架进行观察和维护，不得发生账模、松动和坍塌的事故。 4. 安装现浇多层房屋和构筑物的上层模板及其支架时，下层模板应具有承受上层荷载的承载能力。 5. 当下层模板不具有承受上层荷载能力时应加设支架支撑；上层支架的立柱应对准下层支架的立柱。 6. 在涂刷模板隔离剂时，不得玷污钢筋和混凝土接槎处。 7. 模板的接缝不应漏浆；在浇筑混凝土前，木模板应浇水湿透。 8. 浇筑混凝土前，模板内的纸屑、木块等杂物应清理干净，特别是柱内的混凝土掉渣要处理干净。 9. 跨度大于 4 m 的梁板，其模板应按设计要求起拱；当设计无具体要求时起拱 1/1 000 ~ 3/1 000。 10. 固定在模板上的预埋件、预留孔和预留洞均不得遗漏，且应安装牢固。 11. 模板安装允许偏差：轴线位移 5 mm；底模上表面标高±5 mm；柱梁截面尺寸+4 mm，−5 mm。 12. 模板安装允许偏差：层高在 5 m 以内的柱垂直度为 3 mm，相邻两板的表面高低差 2 mm，表面平整度 5 mm。 13. 底模及支架拆除时，应根据同条件养护的混凝土试块送去做抗压试验，待强度达到施工规范的规定时方可进行拆除。 14. 侧模拆除时的混凝土强度应能保证其表面及棱角不受损伤。 15. 模板拆除时，不应在楼层上形成冲击荷载。拆除的模板应分散堆放并及时将其运至地面堆放。 16. 工地应建立相应的质量责任制度和质量奖惩办法；实行谁施工、谁负责的管理制度。 17. 每个技术工人在下班前半个小时均应对本日作业成果进行检查，发现有质量上的问题应及时返修。 18. 班组长应对本班组的操作质量全面负责，每日至少对作业成果检查一次并及时对不符合项进行返修。 19. 除以上交底外，尚应遵守国家标准、规范和规程，并且严格执行建设工程强制性条文要求。			

注：

① 执行标准名称及编号系指施工单位自行制定的企业标准（如施工操作工艺标准、工法等）的名称编号。

② 企业标准应有编制人、批准人、批准时间、执行时间、标准名称及编号。

③ 企业标准的质量水平不得低于国家施工质量验收规范的规定要求。

④ 施工单位当前如无企业标准，可暂选用国家有关部委、省市及其他企业公开发布的标准，但选用标准的质量水平不得低于国家现行施工质量验收的规定要求。

⑤ 交底内容摘要，只填写已交待执行标准中的章、节标题和补充内容概要。

注 2：

① 本交底应按施工段、楼层和不同检验批分别作交底。

② 应由本人签名。

③ 本表一式 2 份，工地、班组各一份。

例 6　质量控制技术交底记录（表 C.2.3）

建设单位名称	××市××中学	交底人	（签名）
工程项目名称	××市××中学教学楼	接受交底班组长	（签名）
施工单位名称	工程公司	记录人	（签名）
交底执行标准名称及编号		交底内容摘要	
分部分项名称	防水工程	交底日期	××××年××月××日

交底内容：

1. 屋面卷材防水工程施工前，应先掌握细部构造及有关技术要求，并应编制防水工程的施工方案或技术措施。

2. 屋面工程的防水必须由防水专业队伍或防水工施工。严禁非防水专业队伍或非防水工进行屋面防水施工。

3. 屋面防水工程所用的卷材应符合设计图纸的要求，并有材料质量证明文件，并经指定的质量检测部门认证确保其质量符合技术要求。材料进场后，工地应在监理人员的见证下按规定取样复试，提出试验报告。

4. 当下道工序或相邻工程施工时，对屋面工程已完成的部分应采取保护措施，防止损坏。

5. 伸出屋面的管道、设备或预埋件，应在防水层施工前安装完毕。屋面防水层完工后应避免在其上凿孔打洞。

6. 卷材防水层底下的找平层表面应压实平整，并有二次以上的压光且充分养护，不得有疏松、起砂和起皮现象。

7. 基层与突出屋面结构的连接处，以及基层的转角处均应做成圆弧，圆弧半径为 50 mm，水落口做成略低凹坑。

8. 屋面坡度小于 3%时卷材宜平行屋脊铺贴；大于 3%可平行或垂直屋脊铺贴；上下层卷材不得相互垂直铺贴。

9. 屋面卷材防水施工时应先做好节点、附加层和屋面排水比较集中部位的处理，然后由屋面最低标高处向上施工。

10. 高聚物改性沥青防水卷材的搭接宽度：采用满粘法时为 80 mm，采用空铺法、点粘法、条粘法时为 100 mm。

11. 搭接缝宜用材性相容的密封材料封严。在铺贴卷材时，不得污染檐口的外侧和墙面。

12. 上女儿墙的卷材的端部应裁齐，压入预留的凹槽内，用压条或垫片钉压固定，然后用密封材料将凹槽封严。

13. 屋面卷材采用热熔法铺贴卷材时加热应均匀，以卷材表面熔融至光亮黑色为度，不得过分加热或烧穿卷材。

14. 卷材表面热熔后应立即滚铺卷材，滚铺时应排除卷材下面的空气，使之平展，不得皱褶。

15. 热熔法铺贴卷材时搭接缝部位的处理宜以溢出热熔的改性沥青为原料，并应随即刮封接口。

16. 高聚物改性沥青防水卷材屋面采用水泥砂浆作保护层时，水泥砂浆表面应抹平压光，并设置 1 m^2 的分格块。

17. 高聚物改性沥青防水卷材屋面严禁在雨天施工，施工中途下雨应做好已铺卷材周边的防雨水的防护工作。

18. 屋面防水卷材施工完成后，应将落水管孔等堵严，蓄水试验 24 h 以上不渗漏才算合格，否则返工重做。

以上是目前新疆建筑施工企业对技术交底记录的普遍填写方法，最新版本的技术交底记录表示应按《建筑工程资料管理规程》（JGJ/T 185—2009）采用下面的格式。

技术交底记录（C.2.3）

工程名称	××市××中学教学楼	编号	04-01-C2-×××
		交底日期	××××年××月××日
施工单位	××建筑安装有限公司	分项工程名称	屋面找平层
交底摘要	屋面水泥砂浆找平层施工	页数	共　页，第　页

交底内容：

屋面找平层施工

1　范　围

本工艺标准适用于工业与民用建筑铺贴卷材屋面基层找平层施工。

2　施工准备

2.1　材料及要求

2.1.1　用材料的质量、技术性能必须符合设计要求和施工及验收规范的规定。

2.1.2　水泥砂浆：

2.1.2.1　水泥：不低于325号的普通硅酸盐水泥。

2.1.2.2　砂：宜用中砂，含泥量不大于3%，不含有机杂质，级配要良好。

2.2　主要机具

2.2.1　机械：砂浆搅拌机或混凝土搅拌机。

2.2.2　工具：运料手推车、铁锹、铁抹子、水平刮杠、水平尺、沥青锅、炒盘、压滚、烙铁。

2.3　作业条件

2.3.1　找平层施工前，屋面保温层应进行检查验收，并办理验收手续。

2.3.2　各种穿过屋面的预埋管件、烟囱、女儿墙、暖沟墙、伸缩缝等根部，应按设计施工图及规范要求处理好。

2.3.3　根据设计要求的标高、坡度，找好规矩并弹线（包括天沟、檐沟的坡度）。

2.3.4　施工找平层时应将原表面清理干净，进行处理，有利于基层与找平层的结合，如浇水湿润、喷涂基层处理剂等。

3　操作工艺

3.1　工艺流程

基层清理→管根封堵→标高坡度弹线→洒水湿润→施工找平层（水泥砂浆及沥青砂找平层）→养护→验收。

（略）

4　质量标准（略）

5　成品保护（略）

6　应注意的质量问题（略）

7　质量记录（略）

签字栏	交底人	陈××	审核人	吴××
	接受交底人	李××		

9 土建工程质量检查、验收、评定

1. 正确使用常见土建工程质量检查仪器、设备

常见土建工程质量检查仪器、设备见表 9-0-1。

表 9-0-1 常见土建工程质量检查仪器、设备

序号	器具名称	器具用途	型号	精度	数量
1	电子全站仪	定位放线	Topcon GTS-821A	±1″, ±(2+2×10^{-6}×D)mm	1
2	DJ3 激光垂准仪	重要轴线的竖向传递	DJ3-L1	DJ3-L1	1
3	经纬仪	定位放线	J2-2	B	1
4	水准仪	标高控制	DSZ-2	B	1
5	激光平面度仪	水平面控制	JYJ-J	10″	1
6	钢卷尺	定位放线	5 m/30 m/50 m	1/1 000	1/1/1
7	测微器	沉降观测			
8	铟钢尺	沉降观测	2 m		
9	塔尺		3 m/5 m		1
10	托线板	墙面、楼地面垂直度控制		1 mm	1
11	稠度仪	测量砂浆稠度			
12	坍落度量筒	测量混凝土坍落度			
13	自动温湿记录仪	自动记录温湿度			
14	接地电阻测量仪	安全测试	2c-8	A	
15	GPS 卫星定位系统				

2. 建筑工程施工质量验收要求

（1）建筑工程施工质量应符合《建筑工程施工质量验收统一标准》(GB 50300—2013) 及相关专业验收规范的规定。

（2）建筑工程施工应符合工程勘察、设计文件的要求。

（3）参加工程施工质量验收的各方人员应具备规定的资格。

（4）工程质量的验收均应在施工单位自行检查评定的基础上进行。

（5）隐蔽工程在隐蔽前应由施工单位通知有关单位进行验收，并应形成验收文件。

（6）涉及结构安全的试块、试件以及有关材料，应按规定进行见证取样检测。

（7）检验批的质量应按主控项目和一般项目验收。

（8）对涉及结构安全和使用功能的重要分部工程应进行抽样检测。

（9）承担见证取样检测及有关结构安全检测的单位应具有相应资质。

（10）工程的观感质量应由验收人员通过现场检查，并应共同确认。

3. 建筑工程质量验收的划分

按照《建筑工程施工质量验收统一标准》（GB 50300—2013）的规定，建筑工程质量验收应划分为单位（子单位）工程、分部（子分部）工程、分项工程和检验批。

（1）单位工程可按照具备独立施工条件并能形成独立使用功能的建筑物及构筑物为一个单位工程；建筑规模较大的单位工程，可将其能形成独立使用功能的部分划为一个子单位工程。

（2）分部工程的划分应按专业性质、建筑部位确定。当分部工程较大或较复杂时，可按材料种类、施工特点、施工程序、专业系统及类别等划分为若干子分部工程。

（3）分项工程应按主要工种、材料、施工工艺、设备类别等进行划分，分项工程可由一个或者若干个检验批组成。

（4）检验批可根据施工及质量控制和专业验收需要按楼层、施工段、变形缝等进行划分。

（5）室外工程可根据专业类别和工程规模划分单位（子单位）工程。室外单位（子单位工程），分部工程可按“专业技能篇”表 1-1-2 采用。

建筑工程施工质量验收划分见表 9-0-2。

表 9-0-2　分部（子分部）工程、分项工程、检验批划分及代号索引

分部工程代号	分部工程名称	子分部工程代号	子分部工程名称	分项工程
01	地基与基础	01	无支护土方	土方开挖、土方回填
		02	有支护土方（单独组卷）	排桩、降水、排水、地下连续墙、锚杆、土钉墙、水泥土桩、沉井与沉箱，钢及混凝土支撑
		03	地基处理（复合地基单独组卷）	灰土地基、砂和砂石地基、碎砖三合土地基，土工合成材料地基，粉煤灰地基，重锤夯实地基，强夯地基，振冲地基，砂桩地基，预压地基，高压喷射注浆地基，土和灰土挤密桩地基，注浆地基，水泥粉煤灰碎石桩地基，夯实水泥土桩地基
		04	桩基（单独组卷）	锚杆静压桩及静力压桩，预应力离心管桩，钢筋混凝土预制桩，钢桩，混凝土灌注桩（成孔、钢筋笼、清孔、水下混凝土灌注）
		05	地下防水	防水混凝土，水泥砂浆防水层，卷材防水层，涂料防水层，金属板防水层，塑料板防水层，塑料板防水层，细部构造，喷锚支护，复合式衬砌，地下连续墙，盾构法隧道；渗排水、盲沟排水，隧道、坑道排水；预注浆、后注浆，衬砌裂缝注浆
		06	混凝土基础	模板、钢筋、混凝土，后浇带混凝土，混凝土结构缝处理
		07	砌体基础	砖砌体、混凝土砌块砌体、配筋砌体、石砌体
		08	劲钢（管）混凝土	劲钢（管）焊接、劲钢（管）与钢筋的连接、混凝土
		09	钢结构（单独组卷）	焊接钢结构、栓接钢结构，钢结构制作，钢结构安装，钢结构涂装

续表

分部工程代号	分部工程名称	子分部工程代号	子分部工程名称	分项工程
01	地基与基础	地基与基础分部工程检验批划分规定		1. 原材料、构配件、设备按批量报验送检。 2. 施工检验批按各工种、专业、楼层、施工段和变形缝划分。 3. 每个分项工程可以划分1～n个检验批。 4. 有不同层地下室的按不同层划分。 5. 有不同层楼面的划分不同检验批。 6. 同一层按变形缝、区段和施工班组综合考虑划分。 7. 小型工程一般按楼层划分
02	主体结构	01	混凝土结构	模板、钢筋、混凝土，预应力、现浇结构，装配式结构
		02	劲钢（管）混凝土结构	劲钢（管）焊接，螺栓连接，劲钢（管）与钢筋的连接，劲钢（管）制作、安装，混凝土
		03	砌体结构	砖砌体，混凝土小型空心砌块砌体，石砌体，填充墙砌体，配筋砖砌体
		04	钢结构（单独组卷）	钢结构焊接、紧固件连接、钢零部件加工、单层钢结构安装、多层及高层钢结构安装、钢结构涂装、钢构件组装、钢构件预拼装、钢网架结构安装、压型金属板
		05	木结构（单独组卷）	方木和原木结构、胶合木结构、轻型木结构、木构件防护
		06	网架和索膜结构（单独组卷）	网架制作、网架安装、索膜安装、网架防火、防腐涂料
		主体结构分部工程检验批划分规定		1. 原材料、构配件、设备按批量报验送检。 2. 施工检验批按各工种、专业、楼层、施工段和变形缝划分。 3. 每个分项工程可以划分1～n个检验批。 4. 有不同层楼面的划分不同检验批。 5. 同一层按变形缝、区段和施工班组综合考虑划分。 6. 小型工程一般按楼层划分
03	建筑装饰装修	01	地面	整体面层：基层、水泥混凝土面层、水泥砂浆面层、水磨石面层、防油渗面层、水泥钢（铁）屑面层、不发火（防爆的）面层；板块面层：基层、砖面层（陶瓷锦砖、缸砖、陶瓷地砖和水泥花砖面层）、大理石面层和花岗岩面层、预制板块面层（预制水泥混凝土、水磨石板块面层）、料石面层（条石、块石面层）、塑料板面层、活动地板面层、地毯面层；木竹面层：基层、实木地板面层（条材、块材面层）、实木复合地板面层（条材、块材面层）、中密度（强化）复合地板面层（条材面层）、竹地板面层
			地面子分部检验批划分规定	基层（各构造层）和各类面层的分项工程的施工质量验收应按每一层次或每层施工段（或变形缝）作为检验批，高层建筑的标准层可按每三层（不足三层按三层计）作为检验批

续表

分部工程代号	分部工程名称	子分部工程代号	子分部工程名称	分项工程
03	建筑装饰装修	02	抹灰	一般抹灰、装饰抹灰、清水砌体勾缝
			抹灰子分部检验批划分规定	相同材料、工艺和施工条件的室外抹灰工程每 500～1 000 m^{2}应划为一个检验批，不足 500 m^{2}也应划为一个检验批。 相同材料、工艺和施工条件的室内抹灰工程每 50 个自然间（大面积房间和走廊按抹灰面积 30 m^{2}为一间）应划分为一个检验批，不足 50 间也应划分为一个检验批
		03	门窗	木门窗制作与安装、金属门窗安装、塑料门窗安装、特种门安装、门窗玻璃安装
			门窗子分部检验批划分规定	同一品种、类型和规格的木门窗、金属门窗、塑料门窗及门窗玻璃每 100 樘应划分为一个检验批，不足 100 樘也应划分为一个检验批。 同一品种、类型和规格的特种门每 50 樘应划分为一个检验批，不足 50 樘也应划分为一个检验批
		04	吊顶	暗龙骨吊顶、明龙骨吊顶
		05	轻质隔墙	板材隔墙、骨架隔墙、活动隔墙、玻璃隔墙
		吊顶、轻质隔墙子分部检验批划分规定		同一品种的吊顶（轻质隔墙）工程每 50 间（大面积房间和走廊按吊顶、轻质隔墙面积 30 m^{2}为一间）应划分为一个检验批，不足 50 间也应划分为一个检验批
		06	饰面板（砖）	饰面板安装，饰面砖粘贴
			饰面板（砖）子分部检验批划分规定	相同材料、工艺和施工条件的室内饰面板（砖）工程每 50 间（大面积房间和走廊按施工面积 30 m^{2}为一间）应划分为一个检验批，不足 50 间也应划分为一个检验批。 相同材料、工艺和施工条件的室外饰面板（砖）工程每 500～1 000 m^{2}应划分为一个检验批，不足 500 m^{2}也应划分为一个检验批
		07	幕墙（单独组卷）	玻璃幕墙、金属幕墙、石材幕墙
			幕墙子分部检验批划分规定	相同设计、材料、工艺和施工条件的幕墙工程每 500～1 000 m^{2}应划分为一个检验批，不足 500 m^{2}也应划分为一个检验批。 同一单位工程的不连续的幕墙工程应单独划分检验批。 对于异型或有特殊要求的幕墙，检验批的划分应根据幕墙的结构、工艺特点及幕墙工程规模，由监理单位（或建设单位）和施工单位协商确定
		08	涂饰	水性涂料涂饰、溶剂型涂料涂饰、美术涂饰
			涂饰子分部检验批划分规定	室外涂饰工程每一栋楼的同类涂料涂饰的墙面每 500～1 000 m^{2}应划分为一个检验批，不足 500 m^{2}也应划分为一个检验批。 室内涂饰工程同类涂料涂饰墙面每 50 间（大面积房间和走廊按涂饰面积 30 m^{2}为一间）应划分为一个检验批，不足 50 间也应划分为一个检验批

续表

分部工程代号	分部工程名称	子分部工程代号	子分部工程名称	分项工程
03	建筑装饰装修	09	裱糊与软包	裱糊、软包
			裱糊与软包子分部检验批划分规定	同一品种的裱糊或软包工程每50间（大面积房间和走廊按施工面积 30 m^2 为一间）应划分为一个检验批，不足50间也应划分为一个检验批
		10	细部	橱柜制作与安装，窗帘盒、窗台板和暖气罩制作与安装，门窗套制作与安装，护栏和扶手制作与安装，花饰制作与安装
			细部子分部检验批划分规定	同类制品每50间（处）应划分为一个检验批，不足50间（处）也应划分为一个检验批。 每部楼梯应划分为一个检验批
04	建筑屋面	01	卷材防水屋面	保温层、找平层、卷材防水层、细部构造
		02	涂膜防水屋面	保温层、找平层、涂膜防水层、细部构造
		03	刚性水屋面	细石混凝土防水层、密封材料嵌缝、细部构造
		04	瓦屋面	平瓦屋面、油毡瓦屋面、金属板屋面、细部构造
		05	隔热屋面	架空屋面、蓄水屋面、种植屋面
		建筑屋面分部工程检验批划分规定		屋面分部工程中的分项工程不同楼层屋面可划分为不同的检验批
05	建筑给水、排水及采暖	01	室内给水系统	给水管道及配件安装、室内消火栓系统安装、给水设备安装、管道防腐、绝热
		02	室内排水系统	排水管道及配件安装、雨水管道及配件安装
		03	室内热水供应系统	管道及配件安装、辅助设备安装、防腐、绝热
		04	卫生器具安装	卫生器具安装、卫生器具给水配件安装、卫生器具排水管道安装
		05	室内采暖系统	管道及配件安装、辅助设备及散热器安装、金属辐射板安装、低温热水地板辐射采暖系统安装、系统水压试验及调试、防腐、绝热
		06	室外给水管网	给水管道安装、消防水泵接水器及室外消火栓安装、管沟及井室
		07	室外排水管网	排水管道安装、排水管沟与井池
		08	室外供热管网	管道及配件安装、系统水压试验及调试、防腐、绝热
		09	建筑中水系统及游泳池系统	建筑中水系统管道及辅助设备安装、游泳池水系统安装
		10	供热锅炉及辅助设备安装（单独组卷）	锅炉安装、辅助设备及管道安装、安全附件安装、烘炉、煮炉和试运行、换热站安装、防腐、绝热
		11	自动喷水灭火系统（单独组卷）	消防水泵和稳压泵安装、消防水箱安装和消防水池施工、消防气压给水设备安装、消防水泵接合器安装、管网安装、喷头安装、报警阀组安装、其他组件安装、系统水压试验、气压试验、冲洗、水源测试、消防水泵调试、稳压泵调试、报警阀组调试、排水装置调试、联动试验

续表

分部工程代号	分部工程名称	子分部工程代号	子分部工程名称	分项工程
05	建筑给水、排水及采暖	12	气体灭火系统（单独组卷）	灭火剂储存装置的安装、选择阀及信号反馈装置安装、阀驱动装置安装、灭火剂输送管道安装、喷嘴安装、预制灭火系统安装、控制组件安装、系统调试
		13	泡沫灭火系统（单独组卷）	消防泵的安装、泡沫液储罐的安装、泡沫比例混合器的安装、管道阀门和泡沫消火栓的安装、泡沫产生装置的安装、系统调试
		14	固定水泡灭火系统（单独组卷）	管道及配件安装、设备安装、系统水压试验、系统调试
		建筑给水、排水及采暖分部工程检验批划分规定		建筑给水、排水及采暖分部工程中的子分部中的各个分项检验批数量可按系统、区域、施工段或楼层划分
06	建筑电气	01	室外电气	架空线路及杆上电气设备安装，变压器、箱式变电所安装，成套配电柜、控制柜（屏、台）和动力、照明配电箱（盘）及控制柜安装，电线、电缆导管和线槽敷设，电线、电缆穿管和线槽敷线，电缆头制作、导线连接和线路电气试验，建筑物外部装饰灯具、航空障碍标志灯和庭院路灯安装，建筑照明通电试运行，接地装置安装
			室外电气子分部检验批划分规定	室外电气安装工程中分项工程的检验批，依据庭院大小、投运时间先后、功能分区不同划分
		02	变配电室（单独组卷）	变压器、箱式变电所安装，成套配电柜、控制柜（屏、台）和动力、照明配电箱（盘）及控制柜安装，裸母线、封闭母线、插接式母线安装，电缆沟内和电缆竖井内电缆敷设，电缆头制作、导线连接和线路电气试验，接地装置安装，避雷引下线和变配电室接地干线敷设
			变配电室子分部检验批划分规定	变配电室安装工程中分项工程的检验批，主变配电室为 1 个检验批；有数个分变配电室，且不属于子单位工程的分部工程，各为 1 个检验批，其验收记录汇入所有变配电室有关分项工程的验收记录中；如各分变配电室属于各子单位的子分部工程，所属分项工程各为 1 个检验批，则其验收记录应为一个分项工程验收记录，经子分部工程验收记录汇入分部工程验收记录中
		03	供电干线	裸母线、封闭母线、插接式母线安装，桥架安装和桥架内电缆敷设，电缆沟内和电缆竖井电缆敷设，电线、电缆导管和线槽敷设，电线、电缆穿管和线槽敷线，电缆头制作、导线连接和线路电气试验
			供电干线子分部检验批划分规定	供电干线安装工程中的分项工程检验批，依据供电区段和电气线缆竖井的编号划分
		04	电气动力	成套配电柜、控制柜（屏、台）和动力、照明配电箱（盘）及控制柜安装，低压电动机、电加热器及电动执行机构检查、接线，低压气动力设备检测、试验和空载试运行，桥架安装和桥架内电缆敷设，电线、电缆导管和线槽敷设，电线、电缆穿管和线槽敷线，电缆头制作、导线连接和线路电气试验，插座、开关、风扇安装

续表

分部工程代号	分部工程名称	子分部工程代号	子分部工程名称	分项工程
06	建筑电气	05	电气照明安装	成套配电柜、控制柜（屏、台）和动力、照明配电箱（盘）安装，电线、电缆导管和线槽敷设，电线、电缆穿管和线槽敷线，槽板配线，钢索配线，电缆头制作，导线连接和线路气试验，普通灯具安装，专用灯具安装，插座、开关、风扇安装，建筑照明通电试运行
		电气动力、电气照明安装子分部检验批划分规定		电气动力和电气照明安装工程中分项工程及建筑物等电位联结分项工程的检验批，其划分的界区，应按设备、系统划分
		06	备用和不间断电源安装	成套配电柜、控制柜（屏、台）和动力、照明配电箱（盘）安装，柴油发电机安装，不间断电源的其他功能单元安装，裸母线、封闭母线、插接式母线安装，电线、电缆导管和线槽敷设，电线、电缆导管和线槽敷线，电缆头制作，导线连接和线路电气试验，接地装置安装
			备用和不间断电源安装子分部检验批划分规定	备用和不间断电源安装工程中分项工程各自成为1个检验批
		07	防雷及接地安装	接地装置安装，避雷引下线和变配电室接地干线敷设，建筑物等电位连接，接闪器安装
			防雷及接地安装子分部检验批划分规定	防雷及接地装置安装分项工程检验批，人工接地装置和利用建筑物基础钢筋的接地体各为1个检验批，大型基础可按区域划分成几个检验批；避雷引下线安装6层以下的建筑为1个检验批，高层建筑依均压环设置间隔的层数为1个检验批；接闪器安装同一屋面为1个检验批
07	智能建筑	01	通信网络系统（单独组卷）	通信系统、卫星及有线电视系统、公共广播系统
		02	办公自动化系统（单独组卷）	计算机网络系统、信息平台及办公自动化应用软件、网络安全系统
		03	建筑设备监控系统（单独组卷）	空调与通风系统、变配电系统、照明系统、给排水系统、热源和热交换系统、冷冻和冷却系统、电梯和自动扶梯系统、中央管理工作站与操作分站、子系统通信接口
		04	火灾报警及消防联动系统（单独组卷）	火灾和可燃气体探测系统、火灾报警控制系统、消防联动系统
		05	安全防范系统	电视监控系统、入侵报警系统、巡更系统、出入口控制（门禁）系统、停车管理系统
		06	综合布线系统（单独组卷）	缆线敷设和终接，机柜、机架、配线架的安装，信息插座和光缆芯线终端的安装
		07	智能化集成系统	集成系统网络、实时数据库、信息安全、功能接口
		08	电源与接地	智能建筑电源、防雷及接地
		09	环境（单独组卷）	空间环境、室内空调环境、视觉照明环境、电磁环境

续表

分部工程代号	分部工程名称	子分部工程代号	子分部工程名称	分项工程
07	智能建筑	10	住宅（小区）智能化系统（单独组卷）	火灾自动报警及消防动系统、安全防范系统（含电视监控系统、入侵报警系统、巡更系统、门禁系统、楼宇对讲系统、停车管理系统）、物业管理系统（多表现场计量及与远程传输系统、建筑设备监控系统、公共广播系统、小区建筑设备监控系统、物业办公自动化系统）、智能家庭信息平台
		智能建筑检验批划分规定		智能建筑子分部中的各个分项工程的检验批，应按系统和实际施工情况，经与建设、监理、设计等单位商议在施工合同或协议中约定后划分检验批
08	通风与空调	01	送排风系统	风管与配件制作，部件制作，风管系统安装，空气处理设备安装，消声设备制作与安装，风管与设备防腐，风机安装，系统调试
		02	防排烟系统	风管与配件制作、部件制作、风管系统安装、防排烟风口、常闭正压风口与设备安装、风管与设备防腐、风机安装、系统调试
		03	除尘系统	风管与配件制作、部件制作、风管系统安装、除尘器与排污设备安装、风管与设备防腐、风机安装、系统调试
		04	空调风系统	风管与配件制作、部件制作、风管系统安装、空气处理设备安装、消声设备制作与安装、风管与设备防腐、风机安装、风管与设备绝热、系统调试
		05	净化空调系统	风管与配件制作、部件制作、风管系统安装、空气处理设备安装、消声设备制作与安装、风管与设备防腐、风机安装、风管与设备绝热、高效过滤器安装、系统调试
		06	制冷设备系统	制冷组安装、制冷剂管道及配件安装、制冷附属设备安装、管道及设备的防腐与绝热、系统调试
		07	空调水系统	管道冷热（媒）水系统安装、冷却水系统安装、冷凝水系统安装、阀门及部件安装、冷却塔安装、水泵及附属设备安装、管道与设备的防腐与绝热、系统调试
		通风与空调分部工程检验批划分规定		通风空调分部工程中的子分部中的各个分项，可根据施工工程的实际情况一次验收或数次验收。分项工程质量的验收规定为根据工程量的大小、施工工期的长短或加工批，可分别采取一个分项一次验收或分数次验收的方法，并按系统和实际施工情况，经与建设、监理、设计等单位商议在施工合同或协议中约定后划分检验批
09	电梯	01	电力驱动的曳引式或强制式电梯安装（单独组卷）	设备进场验收、土建交接检验、驱动主机、导轨、门系统、轿厢、对重（平衡重）、安全部件、悬挂装置、随行电缆、补偿装置、电气装置、整机安装验收
		02	液压电梯安装（单独组卷）	设备进场验收、土建交接检验、驱动主机、导轨、门系统、轿厢、对重（平衡重）、安全部件、悬挂装置、随行电缆、补偿装置、整机安装验收
		03	自动扶梯、自动人行道安装（单独组卷）	设备进场验收、土建交接检验、整机安装验收

续表

分部工程代号	分部工程名称	子分部工程代号	子分部工程名称	分项工程
09	电梯	电梯分部工程检验批划分规定		电梯工程应按系统和实际施工情况，经与建设、监理、设计等单位商议在施工合同或协议中约定后划分检验批
10	建筑节能	01	墙体节能工程	主体结构基层、保温材料、饰面层
			墙体节能工程子分部检验批划分规定	采用相同材料、工艺和施工做法的墙面，每 500～1 000 m^2 面积划分为一个检验批，不足 500 m^2 也为一个检验批。检验批的划分也可根据与施工流程相一致且方便施工与验收的原则，由施工单位与监理（建设）单位共同商定
		02	幕墙节能工程	主体结构基层、隔热材料、保温材料、隔汽层、幕墙玻璃、单元式幕墙板块、通风换气系统、遮阳设施、冷凝水收集排放系统
			幕墙节能工程子分部检验批划分规定	相同设计、材料、工艺和施工条件的幕墙工程每 500～1 000 m^2 应划分为一个检验批，不足 500 m^2 也应划分为一个检验批。 同一单位工程的不连续的幕墙工程应单独划分检验批。 对于异形或有特殊要求的幕墙，检验批的划分应根据幕墙的结构、工艺特点及幕墙工程规模，由监理单位（或建设单位）和施工单位协商确定
		03	门窗节能工程	门窗材料、门窗玻璃、遮阳设施
			门窗节能工程子分部检验批划分规定	同一厂家的同一品种、类型、规格的门窗及门窗玻璃每 100 樘划分为一个检验批，不足 100 樘也为一个检验批。同一厂家的同一品种、类型和规格的特种门每 50 樘划分为一个检验批，不足 50 樘也为一个检验批。对于异形或有特殊要求的门窗，检验批的划分应根据其特点和数量，由监理（建设）单位和施工单位协商确定
		04	屋面节能工程	结构基层、保温隔热层、保护层、防水层、面层
			屋面节能工程检验批划分规定	按屋面不同层高划分检验批
		05	地面节能工程	结构基层、保温层、保护层、面层
			地面节能工程检验批划分规定	检验批可按施工段或变形缝划分；当面积超过 200 m^2 时，每 200 m^2 可划分为一个检验批，不足 200 m^2 也为一个检验批；不同构造做法的地面节能工程应单独划分检验批
		06	采暖节能工程	系统制式、散热材料、阀门与仪表、热力入口装置、保温材料、调试
			采暖节能工程检验批划分规定	采暖系统节能工程的验收，可按系统、楼层等进行，并应符合《建筑节能工程质量验收规范》（GB 50411—2007）第 3.4.1 条的规定
		07	通风与空气调节节能工程	系统制式、通风与空调设备、阀门与仪表、绝热材料、调试

续表

分部工程代号	分部工程名称	子分部工程代号	子分部工程名称	分项工程
10	建筑节能	08	通风与空气调节节能工程检验批划分规定	通风与空调系统节能工程的验收，可按系统、楼层等进行，并应符合《建筑节能工程质量验收规范》（GB 50411—2007）第 3.4.1 条的规定
			空调与采暖系统的冷热及管网节能工程	系统制式、冷热源设备、辅助设备、管网、阀门与仪表、绝热材料、保温材料、调试
			空调与采暖系统的冷热及管网节能工程检验批划分规定	空调与采暖系统冷热源设备、辅助设备及其管道和管网系统节能工程的验收，可分别按冷源和热源系统及室外管网进行，并应符合《建筑节能工程质量验收规范》（GB 50411—2007）第 3.4.1 条的规定
		09	配电与照明节能工程	低压配电电源，照明光源、灯具，附属装置，控制功能，调试
			配电与照明节能工程检验批划分规定	建筑配电与照明节能工程验收的检验批划分应符合《建筑节能工程质量验收规范》（GB 50411—2007）第 3.4.1 条的规定。当需要重新划分检验批时，可按照系统、楼层、建筑分区划分为若干个检验批
		10	监测与控制节能工程	冷、热源系统的监测控制系统，空调水系统的监测控制系统，通风与空调系统的监测控制系统，监测与计量装置，供配电监测控制系统，照明自动控制系统，综合控制系统等
			监测与控制节能工程检验批划分规定	子分部中的各个分项工程的检验批，应按系统和实际施工情况，经与建设、监理、设计等单位商议在施工合同或协议中约定后划分检验批

室外工程划分见表 9-0-3。

表 9-0-3　室外工程划分

单位工程	子单位工程	分部（子分部）工程
室外建筑环境	附属建筑	车棚，围墙，大门，挡土墙，垃圾收集站
	室外环境	建筑小品，道路，亭台，连廊，花坛，场坪绿化
室外安装	给排水与采暖	室外给水系统，室外排水系统，室外供热系统
	电气	室外供电系统，室外照明系统

《建筑工程质量验收统一标准》（GB 50300—2011）（以下简称《统一标准》）对工程质量验收的划分有相关的规定，但需要注意的是，项目结构（实体结构即单位、子单位、分部、子分部、分项、检验批；文本结构即资料的类、章、节、项、目）的划分，在某些特殊情况下，应根据其特点和数量，在不脱离标准、规范的前提下，做到理论与实际相结合，且应由监理（建设）单位和施工单位协商确定。

（1）建筑工程质量验收应坚持“验评分离、强化验收、完善手段、过程控制”的指导思想。验收的划分更要突出“过程控制”的方法。

（2）地基与基础分部，按结构原理应为地下室地坪以下，按验收方法应为±0.000 以下，统一验收标准中混凝土基础子分部则没有列出现浇结构分项，应按实际情况进行验收；无支护土方子分部土方开挖分项中，场地平整子分项应划分为施工前期场地平整和施工后期场地平整，否则将影响工程造价；土方开挖、土方回填分项应分层划分检验批；水平和立面水泥砂浆防潮层应归属于地下防水子分部水泥砂浆防水层分项；如果混凝土有抗渗要求的除划分混凝土基础子分部外还应划分地下防水子分部防水混凝土分项；劲钢（管）混凝土子分部中还应按混凝土子分部划分模板、钢筋等分项。

（3）《统一标准》中主体与结构分部砌体结构子分部中，框剪结构陶粒填充墙砌体的验收应按规范划分为混凝土小型空心砌块砌体、配筋砌体、填充墙砌体三种检验批；构造柱、芯柱、门窗洞口的边框柱、水平系梁均按配筋砌体验收，不再划分混凝土结构的分项（模板、钢筋、混凝土、现浇结构）；如有预制构件的，在混凝土结构子分部中应划分装配式结构分项（含预制构件、结构性能检验、装配式结构施工三种检验批）。

（4）建筑装饰装修分部地面子分部含整体面层、板块面层、木竹面层三种面层，其中基层分项尚应按《建筑装饰装修工程施工质量验收规范》（GB 50210—2001）划分为填充层、隔离层、找平层、垫层和基土等子分项；抹灰子分部中一般抹灰、装饰抹灰分项应按底层、中层、面层划分检验批；门窗子分部应按同一品种、类型和规格划分检验批。

（5）建筑屋面分部工程中的分项工程应按不同楼层屋面、雨篷划分为不同的检验批：隔汽层为沥青玛瑺脂的应做中间验收并入卷材防水层分项，为聚氨酯的应并入涂膜防水层分项，为 SBS 或聚乙烯丙纶（涤纶）的应并入卷材防水层分项；防水层上保护层不单列，并入卷材防水层分项或涂膜防水层分项；密封材料嵌缝不论柔性屋面或是刚性屋面均并入刚性屋面子分部（注：台阶、散水虽属装饰装修分部地面子分部，如有嵌缝均按刚性屋面密封材料嵌缝检验分项验收，其结构部分应并入地基与基础分部相应子分部分项验收）。地下室顶板与主体±0.000 下相交处，地下室顶板凸出主体部分若需做防水，则应按屋面防水划分检验批。

（6）供排水及采暖分部：供排水应按照进户供水管→供水立管→户内供水管及卫生器具→排水横管→排水立管→排水出户管的顺序按系统和实际施工情况划分检验批；采暖应按照进户热水管→热水立管→户内热水管（地辐射盘管）及散热器→回水管→回水立管→回水出户管的顺序按系统和实际施工情况划分检验批。

（7）建筑电器分部应按照进户管线（接地线）→总配电箱（总等电位箱）→分箱→抄表（刷卡）箱→用户箱→回路→开关插座（用电器具）的顺序按系统和实际施工情况划分检验批。特别要说明的是：由进户管线至用户箱的线路称为干线，其分项应并入供电干线子分部；由用户箱至开关插座间的回路称为支线，其分项应并入电器照明安装子分部。

（8）智能建筑分部、通风与空调分部、电梯分部工程如按照《建筑工程质量验收统一标准》（GB 50300—2013）分项工程的划分与条文不完全一致，应按系统和实际施工情况，经与建设、监理、设计等单位商议在施工合同或协议中约定后划分检验批。

（9）《建筑节能工程施工验收规范》（GB 50411—2007）中建筑节能分部分项工程划分，其分项工程相当于统一验收标准中的子分部，主要验收内容相当于统一验收标准中的分项工程。

4. 建筑工程质量验收

建筑工程质量验收分单位（子单位）、分部（子分部）、分项、检验批六个层次。

1）检验批质量验收

检验批合格质量应符合下列规定：

（1）主控项目和一般项目的质量经抽样检验合格。

（2）具有完整的施工操作依据、质量检查记录。

检验批是工程验收的最小单位，是分项工程乃至整个建筑工程质量验收的基础。检验批是施工过程中条件相同并有一定数量的材料、构配件或安装项目，由于其质量基本均匀一致，因此可以作为检验的基础单位，并按批验收。检验批质量合格的条件，共两个方面：资料检查、主控项目检验和一般项目检验。

2）分项工程质量验收

分项工程质量验收合格应符合下列规定：

（1）分部工程所含的检验批均应符合合格质量的规定。

（2）分项工程所含的检验批的质量验收记录应完整。

分项工程的验收在检验批的基础上进行。一般情况下，两者具有相同或相近的性质，只是批量的大小不同而已。因此，将有关的检验批汇集构成分项工程。分项工程合格质量的条件比较简单，只要构成分项工程的各检验批的验收资料文件完整，并且均已验收合格，则分项工程验收合格。

3）分部工程质量验收

分部（子分部）工程质量验收合格应符合下列规定：

（1）分部（子分部）工程所含工程的质量均应验收合格。

（2）质量控制资料应完整。

（3）地基与基础、主体结构和设备安装等分部工程有关安全及功能（按标准应称为安全功能、使用功能、主要功能）的检验和抽样检测结果应符合有关规定。

（4）观感质量验收应符合要求。

分部工程验收的基本条件是：在其所含各分项工程验收的基础上进行；分部工程的各分项工程必须已验收合格且相应的质量控制资料文件必须完整，此外，由于各分项工程的性质不尽相同，须增加涉及安全和使用功能的地基基础、主体结构、有关安全及重要使用功能的安装分部工程应进行有关见证取样送样试验或抽样检测；观感质量验收两类检查项目。

4）单位（子单位）工程质量验收

单位（子单位）工程质量验收合格应符合下列规定：

（1）单位（子单位）工程所含分部（子分部）工程的质量均应验收合格。

（2）质量控制资料应完整。

（3）单位（子单位）工程所含分部工程有关安全和功能的检测资料应完整。

（4）主要功能项目的抽查结果应符合相关专业质量验收规范的规定。

（5）观感质量验收应符合要求。

单位工程质量验收也称质量竣工验收，是建筑工程投入使用前的最后一次验收，也是最重要的一次验收。验收合格的条件有五个，除构成单位工程的各分部工程应该合格，并且有关的资料文件应完整以外，还须进行以下三个方面的检查：

（1）涉及安全和使用功能的分部工程应进行检验资料的复查。不仅要全面检查其完整性（不得有漏检缺项），而且对分部工程验收时补充进行的见证抽样检验报告也要复核。

（2）对主要使用功能还须进行抽查。抽查项目在检查资料文件的基础上由参加验收的各方人员商定，并由计量、计数的抽样方法确定检查部位。检查要求按有关专业工程施工质量验收标准要求进行。

（3）由参加验收的各方人员共同进行观感质量检查。检查的方法、内容、结论等已在分部工程的相应部分中阐述，最后共同确定是否验收。

5. 建筑工程质量验收程序和组织要求

1）检验批及分项工程验收程序和组织要求

检验批及分项工程应由监理工程师（建设单位项目技术负责人）组织施工单位项目专业质量（技术）负责人等进行验收。

检验批和分项工程是建筑工程质量的基础，验收前，施工单位先填好“检验批和分项工程的质量验收记录”（有关监理记录和结论不填），并由项目专业质量检验员和项目专业技术负责人分别在检验批和分项工程质量检验记录相关栏目中签字，然后由监理工程师组织，严格按规定程序进行验收。

2）分部工程验收程序和组织要求

分部工程应由总监理工程师（建设单位项目负责人）组织施工单位项目负责人和技术、质量负责人等进行验收；地基与基础、主体结构分部工程的勘察、设计单位工程项目负责人和施工单位技术、质量部门负责人也应参加相关分部工程验收。

对于分部（子分部）工程验收的组织者及参加验收的相关单位和人员规定的原则是：工程监理实行总监理工程师负责制，因此分部工程应由总监理工程师（建设单位项目负责人）组织施工单位的项目负责人和项目技术、质量负责人及有关人员进行验收。因为地基基础、主体结构的主要技术资料和质量问题是归技术部门和质量部门掌握，所以规定施工单位的技术、质量部门负责人也应参加验收。

由于地基基础、主体结构技术性能要求严格，技术性强，关系到整个工程的安全，因此规定这些分部工程的勘察、设计单位工程项目负责人也应参加相关分部的工程质量验收。

3）单位工程验收程序和组织要求

单位工程完工后，施工单位应自行组织有关人员进行检查评定，并向建设单位提交工程验收报告。建设单位收到工程报告后，应由建设单位（项目）负责人组织施工（含分包单位）、设计、监理等单位（项目）负责人进行单位（子单位）工程验收。

单位工程完成后，施工单位首先要依据质量标准、设计图纸等组织有关人员进行自检，并对检查结果进行评定，符合要求后向建设单位提交工程验收报告和完整的质量资料，请建设单位组织验收。单位工程质量验收应由建设单位负责人或项目负责人组织，设计、施工单位负责人或项目负责人及施工单位的技术、质量负责人和监理单位的总监理工程师均应参加验收（勘察单位虽然亦是责任主体，但已经参加了地基验收，故单位工程验收时，可以不参加）。

6. 施工资料收集、审查与填写

一般施工资料收集后主要审查的内容可分为：表头填写、资料编制内容、资料报送结论部分。审查表头部分可统一填写，不需具体人员签名，只是明确负责人的地位。资料报送结论部分，主要确认结论和签章是否完整，签章或签字人是否是本人签名，且是否与合同一致。常见栏目填写要求如下：

（1）工程名称栏应填写工程名称的全称，与合同或招投标文件中的工程名称一致。

（2）建设单位栏填写合同文件中的甲方单位，名称也应写全称，与合同签章上的单位名称相同。

（3）建设单位项目负责人栏应填写合同书上签字人或签字人以文字形式委托的代表工程的项目负责人，工程完工后竣工验收备案表中的单位项目负责人应与此一致。

（4）设计单位栏填写设计合同中签章单位的名称，其全称应与印章上的名称一致。设计单位的项目负责人栏，应是设计合同书签字人或签字人以文字形式委托的该项目负责人，工程完工后竣工验收备案表中的单位项目负责人也应与此一致。

（5）监理单位填写单位全称，应与合同或协议书中的名称一致。

（6）总监理工程师栏应是合同或协议书中明确的项目监理负责人，也可以是监理单位以文件形式明确的该项目监理负责人，必须有监理工程师任职资格证书，专业要对口。

（7）施工单位栏填写施工合同中签章单位的全称，与签章上的名称一致。

（8）项目经理栏、项目技术负责人栏与合同中明确的项目经理、项目技术负责人一致。

7. 检验批质量验收记录表填写与审查

1）表头部分的填写

工程名称：按合同文件上的单位工程名称填写。

验收部位：一个分项工程中验收的那个检验批的抽样范围，要标注清楚，如二层①～⑩轴线砖砌体。

施工单位、分包单位、填写施工单位的全称，与合同上公章名称相一致。项目经理填写合同中指定的项目负责人。有分包单位时，也应填写分包单位全称，分包单位的项目经理也应是合同中指定的项目负责人。这些人员由填表人填写不要本人签字，只是标明他是项目负责人。

施工执行标准名称及编号栏：填写企业的标准系列名称（操作工艺、工艺标准、工法等）及编号，企业标准应有编制人、批准人、批准时间、执行时间、标准名称及编号，并要在施工现场有这项标准，工人在执行这项标准。

2）质量验收规范的规定栏

质量验收规范的规定填写具体的质量要求，在制表时就已填写好验收规范中主控项目、一般项目的全部内容。但由于表格的地方小，多数指标不能将全部内容填写下，所以，只将质量指标归纳、简化描述或将题目及条文号填写上，作为检查内容提示，以便查对验收规范的原文；对计数检验的项目，将数据直接写出来。规范上还有基本规定、一般规定等内容，它们虽然不是主控项目和一般项目的条文，但这些内容也是验收主控项目和一般项目的依据，所以验收规范的质量指标不宜全抄过来，故只将其主要要求及如何判定注明。这些在制表时就印上去了。

3）主控项目、一般项目施工单位检查评定记录

填写方法分以下几种情况，判定验收不验收均按施工质量验收规定进行判定。

（1）对定量项目根据规范的要求的检查数量直接填写检查的数据。

（2）对定性项目，填写实际发生的检查内容。

（3）有混凝土、砂浆强度等级的检验批，按规定制取试件后，可填写试件编号，待试件试验报告出来后，对检验批进行判定，并在分项工程验收时进一步进行强度评定及验收。

（4）对一般项目合格点有要求的项目，应是其中带有数据的定量项目；定性项目必须基本达到。定量项目其中每个项目都必须有 80%以上（混凝土保护层为 90%）检测点的实测数值达到规范规定。其余 20%按各专业施工质量验收规范规定，不能大于 150%，钢结构为 120%，就是说有数据的项目，除必须达到规定的数值外，其余可放宽的，最大放宽到 150%。

“施工单位检查评定记录”栏按实际检查结果填写，并给出是否符合设计或规范规定的结论。结论表述应文字简练，技术用语规范，有数据的项目，将实际测量的数值填入格内。

4）监理（建设）单位验收记录

通常监理人员应采取平行、旁站或巡回的方法进行监理，在施工过程中，对施工质量进行察看和测量，并参加施工单位的重要项目的检测，以了解质量水平和控制措施的有效性及执行情况，在整个过程中，随时可以测量等。在检验批验收时，对主控项目、一般项目应逐项进行验收。对符合验收规范规定的项目，填写“合格”或“符合要求”，对不符合验收规范规定的项目，暂不填写，待处理后再验收，但应做标记。

5）施工单位检查结果评定

施工单位检查结果评定指施工单位自行检查评定合格后，由项目专业质量检查员，根据执行标准检查填写的实际检查结果。一般可注明“主控项目全部合格，一般项目满足规范规定要求”。

专业工长（施工员）和施工班、组长栏目由本人签字，以示承担责任。专业质量检查员代表企业逐项检查评定合格，将表填写并写明结果，签字后，交监理工程师或建设单位项目专业技术负责人验收。

6）监理（建设）单位验收结论

主控项目、一般项目验收合格，混凝土、砂浆试件强度待试验报告出来后判定，其余项目已全部验收合格，注明“同意验收”，专业监理工程师或建设单位的专业技术负责人签字。

7）检验批质量验收记录

检验批质量验收记录应符合现行国家标准《建筑工程施工质量验收统一标准》（GB 50300—2013）的有关规定。施工单位填写的检验批质量验收记录应一式三份，并应由建设单位、监理单位、施工单位各保存一份。检验批质量验收记录宜采用表 9-0-4 的格式（所有表格均应如此，划分到分部、子分部、分项，并应按规范术语填写），常见检验分项检验批记录表见表 9-0-4（1）~（38）。

表 9-0-4（1） 土方开挖工程 检验批质量验收记录（C.7.1）

<table>
<tr><td colspan="3">工程名称</td><td colspan="5">××市××中学教学楼</td><td colspan="3">验收部位</td><td colspan="4">1-11/A-F 轴</td><td colspan="2">编号</td><td>01-01-C7-×××</td></tr>
<tr><td colspan="3">施工单位</td><td colspan="12">×××建筑安装有限公司</td><td colspan="2">项目经理</td><td>×××</td></tr>
<tr><td colspan="3">施工执行标准名称及编号</td><td colspan="12">建筑安装工程施工工艺规程 QB-××-××××</td><td colspan="2">专业工长</td><td>×××</td></tr>
<tr><td colspan="3">分包单位</td><td colspan="3">—</td><td colspan="5">分包项目经理</td><td colspan="4">—</td><td colspan="2">施工班组长</td><td>×××</td></tr>
<tr><td colspan="3" rowspan="3">项目</td><td colspan="5">规范规定（设计要求）</td><td colspan="10" rowspan="3">施工单位检查评定记录</td><td rowspan="3">监理（建设）单位验收记录</td></tr>
<tr><td rowspan="2">柱基基坑基槽</td><td colspan="2">挖方场地平整</td><td rowspan="2">管沟</td><td rowspan="2">地（路）面基层</td></tr>
<tr><td>人工</td><td>机械</td></tr>
<tr><td rowspan="3">主控项目</td><td>1</td><td>标高</td><td>-50</td><td>±30</td><td>±50</td><td>-50</td><td>-50</td><td>-20</td><td>-30</td><td>-40</td><td>-10</td><td>-15</td><td>-35</td><td>-13</td><td>-24</td><td></td><td></td><td rowspan="2">合格</td></tr>
<tr><td>2</td><td>长度、宽度（由设计中心线向两边量）</td><td>+200
-50</td><td>+300
-100</td><td>+500
-150</td><td>+100</td><td>—</td><td>20</td><td>40</td><td>60</td><td>45</td><td>35</td><td>16</td><td>55</td><td>68</td><td></td><td></td></tr>
<tr><td>3</td><td>边坡</td><td colspan="5">设计要求</td><td colspan="10">符合设计要求</td><td></td></tr>
<tr><td rowspan="2">一般项目</td><td>1</td><td>表面平整度</td><td>20</td><td>20</td><td>50</td><td>20</td><td>20</td><td>12</td><td>13</td><td>15</td><td>16</td><td>18</td><td>6</td><td>15</td><td>5</td><td></td><td></td><td rowspan="2">合格</td></tr>
<tr><td>2</td><td>基底土性</td><td colspan="5">设计要求</td><td colspan="10">符合设计要求</td></tr>
<tr><td colspan="3">施工单位检查评定结果</td><td colspan="16">主控项目和一般项目质量经抽样检验合格，施工操作依据、质量检查记录完整。

项目专业质量检查员：××× ××××年××月××日</td></tr>
<tr><td colspan="3">监理（建设）单位验收结论</td><td colspan="16">同意验收。

专业监理工程师：×××
（建设单位项目专业技术负责人）：××× ××××年××月××日</td></tr>
</table>

表 9-0-4（2） 土方回填工程 检验批质量验收记录（C.7.1）

<table>
<tr><td colspan="3">工程名称</td><td colspan="5">××市××中学教学楼</td><td colspan="3">验收部位</td><td colspan="4">1-11/A-F 轴</td><td colspan="3">编号</td><td>01-01-C7-×××</td></tr>
<tr><td colspan="3">施工单位</td><td colspan="12">×××建筑安装有限公司</td><td colspan="3">项目经理</td><td>×××</td></tr>
<tr><td colspan="3">施工执行标准名称及编号</td><td colspan="12">建筑安装工程施工工艺规程 QB-××-××××</td><td colspan="3">专业工长</td><td>×××</td></tr>
<tr><td colspan="3">分包单位</td><td colspan="5">—</td><td colspan="3">分包项目经理</td><td colspan="4">—</td><td colspan="3">施工班组长</td><td>×××</td></tr>
<tr><td colspan="3" rowspan="3">项目</td><td colspan="5">规范规定（设计要求）</td><td colspan="10" rowspan="3">施工单位检查评定记录</td><td rowspan="3">监理（建设）
单位验收记录</td></tr>
<tr><td rowspan="2">柱基基坑
基槽</td><td colspan="2">挖方场地平整</td><td rowspan="2">管沟</td><td rowspan="2">地（路）
面基层</td></tr>
<tr><td>人工</td><td>机械</td></tr>
<tr><td rowspan="2">主控
项目</td><td>1</td><td>标高</td><td>−50</td><td>±30</td><td>±50</td><td>−50</td><td>−50</td><td>2</td><td>1</td><td>3</td><td>5</td><td>6</td><td>−2</td><td>−6</td><td>−9</td><td>−8</td><td>1</td><td rowspan="2">合格</td></tr>
<tr><td>2</td><td>分层压实系数</td><td colspan="5">设计要求</td><td colspan="10"></td></tr>
<tr><td rowspan="3">一般
项目</td><td>1</td><td>回填土料</td><td colspan="5">设计要求</td><td colspan="10"></td><td rowspan="2">合格
设计要求</td></tr>
<tr><td>2</td><td>分层厚度及
含水量</td><td colspan="5">设计要求</td><td colspan="10"></td></tr>
<tr><td>3</td><td>表面平整度</td><td>20</td><td>20</td><td>30</td><td>20</td><td>20</td><td>7</td><td>8</td><td>9</td><td>3</td><td>5</td><td>6</td><td>8</td><td>9</td><td>12</td><td>14</td><td></td></tr>
<tr><td colspan="3">施工单位检查评定结果</td><td colspan="16">主控项目和一般项目质量经抽样检验合格，施工操作依据、质量检查记录完整。

项目专业质量检查员：××× ××××年××月××日</td></tr>
<tr><td colspan="3">监理（建设）
单位验收结论</td><td colspan="16">同意验收。

专业监理工程师：×××
（建设单位项目专业技术负责人）：××× ××××年××月××日</td></tr>
</table>

表 9-0-4（3）　模板安装 检验批质量验收记录

工程名称	××市××中学教学楼		验收部位	1-11/A-F 轴梁、板	编号	01-01-C7-×××
施工单位	×××建筑安装有限公司				项目经理	×××
施工执行标准名称及编号	建筑安装工程施工工艺规程 QB-××-××××				专业工长	×××
分包单位	—	分包项目经理	—		施工班组长	×××

		施工质量验收规范的规定				施工单位检查评定记录										监理（建设）单位验收记录
主控项目	1	模板支撑、立柱位置和垫板			第 4.2.1 条	符合承载能力和安装要求										经检查主控项目符合要求
	2	避免隔离剂玷污			第 4.2.2 条	无污染钢筋和混凝土接槎处现象										
一般项目	1	模板安装的一般要求			第 4.2.3 条	符合规范规定及设计要求										经检查一般项目符合要求
	2	用作模板地坪、胎膜质量			第 4.2.4 条	符合规范规定及设计要求										
	3	模板起拱高度			第 4.2.5 条	符合规范规定及设计要求										
	4	预埋件、预留孔允许偏差	预埋钢板中心线位置（mm）		3	2	0	1	3	2	1	2	0	1	2	
			预埋管、预留孔中心线位置（mm）		3	1	2	2	1	0	1	2	0	1	2	
			插筋	中心线位置（mm）	5											
				外露长度（mm）	+10，0											
			预埋螺栓	中心线位置（mm）	2											
				外露长度（mm）	+10，0											
			预留洞	中心线位置（mm）	10											
				尺寸（mm）	+10，0	6	7	5	4	3	2	4	5	2	1	
	5	模板安装允许偏差	轴线位置（mm）		5	2	3	1	2	3	1	3	2	4	5	
			底模上表面标高（mm）		±5											
			截面内部尺寸（mm）	基础	±10											
				柱、墙、梁	+4，-5	3	2	1	4	-1	-2	2	3	-4	1	
			层高垂直度（mm）	不大于 5 m	6	2	3	4	5	6	4	5	3	2	1	
				大于 5 m	8											
			相邻两板表面高低差（mm）		2	1	1	2	0	1	1	2	0	1	1	
			表面平整度（mm）		5	1	2	3	4	3	2	1	1	2	3	
施工单位检查评定结果	控项目和一般项目质量经抽样检验合格，施工操作依据、质量检查记录完整。 项目专业质量检查员：×××　　××××年××月××日															
监理（建设）单位验收结论	同意验收。 专业监理工程师：××× （建设单位项目专业技术负责人）：×××　　××××年××月××日															

表 9-0-4（4）　模板拆除 检验批质量验收记录

<table>
<tr><td>工程名称</td><td colspan="2">×××市××中学教学楼</td><td>验收部位</td><td>1-11/A-F 轴梁、板</td><td>编号</td><td>01-01-C7-×××</td></tr>
<tr><td>施工单位</td><td colspan="4">×××建筑安装有限公司</td><td>项目经理</td><td>×××</td></tr>
<tr><td>施工执行标准名称及编号</td><td colspan="4">建筑安装工程施工工艺规程 QB-××-××××</td><td>专业工长</td><td>×××</td></tr>
<tr><td>分包单位</td><td>—</td><td>分包项目经理</td><td colspan="2">—</td><td>施工班组长</td><td>×××</td></tr>
<tr><td colspan="4">施工质量验收规范的规定</td><td colspan="2">施工单位检查评定记录</td><td>监理（建设）单位验收记录</td></tr>
<tr><td rowspan="4">主控项目</td><td>1</td><td>底模及其支架拆除时的混凝土强度</td><td>第 4.3.1 条</td><td colspan="2">符合规范规定</td><td rowspan="3">符合规范规定</td></tr>
<tr><td>2</td><td>后张法预应力构件侧模和底模的拆除时间</td><td>第 4.3.2 条</td><td colspan="2">—</td></tr>
<tr><td>3</td><td>后浇带拆模和支顶</td><td>第 4.3.3 条</td><td colspan="2">—</td></tr>
<tr><td></td><td></td><td></td><td colspan="2"></td><td></td></tr>
<tr><td rowspan="5">一般项目</td><td>1</td><td>避免拆模损伤</td><td>第 4.3.4 条</td><td colspan="2">符合规范规定</td><td rowspan="2">符合有关规定及要求</td></tr>
<tr><td>2</td><td>模板拆除、堆放和清运</td><td>第 4.3.5 条</td><td colspan="2">符合施工组织设计要求</td></tr>
<tr><td></td><td></td><td></td><td colspan="2"></td><td></td></tr>
<tr><td></td><td></td><td></td><td colspan="2"></td><td></td></tr>
<tr><td></td><td></td><td></td><td colspan="2"></td><td></td></tr>
<tr><td colspan="2">施工单位检查评定结果</td><td colspan="5">主控项目和一般项目质量经抽样检验合格，施工操作依据、质量检查记录完整。
项目专业质量检查员：×××　　　　××××年××月××日</td></tr>
<tr><td colspan="2">监理（建设）单位验收结论</td><td colspan="5">同意验收。
专业监理工程师：×××
（建设单位项目专业技术负责人）：×××　　　　××××年××月××日</td></tr>
</table>

表 9-0-4（5） 钢筋原材料及加工 检验批质量验收记录

<table>
<tr><td colspan="3">工程名称</td><td>××市××中学教学楼</td><td>验收部位</td><td colspan="5">1-11/A-F 轴梁、板</td><td colspan="5">编号</td><td>01-01-C7-×××</td></tr>
<tr><td colspan="3">施工单位</td><td colspan="12">×××建筑安装有限公司</td><td>×××</td></tr>
<tr><td colspan="3">施工执行标准名称及编号</td><td colspan="7">建筑安装工程施工工艺规程 QB-××-××××</td><td colspan="5">专业工长</td><td>×××</td></tr>
<tr><td colspan="3">分包单位</td><td>—</td><td>分包项目经理</td><td colspan="5">—</td><td colspan="5">施工班组长</td><td>×××</td></tr>
<tr><td colspan="5">施工质量验收规范的规定</td><td colspan="10">施工单位检查评定记录</td><td>监理（建设）单位验收记录</td></tr>
<tr><td rowspan="5">主控项目</td><td>1</td><td colspan="2">力学性能检验</td><td>第 5.2.1 条</td><td colspan="10">详见检测报告×××号</td><td rowspan="5">符合规范规定</td></tr>
<tr><td>2</td><td colspan="2">抗震用钢筋强度实测值</td><td>第 5.2.2 条</td><td colspan="10">详见检测报告×××号</td></tr>
<tr><td>3</td><td colspan="2">化学成分等专项检验</td><td>第 5.2.3 条</td><td colspan="10">详见检测报告×××号</td></tr>
<tr><td>4</td><td colspan="2">受力钢筋的弯钩和弯折</td><td>第 5.3.1 条</td><td colspan="10">符合规范规定</td></tr>
<tr><td>5</td><td colspan="2">箍筋弯钩形式</td><td>第 5.3.2 条</td><td colspan="10">符合规范规定</td></tr>
<tr><td></td><td></td><td colspan="2"></td><td></td><td colspan="10"></td><td></td></tr>
<tr><td rowspan="5">一般项目</td><td>1</td><td colspan="2">外观质量</td><td>第 5.2.4 条</td><td colspan="10">符合规范规定</td><td rowspan="5">符合规范规定</td></tr>
<tr><td>2</td><td colspan="2">钢筋调直</td><td>第 5.3.3 条</td><td colspan="10">符合规范规定</td></tr>
<tr><td rowspan="3">3</td><td rowspan="3">钢筋加工的形状、尺寸</td><td>受力钢筋顺长度方向全长的净尺寸</td><td>±10</td><td>2</td><td>3</td><td>4</td><td>5</td><td>6</td><td>−1</td><td>−3</td><td>−6</td><td>4</td><td>6</td></tr>
<tr><td>弯起钢筋的弯折位置</td><td>±20</td><td>8</td><td>9</td><td>7</td><td>9</td><td>−5</td><td>−4</td><td>6</td><td>7</td><td>8</td><td>9</td></tr>
<tr><td>箍筋内净尺寸</td><td>±5</td><td>2</td><td>−2</td><td>4</td><td>2</td><td>1</td><td>3</td><td>5</td><td>−3</td><td>−2</td><td>−1</td></tr>
<tr><td colspan="4">施工单位检查评定结果</td><td colspan="12">主控项目和一般项目的质量经抽样检验合格，施工操作依据、质量检查记录完整。

项目专业质量检查员：××× ××××年××月××日</td></tr>
<tr><td colspan="4">监理（建设）单位验收结论</td><td colspan="12">同意验收。
专业监理工程师：×××
（建设单位项目专业技术负责人）：××× ××××年××月××日</td></tr>
</table>

表 9-0-4（6） 钢筋连、安装 检验批质量验收记录

<table>
<tr><td colspan="3">工程名称</td><td colspan="3">××市××中学教学楼</td><td colspan="3">验收部位</td><td colspan="5">1-11/A-F 轴梁、板</td><td colspan="3">编号</td><td>01-01-C7-×××</td></tr>
<tr><td colspan="3">施工单位</td><td colspan="11">×××建筑安装有限公司</td><td colspan="3">项目经理</td><td>×××</td></tr>
<tr><td colspan="3">施工执行标准名称及编号</td><td colspan="11">建筑安装工程施工工艺规程 QB-××-××××</td><td colspan="3">专业工长</td><td>×××</td></tr>
<tr><td colspan="3">分包单位</td><td colspan="2">—</td><td colspan="2">分包项目经理</td><td colspan="7">—</td><td colspan="3">施工班组长</td><td>×××</td></tr>
<tr><td colspan="7">施工质量验收规范的规定</td><td colspan="10">施工单位检查评定记录</td><td>监理（建设）单位验收记录</td></tr>
<tr><td rowspan="3">主控项目</td><td>1</td><td colspan="4">纵向受力钢筋的连接方式</td><td>第 5.4.1 条</td><td colspan="10">符合规范规定设计要求</td><td rowspan="3">符合规范及设计要求</td></tr>
<tr><td>2</td><td colspan="4">机械连接和焊接接头的力学性能</td><td>第 5.4.2 条</td><td colspan="10">详见试验报告单×××号</td></tr>
<tr><td>3</td><td colspan="4">受力钢筋的品种、级别、规格和数量</td><td>第 5.5.1 条</td><td colspan="10">符合规范规定及设计要求</td></tr>
<tr><td rowspan="17">一般项目</td><td>1</td><td colspan="4">接头位置和数量</td><td>第 5.4.3 条</td><td colspan="10">符合规范规定及设计要求</td><td rowspan="5">符合规范规定及设计要求</td></tr>
<tr><td>2</td><td colspan="4">机械连接、焊接的外观质量</td><td>第 5.4.4 条</td><td colspan="10">符合规范规定及设计要求</td></tr>
<tr><td>3</td><td colspan="4">机械连接、焊接的接头面积百分率</td><td>第 5.4.5 条</td><td colspan="10">符合规范规定及设计要求</td></tr>
<tr><td>4</td><td colspan="4">绑扎搭接接头面积百分率和搭接长度</td><td>第 5.4.6 条附录 B</td><td colspan="10">符合规范规定及设计要求</td></tr>
<tr><td>5</td><td colspan="4">搭接长度范围内的箍筋</td><td>第 5.4.7 条</td><td colspan="10">符合规范规定及设计要求</td></tr>
<tr><td rowspan="12">6</td><td rowspan="12">钢筋安装允许偏差</td><td rowspan="2">绑扎钢筋网</td><td colspan="2">长、宽（mm）</td><td>±10</td><td>1</td><td>2</td><td>3</td><td>4</td><td>5</td><td>6</td><td>5</td><td>4</td><td>3</td><td>2</td><td rowspan="12"></td></tr>
<tr><td colspan="2">网眼尺寸（mm）</td><td>±20</td><td>9</td><td>8</td><td>7</td><td>8</td><td>9</td><td>12</td><td>14</td><td>12</td><td>11</td><td>9</td></tr>
<tr><td rowspan="2">绑扎钢筋骨架</td><td colspan="2">长（mm）</td><td>±10</td><td></td><td></td><td></td><td></td><td></td><td></td><td></td><td></td><td></td><td></td></tr>
<tr><td colspan="2">宽、高（mm）</td><td>±5</td><td></td><td></td><td></td><td></td><td></td><td></td><td></td><td></td><td></td><td></td></tr>
<tr><td rowspan="5">受力钢筋</td><td colspan="2">间距（mm）</td><td>±10</td><td>1</td><td>2</td><td>3</td><td>4</td><td>5</td><td>6</td><td>7</td><td>−3</td><td>−2</td><td>−1</td></tr>
<tr><td colspan="2">排距（mm）</td><td>±5</td><td>−1</td><td>−3</td><td>1</td><td>2</td><td>3</td><td>−2</td><td>−4</td><td>−1</td><td>2</td><td>3</td></tr>
<tr><td rowspan="3">保护层厚度（mm）</td><td>基础</td><td>±10</td><td></td><td></td><td></td><td></td><td></td><td></td><td></td><td></td><td></td><td></td></tr>
<tr><td>柱、梁</td><td>±5</td><td>2</td><td>3</td><td>4</td><td>1</td><td>2</td><td>3</td><td>−2</td><td>−3</td><td>−3</td><td>−1</td></tr>
<tr><td>板、墙、壳</td><td>±3</td><td>1</td><td>2</td><td>1</td><td>−2</td><td>−1</td><td>−3</td><td>1</td><td>2</td><td>3</td><td>−1</td></tr>
<tr><td colspan="3">绑扎箍筋、横向钢筋间距（mm）</td><td>±20</td><td>2</td><td>4</td><td>6</td><td>8</td><td>9</td><td>−9</td><td>−5</td><td>11</td><td>12</td><td>15</td></tr>
<tr><td colspan="3">钢筋弯起点位置（mm）</td><td>20</td><td>4</td><td>5</td><td>7</td><td>8</td><td>12</td><td>11</td><td>10</td><td>13</td><td>14</td><td>11</td></tr>
<tr><td rowspan="2">预埋件</td><td colspan="2">中心线位置（mm）</td><td>5</td><td></td><td></td><td></td><td></td><td></td><td></td><td></td><td></td><td></td><td></td></tr>
<tr><td colspan="2">水平高差（mm）</td><td>+3，0</td><td></td><td></td><td></td><td></td><td></td><td></td><td></td><td></td><td></td><td></td></tr>
<tr><td colspan="4">施工单位检查评定结果</td><td colspan="14">主控项目和一般项目的质量经抽样检验合格，施工操作依据、质量检查记录完整。
项目专业质量检查员：××× ××××年××月××日</td></tr>
<tr><td colspan="4">监理（建设）单位验收结论</td><td colspan="14">同意验收。
专业监理工程师：×××
（建设单位项目专业技术负责人）：××× ××××年××月××日</td></tr>
</table>

表 9-0-4（7） 混凝土原材料及配合比设计 检验批质量验收记录

工程名称		××市××中学教学楼	验收部位	一层 1-11/A-F 轴梁、板	编号	01-01-C7-×××
施工单位		×××建筑安装有限公司			项目经理	×××
施工执行标准名称及编号		建筑安装工程施工工艺规程 QB-××-××××			专业工长	×××
分包单位		—	分包项目经理	—	施工班组长	×××
施工质量验收规范的规定				施工单位检查评定记录		监理（建设）单位验收记录
主控项目	1	水泥进场检验	第 7.2.1 条	审查合格详见合格证、复试检验报告×××号		符合要求
	2	外加剂质量及应用	第 7.2.2 条	审查合格详见合格证、复试检验报告×××号		
	3	混凝土中氯化物、碱的总含量控制	第 7.2.3 条	审查合格详见合格证、复试检验报告×××号		
	4	配合比设计	第 7.3.1 条	符合设计要求，见配合比通知单××××号		
一般项目	1	矿物掺合料质量及掺量	第 7.2.4 条	—		符合规范要求
	2	粗细骨料的质量	第 7.2.5 条	经复试符合要求，见复试报告××××号		
	3	拌制混凝土用水	第 7.2.6 条	符合规范要求		
	4	开盘鉴定	第 7.3.2 条	符合规范要求		
	5	依砂、石含水率调整配合比	第 7.3.3 条	符合规范要求		
施工单位检查评定结果		主控项目和一般项目的质量经抽样检验合格，施工操作依据、质量检查记录完整。 项目专业质量检查员：××× ××××年××月××日				
监理（建设）单位验收结论		符合规范及设计要求。 专业监理工程师：××× （建设单位项目专业技术负责人）：××× ××××年××月××日				

表 9-0-4（8） 混凝土施工 检验批质量验收记录

工程名称			××市××中学教学楼	验收部位	一层 1-11/A-F 轴梁、板	编号	01-01-C7-×××
施工单位			×××建筑安装有限公司			项目经理	×××
施工执行标准名称及编号			建筑安装工程施工工艺规程 QB-××-××××			专业工长	×××
分包单位			—	分包项目经理	—	施工班组长	×××
施工质量验收规范的规定					施工单位检查评定记录		监理（建设）单位验收记录
主控项目	1	混凝土强度等级及试件的取样和留置	第 7.4.1 条		符合规范要求		符合规范要求
	2	混凝土抗渗及试件取样和留置	第 7.4.2 条		—		
	3	原材料每盘称量的偏差	第 7.4.3 条		符合规范要求		
	4	初凝时间控制	第 7.4.4 条		符合规范要求		
一般项目	1	施工缝的位置和处理	第 7.4.5 条		符合规范要求		符合规范要求
	2	后浇带的位置和浇筑	第 7.4.6 条		—		
	3	混凝土养护	第 7.4.7 条		符合规范要求		
施工单位检查评定结果			主控项目和一般项目的质量经抽样检验合格，施工操作依据、质量检查记录完整。 项目专业质量检查员：×××　　××××年××月××日				
监理（建设）单位验收结论			符合规范要求。 专业监理工程师：××× （建设单位项目专业技术负责人）：×××　　××××年××月××日				

表 9-0-4（9）　现浇结构外观及尺寸偏差 检验批质量验收记录

<table>
<tr><td colspan="3">工程名称</td><td colspan="3">××市××中学教学楼</td><td colspan="3">验收部位</td><td colspan="4">一层 1-11/A-F 轴梁、板</td><td colspan="2">编号</td><td colspan="2">01-01-C7-×××</td></tr>
<tr><td colspan="3">施工单位</td><td colspan="10">×××建筑安装有限公司</td><td colspan="2">项目经理</td><td colspan="2">×××</td></tr>
<tr><td colspan="3">施工执行标准名称及编号</td><td colspan="10">建筑安装工程施工工艺规程 QB-××-××××</td><td colspan="2">专业工长</td><td colspan="2">×××</td></tr>
<tr><td colspan="3">分包单位</td><td colspan="2">—</td><td>分包项目经理</td><td colspan="7">—</td><td colspan="2">施工班组长</td><td colspan="2">×××</td></tr>
<tr><td colspan="6">施工质量验收规范的规定</td><td colspan="10">施工单位检查评定记录</td><td>监理（建设）单位验收记录</td></tr>
<tr><td rowspan="2">主控项目</td><td>1</td><td colspan="3">外观质量</td><td>第 8.2.1 条</td><td colspan="10">符合规范要求</td><td rowspan="3">符合规范要求</td></tr>
<tr><td>2</td><td colspan="3">过大尺寸偏差处理及验收</td><td>第 8.3.1 条</td><td colspan="10">符合规范要求</td></tr>
<tr><td rowspan="18">一般项目</td><td>1</td><td colspan="3">外观质量一般缺陷</td><td>第 8.2.2 条</td><td colspan="10">符合规范要求</td></tr>
<tr><td rowspan="4">2</td><td rowspan="4">轴线位置（mm）</td><td colspan="2">基础</td><td>15</td><td></td><td></td><td></td><td></td><td></td><td></td><td></td><td></td><td></td><td></td><td rowspan="17">符合规范要求</td></tr>
<tr><td colspan="2">独立基础</td><td>10</td><td></td><td></td><td></td><td></td><td></td><td></td><td></td><td></td><td></td><td></td></tr>
<tr><td colspan="2">墙、柱、梁</td><td>8</td><td>2</td><td>1</td><td>3</td><td>2</td><td>4</td><td>5</td><td>3</td><td>2</td><td>2</td><td>7</td></tr>
<tr><td colspan="2">剪力墙</td><td>5</td><td></td><td></td><td></td><td></td><td></td><td></td><td></td><td></td><td></td><td></td></tr>
<tr><td rowspan="3">3</td><td rowspan="3">垂直度（mm）</td><td rowspan="2">层高</td><td>≤5 m</td><td>8</td><td>2</td><td>1</td><td>3</td><td>2</td><td>4</td><td>1</td><td>2</td><td>2</td><td>2</td><td>1</td></tr>
<tr><td>>5 m</td><td>10</td><td></td><td></td><td></td><td></td><td></td><td></td><td></td><td></td><td></td><td></td></tr>
<tr><td colspan="2">全高（H）</td><td>H/1 000 且≤30</td><td></td><td></td><td></td><td></td><td></td><td></td><td></td><td></td><td></td><td></td></tr>
<tr><td rowspan="2">4</td><td rowspan="2">标高（mm）</td><td colspan="2">层高</td><td>±10</td><td>−1</td><td>2</td><td>3</td><td>−2</td><td>4</td><td>5</td><td>1</td><td>−4</td><td>−3</td><td>−6</td></tr>
<tr><td colspan="2">全高</td><td>±30</td><td></td><td></td><td></td><td></td><td></td><td></td><td></td><td></td><td></td><td></td></tr>
<tr><td>5</td><td colspan="3">截面尺寸</td><td>+8，−5</td><td>4</td><td>3</td><td>4</td><td>5</td><td>6</td><td>−1</td><td>−3</td><td>1</td><td>2</td><td>3</td></tr>
<tr><td rowspan="2">6</td><td rowspan="2">电梯井</td><td colspan="2">进筒长、宽对定位中心线（mm）</td><td>+25，0</td><td></td><td></td><td></td><td></td><td></td><td></td><td></td><td></td><td></td><td></td></tr>
<tr><td colspan="2">井筒全高（H）垂直度（mm）</td><td>H/1 000 且≤30</td><td></td><td></td><td></td><td></td><td></td><td></td><td></td><td></td><td></td><td></td></tr>
<tr><td>7</td><td colspan="3">表面平整度（mm）</td><td>8</td><td>2</td><td>1</td><td>2</td><td>3</td><td>4</td><td>2</td><td>5</td><td>6</td><td>5</td><td>7</td></tr>
<tr><td rowspan="3">8</td><td rowspan="3">预埋设施中心线位置（mm）</td><td colspan="2">预埋件</td><td>10</td><td></td><td></td><td></td><td></td><td></td><td></td><td></td><td></td><td></td><td></td></tr>
<tr><td colspan="2">预埋螺栓</td><td>5</td><td></td><td></td><td></td><td></td><td></td><td></td><td></td><td></td><td></td><td></td></tr>
<tr><td colspan="2">预埋管</td><td>5</td><td>1</td><td>2</td><td>3</td><td>4</td><td>3</td><td>1</td><td>2</td><td>4</td><td>3</td><td>2</td></tr>
<tr><td>9</td><td colspan="3">预留洞中心线位置（mm）</td><td>15</td><td>6</td><td>8</td><td>9</td><td>7</td><td>8</td><td>11</td><td>12</td><td>14</td><td>2</td><td>3</td></tr>
<tr><td colspan="3">施工单位检查评定结果</td><td colspan="14">主控项目和一般项目的质量经抽样检验合格，施工操作依据、质量检查记录完整。
项目专业质量检查员：×××　　　　××××年××月××日</td></tr>
<tr><td colspan="3">监理（建设）单位验收结论</td><td colspan="14">同意验收。
专业监理工程师：×××
（建设单位项目专业技术负责人）：×××　　　　××××年××月××日</td></tr>
</table>

表 9-0-4（10） 砖砌体工程 检验批质量验收记录

工程名称		××市××中学教学楼		验收部位			1-11/A-F 轴墙				编号			01-01-C7-×××
施工单位		×××建筑安装有限公司									项目经理			×××
施工执行标准名称及编号		建筑安装工程施工工艺规程 QB-××-××××									专业工长			×××
分包单位		—	分包项目经理	—							施工班组长			×××
施工质量验收规范的规定				施工单位检查评定记录										监理（建设）单位验收记录
主控项目	1	砖强度等级	设计要求（MU）	MU10 多孔砖符合设计要求，详见合格证及复试试验报告×××号										符合规范规定及设计要求
	2	砂浆强度等级	设计要求（M）	标养砂浆强度达到设计要求，详见试验报告×××号										
	3	水平灰缝砂浆饱满度	≥80%	85	82	83	85	88	82	84	83	85	81	
	4	斜槎留置	第 5.2.3 条	符合规范规定										
	5	直槎拉结筋及接槎处理	第 5.2.4 条	符合规范规定										
	6	轴线位移	≤10 mm	3	5	4	2	6	7	8	1	2	3	
	7	垂直度（每层）	≤5 mm	1	2	3	3	4	5	2	3	4	2	
一般项目	1	组砌方法	第 5.3.1 条	符合设计要求										符合规范规定及设计要求
	2	水平灰缝厚度（10 mm）	8～12 mm	8	8	9	11	8	9		10	11	9	
	3	基础顶面、楼面标高	±15 mm	5	7	8	9	10	−9	−8	−7	6	11	
	4	表面平整度（混水）	8 mm	3	4	5	4	3	2	4	5	6	8	
	5	门窗洞口高度宽	±5 mm											
	6	外墙上下窗口偏移	20 mm											
	7	水平灰缝平直度（混水）	10 mm											
施工单位检查评定结果			主控项目和一般项目的质量经抽样检验合格，施工操作依据、质量检查记录完整。 项目专业质量检查员：××× ××××年××月××日											
监理（建设）单位验收结论			同意验收。 专业监理工程师：××× （建设单位项目专业技术负责人）：××× ××××年××月××日											

表 9-0-4（11） 配筋砌体 检验批质量验收记录

<table>
<tr><td colspan="3">工程名称</td><td colspan="2">××市××中学教学楼</td><td colspan="3">验收部位</td><td colspan="4">1-11/A-F 轴墙</td><td colspan="2">编号</td><td>01-01-C7-×××</td></tr>
<tr><td colspan="3">施工单位</td><td colspan="9">×××建筑安装有限公司</td><td colspan="2">项目经理</td><td>×××</td></tr>
<tr><td colspan="3">施工执行标准名称及编号</td><td colspan="9">建筑安装工程施工工艺规程 QB-××-××××</td><td colspan="2">专业工长</td><td>×××</td></tr>
<tr><td colspan="3">分包单位</td><td>—</td><td>分包项目经理</td><td colspan="7">—</td><td colspan="2">施工班组长</td><td>×××</td></tr>
<tr><td colspan="4">施工质量验收规范的规定</td><td colspan="10">施工单位检查评定记录</td><td>监理（建设）单位验收记录</td></tr>
<tr><td rowspan="7">主控项目</td><td>1</td><td>钢筋品种规格数量</td><td>第 8.2.1 条</td><td colspan="10">符合设计要求，详见合格证及复试试验报告×××号</td><td rowspan="7">符合设计及规范要求</td></tr>
<tr><td>2</td><td>混凝土、砂浆强度</td><td>设计要求 C
设计要求 M</td><td colspan="10">符合设计要求，详见试验报告×××号和×××号</td></tr>
<tr><td>3</td><td>马牙槎及拉结筋</td><td>第 8.2.3 条</td><td colspan="10">符合规范要求</td></tr>
<tr><td>4</td><td>芯柱</td><td>第 8.2.5 条</td><td colspan="10">符合规范要求</td></tr>
<tr><td>5</td><td>柱中心线位置</td><td>≤10 mm</td><td>2</td><td>3</td><td>4</td><td>1</td><td>5</td><td>6</td><td>8</td><td>9</td><td>7</td><td>6</td></tr>
<tr><td>6</td><td>柱层间错位</td><td>≤8 mm</td><td></td><td></td><td></td><td></td><td></td><td></td><td></td><td></td><td></td><td></td></tr>
<tr><td>7</td><td>柱垂直度（每层）</td><td>≤10 mm</td><td>2</td><td>3</td><td>4</td><td>1</td><td>2</td><td>3</td><td>5</td><td>4</td><td>3</td><td>4</td></tr>
<tr><td rowspan="5">一般项目</td><td>1</td><td>水平灰缝钢筋</td><td>第 8.3.1 条</td><td colspan="10">符合规范要求</td><td rowspan="5">符合规范要求</td></tr>
<tr><td>2</td><td>钢筋防腐</td><td>第 8.3.2 条</td><td colspan="10">符合规范要求</td></tr>
<tr><td>3</td><td>网状配筋及间距</td><td>第 8.3.3 条</td><td colspan="10">符合规范要求</td></tr>
<tr><td>4</td><td>组合砌体及拉结筋</td><td>第 8.3.4 条</td><td colspan="10">符合规范要求</td></tr>
<tr><td>5</td><td>砌块砌体钢筋搭接</td><td>第 8.3.5 条</td><td colspan="10">符合规范要求</td></tr>
<tr><td colspan="3">施工单位检查评定结果</td><td colspan="12">主控项目和一般项目的质量经抽样检验合格，施工操作依据、质量检查记录完整。
项目专业质量检查员：××× ×××年××月××日</td></tr>
<tr><td colspan="3">监理（建设）单位验收结论</td><td colspan="12">同意验收。
专业监理工程师：×××
（建设单位项目专业技术负责人）：××× ××××年××月××日</td></tr>
</table>

表 9-0-4（12） 屋面保温层检 验批质量验收记录

<table>
<tr><td colspan="4">工程名称</td><td colspan="3">××市××中学教学楼</td><td colspan="3">验收部位</td><td colspan="4">屋面保温层（五层）</td><td>编号</td><td>04-01-C7-×××</td></tr>
<tr><td colspan="4">施工单位</td><td colspan="10">×××建筑安装有限公司</td><td>项目经理</td><td>×××</td></tr>
<tr><td colspan="4">施工执行标准名称及编号</td><td colspan="10">建筑安装工程施工工艺规程 QB-××-××××</td><td>专业工长</td><td>×××</td></tr>
<tr><td colspan="4">分包单位</td><td>—</td><td colspan="2">分包项目经理</td><td colspan="7">—</td><td>施工班组长</td><td>×××</td></tr>
<tr><td colspan="5">施工质量验收规范的规定</td><td colspan="10">施工单位检查评定记录</td><td>监理（建设）单位验收记录</td></tr>
<tr><td rowspan="2">主控项目</td><td>1</td><td colspan="2">材料质量</td><td>设计要求</td><td colspan="10">符合设计要求</td><td rowspan="2">符合设计要求及规范规定</td></tr>
<tr><td>2</td><td colspan="2">保温层含水率</td><td>设计要求</td><td colspan="10">符合设计要求</td></tr>
<tr><td rowspan="4">一般项目</td><td>1</td><td colspan="2">保温层铺设</td><td>第 4.2.10 条</td><td colspan="10">符合规范规定</td><td rowspan="4">符合规范规定及设计要求</td></tr>
<tr><td>2</td><td colspan="2">倒置式屋面保护层</td><td>第 4.2.12 条</td><td colspan="10">—</td></tr>
<tr><td rowspan="2">3</td><td rowspan="2">保温层厚度允许偏差</td><td>松散、整体</td><td>+10%，-5%</td><td></td><td></td><td></td><td></td><td></td><td></td><td></td><td></td><td></td><td></td></tr>
<tr><td>板块</td><td>±5%</td><td>2</td><td>1</td><td>4</td><td>2</td><td>4</td><td>-1</td><td>2</td><td>-3</td><td></td><td></td></tr>
<tr><td colspan="4">施工单位检查评定结果</td><td colspan="12">主控项目和一般项目的质量经抽样检验合格，施工操作依据、质量检查记录完整。
项目专业质量检查员：××× ××××年××月××日</td></tr>
<tr><td colspan="4">监理（建设）单位验收结论</td><td colspan="12">同意验收。
专业监理工程师：×××
（建设单位项目专业技术负责人）：××× ××××年××月××日</td></tr>
</table>

表 9-0-4（13） 屋面找平层 检验批质量验收记录

<table>
<tr><td colspan="2">工程名称</td><td>××市××中学教学楼</td><td>验收部位</td><td colspan="6">屋面保温层（五层）</td><td colspan="4">编号</td><td>04-01-C7-×××</td></tr>
<tr><td colspan="2">施工单位</td><td colspan="8">×××建筑安装有限公司</td><td colspan="4">项目经理</td><td>×××</td></tr>
<tr><td colspan="2">施工执行标准名称及编号</td><td colspan="8">建筑安装工程施工工艺规程 QB-××-××××</td><td colspan="4">专业工长</td><td>×××</td></tr>
<tr><td colspan="2">分包单位</td><td>—</td><td>分包项目经理</td><td colspan="6">—</td><td colspan="4">施工班组长</td><td>×××</td></tr>
<tr><td colspan="4">施工质量验收规范的规定</td><td colspan="10">施工单位检查评定记录</td><td>监理（建设）单位验收记录</td></tr>
<tr><td rowspan="2">主控项目</td><td>1</td><td>材料质量及配合比</td><td>设计要求</td><td colspan="10">符合设计要求</td><td rowspan="2">符合设计要求</td></tr>
<tr><td>2</td><td>排水坡度</td><td>设计要求</td><td colspan="10">符合设计要求</td></tr>
<tr><td rowspan="4">一般项目</td><td>1</td><td>交接处和转角处细部处理</td><td>第 4.1.9 条</td><td colspan="10">符合规范规定</td><td rowspan="3">符合规范规定</td></tr>
<tr><td>2</td><td>表面质量</td><td>第 4.1.10 条</td><td colspan="10">符合规范规定</td></tr>
<tr><td>3</td><td>分格缝位置和间距</td><td>第 4.1.11 条</td><td colspan="10">符合规范规定</td></tr>
<tr><td>4</td><td>表面平整度允许偏差</td><td>5 mm</td><td>3</td><td>4</td><td>2</td><td>1</td><td>2</td><td>4</td><td>3</td><td>4</td><td>5</td><td>3</td><td></td></tr>
<tr><td colspan="3">施工单位检查评定结果</td><td colspan="12">主控项目和一般项目的质量经抽样检验合格，施工操作依据、质量检查记录完整。
项目专业质量检查员：××× ××××年××月××日</td></tr>
<tr><td colspan="3">监理（建设）单位验收结论</td><td colspan="12">同意验收。
专业监理工程师：×××
（建设单位项目专业技术负责人）：××× ××××年××月××日</td></tr>
</table>

表 9-0-4（14） 屋面卷材防水层 检验批质量验收记录

<table>
<tr><td colspan="3">工程名称</td><td>××市××中学教学楼</td><td colspan="3">验收部位</td><td colspan="5">屋面 1-11/A-F 轴</td><td colspan="2">编号</td><td>04-01-C7-×××</td></tr>
<tr><td colspan="3">施工单位</td><td colspan="9">×××建筑安装有限公司</td><td colspan="2">项目经理</td><td>×××</td></tr>
<tr><td colspan="3">施工执行标准名称及编号</td><td colspan="9">建筑安装工程施工工艺规程 QB-××-××××</td><td colspan="2">专业工长</td><td>×××</td></tr>
<tr><td colspan="3">分包单位</td><td>—</td><td colspan="4">分包项目经理</td><td colspan="4">—</td><td colspan="2">施工班组长</td><td>×××</td></tr>
<tr><td colspan="3">质量验收规范的规定</td><td colspan="11">施工单位检查评定记录</td><td>监理（建设）单位验收记录</td></tr>
<tr><td rowspan="3">主控项目</td><td>1</td><td>卷材及配套材料质量</td><td>设计要求</td><td colspan="10">经检查符合设计要求，见合格证、检测报告和复验报告</td><td rowspan="3">符合规范规定及设计要求</td></tr>
<tr><td>2</td><td>卷材防水层</td><td>第 4.3.16 条</td><td colspan="10">按规定检测无渗漏</td></tr>
<tr><td>3</td><td>防水细部构造</td><td>第 4.3.17 条</td><td colspan="10">符合规范规定</td></tr>
<tr><td rowspan="5">一般项目</td><td>1</td><td>卷材搭接缝与收头质量</td><td>第 4.3.18 条</td><td colspan="10">收头与基层黏结缝牢固，封口严密，无翘边，符合规范规定</td><td rowspan="4">符合规范规定及设计要求</td></tr>
<tr><td>2</td><td>卷材保护层</td><td>第 4.3.19 条</td><td colspan="10">符合规范规定</td></tr>
<tr><td>3</td><td>排汽屋面孔道留置</td><td>第 4.3.20 条</td><td colspan="10">符合规范规定</td></tr>
<tr><td>4</td><td>卷材铺贴方向</td><td>铺贴方向正确</td><td colspan="10">符合规范规定</td></tr>
<tr><td>5</td><td>搭接宽度允许偏差</td><td>−10 mm</td><td>−2</td><td>−3</td><td>−4</td><td>−6</td><td>−3</td><td>−5</td><td>−7</td><td>−4</td><td>−2</td><td>−8</td><td></td></tr>
<tr><td colspan="3">施工单位检查评定结果</td><td colspan="12">主控项目和一般项目的质量经抽样检验合格，施工操作依据、质量检查记录完整。

项目专业质量检查员：××× ××××年××月××日</td></tr>
<tr><td colspan="3">监理（建设）单位验收结论</td><td colspan="12">同意验收。

专业监理工程师：×××
（建设单位项目专业技术负责人）：××× ××××年××月××日</td></tr>
</table>

表 9-0-4（15）　密封材料嵌缝工程 检验批质量验收记录

工程名称		××市××中学教学楼	验收部位	屋面 1-11/A-F 轴	编号	04-01-C7-×××
施工单位		×××建筑安装有限公司			项目经理	×××
施工执行标准名称及编号		建筑安装工程施工工艺规程 QB-××-××××			专业工长	×××
分包单位		—	分包项目经理	—	施工班组长	×××
施工质量验收规范的规定				施工单位检查评定记录		监理（建设）单位验收记录
主控项目	1	密封材料质量	设计要求	符合设计要求		符合规范规定及设计要求
	2	嵌缝施工质量	第 6.2.7 条	符合规范规定		
一般项目	1	嵌缝基层处理	第 6.2.8 条	符合规范规定		符合规范规定及设计要求
	2	外观质量	第 6.2.10 条	符合规范规定		
	3	接缝宽度允许偏差	±10%			
施工单位检查评定结果		主控项目和一般项目的质量经抽样检验合格，施工操作依据、质量检查记录完整。 项目专业质量检查员：×××　　××××年××月××日				
监理（建设）单位验收结论		同意验收。 专业监理工程师：××× （建设单位项目专业技术负责人）：×××　　××××年××月××日				

表 9-0-4（16） 细部构造 检验批质量验收记录

<table>
<tr><td colspan="3">工程名称</td><td colspan="2">××市××中学教学楼</td><td>验收部位</td><td>屋面 1-11/A-F 轴</td><td>编号</td><td>04-01-C7-×××</td></tr>
<tr><td colspan="3">程名称</td><td colspan="4">××市××中学教学楼</td><td>验收部位</td><td>屋面</td></tr>
<tr><td colspan="3">施工单位</td><td colspan="4">×××建筑安装有限公司</td><td>项目经理</td><td>×××</td></tr>
<tr><td colspan="3">施工执行标准名称及编号</td><td colspan="4">建筑安装工程施工工艺规程 QB-××-××××</td><td>专业工长</td><td>×××</td></tr>
<tr><td colspan="3">分包单位</td><td colspan="2">—</td><td>分包项目经理</td><td>—</td><td>施工班组长</td><td>×××</td></tr>
<tr><td colspan="6">施工质量验收规范的规定</td><td colspan="2">施工单位检查评定记录</td><td>监理（建设）单位验收记录</td></tr>
<tr><td rowspan="7">主控项目</td><td>1</td><td colspan="3">天沟、檐沟排水坡度</td><td>设计要求</td><td colspan="2">符合设计要求</td><td rowspan="7">符合规范规定及设计要求</td></tr>
<tr><td rowspan="6">2</td><td rowspan="6">防水构造</td><td>（1）</td><td>天沟、檐沟</td><td>第 9.0.4 条</td><td colspan="2">符合规范规定</td></tr>
<tr><td>（2）</td><td>檐口</td><td>第 9.0.5 条</td><td colspan="2">—</td></tr>
<tr><td>（3）</td><td>水落口</td><td>第 9.0.7 条</td><td colspan="2">符合规范规定</td></tr>
<tr><td>（4）</td><td>泛水</td><td>第 9.0.6 条</td><td colspan="2">符合规范规定</td></tr>
<tr><td>（5）</td><td>变形缝</td><td>第 9.0.8 条</td><td colspan="2">符合规范规定</td></tr>
<tr><td>（6）</td><td>伸出屋面管道</td><td>第 9.0.9 条</td><td colspan="2">符合规范规定</td></tr>
<tr><td colspan="3">施工单位检查评定结果</td><td colspan="6">主控项目和一般项目质量经抽样检验合格，施工操作依据、质量检查记录完整。

项目专业质量检查员：××× ××××年××月××日</td></tr>
<tr><td colspan="3">监理（建设）单位验收结论</td><td colspan="6">同意验收。

专业监理工程师：×××
（建设单位项目专业技术负责人）：××× ××××年××月××日</td></tr>
</table>

表 9-0-4（17） 基土垫层 检验批质量验收记录

<table>
<tr><td colspan="4">工程名称</td><td>××市××中学教学楼</td><td colspan="3">验收部位</td><td colspan="4">地下室 1-11/A-F 轴</td><td colspan="3">编号</td><td>03-01-C7-×××</td></tr>
<tr><td colspan="4">施工单位</td><td colspan="11">×××建筑安装有限公司</td><td>项目经理</td><td>×××</td></tr>
<tr><td colspan="4">施工执行标准名称及编号</td><td colspan="11">建筑安装工程施工工艺规程 QB-××-××××</td><td>专业工长</td><td>×××</td></tr>
<tr><td colspan="4">分包单位</td><td>—</td><td colspan="3">分包项目经理</td><td colspan="7">—</td><td>施工班组长</td><td>×××</td></tr>
<tr><td colspan="5">施工质量验收规范的规定</td><td colspan="10">施工单位检查评定记录</td><td colspan="2">监理（建设）单位验收记录</td></tr>
<tr><td rowspan="2">主控项目</td><td>1</td><td colspan="2">基土土料</td><td>设计要求</td><td colspan="10">符合设计要求</td><td colspan="2" rowspan="2">符合设计要求及规范规定</td></tr>
<tr><td>2</td><td colspan="2">基土压实</td><td>第 4.2.5 条</td><td colspan="10">符合设计要求及规范规定</td></tr>
<tr><td rowspan="4">一般项目</td><td>1</td><td rowspan="4">允许偏差</td><td>表面平整度</td><td>15 mm</td><td>9</td><td>8</td><td>7</td><td>9</td><td>6</td><td>5</td><td>8</td><td>9</td><td>11</td><td>12</td><td colspan="2" rowspan="4">符合规范规定</td></tr>
<tr><td>2</td><td>标高</td><td>0，−50 mm</td><td>0</td><td>−1</td><td>−9</td><td>−8</td><td>−7</td><td>0</td><td>−7</td><td>−1</td><td>−5</td><td>−9</td></tr>
<tr><td>3</td><td>坡度</td><td>2L/1 000，且不大于 30 mm</td><td></td><td></td><td></td><td></td><td></td><td></td><td></td><td></td><td></td><td></td></tr>
<tr><td>4</td><td>厚度</td><td><L/10</td><td></td><td></td><td></td><td></td><td></td><td></td><td></td><td></td><td></td><td></td></tr>
<tr><td colspan="4">施工单位检查
评定结果</td><td colspan="13">主控项目合格，一般项目满足规范规定，施工操作依据、质量检查记录完整。

项目专业质量检查员：××× ××××年××月××日</td></tr>
<tr><td colspan="4">监理（建设）单位
验收结论</td><td colspan="13">同意验收。

专业监理工程师：×××
（建设单位项目专业技术负责人）：××× ××××年××月××日</td></tr>
</table>

表 9-0-4（18）　水泥混凝土垫层 检验批质量验收记录

<table>
<tr><td colspan="3">工程名称</td><td colspan="2">××市××中学教学楼</td><td colspan="2">验收部位</td><td colspan="5">地下室 1-11/A-F 轴</td><td colspan="3">编号</td><td>03-01-C7-×××</td></tr>
<tr><td colspan="3">施工单位</td><td colspan="9">×××建筑安装有限公司</td><td colspan="3">项目经理</td><td>×××</td></tr>
<tr><td colspan="3">施工执行标准名称及编号</td><td colspan="9">建筑安装工程施工工艺规程 QB-××-××××</td><td colspan="3">专业工长</td><td>×××</td></tr>
<tr><td colspan="3">分包单位</td><td>—</td><td>分包项目经理</td><td colspan="7">—</td><td colspan="3">施工班组长</td><td>×××</td></tr>
<tr><td colspan="5">施工质量验收规范的规定</td><td colspan="10">施工单位检查评定记录</td><td>监理（建设）单位验收记录</td></tr>
<tr><td rowspan="3">主控
项目</td><td>1</td><td colspan="2">材料质量</td><td>第 4.8.8 条</td><td colspan="10">水泥、砂石符合规范规定、均有合格证、检测报告和复验报告××××××号××××××号</td><td rowspan="3">符合规范规定</td></tr>
<tr><td>2</td><td colspan="2">混凝土强度等级</td><td>设计要求</td><td colspan="10">符合设计要求，详见试验报告×××号</td></tr>
<tr><td></td><td colspan="2"></td><td></td><td colspan="10"></td></tr>
<tr><td rowspan="5">一般
项目</td><td>1</td><td rowspan="5">允许
偏差</td><td>表面平整度</td><td>10 mm</td><td>2</td><td>3</td><td>5</td><td>7</td><td>9</td><td>3</td><td>6</td><td>5</td><td>7</td><td>9</td><td rowspan="5">符合规范规定</td></tr>
<tr><td>2</td><td>标高</td><td>±10 mm</td><td>−6</td><td>−3</td><td>−4</td><td>−5</td><td>3</td><td>4</td><td>2</td><td>5</td><td>−4</td><td>−1</td></tr>
<tr><td>3</td><td>坡度</td><td>2 L /1 000
且≤30 mm</td><td></td><td></td><td></td><td></td><td></td><td></td><td></td><td></td><td></td><td></td></tr>
<tr><td>4</td><td>厚度</td><td><h/10</td><td></td><td></td><td></td><td></td><td></td><td></td><td></td><td></td><td></td><td></td></tr>
<tr><td></td><td></td><td></td><td></td><td></td><td></td><td></td><td></td><td></td><td></td><td></td><td></td><td></td><td></td></tr>
<tr><td colspan="4">施工单位检查评定结果</td><td colspan="12">主控项目和一般项目的质量经抽样检验合格，施工操作依据、质量检查记录完整。

项目专业质量检查员：×××　　　　××××年××月××日</td></tr>
<tr><td colspan="4">监理（建设）单位
验收结论</td><td colspan="12">同意验收。

专业监理工程师：×××
（建设单位项目专业技术负责人）：×××　　　　××××年××月××日</td></tr>
</table>

表 9-0-4（19） 水泥混凝土面层 检验批质量验收记录

<table>
<tr><td colspan="3">工程名称</td><td>××市××中学教学楼</td><td>验收部位</td><td colspan="5">地下室 1-11/A-F 轴</td><td colspan="5">编号</td><td>03-01-C7-×××</td></tr>
<tr><td colspan="3">施工单位</td><td colspan="7">×××建筑安装有限公司</td><td colspan="5">项目经理</td><td>×××</td></tr>
<tr><td colspan="3">施工执行标准名称及编号</td><td colspan="7">建筑安装工程施工工艺规程 QB-××-××××</td><td colspan="5">专业工长</td><td>×××</td></tr>
<tr><td colspan="3">分包单位</td><td>—</td><td>分包项目经理</td><td colspan="5">—</td><td colspan="5">施工班组长</td><td>×××</td></tr>
<tr><td colspan="5">施工质量验收规范的规定</td><td colspan="10">施工单位检查评定记录</td><td>监理（建设）单位验收记录</td></tr>
<tr><td rowspan="3">主控项目</td><td>1</td><td colspan="2">骨料粒径</td><td>第 5.2.3 条</td><td colspan="10">符合规范规定</td><td rowspan="3">符合要求</td></tr>
<tr><td>2</td><td colspan="2">面层强度等级</td><td>设计要求</td><td colspan="10">符合设计要求</td></tr>
<tr><td>3</td><td colspan="2">面层与下一层结合</td><td>第 5.2.5 条</td><td colspan="10">结合牢固无空鼓裂缝</td></tr>
<tr><td rowspan="8">一般项目</td><td>1</td><td colspan="2">表面质量</td><td>第 5.2.6 条</td><td colspan="10">无裂纹、脱皮、麻面、起砂等缺陷</td><td rowspan="8">符合规范规定</td></tr>
<tr><td>2</td><td colspan="2">表面坡度（有坡度地面）</td><td>第 5.2.7 条</td><td colspan="10">无倒泛水和积水现象</td></tr>
<tr><td>3</td><td colspan="2">踢脚线与墙面结合（30 cm）</td><td>第 5.2.8 条</td><td colspan="10">黏结牢靠、高度一致、出墙厚度均匀</td></tr>
<tr><td>4</td><td colspan="2">楼梯踏步</td><td>第 5.2.9 条</td><td colspan="10">符合规范规定</td></tr>
<tr><td>5</td><td rowspan="4">允许偏差</td><td>表面平整度</td><td>5 mm</td><td>1</td><td>2</td><td>3</td><td>4</td><td>3</td><td>2</td><td>3</td><td>4</td><td>5</td><td>3</td></tr>
<tr><td>6</td><td>踢脚线上口平直</td><td>4 mm</td><td>1</td><td>1</td><td>2</td><td>1</td><td>3</td><td>2</td><td>3</td><td>4</td><td>2</td><td>3</td></tr>
<tr><td>7</td><td>缝格平直</td><td>3 mm</td><td></td><td></td><td></td><td></td><td></td><td></td><td></td><td></td><td></td><td></td></tr>
<tr><td>8</td><td>旋转楼梯踏步两端宽度</td><td>5mm</td><td></td><td></td><td></td><td></td><td></td><td></td><td></td><td></td><td></td><td></td></tr>
<tr><td colspan="4">施工单位检查评定结果</td><td colspan="12">主控项目和一般项目的质量经抽样检验合格，施工操作依据、质量检查记录完整。

项目专业质量检查员：××× ××××年××月××日</td></tr>
<tr><td colspan="4">监理（建设）单位验收结论</td><td colspan="12">同意验收。

专业监理工程师：×××
（建设单位项目专业技术负责人）：××× ××××年××月××日</td></tr>
</table>

表 9-0-4（20）　砖面层 检验批质量验收记录

工程名称	××市××中学教学楼	验收部位	地下室 1-11/A-F 轴	编号	03-01-C7-×××
施工单位	×××建筑安装有限公司			项目经理	×××
施工执行标准名称及编号	建筑安装工程施工工艺规程 QB-××-××××			专业工长	×××
分包单位	—	分包项目经理	—	施工班组长	×××

施工质量验收规范的规定						施工单位检查评定记录										监理（建设）单位验收记录
主控项目	1	块材质量			设计要求	经检查符合设计要求、见合格证、出厂检验报告×××										符合规范规定及设计要求
主控项目	2	面层与下一层结合			第 6.2.8 条	结合牢固无空鼓现象、符合规范规定										
一般项目	1	面层表面质量			第 6.2.9 条	符合规范规定										符合规范规定
一般项目	2	邻接处镶边用料			第 6.2.10 条	符合规范规定										
一般项目	3	踢脚线质量			第 6.2.11 条	符合规范规定										
一般项目	4	楼梯踏步高度差			第 6.2.12 条	符合规范规定										
一般项目	5	面层表面坡度			第 6.2.13 条	符合规范规定										
一般项目	6	允许偏差	表面平整度	缸砖	4.0 mm	1	2	1	2	3	1	2	2	1	1	
				水泥花砖	3.0 mm											
				陶瓷锦砖、陶瓷地砖	2.0 mm											
	7		缝格平直	3.0 mm												
	8		接缝高低差	陶瓷锦砖、陶瓷地砖、水泥花砖	0.5 mm											
				缸砖	1.5 mm	1	0	1	1	0	1	1	0	1	1	
	9		踢脚线上口平直	陶瓷锦砖、陶瓷地砖	3.0 mm											
				缸砖	4.0 mm	2	3	1	2	3	2	1	1	1	2	
	10		板块间隙宽度	2.0 mm		1	1	1	1	0	0	2	1	2	0	
施工单位检查评定结果	主控项目和一般项目的质量经抽样检验合格，施工操作依据、质量检查记录完整。 项目专业质量检查员：×××　　××××年××月××日															
监理（建设）单位验收结论	同意验收。 专业监理工程师：××× （建设单位项目专业技术负责人）：×××　　××××年××月××日															

表 9-0-4（21）　一般抹灰 检验批质量验收记录

<table>
<tr><td colspan="3">工程名称</td><td colspan="4">××市××中学教学楼</td><td colspan="2">验收部位</td><td colspan="4">首层 1-11/A-F 轴内墙</td><td colspan="2">编号</td><td>03-02-C7-×××</td></tr>
<tr><td colspan="3">施工单位</td><td colspan="10">×××建筑安装有限公司</td><td colspan="2">项目经理</td><td>×××</td></tr>
<tr><td colspan="3">施工执行标准名称及编号</td><td colspan="10">建筑安装工程施工工艺规程 QB-××-××××</td><td colspan="2">专业工长</td><td>×××</td></tr>
<tr><td colspan="3">分包单位</td><td>—</td><td colspan="2">分包项目经理</td><td colspan="7">—</td><td colspan="2">施工班组长</td><td>×××</td></tr>
<tr><td colspan="5">施工质量验收规范的规定</td><td colspan="10">施工单位检查评定记录</td><td>监理（建设）单位验收记录</td></tr>
<tr><td rowspan="4">主控项目</td><td>1</td><td>基层表面</td><td colspan="2">第 4.2.2 条</td><td colspan="10">尘土污垢已清除并浇水湿润</td><td rowspan="4">符合设计和规范规定</td></tr>
<tr><td>2</td><td>材料品种和性能</td><td colspan="2">第 4.2.3 条</td><td colspan="10">水泥经复试符合要求，报告编号××××、砂浆配合比符合设计要求</td></tr>
<tr><td>3</td><td>操作要求</td><td colspan="2">第 4.2.4 条</td><td colspan="10">符合规范规定</td></tr>
<tr><td>4</td><td>层黏结及面层质量</td><td colspan="2">第 4.2.5 条</td><td colspan="10">符合规范规定</td></tr>
<tr><td rowspan="11">一般项目</td><td>1</td><td>表面质量</td><td colspan="2">第 4.2.6 条</td><td colspan="10">表面光滑洁净、颜色均匀无抹纹分割缝、灰分清晰</td><td rowspan="11">符合规范规定</td></tr>
<tr><td>2</td><td>细部质量</td><td colspan="2">第 4.2.7 条</td><td colspan="10">护角孔洞抹灰整齐、管道后抹灰平整</td></tr>
<tr><td>3</td><td>层与层间材料要求层总厚度</td><td colspan="2">第 4.2.8 条</td><td colspan="10">符合规范规定</td></tr>
<tr><td>4</td><td>分格缝</td><td colspan="2">第 4.2.9 条</td><td colspan="10">符合规范规定</td></tr>
<tr><td>5</td><td>滴水线（槽）</td><td colspan="2">第 4.2.10 条</td><td colspan="10">滴水槽整齐顺直、滴水线内高外低，滴水槽的深度宽度大于 10 mm</td></tr>
<tr><td></td><td>允许偏差</td><td>普通抹灰</td><td>高级抹灰</td><td colspan="10"></td></tr>
<tr><td></td><td>立面垂直度</td><td>4</td><td>3</td><td>3</td><td>3</td><td>2</td><td>1</td><td>2</td><td>3</td><td>1</td><td>2</td><td></td><td></td></tr>
<tr><td></td><td>表面平整度</td><td>4</td><td>3</td><td>4</td><td>3</td><td>2</td><td>1</td><td>1</td><td>1</td><td>2</td><td>3</td><td></td><td></td></tr>
<tr><td></td><td>阴阳角方正</td><td>4</td><td>3</td><td>1</td><td>1</td><td>2</td><td>3</td><td>4</td><td>3</td><td>4</td><td>2</td><td></td><td></td></tr>
<tr><td></td><td>分格条（缝）直线度</td><td>4</td><td>3</td><td></td><td></td><td></td><td></td><td></td><td></td><td></td><td></td><td></td><td></td></tr>
<tr><td></td><td>墙裙、勒脚上口直线度</td><td>4</td><td>3</td><td></td><td></td><td></td><td></td><td></td><td></td><td></td><td></td><td></td><td></td></tr>
<tr><td colspan="3">施工单位检查评定结果</td><td colspan="13">主控项目和一般项目的质量经抽样检验合格，施工操作依据、质量检查记录完整。
项目专业质量检查员：×××　　　　××××年××月××日</td></tr>
<tr><td colspan="3">监理（建设）单位验收结论</td><td colspan="13">同意验收。
专业监理工程师：×××
（建设单位项目专业技术负责人）：×××　　　　××××年××月××日</td></tr>
</table>

表 9-0-4（22） 塑料门窗安装 检验批质量验收记录

工程名称		××市××中学教学楼		验收部位	首层	编号	03-03-C7-×××
施工单位		×××建筑安装有限公司				项目经理	×××
施工执行标准名称及编号		建筑安装工程施工工艺规程 QB-××-××××				专业工长	×××
分包单位		—		分包项目经理	—	施工班组长	×××
施工质量验收规范的规定					施工单位检查评定记录		监理（建设）单位验收记录
主控项目	1	门窗质量		第 5.4.2 条	符合规范规定		符合设计和规范规定
	2	框、扇安装		第 5.4.3 条	符合规范规定		
	3	拼樘料与框连接		第 5.4.4 条	符合规范规定		
	4	门窗扇安装		第 5.4.5 条	开启灵活、关闭严密、无倒翘有防脱落措施		
	5	配件质量及安装		第 5.4.6 条	符合规范规定		
	6	框与墙体缝隙填嵌		第 5.4.7 条	符合规范规定		
一般项目	1	表面质量		第 5.4.8 条	符合规范规定		符合规范规定
	2	密封条及旋转窗间隙		第 5.4.9 条	符合规范规定		
	3	门窗扇开关力		第 5.4.10 条	开关力在 30～80 N		
	4	玻璃密封条、玻璃槽口		第 5.4.11 条	符合规范规定		
	5	排水孔		第 5.4.12 条	符合规范规定		
	6	安装允许偏差		第 5.4.13 条	符合规范规定		
施工单位检查评定结果		主控项目和一般项目的质量经抽样检验合格，施工操作依据、质量检查记录完整。 项目专业质量检查员：××× ××××年××月××日					
监理（建设）单位验收结论		同意验收。 专业监理工程师：××× （建设单位项目专业技术负责人）：××× ××××年××月××日					

表 9-0-4（23）　金属门窗安装 检验批质量验收记录

<table>
<tr><td colspan="4">工程名称</td><td colspan="2">××市××中学教学楼</td><td colspan="2">验收部位</td><td colspan="5">首层</td><td colspan="3">编号</td><td>03-03-C7-×××</td></tr>
<tr><td colspan="4">施工单位</td><td colspan="9">×××建筑安装有限公司</td><td colspan="3">项目经理</td><td>×××</td></tr>
<tr><td colspan="4">施工执行标准名称及编号</td><td colspan="9">建筑安装工程施工工艺规程 QB-××-××××</td><td colspan="3">专业工长</td><td>×××</td></tr>
<tr><td colspan="4">分包单位</td><td>—</td><td>分包项目经理</td><td colspan="7">—</td><td colspan="3">施工班组长</td><td>×××</td></tr>
<tr><td colspan="6">施工质量验收规范的规定</td><td colspan="10">施工单位检查评定记录</td><td>监理（建设）单位验收记录</td></tr>
<tr><td rowspan="4">主控项目</td><td>1</td><td colspan="2">门窗质量</td><td colspan="2">第 5.3.2 条</td><td colspan="10">符合规范规定</td><td rowspan="4">符合设计和规范规定</td></tr>
<tr><td>2</td><td colspan="2">框和副框安装，预埋件</td><td colspan="2">第 5.3.3 条</td><td colspan="10">框和副框安装牢固、预埋件数量、位置、埋置方式符合设计要求</td></tr>
<tr><td>3</td><td colspan="2">门窗扇安装</td><td colspan="2">第 5.3.4 条</td><td colspan="10">安装牢固、开启灵活</td></tr>
<tr><td>4</td><td colspan="2">配件质量及安装</td><td colspan="2">第 5.3.5 条</td><td colspan="10">符合规范规定</td></tr>
<tr><td rowspan="17">一般项目</td><td>1</td><td colspan="2">表面质量</td><td colspan="2">第 5.3.6 条</td><td colspan="10">符合规范规定</td><td rowspan="17">符合规范规定</td></tr>
<tr><td>2</td><td colspan="2">推拉扇开关力</td><td colspan="2">第 5.3.7 条</td><td colspan="10">推拉扇开关力小于 100 N</td></tr>
<tr><td>3</td><td colspan="2">框与墙体间缝隙</td><td colspan="2">第 5.3.8 条</td><td colspan="10">符合规范规定</td></tr>
<tr><td>4</td><td colspan="2">扇密封胶条或毛毡密封条</td><td colspan="2">第 5.3.9 条</td><td colspan="10">符合规范规定</td></tr>
<tr><td>5</td><td colspan="2">排水孔</td><td colspan="2">第 5.3.10 条</td><td colspan="10">符合规范规定</td></tr>
<tr><td>6</td><td colspan="2">留缝隙值和允许偏差</td><td>留缝限值（mm）</td><td>符合规范规定</td><td colspan="10"></td></tr>
<tr><td rowspan="2">7</td><td rowspan="2">门窗槽口宽度、高度</td><td>≤1 500 mm</td><td>—</td><td></td><td></td><td></td><td></td><td></td><td></td><td></td><td></td><td></td><td></td><td></td></tr>
<tr><td>>1 500 mm</td><td>—</td><td></td><td>1</td><td>1</td><td>2</td><td>1</td><td>1</td><td></td><td></td><td></td><td></td><td></td></tr>
<tr><td rowspan="2">8</td><td rowspan="2">门窗槽口对角线长度差</td><td>≤2 000 mm</td><td>—</td><td>5</td><td></td><td></td><td></td><td></td><td></td><td></td><td></td><td></td><td></td><td></td></tr>
<tr><td><2 000 mm</td><td>—</td><td>6</td><td>2</td><td>3</td><td>4</td><td>5</td><td>6</td><td></td><td></td><td></td><td></td><td></td></tr>
<tr><td>9</td><td colspan="2">门窗框的正、侧面垂直度</td><td>—</td><td>3</td><td>1</td><td>1</td><td>1</td><td>2</td><td>3</td><td></td><td></td><td></td><td></td><td></td></tr>
<tr><td>10</td><td colspan="2">门窗横框的水平度</td><td>—</td><td>3</td><td>1</td><td>1</td><td>1</td><td>1</td><td>0</td><td></td><td></td><td></td><td></td><td></td></tr>
<tr><td>11</td><td colspan="2">门窗横框标高</td><td>—</td><td>5</td><td>1</td><td>1</td><td>2</td><td>2</td><td>3</td><td></td><td></td><td></td><td></td><td></td></tr>
<tr><td>12</td><td colspan="2">门窗竖向偏离中心</td><td>—</td><td>4</td><td>3</td><td>2</td><td>4</td><td>1</td><td>2</td><td></td><td></td><td></td><td></td><td></td></tr>
<tr><td>13</td><td colspan="2">双层门窗内外框间距</td><td>—</td><td>5</td><td></td><td></td><td></td><td></td><td></td><td></td><td></td><td></td><td></td><td></td></tr>
<tr><td>14</td><td colspan="2">门窗框、扇配合间隙</td><td>≤2</td><td>—</td><td>2</td><td>0</td><td>1</td><td>1</td><td>1</td><td></td><td></td><td></td><td></td><td></td></tr>
<tr><td>15</td><td colspan="2">无下框时门扇与地面间留缝</td><td>4～8</td><td>—</td><td>1</td><td>2</td><td>1</td><td>2</td><td>3</td><td></td><td></td><td></td><td></td><td></td></tr>
<tr><td colspan="4">施工单位检查评定结果</td><td colspan="13">主控项目和一般项目的质量经抽样检验合格，施工操作依据、质量检查记录完整。
项目专业质量检查员：×××　　　　××××年××月××日</td></tr>
<tr><td colspan="4">监理（建设）单位验收结论</td><td colspan="13">同意验收。
专业监理工程师：×××
（建设单位项目专业技术负责人）：×××　　　　××××年××月××日</td></tr>
</table>

表 9-0-4（24） 暗龙骨吊顶 检验批质量验收记录

<table>
<tr><td colspan="4">工程名称</td><td colspan="3">××市××中学教学楼</td><td colspan="1">验收部位</td><td colspan="7">卫生间顶棚</td><td colspan="3">编号</td><td>03-04-C7-×××</td></tr>
<tr><td colspan="4">施工单位</td><td colspan="11">×××建筑安装有限公司</td><td colspan="3">项目经理</td><td>×××</td></tr>
<tr><td colspan="4">施工执行标准名称及编号</td><td colspan="11">建筑安装工程施工工艺规程 QB-××-××××</td><td colspan="3">专业工长</td><td>×××</td></tr>
<tr><td colspan="4">分包单位</td><td colspan="2">—</td><td colspan="2">分包项目经理</td><td colspan="7">—</td><td colspan="3">施工班组长</td><td>×××</td></tr>
<tr><td colspan="8">施工质量验收规范的规定</td><td colspan="10">施工单位检查评定记录</td><td>监理（建设）单位验收记录</td></tr>
<tr><td rowspan="5">主控项目</td><td>1</td><td colspan="4">标高、尺寸、起拱、造型</td><td colspan="2">第 6.2.2 条</td><td colspan="10">符合规范规定</td><td rowspan="5">符合设计和规范规定</td></tr>
<tr><td>2</td><td colspan="4">饰面材料</td><td colspan="2">第 6.2.3 条</td><td colspan="10">符合规范规定</td></tr>
<tr><td>3</td><td colspan="4">吊杆、龙骨、饰面材料安装</td><td colspan="2">第 6.2.4 条</td><td colspan="10">符合规范规定</td></tr>
<tr><td>4</td><td colspan="4">吊杆、龙骨材质</td><td colspan="2">第 6.2.5 条</td><td colspan="10">符合规范规定</td></tr>
<tr><td>5</td><td colspan="4">石膏板接缝</td><td colspan="2">第 6.2.6 条</td><td colspan="10"></td></tr>
<tr><td rowspan="9">一般项目</td><td>1</td><td colspan="4">材料表面质量</td><td colspan="2">第 6.2.7 条</td><td colspan="10">符合规范规定</td><td rowspan="9">符合规范规定</td></tr>
<tr><td>2</td><td colspan="4">灯具等设备</td><td colspan="2">第 6.2.8 条</td><td colspan="10">符合规范规定</td></tr>
<tr><td>3</td><td colspan="4">龙骨、吊杆接缝</td><td colspan="2">第 6.2.9 条</td><td colspan="10">符合规范规定</td></tr>
<tr><td>4</td><td colspan="4">填充材料</td><td colspan="2">第 6.2.10 条</td><td colspan="10"></td></tr>
<tr><td rowspan="5">5</td><td rowspan="2">项次</td><td rowspan="2">项目</td><td colspan="4">允许偏差（mm）</td><td>1</td><td>2</td><td>3</td><td>4</td><td>5</td><td>6</td><td>7</td><td>8</td><td>9</td><td>10</td></tr>
<tr><td>纸面石膏板</td><td>金属板</td><td>矿棉板</td><td>木板、塑料板、格栅</td><td></td><td></td><td></td><td></td><td></td><td></td><td></td><td></td><td></td><td></td></tr>
<tr><td>（1）</td><td>表面平整度</td><td>3</td><td>2</td><td>2</td><td>2</td><td>2</td><td>1</td><td>2</td><td>1</td><td>2</td><td>1</td><td>0</td><td>1</td><td>2</td><td>1</td></tr>
<tr><td>（2）</td><td>接缝直线度</td><td>3</td><td>1.5</td><td>3</td><td>3</td><td></td><td></td><td></td><td></td><td></td><td></td><td></td><td></td><td></td><td></td></tr>
<tr><td>（3）</td><td>接缝高低差</td><td>1</td><td>1</td><td>1.5</td><td>1</td><td></td><td></td><td></td><td></td><td></td><td></td><td></td><td></td><td></td><td></td></tr>
<tr><td colspan="5">施工单位检查评定结果</td><td colspan="14">主控项目和一般项目的质量经抽样检验合格，施工操作依据、质量检查记录完整。

项目专业质量检查员：××× ××××年××月××日</td></tr>
<tr><td colspan="5">监理（建设）单位验收结论</td><td colspan="14">同意验收。

专业监理工程师：×××
（建设单位项目专业技术负责人）：××× ××××年××月××日</td></tr>
</table>

表 9-0-4（25） 饰面板安装 检验批质量验收记录

工程名称		××市××中学教学楼	验收部位	首层外墙	编号	03-06-C7-×××
施工单位		×××建筑安装有限公司			项目经理	×××
施工执行标准名称及编号		建筑安装工程施工工艺规程 QB-××-××××			专业工长	×××
分包单位		—	分包项目经理	—	施工班组长	×××
施工质量验收规范的规定				施工单位检查评定记录		监理（建设）单位验收记录
主控项目	1	材料质量	第 8.2.2 条	符合规范规定及设计要求见出厂合格证及检验报告××××		符合设计和规范规定
	2	饰面板孔、槽	第 8.2.3 条	饰面板孔槽的数量和位置尺寸符合设计要求		
	3	饰面板安装	第 8.2.4 条	符合规范规定		
一般项目	1	饰面板表面质量	第 8.2.5 条	表面平整洁净、色泽一致，无裂痕和缺损		符合设计和规范规定
	2	饰面板嵌缝	第 8.2.6 条	符合规范规定		
	3	湿作业施工	第 8.2.7 条	—		
	4	饰面板孔洞套割	第 8.2.8 条	符合规范规定		
	5	允许偏差	第 8.2.9 条	符合规范规定		
施工单位检查评定结果		主控项目和一般项目的质量经抽样检验合格，施工操作依据、质量检查记录完整。 项目专业质量检查员：××× ××××年××月××日				
监理（建设）单位验收结论		同意验收。 专业监理工程师：××× （建设单位项目专业技术负责人）：××× ××××年××月××日				

表 9-0-4（26） 水性涂料涂饰 检验批质量验收记录

工程名称		××市××中学教学楼		验收部位	外墙面	编号	03-08-C7-×××
施工单位		×××建筑安装有限公司				项目经理	×××
施工执行标准名称及编号		建筑安装工程施工工艺规程 QB-××-××××				专业工长	×××
分包单位		—	分包项目经理		—	施工班组长	×××
施工质量验收规范的规定						施工单位检查评定记录	监理（建设）单位验收记录
主控项目	1	材料质量			第 10.2.2 条	符合设计规定，见合格证及出厂检验报告	符合规范规定
	2	涂饰颜色和图案			第 10.2.3 条	符合设计要求	
	3	涂饰综合质量			第 10.2.4 条	涂饰均匀、粘贴牢固，无漏涂透底走坡和掉筋	
	4	基层处理			第 10.2.5 条	符合规范规定	
一般项目	1	与其他材料和设备衔接处			第 10.2.9 条	符合规范规定	符合规范规定
	2	薄涂料涂饰质量允许偏差	颜色	普通涂饰	均匀一致	符合规范规定	
				高级涂饰	均匀一致		
			泛碱、咬色	普通涂饰	允许少量轻微	符合规范规定	
				高级涂饰	不允许		
			流坠、疙瘩	普通涂饰	允许少量轻微	符合规范规定	
				高级涂饰	不允许		
			砂眼、刷纹	普通涂饰	允许少量轻微砂眼、刷纹通顺	符合规范规定	
				高级涂饰	无砂眼、无刷纹		
			装饰线、分色线直线度	普通涂饰	2	1 1 0 0 1 2 01 0 2 1	
				高级涂饰	1		
	3	厚涂料涂饰质量允许偏差	颜色	普通涂饰	均匀一致		
				高级涂饰	均匀一致		
			泛碱、咬色	普通涂饰	允许少量轻微		
				高级涂饰	不允许		
			点状分布	普通涂饰	—		
				高级涂饰	疏密均匀		
	4	复层涂饰质量允许偏差	颜色		均匀一致		
			泛碱、咬色		不允许		
			喷点疏密程度		均匀，不允许连片		
施工单位检查评定结果		主控项目和一般项目的质量经抽样检验合格，施工操作依据、质量检查记录完整。 项目专业质量检查员：××× ××××年××月××日					
监理（建设）单位验收结论		同意验收。 专业监理工程师：××× （建设单位项目专业技术负责人）：××× ××××年××月××日					

表 9-0-4（27） 护栏和扶手制作与安装 检验批质量验收记录

<table>
<tr><td colspan="3">工程名称</td><td>××市××中学教学楼</td><td>验收部位</td><td colspan="6">1-11/A-F 轴</td><td colspan="4">编号</td><td>03-10-C7-×××</td></tr>
<tr><td colspan="3">施工单位</td><td colspan="8">×××建筑安装有限公司</td><td colspan="4">项目经理</td><td>×××</td></tr>
<tr><td colspan="3">施工执行标准名称及编号</td><td colspan="8">建筑安装工程施工工艺规程 QB-××-××××</td><td colspan="4">专业工长</td><td>×××</td></tr>
<tr><td colspan="3">分包单位</td><td>—</td><td>分包项目经理</td><td colspan="6">—</td><td colspan="4">施工班组长</td><td>×××</td></tr>
<tr><td colspan="5">施工质量验收规范的规定</td><td colspan="10">施工单位检查评定记录</td><td>监理（建设）单位验收记录</td></tr>
<tr><td rowspan="5">主控项目</td><td>1</td><td colspan="2">材料质量</td><td>第 12.5.3 条</td><td colspan="10">符合规范规定及设计要求，见合格证及出厂检验报告</td><td rowspan="5">符合规范规定及设计要求</td></tr>
<tr><td>2</td><td colspan="2">造型、尺寸</td><td>第 12.5.4 条</td><td colspan="10">造型尺寸、安装位置符合设计要求</td></tr>
<tr><td>3</td><td colspan="2">预埋件及连接</td><td>第 12.5.5 条</td><td colspan="10">符合规范规定</td></tr>
<tr><td>4</td><td colspan="2">护栏高度、位置与安装</td><td>第 12.5.6 条</td><td colspan="10">符合规范规定</td></tr>
<tr><td>5</td><td colspan="2">护栏玻璃</td><td>第 12.5.7 要</td><td colspan="10">—</td></tr>
<tr><td rowspan="5">一般项目</td><td>1</td><td colspan="2">转角、接缝及表面质量</td><td>第 12.5.8 条</td><td colspan="10">符合规范规定</td><td rowspan="5">符合规范规定</td></tr>
<tr><td rowspan="4">2</td><td rowspan="4">安装允许偏差</td><td>护栏垂直度（mm）</td><td>3</td><td>1</td><td>1</td><td>2</td><td>1</td><td>2</td><td>1</td><td>2</td><td>1</td><td>2</td><td>3</td></tr>
<tr><td>栏杆间距（mm）</td><td>3</td><td>2</td><td>1</td><td>2</td><td>1</td><td>3</td><td>2</td><td>1</td><td>2</td><td>3</td><td>1</td></tr>
<tr><td>扶手直线度（mm）</td><td>4</td><td>2</td><td>3</td><td>4</td><td>3</td><td>2</td><td>3</td><td>2</td><td>1</td><td>2</td><td>3</td></tr>
<tr><td>扶手高度（mm）</td><td>3</td><td>1</td><td>2</td><td>3</td><td>2</td><td>1</td><td>1</td><td>2</td><td>2</td><td>1</td><td>2</td></tr>
<tr><td colspan="4">施工单位检查评定结果</td><td colspan="12">主控项目和一般项目的质量经抽样检验合格，施工操作依据、质量检查记录完整。

项目专业质量检查员：××× ××××年××月××日</td></tr>
<tr><td colspan="4">监理（建设）单位验收结论</td><td colspan="12">同意验收。

专业监理工程师：×××
（建设单位项目专业技术负责人）：××× ××××年××月××日</td></tr>
</table>

表 9-0-4（28）　室内给水管道及配件安装工程 检验批质量验收记录

工程名称	××市××中学教学楼	验收部位	7-8 轴卫生间	编号	05-01-C7-×××
施工单位	×××建筑安装有限公司			项目经理	×××
施工执行标准名称及编号	建筑安装工程施工工艺规程 QB-××-××××			专业工长	×××
分包单位	—	分包项目经理	—	施工班组长	×××

施工质量验收规范规定						施工单位检查评定记录										监理（建设）单位验收记录
主控项目	1	给水管道水压试验		设计要求		符合规范规定										符合规范规定及设计要求
	2	给水系统通水试验		第 4.2.2 条		符合规范规定										
	3	生活给水系统管冲洗和消毒		第 4.2.3 条		符合规范规定										
	4	直埋金属给水管道防腐		第 4.2.4 条		符合规范规定										
一般项目	1	给排水管铺设的平行、垂直净距		第 4.2.5 条		符合规范规定										符合规范规定
	2	金属给水管道及管件焊接		第 4.2.6 条		符合规范规定										
	3	给水水平管道坡度坡向		第 4.2.7 条		符合规范规定										
	4	管道支、吊架		第 4.2.9 条		符合规范规定										
	5	水表安装		第 4.2.10 条		符合规范规定										
	6	水平管道纵、横方向弯曲允许偏差	钢管	每 m												
				全长 25 m 以上	≤25 mm											
			塑料管复合管	每 m	1.5 mm	1.1	1	1	0.9	1.2	1.3	1	1.1	1.1	1.2	
				全长 25 m 以上	≤25 mm											
			铸铁管	每 m	2 mm											
				全长 25 m 以上	≤25 mm											
		立管垂直度允许偏差	钢　管	每 m	3 mm											
				5 m 以上	≤8 mm											
			塑料管复合管	每 m	2 mm	1.1	1	1	0.9	1.2	1.3	1	1.1	1.1	1.2	
				5 m 以上	≤8 mm											
			铸铁管	每 m	3 mm											
				5 m 以上	≤10 mm											
		成排管段和成排阀门		在同一平面上的间距	3 mm	1	2	1	2	3	1	2	3	2	3	

施工单位检查评定结果	主控项目和一般项目的质量经抽样检验合格，施工操作依据、质量检查记录完整。 项目专业质量检查员：×××　　　　××××年××月××日
监理（建设）单位验收结论	同意验收。 专业监理工程师：××× （建设单位项目专业技术负责人）：×××　　　　××××年××月××日

表 9-0-4（29） 卫生器具及给水配件安装工程 检验批质量验收记录

工程名称					××市××中学教学楼		验收部位		7-8 轴卫生间				编号			05-04-C7-×××
施工单位					×××建筑安装有限公司								项目经理			×××
施工执行标准名称及编号					建筑安装工程施工工艺规程 QB-××-××××								专业工长			×××
分包单位					—	分包项目经理			—				施工班组长			×××
施工质量验收规范规定						施工单位检查评定记录										监理（建设）单位验收记录
主控项目	1	卫生器具满水试验和通水试验			第 7.2.2 条	符合规范规定										符合规范规定及设计要求
	2	排水栓与地漏安装			第 7.2.1 条	符合规范规定										
	3	卫生器具给水配件			第 7.3.1 条	符合规范规定										
一般项目	1	卫生器具安装允许偏差	坐标	单独器具		2	3	2	4	6	8	9	7	8	5	符合规范规定
				成排器具												
			标高	单独器具		3	5	4	6	71	−3	−5	6	7	9	
				成排器具												
			器具水平度		2 mm	1	2	0	0	1	2	10	1	2	0	
			器具垂直度		3 mm	2	2	0	3	2	1	2	0	3	1	
	2	给水配件安装允许偏差	高、低水箱、阀角及截止阀水嘴		±10 mm	4	5	7	9	7	8	−3	9	−8	7	
			淋浴器喷头下沿		±15 mm											
			浴盆软管淋浴器挂钩		±20 mm											
	3	浴盆检修门、小便槽冲洗管安装			第 7.2.4 条、第 7.2.5 条	符合规范规定										
	4	卫生器具的支、托架			第 7.2.6 条	符合规范规定										
	5	浴盆淋浴器挂钩高度距地 1.8 m			第 7.3.3 条											
施工单位检查评定结果					主控项目和一般项目的质量经抽样检验合格，施工操作依据、质量检查记录完整。 项目专业质量检查员：××× ××××年××月××日											
监理（建设）单位验收结论					同意验收。 专业监理工程师：××× （建设单位项目专业技术负责人）：××× ××××年××月××日											

表 9-0-4（30）　室内采暖辅助设备及散热器及金属辐射板安装工程 检验批质量验收记录

<table>
<tr><td colspan="2">工程名称</td><td>××市××中学教学楼</td><td>验收部位</td><td colspan="7">1-11/A-F 轴</td><td colspan="3">编号</td><td>05-05-C7-×××</td></tr>
<tr><td colspan="2">施工单位</td><td colspan="9">×××建筑安装有限公司</td><td colspan="3">项目经理</td><td>×××</td></tr>
<tr><td colspan="2">施工执行标准名称及编号</td><td colspan="9">建筑安装工程施工工艺规程 QB-××-××××</td><td colspan="3">专业工长</td><td>×××</td></tr>
<tr><td colspan="2">分包单位</td><td>—</td><td>分包项目经理</td><td colspan="7">—</td><td colspan="3">施工班组长</td><td>×××</td></tr>
<tr><td colspan="4">施工质量验收规范规定</td><td colspan="10">施工单位检查评定记录</td><td>监理（建设）单位验收记录</td></tr>
<tr><td rowspan="4">主控项目</td><td>1</td><td>散热器水压试验</td><td>第 8.3.1 条</td><td colspan="10">试验 3 min，压力下降，无渗漏</td><td rowspan="4">符合规范规定及设计要求</td></tr>
<tr><td>2</td><td>金属辐射板水压试验</td><td>第 8.4.1 条</td><td colspan="10">—</td></tr>
<tr><td>3</td><td>金属辐射板安装</td><td>第 8.4.2 条、第 8.4.3 条</td><td colspan="10">—</td></tr>
<tr><td>4</td><td>水泵、水箱安装</td><td>第 8.3.2 条</td><td colspan="10">—</td></tr>
<tr><td rowspan="6">一般项目</td><td>1</td><td>散热器的组对</td><td>第 8.3.3 条、第 8.3.4 条</td><td colspan="10">符合规范规定</td><td rowspan="6">符合规范规定</td></tr>
<tr><td>2</td><td>散热器的安装</td><td>第 8.3.5 条、第 8.3.6 条</td><td colspan="10">符合规范规定</td></tr>
<tr><td>3</td><td>散热器表面防腐涂漆</td><td>第 8.3.8 条</td><td colspan="10">色泽均匀，无脱落气泡等现象</td></tr>
<tr><td rowspan="3">散热器允许偏差</td><td>散热器背面与墙内表面距离</td><td>3 mm</td><td>1</td><td></td><td>3</td><td>1</td><td>2</td><td>3</td><td>1</td><td>1</td><td>2</td><td>0</td></tr>
<tr><td>与窗中心线或设计定位尺寸</td><td>20 mm</td><td>9</td><td>7</td><td>8</td><td>6</td><td>9</td><td>7</td><td>8</td><td>12</td><td>11</td><td>10</td></tr>
<tr><td>散热器垂直度</td><td>3 mm</td><td>1</td><td>1</td><td>0</td><td>0</td><td>2</td><td>1</td><td>2</td><td>1</td><td>3</td><td>2</td></tr>
<tr><td colspan="3">施工单位检查评定结果</td><td colspan="12">主控项目和一般项目的质量经抽样检验合格，施工操作依据、质量检查记录完整。

项目专业质量检查员：×××　　　　××××年　××月　××日</td></tr>
<tr><td colspan="3">监理（建设）单位验收结论</td><td colspan="12">同意验收。

专业监理工程师：×××
（建设单位项目专业技术负责人）：×××　　　　××××年××月××日</td></tr>
</table>

表 9-0-4（31） 室内采暖管道及配件安装工程 检验批质量验收记录

工程名称	××市××中学教学楼	验收部位	1-11/A-F 轴	编号	05-05-C7-×××
施工单位	×××建筑安装有限公司			项目经理	×××
施工执行标准名称及编号	建筑安装工程施工工艺规程 QB-××-××××			专业工长	×××
分包单位	—	分包项目经理	—	施工班组长	×××

		施工质量验收规范规定					施工单位检查评定记录							监理（建设）单位验收记录
主控项目	1	管道安装坡度				第 8.2.1 条	支管宽度为 1%							符合规范规定及设计要求
	2	采暖系统水压试验				第 8.6.1 条	系统试压各连接处不渗不漏							
	3	采暖系统冲洗、试运行和调试				第 8.6.2 条、第 8.6.3 条	符合规范规定							
	4	补偿器的制作、安装及预拉伸				第 8.2.2 条、第 8.2.5 条、第 8.2.6 条	—							
	5	平衡阀、调节阀、减压阀安装				第 8.2.3 条、第 8.2.4 条	符合规范规定							
一般项目	1	热量表、疏水器、除污器等安装				第 8.2.7 条	—							符合规范规定
	2	钢管焊接				第 8.2.8 条	—							
	3	采暖入口及分户计量入户装置安装				第 8.2.9 条	符合规范规定							
	4	管道连接及散热器支管安装				第 8.2.10～8.2.15 条	符合规范规定							
	5	管道及金属支架的防腐				第 8.2.16 条	无脱皮、起泡、漏涂等缺陷							
	6	管道安装允许偏差	横管道纵、横方向弯曲（mm）	每 m	管径≤100 mm	1	0.1	0.2	0.3	0.4	0.6	0.8	0.9	
					管径>100 mm	1.5								
				全长（25 m 以上）	管径≤100 mm	≤13								
					管径>100 mm	≤25								
			立管垂直度（mm）	每 1 m		2	1	2	1	1	0	0	2	
				全长（5 m 以上）		≤10								
			弯管	椭圆率	管径≤100 mm	10%								
					管径>100 mm	8%								
				折皱不平度（mm）	管径≤100 mm	4	1	2	3	4	3	4	2	
					管径>100 mm	5								
	7	管道保温允许偏差		厚度		+0.1δ −0.05δ								
				表面平整度（mm）	卷材	5								
					涂料	10	2	4	6	8	9	4	5	
施工单位检查评定结果					主控项目和一般项目的质量经抽样检验合格，施工操作依据、质量检查记录完整。 项目专业质量检查员： ××××年××月××日									
监理（建设）单位验收结论					同意验收。 专业监理工程师：××× （建设单位项目专业技术负责人）：××× ××××年××月××日									

表 9-0-4（32） 成套配电柜控制柜（屏、台）和动力、照明配电箱（盘）安装工程 检验批质量验收记录

<table>
<tr><td colspan="2">工程名称</td><td>××市××中学教学楼</td><td>验收部位</td><td colspan="6">楼梯间</td><td colspan="4">编号</td><td>06-02-C7-×××</td></tr>
<tr><td colspan="2">施工单位</td><td colspan="8">×××建筑安装有限公司</td><td colspan="4">项目经理</td><td>×××</td></tr>
<tr><td colspan="2">施工执行标准名称及编号</td><td colspan="8">建筑安装工程施工工艺规程 QB-××-××××</td><td colspan="4">专业工长</td><td>×××</td></tr>
<tr><td colspan="2">分包单位</td><td>—</td><td>分包项目经理</td><td colspan="6">—</td><td colspan="4">施工班组长</td><td>×××</td></tr>
<tr><td colspan="4">施工质量验收规范的规定</td><td colspan="10">施工单位检查评定记录</td><td>监理（建设）单位验收记录</td></tr>
<tr><td rowspan="4">主控项目</td><td>1</td><td>金属箱体的接地或接零</td><td>第 6.1.1 条</td><td colspan="10">符合规范规定</td><td rowspan="4">符合设计及施工质量验收规范要求</td></tr>
<tr><td>2</td><td>电击保护和保护导体截面面积</td><td>第 6.1.2 条</td><td colspan="10">符合规范规定</td></tr>
<tr><td>3</td><td>箱（盘）间线路绝缘电阻测试</td><td>第 6.1.6 条</td><td colspan="10">符合规范规定</td></tr>
<tr><td>4</td><td>箱（盘）内接线及开关动作等</td><td>第 6.1.9 条</td><td colspan="10">符合规范规定</td></tr>
<tr><td rowspan="6">一般项目</td><td>1</td><td>箱（盘）内部检查试验</td><td>第 6.2.4 条</td><td colspan="10">符合规范规定</td><td rowspan="5">符合设计及施工质量验收规范要求</td></tr>
<tr><td>2</td><td>低压电器组合</td><td>第 6.2.5 条</td><td colspan="10">符合规范规定</td></tr>
<tr><td>3</td><td>箱（盘）间配线</td><td>第 6.2.6 条</td><td colspan="10">符合规范规定</td></tr>
<tr><td>4</td><td>箱与其面板间可动部位的配线</td><td>第 6.2.7 条</td><td colspan="10">符合规范规定</td></tr>
<tr><td>5</td><td>箱（盘）安装位置、开孔、回路编号等</td><td>第 6.2.8 条</td><td colspan="10">符合规范规定</td></tr>
<tr><td>6</td><td>垂直度允许偏差</td><td>≤1.5‰</td><td>1</td><td>1</td><td>1.2</td><td>1</td><td>1</td><td>1</td><td>1</td><td>1</td><td>0.8</td><td>1</td><td></td></tr>
<tr><td colspan="3">施工单位检查评定结果</td><td colspan="12">主控项目和一般项目的质量经抽样检验合格，施工操作依据、质量检查记录完整。

项目专业质量检查员：××× ××××年××月××日</td></tr>
<tr><td colspan="3">监理（建设）单位验收结论</td><td colspan="12">同意验收。

专业监理工程师：×××
（建设单位项目专业技术负责人）：××× ××××年××月××日</td></tr>
</table>

表 9-0-4（33） 电线导管、电缆导管和线槽敷设工程 检验批质量验收记录

工程名称		××市××中学教学楼	验收部位	首层 1-11/A-F 轴	编号	06-04-C7-×××
施工单位		×××建筑安装有限公司			项目经理	×××
施工执行标准名称及编号		建筑安装工程施工工艺规程 QB-××-××××			专业工长	×××
分包单位		—	分包项目经理	—	施工班组长	×××
施工质量验收规范的规定				施工单位检查评定记录		监理（建设）单位验收记录
主控项目	1	金属导管、金属线槽的接地或接零	第 14.1.1 条	符合规范规定		符合设计及施工质量验收规范要求
	2	金属导管的连接	第 14.1.2 条	符合规范规定		
	3	防爆导管的连接	第 14.1.3 条	符合规范规定		
	4	绝缘导管在砌体剔槽的埋设	第 14.1.4 条	符合规范规定		
一般项目	1	电缆导管的弯曲半径	第 14.2.3 条	符合规范规定		符合设计及施工质量验收规范要求
	2	金属导管的防腐	第 14.2.4 条	符合规范规定		
	3	柜、台、箱、盘内导管管口高度	第 14.2.5 条	符合规范规定		
	4	暗配导管的埋设深度，明配导管的固定	第 14.2.6 条	符合规范规定		
	5	线槽固定及外观检查	第 14.2.7 条	—		
	6	防爆导管的连接、接地、固定和防腐	第 14.2.8 条	—		
	7	绝缘导管的连接和保护	第 14.2.9 条	符合规范规定		
	8	柔性导管的长度、连接和接地	第 14.2.10 条	—		
	9	导管和线槽在建筑物变形缝处的处理	第 14.2.11 条	—		
施工单位检查评定结果		主控项目和一般项目的质量经抽样检验合格，施工操作依据、质量检查记录完整。 项目专业质量检查员：××× ××××年××月××日				
监理（建设）单位验收结论		同意验收。 专业监理工程师：××× （建设单位项目专业技术负责人）：××× ××××年××月××日				

表 9-0-4（34）　电线、电缆穿管和线槽敷线工程 检验批质量验收记录

<table>
<tr><td colspan="2">工程名称</td><td>××市××中学教学楼</td><td>验收部位</td><td>1-11/A-F 轴</td><td>编号</td><td>06-04-C7-×××</td></tr>
<tr><td colspan="2">施工单位</td><td colspan="3">×××建筑安装有限公司</td><td>项目经理</td><td>×××</td></tr>
<tr><td colspan="2">施工执行标准名称及编号</td><td colspan="3">建筑安装工程施工工艺规程 QB-××-××××</td><td>专业工长</td><td>×××</td></tr>
<tr><td colspan="2">分包单位</td><td>—</td><td>分包项目经理</td><td>—</td><td>施工班组长</td><td>×××</td></tr>
<tr><td colspan="4">施工质量验收规范的规定</td><td colspan="2">施工单位检查评定记录</td><td>监理（建设）单位验收记录</td></tr>
<tr><td rowspan="3">主控项目</td><td>1</td><td>交流单芯电缆不得单独穿于钢导管内</td><td>第 15.1.1 条</td><td colspan="2">符合规范规定</td><td rowspan="3">符合设计及施工质量验收规范要求</td></tr>
<tr><td>2</td><td>电线穿管</td><td>第 15.1.2 条</td><td colspan="2">符合规范规定</td></tr>
<tr><td>3</td><td>爆炸危险环境照明线路的电线、电缆选用和穿管</td><td>第 15.1.3 条</td><td colspan="2">—</td></tr>
<tr><td rowspan="3">一般项目</td><td>1</td><td>电线、电缆管内清扫和管口处理</td><td>第 15.2.1 条</td><td colspan="2">符合规范规定</td><td rowspan="3">符合设计及施工质量验收规范要求</td></tr>
<tr><td>2</td><td>同一建筑物、构筑物内电线绝缘层颜色的选择</td><td>第 15.2.2 条</td><td colspan="2">符合规范规定</td></tr>
<tr><td>3</td><td>线槽敷线</td><td>第 15.2.3 条</td><td colspan="2">—</td></tr>
<tr><td colspan="3">施工单位检查评定结果</td><td colspan="4">主控项目和一般项目的质量经抽样检验合格，施工操作依据、质量检查记录完整。

项目专业质量检查员：×××　　　　××××年××月××日</td></tr>
<tr><td colspan="3">监理（建设）单位验收结论</td><td colspan="4">同意验收。

专业监理工程师：×××
（建设单位项目专业技术负责人）：×××　　　　××××年××月××日</td></tr>
</table>

表 9-0-4（35） 普通灯具安装工程 检验批质量验收记录

工程名称		××市××中学教学楼	验收部位	首层	编号	06-05-C7-×××
施工单位		×××建筑安装有限公司			项目经理	×××
施工执行标准名称及编号		建筑安装工程施工工艺规程 QB-××-××××			专业工长	×××
分包单位		—	分包项目经理	—	施工班组长	×××
施工质量验收规范的规定				施工单位检查评定记录		监理（建设）单位验收记录
主控项目	1	灯具的固定	第 19.1.1 条	符合规范规定		符合设计及施工质量验收规范要求
	2	花灯吊钩选用、固定及悬吊装置的过载试验	第 19.1.2 条	—		
	3	钢管吊灯灯杆检查	第 19.1.3 条	—		
	4	灯具的绝缘材料耐火检查	第 19.1.4 条	符合规范规定		
	5	灯具的安装高度和使用电压等级	第 19.1.5 条	符合规范规定		
	6	距地高度小于 2.4 m 的灯具可接近裸露导体的接地或接零	第 19.1.6 条	—		
一般项目	1	引向每个灯具的导线线芯最小截面面积	第 19.2.1 条	符合规范规定		符合设计及施工质量验收规范要求
	2	灯具的外形，灯头及其接线检查	第 19.2.2 条	符合规范规定		
	3	变电所内灯具的安装位置	第 19.2.3 条	—		
	4	装有白炽灯泡的吸顶灯具隔热检查	第 19.2.4 条	符合规范规定		
	5	在重要场所的大型灯具的玻璃罩安全措施	第 19.2.5 条	—		
	6	投光灯的固定检查	第 19.2.6 条	—		
	7	室外壁灯的防水检查	第 19.2.7 条	—		
施工单位检查评定结果		主控项目和一般项目的质量经抽样检验合格，施工操作依据、质量检查记录完整。 项目专业质量检查员：××× ××××年××月××日				
监理（建设）单位验收结论		同意验收。 专业监理工程师：××× （建设单位项目专业技术负责人）：××× ××××年××月××日				

表 9-0-4（36） 开关、插座、风扇安装工程 检验批质量验收记录

<table>
<tr><td colspan="2">工程名称</td><td colspan="2">××市××中学教学楼</td><td>验收部位</td><td>首层</td><td>编号</td><td>06-05-C7-×××</td></tr>
<tr><td colspan="2">施工单位</td><td colspan="4">×××建筑安装有限公司</td><td>项目经理</td><td>×××</td></tr>
<tr><td colspan="2">施工执行标准名称及编号</td><td colspan="4">建筑安装工程施工工艺规程 QB-××-××××</td><td>专业工长</td><td>×××</td></tr>
<tr><td colspan="2">分包单位</td><td colspan="2">—</td><td>分包项目经理</td><td>—</td><td>施工班组长</td><td>×××</td></tr>
<tr><td colspan="5">施工质量验收规范的规定</td><td colspan="2">施工单位检查评定记录</td><td>监理（建设）单位验收记录</td></tr>
<tr><td rowspan="6">主控项目</td><td>1</td><td colspan="2">交流、直流或不同电压等级在同一场所的插座应有区别</td><td>第 22.1.1 条</td><td colspan="2">—</td><td rowspan="6">符合设计及施工质量验收规范要求</td></tr>
<tr><td>2</td><td colspan="2">插座的接线</td><td>第 22.1.2 条</td><td colspan="2">符合规范规定</td></tr>
<tr><td>3</td><td colspan="2">特殊情况下的插座安装</td><td>第 22.1.3 条</td><td colspan="2">—</td></tr>
<tr><td>4</td><td colspan="2">照明开关的选用、开关的位置</td><td>第 22.1.4 条</td><td colspan="2">符合规范规定</td></tr>
<tr><td>5</td><td colspan="2">吊扇的安装高度、挂钩选用和吊扇的组装及试运转</td><td>第 22.1.5 条</td><td colspan="2">—</td></tr>
<tr><td>6</td><td colspan="2">壁扇、底座和防护罩的固定及试运转</td><td>第 22.1.6 条</td><td colspan="2">—</td></tr>
<tr><td rowspan="4">一般项目</td><td>1</td><td colspan="2">插座安装和外观检查</td><td>第 22.2.1 条</td><td colspan="2">符合规范规定</td><td rowspan="4">符合设计及施工质量验收规范要求</td></tr>
<tr><td>2</td><td colspan="2">照明开关的安装位置、控制顺序和外观检查</td><td>第 22.2.2 条</td><td colspan="2">符合规范规定</td></tr>
<tr><td>3</td><td colspan="2">吊扇的吊杆、开关和表面检查</td><td>第 22.2.3 条</td><td colspan="2">—</td></tr>
<tr><td>4</td><td colspan="2">壁扇的高度和表面检查</td><td>第 22.2.4 条</td><td colspan="2">—</td></tr>
<tr><td colspan="3">施工单位检查评定结果</td><td colspan="5">主控项目和一般项目的质量经抽样检验合格，施工操作依据、质量检查记录完整。

项目专业质量检查员：××× ××××年××月××日</td></tr>
<tr><td colspan="3">监理（建设）单位验收结论</td><td colspan="5">同意验收。

专业监理工程师：×××
（建设单位项目专业技术负责人）：××× ××××年××月××日</td></tr>
</table>

表 9-0-4（37） 接地装置安装工程 检验批质量验收记录

<table>
<tr><td colspan="2">工程名称</td><td>××市××中学教学楼</td><td>验收部位</td><td>接地装置</td><td>编号</td><td>06-07-C7-×××</td></tr>
<tr><td colspan="2">施工单位</td><td colspan="3">×××建筑安装有限公司</td><td>项目经理</td><td>×××</td></tr>
<tr><td colspan="2">施工执行标准名称及编号</td><td colspan="3">建筑安装工程施工工艺规程 QB-××-××××</td><td>专业工长</td><td>×××</td></tr>
<tr><td colspan="2">分包单位</td><td>—</td><td>分包项目经理</td><td>—</td><td>施工班组长</td><td>×××</td></tr>
<tr><td colspan="4">施工质量验收规范的规定</td><td colspan="2">施工单位检查评定记录</td><td>监理（建设）单位验收记录</td></tr>
<tr><td rowspan="5">主控项目</td><td>1</td><td>接地装置测试点的设置</td><td>第 24.1.1 条</td><td colspan="2">符合规范规定</td><td rowspan="5">符合设计及施工质量验收规范要求</td></tr>
<tr><td>2</td><td>接地电阻值测试</td><td>第 24.1.2 条</td><td colspan="2">符合规范规定</td></tr>
<tr><td>3</td><td>防雷接地的人工接地装置的接地干线埋设</td><td>第 24.1.3 条</td><td colspan="2">—</td></tr>
<tr><td>4</td><td>接地模块的埋设深度、间距和基坑尺寸</td><td>第 24.1.4 条</td><td colspan="2">—</td></tr>
<tr><td>5</td><td>接地模块设置应垂直或水平就位</td><td>第 24.1.5 条</td><td colspan="2">—</td></tr>
<tr><td rowspan="3">一般项目</td><td>1</td><td>接地装置埋设深度、间距搭接长度和防腐措施</td><td>第 24.2.1 条</td><td colspan="2">—</td><td rowspan="3">符合设计及施工质量验收规范要求</td></tr>
<tr><td>2</td><td>接地装置的材质和最小允许规格、尺寸</td><td>第 24.2.2 条</td><td colspan="2">符合规范规定</td></tr>
<tr><td>3</td><td>接地模块与干线的连接和干线材质选用</td><td>第 24.2.3 条</td><td colspan="2">—</td></tr>
<tr><td colspan="3">施工单位检查评定结果</td><td colspan="4">主控项目和一般项目的质量经抽样检验合格，施工操作依据、质量检查记录完整。
项目专业质量检查员：××× ××××年××月××日</td></tr>
<tr><td colspan="3">监理（建设）单位验收结论</td><td colspan="4">同意验收。
专业监理工程师：×××
（建设单位项目专业技术负责人）：××× ××××年××月××日</td></tr>
</table>

表 9-0-4（38） 避雷引下线和变配电室接地干线敷设工程（防雷引下线） 检验批质量验收记录

<table>
<tr><td colspan="2">工程名称</td><td>××市××中学教学楼</td><td>验收部位</td><td>1-11/A-F 轴</td><td>编号</td><td>06-07-C7-×××</td></tr>
<tr><td colspan="2">施工单位</td><td colspan="3">×××建筑安装有限公司</td><td>项目经理</td><td>×××</td></tr>
<tr><td colspan="2">施工执行标准名称及编号</td><td colspan="3">建筑安装工程施工工艺规程 QB-××-××××</td><td>专业工长</td><td>×××</td></tr>
<tr><td colspan="2">分包单位</td><td>—</td><td>分包项目经理</td><td>—</td><td>施工班组长</td><td>×××</td></tr>
<tr><td colspan="4">施工质量验收规范的规定</td><td>施工单位检查评定记录</td><td colspan="2">监理（建设）单位验收记录</td></tr>
<tr><td rowspan="2">主控项目</td><td>1</td><td>引下线的敷设、明敷引下线焊接处的防腐</td><td>第 25.1.1 条</td><td>符合规范规定</td><td colspan="2" rowspan="2">符合设计及施工质量验收规范要求</td></tr>
<tr><td>2</td><td>利用金属构件、金属管道作接地线时与接地干线的连接</td><td>第 25.1.3 条</td><td>符合规范规定</td></tr>
<tr><td rowspan="4">一般项目</td><td>1</td><td>钢制接地线的连接和材料规格、尺寸</td><td>第 25.2.1 条</td><td>符合规范规定</td><td colspan="2" rowspan="4">符合设计及施工质量验收规范要求</td></tr>
<tr><td>2</td><td>明敷接地引下线支持件的设置</td><td>第 25.2.2 条</td><td>—</td></tr>
<tr><td>3</td><td>接地线穿越墙壁、楼板和地坪处的保护</td><td>第 25.2.3 条</td><td>—</td></tr>
<tr><td>4</td><td>幕墙金属框架和建筑物金属门窗与接地干线的连接</td><td>第 25.2.7 条</td><td>—</td></tr>
<tr><td colspan="3">施工单位检查评定结果</td><td colspan="4">主控项目和一般项目的质量经抽样检验合格，施工操作依据、质量检查记录完整。

项目专业质量检查员：××× ××××年××月××日</td></tr>
<tr><td colspan="3">监理（建设）单位验收结论</td><td colspan="4">同意验收。

专业监理工程师：×××
（建设单位项目专业技术负责人）：××× ××××年××月××日</td></tr>
</table>

10 分项工程质量验收记录表填写与审查

分项工程验收由监理工程师组织项目专业技术负责人等进行。分项工程是在检验批验收合格的基础上进行的，通常起一个归纳整理的作用，是一个统计表，没有实质性验收内容。只要注意三点就可以了：一是检查检验批是否覆盖了整个工程，有没有漏掉的部位；二是检查有混凝土、砂浆强度要求的检验批，到龄期后能否达到规范规定；三是将检验批的资料统一依次进行登记整理，方便管理。

表的填写：表名填上所验收分项工程的名称，表头工程名称按合同文件上的单位工程名称填写，结构类型填写按设计文件提供的结构类型。检验批部位、区段，施工单位检查评定结果，由施工单位项目专业质量检查员填写，由施工单位的项目专业技术负责人检查后给出检查结论并签字，交监理单位或建设单位验收。

监理（建设）单位验收结论由专业监理工程师（或建设单位的专业负责人）逐项审查并填写验收结论，同意项填写“合格或符合要求”，不同意项暂不填写，待处理后再验收，但应做标记。验收结论应注明“同意验收”或“不同意验收”的意见，如同意验收并签字确认，不同意验收请指出存在问题，明确处理意见和完成时间。

分项工程质量验收记录应符合现行国家标准《建筑工程施工质量验收统一标准》（GB 50300—2013）的有关规定。分项工程完成，施工单位自检合格后，应填报“_____分项工程质量验收记录表”，并由监理工程师（建设单位项目专业技术负责人）组织项目专业技术负责人等进行验收并签认。施工单位填写的分项工程质量验收记录应一式三份，并应由建设单位、监理单位、施工单位各保存一份。分项工程质量验收记录宜采用表 10-0-1 的格式。（表格填写均应按规范术语填写）

表 10-0-1　填充墙分项工程质量验收记录表（C.7.2）

<table>
<tr><td colspan="2">工程名称</td><td>××市××中学教学楼</td><td colspan="2">编号</td><td colspan="2">02-03-C7-×××</td></tr>
<tr><td colspan="2">结构类型</td><td>框架</td><td colspan="2">检验批数</td><td colspan="2">5</td></tr>
<tr><td colspan="2">施工总承包单位</td><td>×××建筑安装有限公司</td><td>项目经理</td><td>×××</td><td>项目技术负责人</td><td>×××</td></tr>
<tr><td colspan="2">专业承包单位</td><td>—</td><td>单位负责人</td><td>—</td><td>项目经理</td><td>—</td></tr>
<tr><td>序号</td><td colspan="2">检验批部位、区段</td><td colspan="2">施工单位检查评定结果</td><td colspan="2">监理（建设）单位验收结论</td></tr>
<tr><td>1</td><td colspan="2">1 层</td><td colspan="2">合格</td><td colspan="2">验收合格</td></tr>
<tr><td>2</td><td colspan="2">2 层</td><td colspan="2">合格</td><td colspan="2">验收合格</td></tr>
<tr><td>3</td><td colspan="2">3 层</td><td colspan="2">合格</td><td colspan="2">验收合格</td></tr>
<tr><td>4</td><td colspan="2">4 层</td><td colspan="2">合格</td><td colspan="2">验收合格</td></tr>
<tr><td>5</td><td colspan="2">5 层</td><td colspan="2">合格</td><td colspan="2">验收合格</td></tr>
<tr><td>6</td><td colspan="2"></td><td colspan="2"></td><td colspan="2"></td></tr>
</table>

续表

<table>
<tr><td>7</td><td colspan="3"></td><td></td><td></td></tr>
<tr><td>8</td><td colspan="3"></td><td></td><td></td></tr>
<tr><td>9</td><td colspan="3"></td><td></td><td></td></tr>
<tr><td>10</td><td colspan="3"></td><td></td><td></td></tr>
<tr><td>11</td><td colspan="3"></td><td></td><td></td></tr>
<tr><td colspan="6">说明：</td></tr>
<tr><td colspan="2">检查结论</td><td>所含检验批均符合合格质量的规定，质量验收记录完整。
项目专业技术负责人：
××××年××月××日</td><td colspan="2">验收结论</td><td>经检查合格，同意验收。
监理工程师：×××
（建设单位项目专业技术负责人）：×××
××××年××月××日</td></tr>
</table>

11　分部（子分部）工程验收记录表填写与审查

分部（子分部）工程的质量验收记录，是质量控制的一个重点。由于单位工程体量的增大，复杂程度的增加，专业施工单位的增多，为了分清责任、及时整修等，分部（子分部）工程的验收就显得较重要，分部（子分部）工程的质量验收除了分项工程的核查外，还有质量控制资料核查，安全、功能项目的检测，观感质量的验收等。

分部（子分部）工程应由施工单位将自行检查评定合格的表填写好后，由项目经理交监理单位或建设单位验收。总监理工程师组织施工项目经理及有关勘察（地基与基础部分）、设计（地基与基础及主体结构等）单位项目负责人进行验收，并按分部（子分部）工程验收记录表的要求进行记录。

分部（子分部）工程验收记录表格的填写：

1. 表名及表头部分

（1）表名：分部（子分部）工程的名称填写要具体，写在分部（子分部）工程的前边，并分别划掉分部或子分部。

（2）表头部分结构类型填写按设计文件提供的结构类型。层数应分别注明地下和地上的层数。其余项目与检验批、分项工程、单位工程验收表的内容一致。

2. 验收内容

1）分项工程

按分项工程检验批施工先后的顺序，将分项工程名称填写上，在第二格栏内分别填写各分项工程实际的检验批数量，即分项工程验收表上的检验批数量，并将各分项工程评定表按顺序附在表后。

施工单位检查评定栏，填写施工单位自行检查评定的结果。核查一下各分项工程是否都通过验收，有关龄期试件的合格评定是否达到要求；有全高垂直度或总的标高的检验项目的应进行检查验收。自检符合要求的可按“合格”标注，否则按“不合格”标注。有“不合格”的项目不能交给监理单位或建设单位验收，应进行返修达到合格后再提交验收。监理单位或建设单位由总监理工程师或建设单位项目专业技术负责人组织审查，在符合要求后，在验收意见栏内签注“同意验收”意见。

2）质量控制资料

施工单位应按单位（子单位）工程质量控制资料核查记录表（表 11-0-1）中的相关内容来确定所验收的分部（子分部）工程的质量控制资料项目，按资料核查的要求，逐项进行核查。能基本反映工程质量情况，达到保证结构安全和使用功能的要求，即可通过验收。全部项目都通过，即可在施工单位检查评定栏内标注“合格”，并送监理单位或建设单位验收，监理单位总监理工程师组织审查，在符合要求后，在验收意见栏内签注“同意验收”意见。

表 11-0-1　单位（子单位）工程质量控制资料核查记录表

工程名称			施工单位		
序号	项目	资料名称	份数	核查意见	核查人
1	建筑与结构	图纸会审、设计变更、洽商记录			
2		工程定位测量、放线记录			
3		原材料出厂合格证书及进场			
4		施工试验报告及见证检测报告			
5		隐蔽工程验收记录			
6		施工记录			
7		预制构件、预拌混凝土合格证			
8		地基基础、主体结构检验及抽样检测资料			
9		检验批、分项、分部（子分部）工程质量验收记录			
10		工程质量事故及事故调查处理资料			
11		新材料、新工艺施工记录			
12					
1	给排水管与采暖	图纸会审、设计变更、洽商记录			
2		材料、配件出厂合格证书及			
3		管道、设备强度试验、严密性试验记录			
4		隐蔽工程验收记录			
5		系统清洗、灌水、通水、通球试验记录			
6		施工记录			
7		检验批、分项、分部（子分部）工程质量验收记录			
8					
1	建筑电气	图纸会审、设计变更、洽商记录			
2		材料、设备出厂合格证书			
3		设备调试记录			
4		接地、绝缘电阻测试记录			
5		隐蔽工程验收记录			
6		施工记录			
7		检验批、分项、分部（子分部）工程质量验收记录			
8					
结论：该工程质量控制资料完整。 总监理工程师：××× 施工单位项目经理：×××（建设单位项目负责人） ××××年××月××日					

有些工程可按子分部工程进行资料验收，有些工程可按分部工程进行资料验收，由于工程不同，不强求统一。

3）安全和功能检验（检测）报告

安全和功能检验（检测）报告是指竣工抽样检测的项目，能在分部（子分部）工程中检测的，尽量放在分部（子分部）工程中检测。检测内容按单位（子单位）工程安全和功能检验资料核查及主要功能抽查记录（表 11-0-2）中相关内容确定抽查项目。

表 11-0-2　单位（子单位）工程安全和功能检验资料核查及主要功能抽查记录

工程名称			施工单位			
序号	项目	安全和功能检查项目	份数	核查意见	核查人	核查（抽查）人
1	建筑与结构	屋面淋水试验记录				
2		地下室防水效果检查记录				
3		有防水要求的地面蓄水试验记录				
4		建筑物垂直度、标高、全高测量记录				
5		抽气（风）道检查记录				
6		幕墙及外墙气密性、水密性、耐风压检测报告				
7		建筑物沉降观测测量记录				
8		节能、保温测试记录				
9		室内环境检测报告				
1	给排水与采暖	给水管道通水试验记录				
2		暖气管道、散热器压力试验记录				
3		卫生器具满水试验记录				
4		消防管道、燃气管道压力试验记录				
5		排水干道通球试验记录				
6						
1	建筑电气	照明全负荷试验记录				
2		大型灯具牢固性试验记录				
3		避雷接地电阻测试记录				
4		线路、插座、开关接地检验记录				
5						
1	智能建筑	系统试运行记录				
2		系统电源及接地检测报告				
3		线路绝缘测试记录				
1	通风与空调	通风、空调系统试运行记录				
2		风量、温度测试记录				
3		洁净室洁净测试记录				
4		制冷机组试运行调试记录				
5						
1	电梯	电梯运行记录				
2		电梯安全装置检测报告				
结论：该工程安全和功能检验资料齐全有效。 总监理工程师：××× 施工单位项目经理：×××（建设单位项目负责人） ××××年××月××日						

注：抽查项目由验收组协商确定。

施工单位在核查时要注意，在开工之前确定的项目是否都进行了检测；逐一检查每个检测报告，核查每个检测项目的检测方法、程序是否符合有关标准规定；检测结果是否达到规范的要求；检测报告的审批程序签字是否完整。每个检测项目都通过审查，即可在施工单位检查评定栏内标注“合格”。由项目经理送监理单位或建设单位验收，监理单位总监理工程师或建设单位项目专业负责人组织审查，在符合要求后，在验收意见栏内签注“同意验收”意见。

4）观感质量验收

由施工单位项目经理组织进行现场检查，实际检查内容不仅包括外观质量，还有能启动或运转的要启动或试运转，能打开看的打开看，有代表性的房间、部位都应走到，并经检查合格，将施工单位填写的内容填写好后，由项目经理签字后交监理单位或建设单位验收。

监理单位由总监理工程师或建设单位项目专业负责人组织验收，在听取参加检查人员意见的基础上，以总监理工程师或建设单位项目专业负责人为主导共同确定质量评价——好、一般、差，由施工单位的项目经理和总监理工程师或建设单位项目专业负责人共同签认。如评价观感质量差的项目，能修理的尽量修理，如果确难修理时，只要不影响结构安全和使用功能的，可采用协商解决的方法进行验收，并在验收表上注明，然后将验收评价结论填写在分部（子分部）工程观感质量验收意见栏内。

3. 验收单位签字认可

按表列参与工程建设责任单位的有关人员应亲自签名，以示负责，以便追查质量责任。勘察单位可只签认地基基础分部（子分部）工程，由项目负责人亲自签认。

设计单位可只签地基基础、主体结构及重要安装分部（子分部）工程，由项目负责人亲自签认。

施工总承包单位必须签认，由项目经理亲自签认；有分包单位的，分包单位也必须签认其分包的分部（子分部）工程，由分包项目经理亲自签认。

监理单位作为验收方，由总监理工程师亲自签认验收。如果按规定不委托监理单位的工程，可由建设单位项目专业负责人亲自签认验收。

4. 分部（子分部）工程质量验收记录

分部（子分部）工程质量验收记录应符合现行国家标准《建筑工程施工质量验收统一标准》（GB 50300—2013）的有关规定。分部（子分部）工程完成，施工单位自检合格后，应填报《______分部（子分部）工程质量验收记录》。分部（子分部）工程应由总监理工程师或建设单位项目负责人组织有关设计单位及施工单位项目负责人和技术质量负责人等共同验收并签认。

施工单位填写的分部（子分部）工程质量验收记录应一式四份，并应由建设单位、监理单位、施工单位、城建档案馆各保存一份。分部（子分部）工程质量验收记录宜采用表 11-0-3 的格式。

建筑节能分部工程质量验收记录应符合现行国家标准《建筑节能工程施工质量验收规范》（GB 50411—2014）的有关规定。施工单位填写的建筑节能分部工程质量验收记录应一式五份，并应由建设单位、监理单位、设计单位、施工单位、城建档案馆各保存一份。建筑节能分部工程质量验收记录宜采用11-0-4的格式。

表 11-0-3　主体结构分部（子分部）工程质量验收记录（C.7.3）

<table>
<tr><td colspan="2">工程名称</td><td colspan="3">××市××中学教学楼</td><td>编号</td><td colspan="2">02-C7</td></tr>
<tr><td colspan="2">结构类型</td><td>框架</td><td>层数</td><td>5</td><td>分项工程数</td><td colspan="2">2</td></tr>
<tr><td colspan="2">施工总承包单位</td><td colspan="2">×××建筑安装有限公司</td><td>技术部门负责人</td><td>×××</td><td>质量部门负责人</td><td>×××</td></tr>
<tr><td colspan="2">专业承包单位</td><td colspan="2">—</td><td>专业承包单位负责人</td><td>—</td><td>专业承包单位技术负责人</td><td>—</td></tr>
<tr><td>序号</td><td colspan="3">分项工程名称</td><td>检验批数</td><td>施工单位检查评定</td><td colspan="2">验收意见</td></tr>
<tr><td>1</td><td colspan="3">砌体结构</td><td>5</td><td>合格</td><td colspan="2" rowspan="9">验收合格</td></tr>
<tr><td>2</td><td colspan="3">混凝土结构</td><td>20</td><td>合格</td></tr>
<tr><td>3</td><td colspan="3"></td><td></td><td></td></tr>
<tr><td>4</td><td colspan="3"></td><td></td><td></td></tr>
<tr><td>5</td><td colspan="3"></td><td></td><td></td></tr>
<tr><td>6</td><td colspan="3"></td><td></td><td></td></tr>
<tr><td>7</td><td colspan="3"></td><td></td><td></td></tr>
<tr><td colspan="4">质量控制资料</td><td colspan="2">资料共××份，完整</td></tr>
<tr><td colspan="4">安全和功能检验（检测）报告</td><td colspan="2">检验和抽样检测结果共××份，符合有关规定</td></tr>
<tr><td colspan="4">观感质量验收</td><td colspan="4">好</td></tr>
<tr><td rowspan="5">验收单位</td><td colspan="3">专业承包单位</td><td colspan="4">项目经理：×××</td></tr>
<tr><td colspan="3">施工总承包单位</td><td colspan="4">项目经理：×××　　××××年××月××日</td></tr>
<tr><td colspan="3">勘察单位</td><td colspan="4">项目负责人：×××　　××××年××月××日</td></tr>
<tr><td colspan="3">设计单位</td><td colspan="4">项目负责人：×××　　××××年××月××日</td></tr>
<tr><td colspan="3">监理单位或建设单位</td><td colspan="4">所含（子分部）分项的质量均验收合格；质量控制资料完整；安全和功能检验和抽样检测结果符合有关规定；观感质量好。同意验收。
总监理工程师：×××
或建设单位项目专业负责人：×××
××××年××月××日</td></tr>
</table>

表 11-0-4　建筑节能分部工程质量验收记录表（C.7.4）

<table>
<tr><td>工程名称</td><td colspan="2">××市××中学教学楼</td><td colspan="2">编号</td><td colspan="2">10-C7</td></tr>
<tr><td>结构类型及层数</td><td colspan="2">框架 5/1</td><td colspan="2">分项工程数</td><td colspan="2">10</td></tr>
<tr><td>施工总承包单位</td><td colspan="2">×××建筑安装有限公司</td><td>技术部门负责人</td><td>×××</td><td>质量部门负责人</td><td>×××</td></tr>
<tr><td>专业承包单位</td><td colspan="2">—</td><td>专业承包单位负责人</td><td>—</td><td>专业承包单位技术负责人</td><td>—</td></tr>
<tr><td>序号</td><td>分项工程名称</td><td colspan="3">验收结论</td><td>监理工程师签字</td><td>备注</td></tr>
<tr><td>1</td><td>墙体节能工程</td><td colspan="3">合格</td><td>×××</td><td></td></tr>
<tr><td>2</td><td>幕墙节能工程</td><td colspan="3">合格</td><td>×××</td><td></td></tr>
<tr><td>3</td><td>门窗节能工程</td><td colspan="3">合格</td><td>×××</td><td></td></tr>
<tr><td>4</td><td>屋面节能工程</td><td colspan="3">合格</td><td>×××</td><td></td></tr>
<tr><td>5</td><td>地面节能工程</td><td colspan="3">合格</td><td>×××</td><td></td></tr>
<tr><td>6</td><td>采暖节能工程</td><td colspan="3">合格</td><td>×××</td><td></td></tr>
<tr><td>7</td><td>通风与空调节能工程</td><td colspan="3">合格</td><td>×××</td><td></td></tr>
<tr><td>8</td><td>空调与采暖系统的冷热源及管网节能工程</td><td colspan="3">合格</td><td>×××</td><td></td></tr>
<tr><td>9</td><td>配电与照明节能工程</td><td colspan="3">合格</td><td>×××</td><td></td></tr>
<tr><td>10</td><td>监测与控制节能工程</td><td colspan="3">合格</td><td>×××</td><td></td></tr>
<tr><td colspan="2">质量控制资料</td><td colspan="3">资料共××份，完整</td><td>×××</td><td></td></tr>
<tr><td colspan="2">外墙节能构造现场实体检验</td><td colspan="3">资料共××份，符合设计要求</td><td>×××</td><td></td></tr>
<tr><td colspan="2">外窗气密性现场实体检测</td><td colspan="3">资料共××份，结果合格</td><td>×××</td><td></td></tr>
<tr><td colspan="2">系统节能性能检测</td><td colspan="3">资料共××份，结果合格</td><td>×××</td><td></td></tr>
<tr><td colspan="7">验收结论：
分项工程全部合格；质量控制资料完整；外墙节能构造现场实体检验结果符合设计要求；外窗气密性现场实体检测结果合格；建筑设备系统节能性能检测结果合格。同意验收。</td></tr>
<tr><td colspan="7">其他参加验收人员：</td></tr>
<tr><td rowspan="2">验收单位</td><td>专业承包单位</td><td>施工总承包单位</td><td colspan="2">设计单位</td><td colspan="2">监理或建设单位</td></tr>
<tr><td>项目经理：×××
××××年××月××日</td><td>项目经理：×××
××××年××月××日</td><td colspan="2">项目负责人：×××
××××年××月××日</td><td colspan="2">总监理工程师或建设单位项目负责人：×××
××××年××月××日</td></tr>
</table>

12　单位（子单位）工程质量竣工验收记录表填写与审查

单位（子单位）工程质量验收由五部分内容组成，每一项内容都有自己的专门验收记录表，单位（子单位）工程质量竣工验收记录是一个综合性的表，是各项目验收合格后填写的。

单位（子单位）工程由建设单位（项目）负责人组织施工（含分包单位）、设计单位、监理等单位（项目）负责人进行验收。单位（子单位）工程验收表由参加验收单位盖章，并由负责人签字。质量控制资料核查记录表、安全和功能检验资料核查及主要功能抽查记录表、观感质量检查记录表应均由施工单位项目经理和总监理工程师（建设单位项目负责人）签字。

1. 表名及表头的填写

（1）将单位工程或子单位工程的名称（项目批准的工程名称）填写在表名的前边，并将子单位或单位工程的名称划掉。

（2）表头部分，按分部（子分部）表的表头要求填写。

2. 分部工程

对所含分部工程逐项检查。首先由施工单位的项目经理组织有关人员逐个分部（子分部）进行检查评定。所含分部（子分部）工程检查合格后，由项目经理提交验收。经验收组成员验收后，由施工单位填写"验收记录"栏。注明共验收几个分部、经验收符合标准及设计要求的几个分部。审查验收的分部工程全部符合要求，由监理单位在验收结论栏内，写上"同意验收"的结论。

3. 质量控制资料核查

这项内容先由施工单位检查合格，再提交监理单位验收。其全部内容在分部（子分部）工程中已经审查。通常单位（子单位）工程质量控制资料核查，也是按分部（子分部）工程逐项检查和审查，每个子分部、分部工程检查审查后，也不必再整理分部工程的质量控制资料，只将其依次装订起来，在前边的封面写上分部工程的名称，并将所含子分部工程的名称依次填写在下边就行了。然后将各子分部工程审查的资料逐项进行统计，填入验收记录栏内。

通常共有多少项资料，经审查也都应符合要求。如果出现有核定的项目的，应查明情况；只要是协商验收的内容，填在验收结论栏内。通常严禁验收的事件，不会留在单位工程来处理。这项也是先施工单位自行检查评定合格后，提交验收，由总监理工程师或建设单位项目负责人组织审查符合要求后，在验收记录栏内填写项数。在验收结论栏内，写上"同意验收"的意见。同时要在单位（子单位）工程质量竣工验收记录表中的序号 2 栏内的验收结论栏内填"同意验收"。

4. 安全和主要使用功能核查及抽查结果

这个项目包括两个方面的内容：一是在分部（子分部）进行了安全和功能检测的项目，要核查其检测报告结论是否符合设计要求；二是在单位工程进行的安全和功能抽测项目，要核查其项目是否与设计内容一致，抽查的程序、方法是否符合有关规定，抽测报告的结论是否达到设计要求及规范规定。这个项目也是由施工单位检查评定合格，再提交验收，由总监理工程师或建设单位项目负责人组织审查，程序内容基本是一致的。按项目逐个进行核查验收，然后统计核查的项数和抽查的项数，填入验收记录栏，并分别统计符合要求的项数，同时也分别填入验收记录栏相应的空当内。通常两个项数是一致的，如果个别项目的抽测结果达不到设计要求，则可以进行返工处理以达到符合要求。然后由总监理工程师或建设单位项目负责人在验收结论栏内填写“同意验收”的结论。如果返工处理后仍达不到设计要求，就要按不合格处理程序进行处理。

5. 观感质量验收

观感质量检查的方法同分部（子分部）工程，单位工程观感质量检查验收与分部（子分部）验收不同的是项目比较多，是一个综合性验收。其实质是复查一下各分部（子分部）工程验收后，到单位工程竣工的质量变化、成品保护以及分部（子分部）工程验收时，还没有形成部分的观感质量等。

这个项目也是先由施工单位检查评定合格，提交验收，由总监理工程师或建设单位项目负责人组织审查，程序和内容基本是一致的。按核查的项目数及符合要求的项目数填写在验收记录栏内。如果没有影响结构安全和使用功能的项目，则由总监理工程师或建设单位项目负责人为主导意见，评价好、一般、差；不论评价为好、一般、差的项目，都可作为符合要求的项目。由总监理工程师或建设单位项目负责人在验收结论栏内填写“同意验收”的结论。如果有不符合要求的项目，就要按不合格处理程序进行处理。

6. 综合验收结论

施工单位应在工程完工后，由项目经理组织有关人员对验收内容逐项进行查对，并填写表格中应填写的内容，自检评定符合要求后，在验收记录栏内填写各有关项数，交建设单位组织验收。综合验收是指在前五项内容均验收符合要求后进行的验收，即按单位（子单位）工程质量竣工验收记录表进行验收。验收时，在建设单位组织下，由建设单位相关专业人员及监理单位专业监理工程师和设计单位、施工单位相关人员分别核查验收有关项目，并由总监理工程师组织进行现场观感质量检查。经各项目审查符合要求时，由监理单位或建设单位在“验收结论”栏内填写“同意验收”的意见。各栏均同意验收且经各参加检验方共同同意商定后，由建设单位填写“综合验收结论”，可填写为“通过验收”。

7. 参加验收单位签名

勘察单位、设计单位、施工单位、监理单位、建设单位都同意验收时，其各单位的单位项目负责人要亲自签字，以示对工程质量的负责，并加盖单位公章，注明签字验收的年月日。

8. 竣工验收资料

依据《房屋建筑工程和市政基础设施工程竣工验收暂行规定》(建建〔2000〕142 号)规定：房屋建筑工程和市政基础设施工程竣工验收工作，由建设单位负责组织实施。县级以上地方人民政府建设行政主管部门应当委托工程质量监督机构对工程竣工验收实施监督。

(1)工程符合下列要求方可进行竣工验收：

① 完成工程设计和合同约定的各项内容。

② 施工单位在工程完工后对工程质量进行了检查，确认工程质量符合有关法律、法规和工程建设强制性标准，符合设计要求及合同约定，并提出工程竣工报告。工程竣工报告应经项目经理和施工单位有关负责人审核签字。

③ 对于委托监理的工程项目，监理单位对工程进行了质量评估，具有完整的监理资料，并提出工程质量评估报告。工程质量评估报告应经总监理工程师和监理单位有关负责人审核签字。

④ 勘察、设计单位对勘察、设计文件及施工过程中由设计单位签署的设计变更通知书进行了检查，并提出质量检查报告。质量检查报告应经该项目勘察、设计负责人和勘察、设计单位有关负责人审核签字。

⑤ 有完整的技术档案和施工管理资料。

⑥ 有工程使用的主要建筑材料、建筑构配件和设备的进场试验报告。

⑦ 建设单位已按合同约定支付工程款。

⑧ 有施工单位签署的工程质量保修书。

⑨ 城乡规划行政主管部门对工程是否符合规划设计要求进行检查，并出具认可文件。

⑩ 有公安消防、环保等部门出具的认可文件或者准许使用文件及建设行政主管部门及其委托的工程质量监督机构等有关部门责令整改的问题全部整改完毕。

(2)工程竣工验收应当按以下程序进行：

① 工程完工后，施工单位向建设单位提交工程竣工报告，申请工程竣工验收。实行监理的工程，工程竣工报告须经总监理工程师签署意见。

② 建设单位收到工程竣工报告后，对符合竣工验收要求的工程，组织勘察、设计、施工、监理等单位和其他有关方面的专家组成验收组，制订验收方案。

③ 建设单位应当在工程竣工验收 7 个工作日前将验收的时间、地点及验收组名单书面通知负责监督该工程的工程质量监督机构。

④ 建设单位组织工程竣工验收。

(3)单位(子单位)工程竣工预验收报验表。

单位(子单位)工程竣工预验收报验表应符合现行国家标准《建设工程监理规范》(GB 50319—2013)的有关规定。总监理工程师应组织专业监理工程师依据有关法律法规、工程建设强制性标准设计文件及施工合同，对承包单位报送的竣工资料进行审查，并对工程质量进行竣工预验收，对存在的问题应及时要求承包单位整改。整改完毕由总监理工程师签署工程竣工报验单，并应在此基础上提出工程质量评估报告。工程质量评估报告应经总监理工程师和监理单位技术负责人审核签字。施工单位填写的单位(子单位)工程竣工预验收报验表应一式四份，并应由建设单位、监理单位、施工单位、城建档案馆各保存一份。单位(子单位)

工程竣工预验收报验表宜采用表 12-0-1 的格式。

表 12-0-1　单位（子单位）工程竣工预验收报验表（C.8.1）

工程名称	××市××中学教学楼	编号	00-00-C8-×××
致×××监理有限责任公司（监理单位） 我方已按合同要求完成了××市××中学教学楼工程，经自检合格，请予以检查和验收。 附件： （略） 施工总承包单位（章）×××建筑安装有限公司 项目经理　××× 日期　××××年××月××日			
审查意见： 经预验收，该工程： 1.符合/不符合我国现行法律、法规要求； 2.符合/不符合我国现行工程建设标准； 3.符合/不符合设计文件要求； 4.符合/不符合施工合同要求。 综上所述，该工程预验收合格/不合格，可以/不可以组织正式验收。 监理单位×××监理有限责任公司 总监理工程师　××× 日期××××年××月××日			

（4）单位（子单位）工程质量竣工验收记录

单位（子单位）工程质量竣工验收记录、单位（子单位）工程质量控制资料核查记录、单位（子单位）工程安全和功能检验资料核查及主要功能抽查记录、单位（子单位）工程观感质量检查记录应符合现行国家标准《建筑工程施工质量验收统一标准》（GB 50300—2013）的有关规定。表格填写应符合下列规定：

施工单位填写的单位（子单位）工程质量竣工验收记录应一式五份，并应由建设单位、监理单位、施工单位、设计单位、城建档案馆各保存一份。单位（子单位）工程质量竣工验收记录宜采用表 12-0-2 的格式。

表 12-0-2　单位（子单位）工程质量竣工验收记录（C.8.2-1）

<table>
<tr><td colspan="2">工程名称</td><td>××市××中学教学楼</td><td>结构类型</td><td>框架</td><td>层数/建筑面积</td><td colspan="2">地下 1 层地上 5 层 6 763.18 m²</td></tr>
<tr><td colspan="2">施工单位</td><td>×××建筑安装有限公司</td><td>技术负责人</td><td>×××</td><td>开工日期</td><td colspan="2">××××年××月××日</td></tr>
<tr><td colspan="2">项目经理</td><td>×××</td><td>项目技术负责人</td><td>×××</td><td>竣工日期</td><td colspan="2">××××年××月××日</td></tr>
<tr><td>序号</td><td colspan="2">项目</td><td colspan="2">验收记录</td><td colspan="3">验收结论</td></tr>
<tr><td>1</td><td colspan="2">分部工程</td><td colspan="2">共 9 分部，经查符合标准及设计要求 9 分部</td><td colspan="3">全部合格</td></tr>
<tr><td>2</td><td colspan="2">质量控制资料核查</td><td colspan="2">共 41 项，经审查符合要求 41 项，经核定符合规范要求 41 项</td><td colspan="3">完整</td></tr>
<tr><td>3</td><td colspan="2">安全和主要使用功能核查及抽查结果</td><td colspan="2">共核查 22 项，符合要求 22 项，共抽查 16 项，符合要求 16 项，经返工处理符合要求 0 项</td><td colspan="3">资料完整，抽查结果符合相关质量验收规范的规定</td></tr>
<tr><td>4</td><td colspan="2">观感质量验收</td><td colspan="2">共抽查 22 项，符合要求 22 项，不符合要求 0 项</td><td colspan="3">好</td></tr>
<tr><td>5</td><td colspan="2">综合验收结论</td><td colspan="5">所含分部工程全部合格；质量控制资料完整；所含分部工程有关安全和功能的检测资料完整；主要功能项目的抽查结果符合相关质量验收规范的规定；观感质量验收好。同意验收</td></tr>
<tr><td rowspan="2">参加验收单位</td><td colspan="2">建设单位</td><td colspan="2">监理单位</td><td colspan="2">施工单位</td><td>设计单位</td></tr>
<tr><td colspan="2">（公章）
单位（项目）负责人
×××
××××年
××月××日</td><td colspan="2">（公章）
总监理工程师
×××
××××年
××月××日</td><td colspan="2">（公章）
单位负责人
×××
××××年
××月××日</td><td>（公章）
单位（项目）负责人
×××
××××年
××月××日</td></tr>
</table>

（5）单位（子单位）工程质量控制资料核查记录。

施工单位填写的单位（子单位）工程质量控制资料核查记录应一式四份，并应由建设单位、监理单位、施工单位、城建档案馆各保存一份。单位（子单位）工程质量控制资料核查记录宜采用表 12-0-3 的格式。

表 12-0-3　单位（子单位）工程质量控制资料核查记录（C.8.2-2）

工程名称		××市××中学教学楼	施工单位	×××建筑安装有限公司	
序号	项目	资料名称	份数	核查意见	核查人
1	建筑与结构	图纸会审，设计变更，洽商记录	××	设计变更、洽商记录齐全	×××
2		工程定位测量，放线记录	××	定位测量准确、放线记录齐全	
3		原材料出厂合格证书及进场检（试）验报告	××	水泥、钢筋、防水材料等有出厂合格证及复试报告	
4		施工试验报告及见证检测报告	××	钢筋连接、混凝土抗压强度试验报告等符合要求	
5		隐蔽工程验收记录	××	隐蔽工程验收记录齐全	
6		施工记录	××	施工记录齐全	
7		预制构件、预拌混凝土合格证	××	预拌混凝土合格证齐全	
8		地基基础、主体结构检验及抽样检测资料	××	抽样检测资料符合要求	
9		分项、分部工程质量验收记录	××	质量验收记录符合规范规定	
10		工程质量事故及事故调查处理资料	××	无工程质量事故	
11		新材料、新工艺施工记录	××	新工艺施工记录齐全	
12					
1	给排水与采暖	图纸会审，设计变更，洽商记录	××	洽商记录齐全	×××
2		材料、配件出厂合格证书及进场检（试）验报告	××	合格证、进场检验报告齐全	
3		管道、设备强度试验、严密性试验记录	××	试验记录齐全且符合要求	
4		隐蔽工程验收记录	××	隐蔽工程验收记录齐全	
5		系统清洗、灌水、通水、通球试验记录	××	试验记录齐全	
6		施工记录	××	各种施工记录齐全	
7		分项、分部工程质量验收记录	××	质量验收记录符合规范规定	
8			××		
1	建筑电气	图纸会审，设计变更，洽商记录	××	洽商记录齐全	×××
2		材料、配件出厂合格证书及进场检（试）验报告	××	材料、设备、配件有出厂合格证书及进场检（试）验报告	
3		设备调试记录	××	设备调试记录齐全	
4		接地、绝缘电阻测试记录	××	测试记录齐全且符合要求	
5		隐蔽工程验收记录	××	隐蔽工程验收记录齐全	
6		施工记录	××	各种施工记录齐全	
7		分项、分部工程质量验收记录	××	质量验收记录符合规范规定	
8					
1	通风与空调	图纸会审，设计变更，洽商记录	××	洽商记录齐全	×××
2		材料、配件出厂合格证书及进场检（试）验报告	××	材料、配件有出厂合格证书及进场检（试）验报告	
3		制冷、空调、水管道强度试验、严密性试验记录	××	试验记录符合要求	

续表

工程名称		××市×中学教学楼	施工单位	×××建筑安装有限公司	
序号	项目	资料名称	份数	核查意见	核查人
4	通风与空调	隐蔽工程验收记录	××	隐蔽工程验收记录齐全	
5		制冷设备运行调试记录	××	调试记录齐全	
6		通风、空调系统调试记录	××	调试记录齐全	
7		施工记录	××	各种施工记录齐全	
8		分项、分部工程质量验收记录	××	质量验收记录符合规范规定	
9					
1	电梯	土建布置图纸会审，设计变更，洽商记录	—	洽商记录齐全	
2		设备出厂合格证书及开箱检验记录	—	设备合格证齐全有箱检验记录	
3		隐蔽工程验收记录	—	隐蔽工程验收记录齐全	
4		施工记录	—	各种施工记录齐全	
5		接地、绝缘电阻测试记录	—	测试记录符合要求	
6		负荷试验、安全装置检查记录	—	检查记录符合要求	
7		分项、分部工程质量验收记录	—	质量验收记录符合规范规定	
8			—		
1	建筑智能化	图纸会审，设计变更，洽商记录、竣工图及设计说明	××	洽商记录、竣工图及设计说明齐全	×××
2		材料、设备出厂合格证书及进场检（试）验报告	××	材料、设备有厂合格证书及进场检（试）验报告	
3		隐蔽工程验收记录	××	隐蔽工程验收记录齐全	
4		系统功能测定及设备调试记录	××	调试记录齐全	
5		系统技术、操作和维护手册	××	有统技术、操作和维护手册	
6		系统管理、操作人员培训记录	××	有统管理、操作人员培训记录	
7		系统检测报告	××	系统检测报告齐全且符合要求	
8		分项、分部工程质量验收报告	××	质量验收记录符合规范规定	

结论：通过工程质量控制资料核查，该工程资料完整、有效，各种施工试验、系统调试记录等符合有关规定，同意竣工验收。

施工单位项目经理：××× ××××年××月××日 总监理工程师：×××

（建设单位项目负责人）：××× ××××年××月××日

（6）单位（子单位）工程安全和功能检验资料核查及主要功能抽查记录。

施工单位填写的单位（子单位）工程安全和功能检验资料核查及主要功能抽查记录应一式四份，并应由建设单位、监理单位、施工单位、城建档案馆各保存一份。单位（子单位）工程安全和功能检验资料核查及主要功能抽查记录宜采用表 12-0-4 的格式。

表 12-0-4　单位（子单位）工程安全和功能检验资料核查及主要功能抽查记录（C.8.2-3）

工程名称		××市××中学教学楼	施工单位	×××建筑安装有限公司		
序号	项目	资料名称	份数	核查意见	抽查结果	核查人（抽查）
1	建筑与结构	屋面淋水试验记录	××	试验记录齐全有效	合格	×××
2		地下室防水效果检查记录	××	检查记录齐全有效	合格	
3		有防水要求的地面蓄水试验记录	××	检查记录齐全有效		
4		建筑物垂直度、标高、全高测量记录	××	测量记录齐全有效	合格	
5		抽气（风）道检查记录	××	符合要求	合格	
6		幕墙及外窗气密性、水密性、耐风压检测报告	××	符合要求		
7		建筑物沉降观测测量记录	××	符合要求	合格	
8		节能、保温测试记录	××	符合要求	合格	
9		室内环境检测报告	××	满足要求		
1	给排水与采暖	给水管道通水试验记录	××	记录齐全有效	合格	×××
2		暖气管道、散热器压力试验记录	××	记录齐全有效	合格	
3		卫生器具满水试验记录	××	记录齐全有效		
4		消防管道、烯气管道压力试验记录	××	记录齐全有效	合格	
5		排水干管通球试验记录	××	记录齐全有效		
1	电气	照明全负荷试验记录	××	符合要求	合格	×××
2		大型灯具牢固性试验记录	××	符合要求	合格	
3		避雷接地电阻测试记录	××	记录齐全符合要求		
4		线路、插座、开关接地检验记录	××	记录齐全	合格	
1	通风与空调	通风、空调系统调试记录	××	符合要求	合格	×××
2		风量、温度测试记录	××	记录齐全符合要求	合格	
3		洁净室洁净度测试记录	—			
4		制冷机组试运行调试记录	—			
1	电梯	电梯运行记录	—			
2		电梯安全装置检测报告	—			
1	智能建筑	系统检测及试运行记录	××	运行记录齐全	合格	×××
2		电源系统、防雷及接地检测报告	××	报告符合要求	合格	
1	建筑燃气	燃气管道压力试验记录	—			
2		燃气泄漏报警装置测试记录	—			

结论：

对本工程的安全和功能检验资料进行核查，符合要求，对单位工程的主要功能进行抽查，其抽查结果合格，满足使用功能。同意验收。

施工单位项目经理：×××　　××××年××月××日　　总监理工程师：×××

（建设单位项目负责人）：×××　　××××年××月××日

注：抽查项目由验收组协商确定。

（7）单位（子单位）工程观感质量检查记录。

施工单位填写的单位（子单位）工程观感质量检查记录应一式四份，并应由建设单位、监理单位、施工单位、城建档案馆各保存一份。单位（子单位）工程观感质量检查记录宜采用表 12-0-5 的格式。

表 12-0-5 单位（子单位）工程观感质量检查记录（G.0.1-4）

工程名称		××市××中学教学楼							施工单位				×××建筑安装有限公司				
序号	项目		抽查质量状况												质量评价		
															好	一般	差
1	建筑与结构	室外墙面	√	√	○	√	√	√	√	√	√	○	√	√	√		
2		变形缝	√	√	√	√	○	√	√	○	√	√	√	√	√		
3		水落管，屋面	√	○	√	√	√	○	√	√	○	√	√	○		○	
4		室内墙面	√	√	○	√	○	√	○	○	√	○	√	○		○	
5		室内顶棚	√	√	○	√	√	√	√	√	√	√	√	○	√		
6		室内地面	○	√	√	○	○	√	√	○	√	○	○	√		○	
7		楼梯、踏步、护栏	√	○	√	√	√	√	○	√	√	√	√	√	√		
8		门窗	√	√	○	√	√	√	√	√	√	√	√	√	√		
1	给排水与采暖	管道接口、坡度、支架	√	○	√	√	○	○	√	√	○	√	√	○		○	
2		卫生器具、支架、阀门	√	√	○	√	√	√	○	○	√	√	○	√		○	
3		检查口、扫除口、地漏	√	○	√	√	○	√	○	√	√	○	√	○		○	
4		散热器、支架	√	√	√	○	√	√	√	√	√	√	√	√	√		
1	建筑电气	配电箱、盘、板、接线盒	√	√	√	√	√	√	√	○	√	√	√	√	√		
2		设备器具、开关、插座	√	√	○	√	√	√	√	√	√	√	○	√	√		
3		防雷、接地	√	√	√	√	√	√	○	√	√	√	√	√	√		
1	通风与空调	风管、支架	√	√	√	○	√	√	√	√	√	√	√	√	√		
2		风口、风阀	√	√	√	√	√	√	√	√	√	○	√	√	√		
3		风机、空调设备	√	√	√	√	√	√	○	○	√	√	√	√	√		
4		阀门、支架	√	√	○	√	√	√	√	√	√	√	√	○	√		
5		水泵、冷却塔															
6		绝热	√	√	√	√	√	√	√	√	○	√	√	√	√		
1	电梯	运行、平层、开关门															
2		层门、信号系统															
3		机房															
1	智能建筑	机房设备安装及布局	√	○	√	√	√	√	√	√	√	○	√	√	√		
2		现场设备安装	√	√	√	√	×	○	√	√	√	√	√	√	√		
3																	
观感质量综合评价			好														
检查结论	工程观感质量综合评价为好，验收合格！ 施工单位项目经理：××× ××××年××月××日 总监理工程师：××× （建设单位项目负责人）：××× ××××年××月××日																

注：质量评价为差的项目，应进行返修。

13　调查、分析质量事故，提出处理意见

1. 工程质量事故

工程质量事故具有成因复杂、后果严重、种类繁多、往往与安全事故共生的特点。建设工程质量事故的分类有多种方法，不同专业工程类别对工程质量事故的等级划分也不尽相同。

1）按事故造成损失的程度分级

按照住房和城乡建设部《关于做好房屋建筑和市政基础设施工程质量事故报告和调查处理工作的通知》（建质〔2010〕111号），根据工程质量事故造成的人员伤亡或者直接经济损失，工程质量事故分为4个等级：

（1）特别重大事故，是指造成30人以上死亡，或者100人以上重伤，或者1亿元以上直接经济损失的事故。

（2）重大事故，是指造成10人以上30人以下死亡，或者50人以上100人以下重伤，或者5 000万元以上1亿元以下直接经济损失的事故。

（3）较大事故，是指造成3人以上10人以下死亡，或者10人以上50人以下重伤，或者1 000万元以上5 000万元以下直接经济损失的事故。

（4）一般事故，是指造成3人以下死亡，或者10人以下重伤，或者100万元以上1 000万元以下直接经济损失的事故。

该等级划分所称的"以上"包括本数，所称的"以下"不包括本数。

2）按事故责任分类

（1）指导责任事故：由于工程实施指导或领导失误而造成的质量事故。例如，由于工程负责人片面追求施工进度，放松或不按质量标准进行控制和检验，降低施工质量标准等。

（2）操作责任事故：在施工过程中，由于实施操作者不按规程和标准实施操作，而造成的质量事故。例如，浇筑混凝土时随意加水，或振捣疏漏造成混凝土质量事故等。

（3）自然灾害事故：由于突发的严重自然灾害等不可抗力造成的质量事故。例如地震、台风、暴雨、雷电、洪水等对工程造成破坏甚至倒塌。这类事故虽然不是人为责任直接造成，但灾害事故造成的损失程度也往往与人们是否在事前采取了有效的预防措施有关，相关责任人员也可能负有一定责任。

2. 施工质量事故的预防

建立健全施工质量管理体系，加强施工质量控制，就是为了预防施工质量问题和质量事故，在保证工程质量合格的基础上，不断提高工程质量。所以，所有施工质量控制的措施和方法，都是预防施工质量问题和质量事故的手段。具体来说，施工质量事故的预防，要从寻找和分析可能导致施工质量事故发生的原因入手，抓住影响施工质量的各种因素和施工质量形成过程的各个环节，采取针对性的有效预防措施。

1）施工质量事故发生的原因

施工质量事故发生的原因大致有如下四类：

（1）技术原因：引发质量事故是由于在工程项目设计、施工中在技术上的失误。例如，结构设计计算错误，对水文地质情况判断错误，以及采用了不适合的施工方法或施工工艺等。

（2）管理原因：引发的质量事故是由于管理上的不完善或失误。例如，施工单位或监理单位的质量管理体系不完善，检验制度不严密，质量控制不严格，质量管理措施落实不力，检测仪器设备管理不善而失准，以及材料检验不严等原因引起质量事故。

（3）社会、经济原因：引发的质量事故是由于经济因素及社会上存在的弊端和不正之风，造成建设中的错误行为，而导致出现质量事故。例如：某些施工企业盲目追求利润而不顾工程质量；在投标报价中随意压低标价，中标后则依靠违法的手段或修改方案追加工程款，甚至偷工减料等。这些因素往往会导致重大工程质量事故，必须予以重视。

（4）人为事故和自然灾害原因：造成质量事故是由于人为的设备事故、安全事故，导致连带发生质量事故，以及严重的自然灾害等不可抗力造成质量事故。

2）施工质量事故预防的具体措施

（1）严格按照基本建设程序办事。

首先要做好可行性论证，不可未经深入的调查分析和严格论证就盲目拍板定案；要彻底搞清工程地质水文条件方可开工；杜绝无证设计、无图施工；禁止任意修改设计和不按图纸施工；工程竣工不进行试车运转、不经验收不得交付使用。

（2）认真做好工程地质勘查。

地质勘查时要适当布置钻孔位置和设定钻孔深度。钻孔间距过大，不能全面反映地基实际情况；钻孔深度不够，难以查清地下软土层、滑坡、墓穴、孔洞等有害地质构造。地质勘查报告必须详细、准确，防止因根据不符合实际情况的地质资料而采用错误的基础方案，导致地基不均匀沉降、失稳，使上部结构及墙体开裂、破坏、倒塌。

（3）科学地加固处理好地基。

对软弱土、冲填土、杂填土、湿陷性黄土、膨胀土、岩层出露、岩溶、土洞等不均匀地基要进行科学的加固处理。要根据不同地基的工程特性，按照地基处理与上部结构相结合使其共同工作的原则，从地基处理与设计措施、结构措施、防水措施、施工措施等方面综合考虑治理。

（4）进行必要的设计审查复核。

要请具有合格专业资质的审图机构对施工图进行审查复核，防止因设计考虑不周、结构构造不合理、设计计算错误、沉降缝及伸缩缝设置不当、悬挑结构未通过抗倾覆验算等原因，导致质量事故的发生。

（5）严格把好建筑材料及制品的质量关。

要从采购订货、进场验收、质量复验、存储和使用等几个环节，严格控制建筑材料及制品的质量，防止不合格或是变质、损坏的材料和制品用到工程上。

（6）对施工人员进行必要的技术培训。

要通过技术培训使施工人员掌握基本的建筑结构和建筑材料知识，懂得遵守施工验收规范对保证工程质量的重要性，从而在施工中自觉遵守操作规程，不蛮干，不违章操作，不偷工减料。

（7）加强施工过程的管理。

施工人员首先要熟悉图纸，对工程的难点和关键工序、关键部位应编制专项施工方案并严格执行；施工中必须按照图纸和施工验收规范、操作规程进行；技术组织措施要正确，施工顺序不可搞错，脚手架和楼面不可超载堆放构件和材料；要严格按照制度进行质量检查和验收。

（8）做好应对不利施工条件和各种灾害的预案。

要根据当地气象资料的分析和预测，事先针对可能出现的风、雨、高温、严寒、雷电等不利施工条件，制定相应的施工技术措施；还要对不可预见的人为事故和严重自然灾害做好应急预案，并有相应的人力、物力储备。

（9）加强施工安全与环境管理。

许多施工安全和环境事故都会连带发生质量事故，加强施工安全与环境管理，也是预防施工质量事故的重要措施。

3. 施工质量问题和质量事故的处理

1）施工质量事故处理的依据

（1）质量事故的实况资料。

质量事故的实况资料包括：质量事故发生的时间、地点；质量事故状况的描述；质量事故发展变化的情况。

有关质量事故的观测记录、事故现场状态的照片或录像；事故调查组调查研究所获得的第一手资料。

（2）有关合同及合同文件。

有关合同及合同文件包括：工程承包合同、设计委托合同、设备与器材购销合同、监理合同及分包合同等。

（3）有关的技术文件和档案。

有关的技术文件和档案主要是有关的设计文件（如施工图纸和技术说明）、与施工有关的技术文件、档案和资料（如施工方案、施工计划、施工记录、施工日志、有关建筑材料的质量证明资料、现场制备材料的质量证明资料、质量事故发生后对事故状况的观测记录、试验记录或试验报告等）。

（4）相关的建设法规。

相关的建设法规主要包括《建筑法》和与工程质量及质量事故处理有关的法规，以及勘察、设计、施工、监理等单位资质管理方面的法规，从业者资格管理方面的法规，建筑市场方面的法规，建筑施工方面的法规，关于标准化管理方面的法规等。

2）施工质量事故的处理程序

施工质量事故处理的一般程序如图 13-0-1。

（1）事故调查。

事故发生后，施工项目负责人应按法定的时间和程序，及时向企业报告事故的状况，积极组织事故调查。事故调查应力求及时、客观、全面，以便为事故的分析与处理提供正确的依据。调查结果要整理撰写成事故调查报告，其主要内容包括：工程概况；事故情况；事故发生后所采取的临时防护措施；事故调查中的有关数据、资料；事故原因分析与初步判断；事故处理的建议方案与措施；事故涉及人员与主要责任者的情况等。

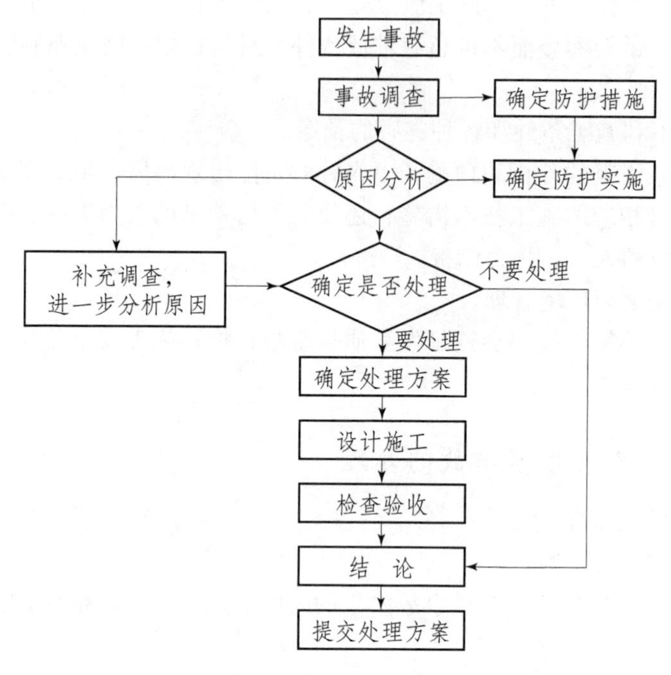

图 13-0-1　施工质量事故处理的一般程序

（2）事故的原因分析。

事故的原因分析要建立在事故情况调查的基础上，避免情况不明就主观推断事故的原因。特别是对涉及勘察、设计、施工、材料和管理等方面的质量事故，往往事故的原因错综复杂，因此，必须对调查所得到的数据、资料进行仔细的分析，去伪存真，找出造成事故的主要原因。

（3）制订事故处理的方案。

事故的处理要建立在原因分析的基础上，并广泛地听取专家及有关方面的意见，经科学论证，决定事故是否进行处理和怎样处理。在制订事故处理方案时，应做到安全可靠、技术可行、不留隐患、经济合理、具有可操作性、满足建筑功能和使用要求。

（4）事故处理。

根据制订的质量事故处理的方案，对质量事故进行认真的处理。处理的内容主要包括：事故的技术处理，已解决施工质量不合格和缺陷问题；事故的责任处罚，根据事故的性质、损失大小、情节轻重对事故的责任单位和责任人作出相应的行政处分直至追究刑事责任。

（5）事故处理的鉴定验收。

质量事故的处理是否达到预期的目的，是否依然存在隐患，应当通过检查鉴定和验收作出确认。事故处理的质量检查鉴定，应严格按施工验收规范和相关质量标准的规定进行，必要时还应通过实际量测、试验和仪器检测等方法获取必要的数据，以便准确地对事故处理的结果作出鉴定。事故处理后，必须尽快提交完整的事故处理报告。其内容包括：事故调查的原始资料、测试的数据；事故原因分析、论证；事故处理的依据；事故处理的方案及技术措施；实施质量处理中有关的数据、记录、资料；检查验收记录；事故处理的结论等。

3）施工质量事故处理的基本要求

（1）质量事故的处理应达到安全可靠、不留隐患、满足生产和使用要求、施工方便、经济合理的目的。

（2）重视消除造成事故的原因，注意综合治理。

（3）正确确定处理的范围和正确选择处理的时间和方法。

（4）加强事故处理的检查验收工作，认真复查事故处理的实际情况。

（5）确保事故处理期间的安全。

4. 施工质量事故处理的基本方法

1）修补处理

当工程的某些部分的质量虽未达到规定的规范、标准或设计的要求，存在一定的缺陷，但经过修补后可以达到要求的质量标准，又不影响使用功能或外观的要求时，可采取修补处理的方法。例如：某些混凝土结构表面出现蜂窝、麻面，经调查分析，该部位继修补处理后，不会影响其使用及外观；对混凝土结构局部出现的损伤，如结构受撞击、混凝土未振实、冻害、火灾、酸类腐蚀、碱骨料反应等，当这些损伤仅仅在结构的表面或局部，不影响其使用和外观，可进行修补处理。再比如对混凝土结构出现的裂缝，经分析研究，如果不影响结构的安全和使用时，也可采取修补处理。例如：当裂缝宽度不大于 0.2 mm 时，可采用表面密封法；当裂缝宽度大于 0.3 mm 时，采用嵌缝密闭法；当裂缝较深时，则应采取灌浆修补的方法。

2）加固处理

加固处理主要是针对危及承载力的质量缺陷的处理。通过对缺陷的加固处理，使建筑结构恢复或提高承载力，重新满足结构安全性与可靠性的要求，使结构能继续使用或改作其他途。例如，对混凝土结构常用的加固方法主要有：增大截面加固法、外包角钢加固法、粘钢加固法、增设支点加固法、增设剪力墙加固法、预应力加固法等。

3）返工处理

当工程质量缺陷经过修补处理后仍不能满足规定的质量标准要求，或不具备补救可能性时，必须采取返工处理。例如：某防洪堤坝填筑压实后，其压实土的干密度未达到规定值，经核算将影响土体的稳定且不满足抗渗能力的要求，须挖除不合格土，重新填筑，进行返工处理；某公路桥梁工程预应力按规定张拉系数为 1.3，而实际仅为 0.8，属严重的质量缺陷，也无法修补，只能返工处理。再比如某工厂设备基础的混凝土浇筑时掺入木质素磺酸钙减水剂，因施工管理不善，掺量多于规定 7 倍，导致混凝土坍落度大于 180 mm，石子下沉，混凝土结构不均匀，浇筑后 5 d 仍然不凝固硬化，28 d 的混凝土实际强度不到规定的 32%，不得不返工重浇。

4）限制使用

在工程质量缺陷按修补方法处理后无法保证达到规定的使用要求和安全要求，而又无法返工处理的情况下，不得已时可作出诸如结构卸荷或减荷以及限制使用的决定。

5）不作处理

某些工程质量问题虽然达不到规定的要求或标准，但其情况不严重，对工程或结构的使用及安全影响很小，经过分析、论证、法定检测单位鉴定和设计单位等认可后可不作专门处理。一般可不作专门处理的情况有以下几种：

（1）不影响结构安全、生产工艺和使用要求的。例如，有的工业建筑物出现放线定位的偏差，且严重超过规范标准规定，若要纠正会造成重大经济损失，但经过分析、论证，偏差不影响生产工艺和正常使用，在外观上也无明显影响，可不作处理。又如，某些部位的混凝土表面的裂缝，经检查分析，属于表面养护不够的干缩微裂，不影响使用和外观，也可不作处理。

（2）后道工序可以弥补的质量缺陷。例如，混凝土结构表面的轻微麻面，可通过后续的抹灰、刮涂、喷涂等弥补，也可不作处理。再比如，混凝土现浇楼面的平整度偏差达到 10 mm，但由于后续垫层和面层的施工可以弥补，所以也可不作处理。

（3）法定检测单位鉴定合格的。例如，某检验批混凝土试块强度值不满足规范要求，强度不足，但经法定检测单位对混凝土实体强度进行实际检测后，其实际强度达到规范允许和设计要求值时，可不作处理。对经检测未达到要求值，但相差不多，经分析论证，只要使用前经再次检测达到设计强度，也可不作处理，但应严格控制施工荷载。

（4）出现的质量缺陷，经检测鉴定达不到设计要求，但经原设计单位核算，仍能满足结构安全和使用功能的。例如，某一结构构件截面尺寸不足，或材料强度不足，影响结构承载力，但按实际情况进行复核验算后仍能满足设计要求的承载力时，可不进行专门处理。这种做法实际上是挖掘设计潜力或降低设计的安全系数，应谨慎处理。

6）报废处理

出现质量事故的工程，通过分析或实践，采取上述处理方法后仍不能满足规定的质量要求或标准，则必须予以报废处理。

14　建筑工程施工资料计划、交底编制导则选编

建筑工程施工资料计划、交底编制导则选编，见表 14-0-1。

表 14-0-1　建筑工程施工资料计划、交底编制导则选编

工程资料类别	工程资料名称（子目录）	资料分目录	细目	工程资料单位来源	填写或编制	审核、审批、签字
施工管理资料C1	工程概况表（表 C.1.1）			施工单位	项目负责人	项目经理
	施工现场质量管理检查记录（表 C.1.2）			施工单位	项目负责人	总监
	企业资质证书及相关专业人员岗位证书			施工单位	项目负责人	专业监理/总监
	分包单位资质报审表（表 C.1.3）	按分包单位分列分目录		施工单位	项目经理	专业监理/总监
	建设工程质量事故调查、勘查记录（表 C.1.4）	按事故发生次数列分目录		调查单位	调查人	被调查人
	建设工程质量事故报告书	按事故发生次数列分目录		调查单位	报告人	调查负责人
	施工检测计划	按检测项目列分目录		施工单位	项目负责人	专业监理
	见证记录	按检测项目列分目录		监理单位	监理见证人	试验取样人
	见证试验检测汇总表（表 C.1.5）			施工单位	试验员	（制表人）技术负责人
	施工日志（表 C.1.6）	按专业归类（不单列分目和细目）		施工单位	记录人	专业工长项目负责人
	监理工程师通知回复单（表 C.1.7）	按事项列分目录		施工单位	项目经理/责任人	专业监理/总监
施工技术资料C2	工程技术文件报审表（表 C2.1）	按施工组织设计、施工方案、重点部位、关键工序施工工艺、四新内容列分目录		施工单位	项目经理/责任人	专业监理/总监
	施工组织设计及施工方案	按专项方案设分目录		施工单位	项目经理/项目责任人	施工单位技术负责人、专业监理/总监
	危险性较大分部分项工程施工方案专家论证表（表 C.2.2）	按专项方案设分目录		施工单位	项目经理/项目责任人	组长、专家
	技术交底记录（表 C.2.3）	按分项或专业工程设分目录		施工单位	交底人	审核人、接受交底人
	图纸会审记录（表 C.2.4）	按专业归类（不单列分目和细目）		施工单位	技术、专业负责人	各方技术、专业负责人
	设计变更通知单（表 C.2.5）			设计单位	技术、专业负责人	各方技术、专业负责人
	工程洽商记录（技术核定单）（表 C.2.6）			提出单位	技术、专业负责人	各方技术、专业负责人

续表

工程资料类别	工程资料名称（子目录）	资料分目录	细目	工程资料单位来源	填写或编制	审核、审批、签字
进度造价资料C3	工程开工报审表（表 C.3.1）			施工单位	项目经理	总监
	工程复工报审表（表 C.3.2）	按工程暂停令设分目		施工单位	项目经理/项目责任人	专业监理/总监
	施工进度计划报审表（表 C.3 .3）	按约定设分目录		施工单位	项目经理	专业监理/总监
	施工进度计划	按约定设分目录		施工单位	项目负责人	项目经理/项目责任人
	人、机、料动态表（表 C.3.4）	按月列分目录		施工单位	机械员、材料员、劳务员	项目经理
	工程延期申请表（表 C.3.5）	按延期事项设分目录		施工单位	项目经理/责任人	总监
	工程款支付申请表（表 C.3.6）	按合同约定设分目录		施工单位	项目经理	总监
	工程变更费用报审表（表 C.3.7）	按事项设分目录		施工单位	项目经理/责任人	监理工程师/总监
	费用索赔申请表（表 C.3.8）	按事项设分目录		施工单位	项目经理/责任人	总监
施工物质资料C4类	出厂质量证明文件及检测报告					
	砂、石、砖、水泥、钢筋、隔热保温、防腐材料、轻集料出厂质量证明文件	按类别设分目录		供货单位	材料员	专业质量员
	其他物资出厂合格证、质量保证书、检测报告和报关单或商检证等	按类别设分目录		供货单位	材料员	
	材料、设备的相关检验报告、型式检测报告、3C 强制认证合格证书或 3C 标志	按类别设分目录		供货单位	材料员	
	主要设备、器具的安装使用说明书	按类别设分目录		供货单位	材料员	
	进口的主要材料设备的商检证明文件	按类别设分目录		供货单位	材料员	
	涉及消防、安全、卫生、环保、节能的材料、设备的检测报告或法定机构出具的有效证明文件	按类别设分目录		供货单位	材料员	
	进场检验通用表格					
	材料、构配件进场检验记录（表 C.4.1）	按类别设分目录		施工单位	专业工长	专业工程师
	设备开箱检验记录（表 C.4.2）	按类别设分目录		施工单位	专业工长	
	设备及管道附件试验记录（表 C.4.3）	按类别设分目录		施工单位	专业工长	

续表

工程资料类别	工程资料名称（子目录）	资料分目录	细目	工程资料单位来源	填写或编制	审核、审批、签字
施工物质资料C4类	进场复验报告					
	钢材试验报告	按品种设分目录		检测单位	专业试验员	专业试验师
	水泥试验报告	按品种设分目录		检测单位		
	砂试验报告	按品种设分目录		检测单位		
	碎（卵）石试验报告	按品种设分目录		检测单位		
	外加剂试验报告	按品种设分目录		检测单位		
	防水涂料试验报告	按品种设分目录		检测单位		
	防水卷材试验报告	按品种设分目录		检测单位		
	砖（砌块）试验报告	按品种设分目录		检测单位		
	预应力筋复试报告	按品种设分目录		检测单位		
	预应力锚具、夹具和连接器复试报告	按品种设分目录		检测单位		
	装饰装修用门窗复试报告	按品种设分目录		检测单位		
	装饰装修用人造木板复试报告	按品种设分目录		检测单位		
	装饰装修用花岗石复试报告	按品种设分目录		检测单位		
	装饰装修用安全玻璃复试报告	按品种设分目录		检测单位		
	装饰装修用外墙面砖复试报告	按品种设分目录		检测单位		
	钢结构用钢材复试报告	按品种设分目录		检测单位		
	钢结构用防火涂料复试报告	按品种设分目录		检测单位		
	钢结构用焊接材料复试报告	按品种设分目录		检测单位		
	钢结构用高强度大六角头螺栓连接副复试报告	按品种设分目录		检测单位		
	钢结构用扭剪型高强螺栓连接副复试报告	按品种设分目录		检测单位		
	幕墙用铝塑板、石材、玻璃、结构胶复试报告	按品种设分目录		检测单位		
	散热器、采暖系统保温材料、通风与空调工程绝热材料、风机盘管机组、低压配电系统电缆的见证取样复试报告	按品种设分目录		检测单位		
	节能工程材料复试报告	按品种设分目录		检测单位		
施工记录C5类	通用表格					
	隐蔽工程验收记录（表C.5.1）	按项目列分目录		施工单位	专业技术负责人/专业质检员/专业工长	专业监理工程师
	施工检查记录（表C.5.2）	按项目列分目录		施工单位	专业质检员	专业技术负责人/专业工长

续表

<table>
<tr><th>工程资料类别</th><th>工程资料名称（子目录）</th><th>资料分目录</th><th>细目</th><th>工程资料单位来源</th><th>填写或编制</th><th>审核、审批、签字</th></tr>
<tr><td rowspan="20">施工记录C5类</td><td>交接检查记录（表C.5.3）</td><td>按部位列分目录</td><td></td><td>施工单位</td><td>移交单位</td><td>接收单位/见证单位</td></tr>
<tr><td colspan="6">专用表格</td></tr>
<tr><td>工程定位测量记录（表C.5.4）</td><td></td><td></td><td>施工单位</td><td>施测人</td><td rowspan="6">专业工程师</td></tr>
<tr><td>基槽验线记录</td><td></td><td></td><td>施工单位</td><td>验线人</td></tr>
<tr><td>楼层平面放线记录</td><td>按楼层列分目录</td><td></td><td>施工单位</td><td rowspan="3">施测人/专业技术负责人/专业质量员</td></tr>
<tr><td>楼层标高抄测记录</td><td>按楼层列分目录</td><td></td><td>施工单位</td></tr>
<tr><td>建筑物垂直度、标高观测记录（表C.5.5）</td><td>按楼层列分目录</td><td></td><td>施工单位</td></tr>
<tr><td>沉降观测记录</td><td>按约定列分目录</td><td></td><td>建设单位委托测量单位提供施工单位</td><td>观测人</td></tr>
<tr><td>基坑支护水平位移监测记录</td><td></td><td></td><td>施工单位</td><td>施测人</td><td>测量单位负责人/施工技术负责人/监理工程师</td></tr>
<tr><td>桩基、支护测量放线记录</td><td></td><td></td><td>施工单位</td><td>施测人</td><td>施工技术负责人/监理工程师</td></tr>
<tr><td>地基验槽记录（表C.5.6）</td><td>按施工段列分目录</td><td></td><td>施工单位</td><td>专业质量员</td><td>施工、设计、勘察、监理、建设单位项目负责人、总监</td></tr>
<tr><td>地基钎探记录</td><td></td><td></td><td>施工单位
勘察单位</td><td>记录人</td><td>专业工长/技术负责人
勘察单位项目负责人</td></tr>
<tr><td>混凝土浇灌申请书</td><td>按检验批设分目录</td><td></td><td>施工单位</td><td>专业工长、质检员</td><td>专业技术负责人</td></tr>
<tr><td>预拌混凝土运输单</td><td>按检验批设分目录</td><td></td><td>施工单位
混凝土供应商</td><td>供应单位质量员/供应单位签发人</td><td>现场验收人</td></tr>
<tr><td>混凝土开盘鉴定</td><td>按混凝土强度等级列分目录</td><td></td><td>施工单位</td><td>混凝土试配单位负责人</td><td>施工技术负责人/监理工程师</td></tr>
<tr><td>混凝土拆模申请单</td><td>按检验批设分目录</td><td></td><td>施工单位</td><td>专业工长</td><td rowspan="4">专业工长/质量员/技术负责人</td></tr>
<tr><td>混凝土预拌测温记录</td><td>按检验批设分目录</td><td></td><td>施工单位</td><td>记录人</td></tr>
<tr><td>混凝土养护测温记录</td><td>按检验批设分目录</td><td></td><td>施工单位</td><td>测温员</td></tr>
<tr><td>大体积混凝土养护测温记录</td><td>按检验批设分目录</td><td></td><td>施工单位</td><td>测温员</td></tr>
</table>

续表

工程资料类别	工程资料名称（子目录）	资料分目录	细目	工程资料单位来源	填写或编制	审核、审批、签字
施工记录C5类	大型构件吊装记录	按检验批设分目录		施工单位	专业质检员	
	焊接材料烘焙记录	按检验批设分目录		施工单位	专业质检员	
	地下工程防水效果检查记录（表C.5.7）	按检验批设分目录		施工单位	专业工长/专业技术负责人/专业质检员	专业工程师
	防水工程试水检查记录（表C.5.8）	按检验批设分目录		施工单位	专业工长/专业技术负责人/专业质检员	专业工程师
	通风（烟）道、垃圾道检查记录（表C.5.9）	按类设分目		施工单位	专业质检员	专业工长/技术负责人
	预应力筋张拉记录	按检验批设分目录		施工单位		专业技术负责人
	有黏结预应力结构灌浆记录	按检验批设分目录		施工单位		
	钢结构施工记录	按检验批设分目录		施工单位		
	网架（索膜）施工记录	按检验批设分目录		施工单位		
	木结构施工记录	按检验批设分目录		施工单位		
	幕墙注胶检查记录	按检验批设分目录		施工单位		
	自动扶梯、自动人行道的相邻区域检查记录	按部设分目录		施工单位		专业技术负责人/专业监理工程师
	电梯电气装置安装检查记录	按部设分目录		施工单位		
	自动扶梯、自动人行道电气装置检查记录	按部设分目录		施工单位		
	自动扶梯、自动人行道整机安装质量检查记录	按部设分目录		施工单位		
施工试验记录及检测报告C6类	通用表格					
	设备单机试运转记录（表C.6.1）	按设备设分目		施工单位	专业质检员	专业工长/专业技术负责人/专业工程师
	系统试运转调试记录（表C.6.2）	按系统类别设分目录		施工单位	专业质检员	
	接地电阻测试记录（表C.6.3）	按接地类别设分目录		施工单位	专业质检员/专业测试人	
	绝缘电阻测试记录（表C.6.4）	按干线或支线设分目录		施工单位	专业质检员/测试人	
	专用表格					
	建筑与结构工程					
	锚杆试验报告	按检验批次设分目录		检测单位	专业检测员	专业检测负责人
	地基承载力检验报告	按检验批列分目录		检测单位		
	桩基检测报告	按检验批设分目录		检测单位		
	土工击实试验报告	按检验批列分目录		检测单位		

续表

工程资料类别	工程资料名称（子目录）	资料分目录	细目	工程资料单位来源	填写或编制	审核、审批、签字
施工试验记录及检测报告C6类	回填土试验报告（应附图）	按检验批列分目录		检测单位	专业检测员	专业检测负责人
	钢筋机械连接试验报告	按检验批设分目录		检测单位		
	钢筋焊接连接试验报告	按检验批列分目录		检测单位		
	砂浆配合比申请单、通知单	按砂浆强度设分目录		施工单位		专业技术负责人
	砂浆抗压强度试验报告	按砂浆强度设分目录		检测单位		专业检测负责人
	砌筑砂浆试块强度统计、评定记录（表C.6.5）	按砂浆强度设分目录		施工单位	现场试验员统计	专业工长/技术负责人
	混凝土配合比申请单、通知单	按混凝土强度设分目录		施工单位	专业试验员	专业技术负责人
	混凝土抗压强度试验报告	按混凝土强度设分目录		检测单位	专业检测员	专业检测负责人
	混凝土试块强度统计、评定记录（表C.6.6）	按混凝土强度设分目录		施工单位	现场试验员统计	专业工长/技术负责人
	混凝土抗渗试验报告	按混凝土抗渗等级、混凝土强度设分目录		检测单位	专业检测员	专业检测负责人
	砂、石、水泥放射性指标报告	按类别设分目录		施工单位 检测单位		专业检测负责人
	混凝土碱总量计算书	按强度等级设分目录		施工单位		专业技术负责人
	外墙饰面砖样板黏结强度试验报告	按检验批列分目录		检测单位		专业检测负责人
	后置埋件抗拔试验报告	按检验批列分目录		检测单位		
	超声波探伤报告、探伤记录	按检验批列分目录		检测单位		
	钢构件射线探伤报告	按检验批列分目录		检测单位		
	磁粉探伤报告	按检验批列分目录		检测单位		
	高强度螺栓抗滑移系数检测报告	按检验批列分目录		检测单位		
	钢结构焊接工艺评定	按检验批列分目录		检测单位		
	网架节点承载力试验报告	按检验批列分目录		检测单位		
	钢结构防腐、防火涂料厚度检测报告	按检验批列分目录		检测单位		
	木结构胶缝试验报告	按检验批列分目录		检测单位		
	木结构构件力学性能试验报	按检验批列分目录		检测单位		
	木结构防护剂试验报告	按检验批列分目录		检测单位		
	幕墙双组分硅酮结构密封胶；混匀性及拉断试验报告	按检验批列分目录		检测单位		

续表

工程资料类别	工程资料名称（子目录）	资料分目录	细目	工程资料单位来源	填写或编制	审核、审批、签字
施工试验记录及检测报告C6类	幕墙的抗风压性能、空气渗透性能、雨水渗透性能及平面内变形性能检测报告	按检验批列分目录		检测单位	专业检测员	专业检测负责人
	外门窗的抗风压性能、空气渗透性能和雨水渗透性能检测报告	按品种规格设分目录		检测单位		
	墙体节能工程保温板材与基层黏结强度现场拉拔试验	按检验批列分目录		检测单位		
	外墙保温浆料同条件养护试件试验报告	按检验批列分目录		检测单位		
	结构实体混凝土强度检验记录（表C.6.7）	按检验批列分目录		施工单位	质量员	项目技术负责人/专业监理工程师
	结构实体钢筋保护层厚度检验记录（表C.6.8）	按检验批列分目录		施工单位	质量员	
	围护结构现场实体检验	按检验批列分目录		检测单位	专业检测员	专业检测负责人
	室内环境检测报告	按检验批列分目录		检测单位		
	节能性能检测报告	按检验批列分目录		检测单位		
	给排水及采暖工程					
	灌（满）水试验记录（表C.6.9）	按非承压系统工程设分目录		施工单位	专业质检员	专业工长/专业技术负责人/专业监理工程师
	强度严密性试验记录（表C.6.10）	按承压系统工程设分目录	按系统列细目	施工单位		
	通水试验记录（表C.6.11）	按系统工程设分目录	按分项列细目	施工单位		
	冲（吹）洗试验记录（表C.6.12）	按系统分项工程设分目录		施工单位		
	通球试验记录			施工单位		
	补偿器安装记录			施工单位		
	消火栓试射记录			施工单位		
	安全附件安装检查记录			施工单位		
	锅炉烘炉试验记录			施工单位		
	锅炉煮炉试验记录			施工单位		
	锅炉试运行记录			施工单位	专业技术负责人	建设、监理管理施工单位项目负责人
	安全阀定压合格证书			检测单位	专业检测员	专业检测负责人
	自动喷水灭火系统联动试验记录			施工单位	专业技术负责人	建设、监理、施工单位项目负责人

续表

工程资料类别	工程资料名称（子目录）	资料分目录	细目	工程资料单位来源	填写或编制	审核、审批、签字
施工试验记录及检测报告C6类	建筑电气工程					
	电气接地装置平面示意图表	按接地类别设分目录		施工单位	专业质检员	专业工长/专业技术负责人/专业工程师
	电气器具通电安全检查记录	按系统工程设分目录	按检验批列细目	施工单位	专业质检员/专业测试人	
	电气设备空载试运行记录（表C.6.13）	按设备类型设分目录		施工单位	专业质检员	
	建筑物照明通电试运行记录			施工单位	专业质检员	
	大型照明灯具承载试验记录（表C.6.14）			施工单位		
	漏电开关模拟试验记录			施工单位		
	大容量电气线路结点测温记录			施工单位		
	低压配电电源质量测试记录			施工单位		
	建筑物照明系统照度测试记录			施工单位		
	智能建筑工程					
	综合布线测试记录	按分项工程设分目录	按检验批列细目	施工单位	专业质检员	专业工长/专业技术负责人/专业工程师
	光纤损耗测试记录	按用途设分目录		施工单位		
	视频系统末端测试记录	按用途设分目录		施工单位		
	子系统检测记录（表C.6.15）	按子系统工程设分目录		施工单位		检测负责人
	系统试运行记录	按系统工程设分目录		施工单位		专业工长/专业技术负责人/专业工程师
	通风与空调工程					
	风管漏光检测记录（表C.6.16）	按系统工程设分目录		施工单位	专业质检员	专业工长/专业技术负责人/专业工程师
	风管漏风检测记录（表C.6.17）	按系统工程设分目录		施工单位		
	现场组装除尘器、空调机漏风检测记录			施工单位		
	各房间室内风量测量记录			施工单位		
	管网风量平衡记录			施工单位		
	空调系统试运转调试记录			施工单位		
	空调水系统试运转调试记录			施工单位		
	制冷系统气密性试验记录			施工单位		
	净化空调系统检测记录			施工单位		
	防排烟系统联合试运行记录			施工单位		

续表

工程资料类别	工程资料名称（子目录）	资料分目录	细目	工程资料单位来源	填写或编制	审核、审批、签字
	电梯工程					
施工试验记录及检测报告C6类	轿厢平层准确度测量记录	按道工程设分目录		施工单位	专业质检员	专业工长/专业技术负责人/专业工程师
	电梯层门安全装置检测记录			施工单位		
	电梯电气安全装置检测记录			施工单位		
	电梯整机功能检测记录			施工单位		
	电梯主要功能检测记录			施工单位		
	电梯负荷运行试验记录			施工单位		
	电梯负荷运行试验曲线图表			施工单位		
	电梯噪声测试记录			施工单位		
	自动扶梯、自动人行道安全装置检测记录			施工单位		
	自动扶梯、自动人行道整机性能、运行试验记录	按道工程设分目录		施工单位		
施工质量验收记录C7类	检验批质量验收记录（表C7.1）	按分项工程设分目录	按检验批列细目	施工单位		专业监理工程师
	分项工程质量验收记录（表C.7.2）	按子分部工程设分目录	按分项设细目	施工单位		专业技术负责人/专业监理工程师
	分部（子分部）工程质量验收记录（表C.7.3）			施工单位		施工项目经理、设计勘察项目负责人/总监
	建筑节能分部工程质量验收记录（表C.7.4）			施工单位		
	自动喷水系统验收缺陷项目划分记录			施工单位	专业质检员	施工项目负责人/建设单位项目负责人、专业监理工程师
	程控电话交换系统分项工程质量验收记录	按检验批列分目		施工单位	专业质检员	专业技术负责人/专业监理工程师
	会议电视系统分项工程质量验收记录			施工单位	专业质检员	
	卫星数字电视系统分项工程质量验收记录			施工单位	专业质检员	
	有线电视系统分项工程质量验收记			施工单位	专业质检员	专业技术负责人/专业监理工程师
	公共广播与紧急广播系统分项工程质量验收记录			施工单位	专业质检员	
	计算机网络系统分项工程质量验收记录			施工单位	专业质检员	

续表

工程资料类别	工程资料名称（子目录）	资料分目录	细目	工程资料单位来源	填写或编制	审核、审批、签字
施工质量验收记录C7类	应用软件系统分项工程质量验收记录	按检验批列分目		施工单位	专业质检员	专业技术负责人/专业监理工程师
	网络安全系统分项工程质量验收记录			施工单位	专业质检员	
	空调与通风系统分项工程质量验收记录			施工单位	专业质检员	
	变配电系统分项工程质量验收记录			施工单位	专业质检员	
	公共照明系统分项工程质量验收记录			施工单位	专业质检员	
	给排水系统分项工程质量验收记录	按检验批列分目		施工单位	专业质检员	
	热源和热交换系统分项工程质量验收记录			施工单位	专业质检员	
	冷冻和冷却水系统分项工程质量验收记录			施工单位	专业质检员	
	电梯和自动扶梯系统分项工程质量验收记录			施工单位	专业质检员	
	数据通信接口分项工程质量验收记录			施工单位	专业质检员	
	中央管理工作站及操作分站分项工程质量验收记录			施工单位	专业质检员	
	系统实时性、可维护性、可靠性分项工程质量验收记录			施工单位	专业质检员	
	现场设备安装及检测分项工程质量验收记录			施工单位	专业质检员	
	火灾自动报警及消防联动系统分项工程质量验收记录			施工单位	专业质检员	
	综合防范功能分项工程质量验收记录			施工单位	专业质检员	
	视频安防监控系统分项工枝质量验收记录			施工单位	专业质检员	
	入侵报警系统分项工程质量验收记录			施工单位	专业质检员	
	出入口控制（门禁）系统分项工程质量验收记录	按检验批列分目		施工单位	专业质检员	
	巡更管理系统分项工程质量验收记录			施工单位	专业质检员	
	停车场（库）管理系统分项工程质量验收记录			施工单位	专业质检员	

续表

工程资料类别	工程资料名称（子目录）	资料分目录	细目	工程资料单位来源	填写或编制	审核、审批、签字
施工质量验收记录C7类	综合布线系统安装分项工程质量验收记录	按检验批列分目		施工单位	专业质检员	专业技术负责人/专业监理工程师
	综合布线系统性能检测分项工程质量验收记录			施工单位	专业质检员	
	系统集成网络连接分项工程质量验收记录			施工单位	专业质检员	
	系统数据集成分项工程质量验收记录			施工单位	专业质检员	
	系统集成整体协调分项工程质量验收记录			施工单位	专业质检员	
	系统集成综合管理及冗余功能分项工程质量验收记录			施工单位	专业质检员	
	系统集成可维护性和安全性分项工程质量验收记录			施工单位	专业质检员	
	电源系统分项工程质量验收记录			施工单位	专业质检员	
竣工验收资料C8类	工程竣工报告			施工单位	项目负责人	总监
	单位（子单位）工程竣工预验收报验表（表 C.8.1）			施工单位	项目经理	总监
	单位（子单位）工程质量竣工验收记录（表 C.8.2-1）			施工单位	项目技术负责人/项目经理/施工单位技术负责人	建设单位（项目）负责人、总监、施工单位负责人、设计单位（项目）负责人签字并盖公章
	单位（子单位）工程质量控制资料核查记录（表 C.8.2-2）			施工单位	核查人	项目经理/总监
	单位（子单位）工程安全和功能检验资料核查及主要功能抽查记录（表 C.8.2-3）			施工单位	核查人	
	单位（子单位）工程观感质量检查记录表（C.8.2-4）			施工单位	核查人	
	施工决算（结算）资料			施工单位	造价负责人	
	施工资料移交书			施工单位	移交单位技术负责人	移交单位技术负责人/接受单位技术负责人
	房屋建筑工程质量保修书			施工单位	承包人	发包人/承包人
C 类其他资料						

15　识读土建工程施工图

施工图识读的目的是找出施工图中的错、漏、碰、缺，从而形成图纸会审记录（按分部工程填写）。图纸会审记录由建设、监理、施工单位会审形成，之后由建设单位交与设计单位，设计单位根据图纸会审记录书面回复图纸会审答疑或现场设计交底，之后形成设计变更。错是指设计不符合规范规定，如 100 厚 C10 混凝土垫层，规范中混凝土强度等级最低为 C15；漏是指设计漏项，如公共建筑中 1 000 m^2 商场未设计喷淋装置；碰是指设计中各专业相互矛盾，如卫生间排水横管位于窗户中间；缺是指设计不完整，如窗台上口未设计压顶，致使窗无法安装固定。施工图识读的顺序应如下：

1. 识读图纸目录

按序号记清图纸内容、图别（建筑、结构、给排水、采暖、电气、智能建筑、通风与空调、电梯、节能）、图号；建设单位（全称）、设计院全称（盖章）、设计师（盖章）、审图中心（盖章）、联系方式等。

2. 识读总平面图

（1）看图名、比例及有关文字说明。

（2）了解新建工程的性质与总体布置，各建筑物与构筑物的位置、道路、场地和绿化等布置情况以及各建筑物的层数。

（3）明确拟建建筑的位置、测量参照点和定位数据，根据风玫瑰明确建筑朝向和常年风向频率。

（4）明确 BM 点、±0.000、室外地坪、自然地坪的海拔或标高。

（5）需要时，还应了解室外管网的布置情况。

3. 识读设计说明

（1）建筑设计说明：明确工程名称（全称）、所在地点；建筑概况；内外装修；门窗统计表；屋面雨篷。

（2）结构设计说明：明确结构设计依据，水文、地质、气象、地震烈度等基本数据，地基基础施工中应注意的问题，各结构构件的材料要求，保护层厚度、支承长度以及所选用的标准图集。

（3）土建质量员应对安装专业图纸有所了解。

4. 识读平面图

（1）识读建筑各层平面图应明确：

① 建筑三道尺寸、入口及楼梯位置、室外台阶散水。

② 门窗洞口大小位置及楼地面标高。

③ 剖面图的剖切符号、部位及编号，索引符号，详图的位置及所选用的图集。

（2）识读结构各层平面图应明确：

① 基础平面比例、两道尺寸、墙柱及地面形状、剖切线及其编号、施工说明、材料及其强度要求、预留洞口的位置及尺寸。

② 结构各层平面比例、两道尺寸、墙与构件关系、现浇板钢筋的形式编号及截断长度；板的厚度、标高、强度等级、预留洞口；梁板墙之间连接关系和构造处理、构件统计表、标准图集、材料及施工方法。

③ 土建质量员应对安装专业平面图有所了解。

读到此处时，要求将各类平面结合，查看其错、漏、碰、缺，并做相应记录。

5. 识读立面图、剖面图及系统图

（1）立面图比例、外形、各种标高、朝向、索引符号；门窗的位置及数量与建筑平面图和门窗统计表对比；立面材料、颜色、施工要求与材料做法核对。

（2）剖面图比例、轴线编号、各种标高、楼层构造做法、索引符号；按照平面图上剖切位置线核对剖切内容；防潮层、散水勒脚的位置、尺寸、材料做法；窗台、过梁、楼板与外墙的关系以及形状、位置、材料做法；管沟、门窗洞、楼地面、墙面、踢脚线、顶棚各部分的尺寸及材料做法；屋面、散水、排水沟及坡道有关部分坡度标示。

（3）土建质量员应对安装专业系统图有所了解。给排水识读顺序：进户管→立管→水平及立面分管→卫生器具→卫生器具排水管→排水横管→排水立管→出户管；采暖识读顺序：进户管→立管→水平分管→散热器→回水横管→回水立管→出户管；电气识读顺序：进户线及接地→总箱和等电位箱→分箱（刷卡箱）→用户箱（以上皆称干线）→支线回路→开关、插座、电机；智能建筑、通风空调、电梯与上述相似。

读到此处时，要求将各类平、立、剖面结合，并要求做到：

① 结合装修做法将建筑标高转换为结构标高，牢记楼梯平板顶、底结构标高台、房间、有防水要求的厨房卫生间的板顶、底结构标高，柱顶、底结构标高。

② 结合门窗做法明确板、梁、墙、柱之间的关系，牢记门窗过梁与板、梁、墙、柱间的关系。

③ 结合安装做法明确门窗过梁、板、梁、墙、柱与安装之间的关系。

查看其相应错、漏、碰、缺，并做好相应记录。

6. 识读详图及图集

（1）识读建筑详图应明确大样名称、比例、各部位尺寸；构造做法所用材料、规格，由外向里的每层做法；索引，各部位详细做法、构造尺寸与总说明中的材料表核对。

（2）识读结构详图应明确大样名称、比例、各部位尺寸；了解构件的细致情况，如钢筋的级别、型号、形状、位置、间距、排距、数量、保护层厚度、锚固长度、箍筋间距及加密、钢筋连接、马凳及预埋件。

7. 识读节能设计专篇

（1）建筑特征。

① 项目名称：××学校文化活动室

总建筑面积：506.14 m^2；建筑层数：地上 1 层，地下 0 层。

② 该工程项目为 文化娱乐 ，属于公共建筑。

③ 项目所在地：××。

④ 项目地处气候分区：严寒 B 区。

（2）设计依据的建筑节能设计标准。

①《公共建筑节能设计标准》（GB 50189—2015）。

②《公共建筑节能设计标准新疆维吾尔自治区实施细则》（XJJ 034—2006）。

（3）建筑物体形系数（具体计算详计算书）。

建筑物外表面积 F_0= 1 039.86 m^2。

建筑物体积 V_0= 2 983.12 m^3。

建筑物体形系数 $S=F_0/V_0$= 0.35。

（4）单一朝向外窗（包括透明幕墙）墙面积比及屋顶透明部分占屋顶总面积（具体计算详计算书）。

① 单一朝向外窗：南向 0.2 ；北向 0.25 ；东向 0 ；西向 0。

② 总窗墙面积比为 0.14。

③ 屋顶透明部分占屋顶总面积的比例为 0%。

（5）围护结构保温措施及传热系数 K_i 值、传热系数限值 K 一览表见表 15-0-1。

表 15-0-1 围护结构保温措施及传热系数 K_i 值、传热系数限值 K 一览表

围护结构部位	保温构造做法		选用外保温体系、标准图集	传热系数 K_i [W/（m^2·K）] 或热阻 R_i [（m^2·K）/W]	传热系数限值 K[W/（m^2·K）] 或热阻限值 R[（m^2·K）/W]	单项判定（是否满足 $K_i \leqslant K$）
	做法	材料名称及厚度（mm）				
屋　面	保温层	EPS 板保温层（120.00 mm）		K_i=0.33	$K \leqslant 0.35$	$K_i \leqslant K$ 满足 ☑ $K_i > K$ 不满足 ☐
	结构层	钢筋混凝土板（120.00 mm）				
外墙（包括非透明幕墙）	保温层	XPS 板保温层（80.00 mm）		K_{mi}=0.31	$K \leqslant 0.45$	$K_m \leqslant K$ 满足 ☑ $K_m > K$ 不满足 ☐
	围护结构	陶粒混凝土空心砌块（300.00 mm）				
底面接触室外空气的架空或外挑楼板	楼板				$K \leqslant 0.45$	$K_i \leqslant K$ 满足 ☐ $K_i > K$ 不满足 ☐
	保温层					
非采暖房间与采暖房间的隔墙	保温层				$K \leqslant 0.8$	$K_i \leqslant K$ 满足 ☐ $K_i > K$ 不满足 ☐
	围护结构					

续表

围护结构部位		保温构造做法：做法	保温构造做法：材料名称及厚度（mm）	选用外保温体系、标准图集	传热系数 K_i [W/（m²·K）] 或热阻 R_i [（m²·K）/W]	传热系数限值 K[W/（m²·K）] 或热阻限值 R[（m²·K）/W]	单项判定（是否满足 $K_i \leqslant K$）
非采暖房间与采暖房间的楼板		楼板				$K \leqslant 0.8$	$K_i \leqslant K$ 满足 □ $K_i > K$ 不满足 □
		保温层					
单一朝向外窗（包括透明幕墙）窗墙面积比	南向 0.2	选用窗型：塑料框中空玻璃窗（12 mm 空气间隔层）			K_i=2.41	$K \leqslant 2.8$	$K_i \leqslant K$ 满足 ☑ $K_i > K$ 不满足 □
	北向 0.25	选用窗型：塑料框中空玻璃窗（12 mm 空气间隔层）			K_i=2.41	$K_m \leqslant 2.5$	$K_i \leqslant K$ 满足 ☑ $K_i > K$ 不满足 □
	东向 0	选用窗型：				$K \leqslant 2.8$	$K_i \leqslant K$ 满足 □ $K_i > K$ 不满足 □
	西向 0	选用窗型：				$K \leqslant 2.8$	$K_i \leqslant K$ 满足 □ $K_i > K$ 不满足 □
屋顶透明部分：占屋顶总面积 0%		选用窗型：				$K \leqslant 2.6$	$K_i \leqslant K$ 满足 □ $K_i > K$ 不满足 □
地面	周边地面	XPS 板保温层（60.00 mm）			R_i =2.21	$R \geqslant 2$	$R_i \geqslant R$ 满足 ☑ $R_i < R$ 不满足 □
	非周边地面	XPS 板保温层（60.00 mm）			R_i =2.15	$R \geqslant 1.8$	$R_i \geqslant R$ 满足 ☑ $R_i < R$ 不满足 □
采暖、空调地下室外墙（与土壤接触的墙）						$R \geqslant 1.8$	$K_i \geqslant R$ 满足 □ $K_i < R$ 不满足 □

（6）其他要求。

① 外窗的气密性能不应低于《建筑外窗气密性能分级及其检测方法》（GB/T 7107—2002）中规定的 4 级。透明幕墙的气密性能不应低于《建筑幕墙物理性能分级》（GB/T 15225—1994）中规定的 3 级。

② 外窗的可开启面积不应小于窗面积的 30%。透明幕墙应具有可开启部分或设有通风换气装置。

③ 门、窗框与墙体之间的缝隙，应采用聚氨酯发泡剂、聚氯乙烯泡沫塑料等软质保温材料堵封，并用嵌缝密封膏密封。

《土建工程施工质量管理与控制》试题库

一、单选题

1. 建设工程在保修期限内，因设计原因造成的工程质量问题由（　）负责维修。

A. 设计单位　　B. 施工单位
C. 业主　　D. 监理单位

2. 监理工程师审查施工组织设计时，应突出（　）的原则。

A. 以人为本　　B. 具有针对性
C. 具有可操作性　　D. 质量第一、安全第一

3. 工程监理单位受建设单位的委托作为质量控制的监控主体，对工程质量（　）。

A. 与分包单位承担连带责任　　B. 与建设单位承担连带责任
C. 承担监理责任　　D. 与设计单位承担连带责任

4. GB/T 19000—2000 族标准质量管理八项原则中，突出了“持续改进”是提高质量管理体系（　）和效率的重要手段。

A. 科学性　　B. 适用性
C. 合理性　　D. 有效性

5. 工程质量事故技术处理方案，一般应委托原（　）提出。

A. 设计单位　　B. 建设单位
C. 监理单位　　D. 施工单位

6. 对全国的建设工程质量实施统一监督管理的主管部门为（　）。

A. 国务院　　B. 计划委员会
C. 国务院建设行政主管部门　　D. 国务院有关部门

7. 建设工程质量特性中，“满足使用目的的各种性能”称为工程的（　）。

A. 适用性　　B. 可靠性
C. 耐久性　　D. 目的性

8. 任何建筑产品在适用、耐久、安全、可靠、经济以及与环境协调等方面都必须满足基本要求，但不同专业的工程，其环境条件、技术经济条件的差异使其质量特征有不同的（　）。

A. 侧重面　　B. 选择范围
C. 内含界定　　D. 内在关系

9. 下列关于建设工程质量特性的表述中，正确的是（　）。

A. 评价方法的特殊性　　B. 终检的局限性
C. 与环境的协调性　　D. 隐蔽性

10. 加强隐蔽工程质量验收和资料管理，是基于工程质量具有（　）的特点而提出的要求。

A. 影响因素多　　B. 波动大
C. 终检局限性　　D. 评价方法特殊性

11. 质量控制是指致力于满足工程质量要求，也就是为了保证工程质量满足（　）和规范标准所采取的一系列措施、方法和手段。

A. 政府规定　　B. 工程合同

C. 监理工程师规定　　D. 业主规定

12. 为了确保工程质量，施工单位必须建立完善的自检体系，自检体系中可不包括（　）。

A. 自检　　B. 抽检

C. 交接检　　D. 专检

13. 工程质量事故技术处理方案，一般应由原设计单位提出，由其他单位提出，应经（　）同意签认，并征得（　）的同意。

A. 建设单位，原设计单位　　B. 监理单位，原设计单位

C. 原设计单位，建设单位　　D. 设计审查单位，建设单位

14. 施工过程中见证取样的试验室应是（　）。

A. 施工单位的试验室　　B. 建设单位指定的试验室

C. 监理单位指定的试验室　　D. 与承包单位没有隶属关系的第三方试验室

15. 施工过程中，材料复检需要见证取样的，见证由（　）负责。

A. 业主代表　　B. 政府质量监督员

C. 监理工程师　　D. 施工项目经理

16.（　）在工程开工前，负责办理有关施工图设计文件审查手续。

A. 监理单位　　B. 建设单位

C. 施工单位　　D. 设计单位

17.（　）是施工质量验收的最小单位，是质量验收的基础。

A. 检验批　　B. 分项工程

C. 子分部工程　　D. 分部工程

18. 建设工程竣工验收备案系指工程竣工验收合格后，（　）在指定的期限内，将与工程有关的文件资料送交备案部门查验的过程。

A. 建设单位　　B. 监理单位

C. 设计单位　　D. 施工单位

19. 为确保工程质量，承包单位在施工组织设计中加入了质量目标、质量管理、（　）等质量计划的内容。

A. 质量控制　　B. 质量策划

C. 质量验收标准　　D. 质量保证措施

20. 建设工程发生质量事故，有关单位应在（　）小时内写出书面报告，并向相应的主管部门上报。

A. 8　　B. 12

C. 24　　D. 48

21. GB/T 9000—2000 族标准质量管理八项原则中，过程方法的目的是获得持续改进的（　），并使组织的整体业绩得到显著的提高。

A. 稳定状态　　B. 动态循环

C. 决策方法　　D. 协调活动

22. 表述质量管理体系并规定质量管理体系术语的质量管理体系标准是（　）。

A. GB/T 19000—2000　　B. GB/T 19001—2000

C. GB/T 19004—2000　　D. ISO 19011

23. 质量问题处理完毕，监理工程师应组织有关人员写出质量问题处理报告，报（　）存档。

A. 建设单位和施工单位　　B. 施工单位和监理单位

C. 建设单位和监理单位　　D. 建设单位和设计单位

24. “持续改进”是质量管理体系八项质量管理原则之一，其作用是为了提高质量管理体系的（　）。

A. 有效性和效率　　B. 科学性

C. 管理水平　　D. 创造价值能力

25. 对组成质量管理体系的各个过程加以识别、理解和管理的质量管理原则是（　）。

A. 过程方法　　B. 持续改进

C. 管理的系统方法　　D. 质量体系过程评价

26. 实施质量管理的系统方法，需要采取的措施之一是建立一个（　）的质量管理体系。

A. 以顾客为关注焦点　　B. 以过程方法为主导

C. 以全员参与为动力　　D. 以持续改进为目标

27. 根据质量管理体系理论，质量管理体系的目的就是要（　）。

A. 提高企业经济效益　　B. 帮助组织增进顾客满意

C. 持续改进产品质量　　D. 提高组织的声誉和效率

28. 室外工程统一划分为一个（　）进行验收。

A. 单位工程　　B. 分项工程

C. 分部工程　　D. 检验批

29. 按照《质量管理体系标准》的术语定义，在质量方面指挥和控制组织的协调活动，称为（　）。

A. 质量管理　　B. 质量需求

C. 质量管理体系　　D. 质量组织机构

30. 工程设计变更不论由谁提出，都必须征得（　）同意并且办理设计变更手续。

A. 施工单位　　B. 建设单位

C. 监理单位　　D. 设计单位

31. 建立质量管理体系首先要明确企业的质量方针，质量方针是组织的最高管理者正式发布的该组织总的（　）。

A. 质量要求　　B. 质量水平

C. 质量宗旨和方向　　D. 质量策划

32. 单位工程竣工验收应由（　）组织进行。

A. 施工单位　　B. 建设单位

C. 质监单位　　D. 监理单位

33. 建设工程质量的特性主要表现在（　）方面。

A. 3个　　B. 4个
C. 5个　　D. 6个

34. 建筑工程质量特性中，(　　) 是指工程建成后在使用过程中保证结构安全. 保证人身和环境免受危害的程度。

A. 可靠性　　B. 安全性
C. 经济性　　D. 耐久性

35. (　　) 是指工程在规定的时间和规定的条件下完成规定功能的能力。

A. 耐久性　　B. 安全性
C. 可靠性　　D. 经济性

36. (　　) 是建筑工程质量的形成过程中的保证。

A. 设计质量　　B. 工程验收
C. 施工质量　　D. 质量保修

37. 建筑工程质量的形成过程中，(　　) 是把关。

A. 设计质量　　B. 工程验收
C. 施工质量　　D. 质量保修

38. (　　) 是组织质量工作的"基本法"，是组织最重要的质量法规性文件，它具有强制性质。

A. 程序文件　　B. 质量手册
C. 质量记录　　D. 质量管理的八项原则

39. ISO 9000 族核心标准中，(　　) 成为用于审核和第三方认证的唯一标准。

A. ISO 9000—2005《质量管理体系基础和术语》
B. ISO 9004—2000《质量管理体系业绩改进指南》
C. ISO 9001—2002《质量和（或）环境管理体系审核指南》
D. ISO 9001—2008《质量管理体系要求》

40. (　　) 属于监控主体，它主要是以法律法规为依据，通过抓工程报建、施工图设计文件审查、施工许可、材料和设备准用、工程质量监督、重大工程竣工验收备案等主要环节进行的。

A. 工程监理单位　　B. 勘察设计单位
C. 政府　　D. 施工单位

41. 建筑工程质量控制的基本原理中，(　　) 是人们在管理实践中形成的基本理论方法。

A. 三阶段控制原理　　B. 三全控制管理
C. 全员参与控制　　D. PDCA 循环原理

42. 对于重要的工序或对工程质量有重大影响的工序交接检查，实行 (　　)。

A. 三检制　　B. 自检制
C. 互检制　　D. 保护检查

43. (　　) 是在监理单位或建设单位具备见证资格的人员监督下，由施工单位有关人员现场取样，并送至具备相应资质的检测单位所进行的检测。

A. 检验批　　B. 检验
C. 见证取样检测　　D. 交接检验

44. 根据（　）的要求，建筑工程质量验收应划分为单位（子单位）工程、分部（子分部）工程、分项工程和检验批。

A. GB 50300—2001　　B. GB 50202—2002

C. GB 50203—2002　　D. GB 50210—2001

45. 在（　）中，将门窗、地面工程均划分在建筑装饰装修分部之中。

A. 《建筑装饰装修工程质量验收规范》（GB 50210—2001）

B. 《屋面工程质量验收规范》（GB 50207—2002）

C. 《建筑地基基础工程施工质量验收规范》（GB 50202—2002）

D. 《建筑工程施工质量验收统一标准》（GB 50300—2001）

46. 建筑设备安装工程划分为（　）分部。

A. 五个　　B. 四个

C. 三个　　D. 两个

47. 模板、钢筋、混凝土分项工程是按（　）进行划分。

A. 材料　　B. 施工工艺

C. 工种　　D. 设备类别

48. 下列选项中，属于混凝土基础分项工程的是（　）。

A. 现浇结构　　B. 装配式结构

C. 后浇带混凝土　　D. 紧固件连接

49. 下列选项中，不属于刚性防水屋面分项工程的是（　）。

A. 细石混凝土防水层　　B. 金属板屋面

C. 密封材料嵌缝　　D. 细部构造

50. 下列选项中，不属于智能建筑子分部工程的有（　）。

A. 通信网络系统　　B. 环境

C. 火灾报警及消防联动系统　　D. 防排烟系统

51. 民用建筑通常都是由六大部分组成，其中（　）具有承重、竖向分隔和水平支撑的作用。

A. 墙体　　B. 楼板层

C. 基础　　D. 屋顶

52. 工程质量的验收均应在施工单位自行检查评定的基础上，按施工的顺序进行，正确的施工顺序为（　）。

A. 单位（子单位）工程→分部（子分部）→分项工程工程→检验批

B. 分项工程→分部（子分部）工程→单位（子单位）工程→检验批

C. 检验批→分项工程→分部（子分部）工程→单位（子单位）工程

D. 分部（子分部）工程→单位（子单位）工程→分项工程→检验批

53. 分项工程施工过程的每道工序、各个环节每个检验批的验收，首先应由（　）组织自检评定。

A. 监理工程师　　B. 建设单位项目技术负责人

C. 施工单位的项目技术负责人　　D. 施工单位的质量负责人

54. 建筑工程质量验收要求，对涉及结构安全和使用功能的重要分部工程应进行（　）。

A. 交接检验　　B. 抽样检测

C. 批检验　　D. 见证取样检测

55. 下列选项中，不属于重大质量事故的是（　）。

A. 工程倒塌或报废

B. 由于质量事故，造成人员死亡或重伤 3 人以上

C. 直接经济损失在 5 万元（含 5 万元）以上，不满 10 万元的

D. 直接经济损失 10 万元以上

56. 按国家建设行政主管部门规定建设工程重大事故分为四个等级，下列选项中，说法错误是（　）。

A. 凡造成死亡 30 人以上或直接经济损失 300 万元为一级

B. 凡造成死亡 10 人以上、29 人以下或直接经济损失 100 万元以上不满 300 万元为二级

C. 凡造成死亡 3 人以上、9 人以下或重伤 20 人以上或直接经济损失 30 万元以上，不满 100 万元为三级

D. 凡造成死亡 2 人以下，或重伤 3 人以上、19 人以下或直接经济损失 10 万元以上，不满 30 万元为四级

57. 建筑工程由于工程质量不合格、质量缺陷，必须进行返修、加固或报废处理，并造成或引发经济损失、工期延误或危及人的生命和社会正常秩序的事件，当造成的直接经济损失低于（　）时称为工程质量问题。

A. 5 000 元　　B. 7 000 元

C. 8 000 元　　D. 10 000 元

58. 虽然每次发生建筑工程质量问题的类型各不相同，但是通过对大量质量问题调查与分析发现，其发生的原因（　）。

A. 相同　　B. 不同

C. 互相联系　　D. 有不少相同或相似之处

59. 常见的建筑工程质量发生的原因中，最频繁出现质量事故的是（　）。

A. 违背建设程序　　B. 结构使用不当

C. 施工与管理不到位　　D. 使用不合法的原材料、制品及设备

60. 下列选项中，不属于事故发生原因中违反现行法规行为的是（　）。

A. 工程项目无证设计　　B. 工程招、投标中的不公平竞争

C. 超常的低价中标　　D. 变配电设备质量缺陷导致自燃或火灾

61. 建筑工程项目施工周期长、露天作业多，空气温度、湿度、暴雨、洪水、大风、雷电、日晒和浪潮等均可能成为质量事故的诱因，上述工程质量事故的原因属于（　）。

A. 施工与管理不到位　　B. 自然环境因素

C. 结构使用不当　　D. 工程地质勘查失真

62. 下列选项中，属于建筑设备不合格造成事故的是（　）。

A. 变配电设备质量缺陷导致自燃或火灾

B. 保护不当，疏于检查、验收

C. 结构构造不合理

D. 计算荷载取值过小

63. 建筑工程质量问题的实际发生，既可能是由于设计计算和施工图纸中存在错误，也可能是由于施工中出现不合格或质量问题，还可能由于使用不当，或者由于设计、施工甚至使用、管理、社会体制等多种原因的（ ）。

A. 单一作用　　B. 复合作用
C. 共同作用　　D. 相互作用

64. 工程质量问题分析的基本原理中，原点分析是一系列独立原因集合起来形成的爆发点。由于其能反映出质量问题的（ ），而在分析过程中具有关键性作用。

A. 直接原因　　B. 间接原因
C. 关联因素　　D. 内在原因

65. 建筑工程质量事故发生后，应及时组织调查处理，调查结果要（ ）。

A. 进行初步分析　　B. 初步分析并采取措施处理
C. 整理撰写成事故调查报告　　D. 与其他案例进行比较

66. 建筑工程质量事故发生后，总监理工程师应签发，并要求停止进行质量缺陷部位和与其有关联部位及下道工序施工（ ）。

A. 《工程暂停令》　　B. 《建筑法》
C. 《建设工程施工合同》　　D. 《工程复工令》

67. 建筑工程质量事故发生后，事故发生单位迅速按类别和等级向相应的主管部门上报，并于（ ）内写出书面报告。

A. 24 h　　B. 30 h
C. 36 h　　D. 48 h

68. 下列选项中，对建筑工程事故处理方法描述不正确的是（ ）。

A. 返工　　B. 修补
C. 写出事故调查报告　　D. 不作处理

69. 一般性硬黏土的临时性挖方边坡值（高：宽）为（ ）。

A. 1∶1.25～1∶1.50　　B. 1∶0.50～1∶1.00
C. 1∶0.75～1∶1.00　　D. 1∶1.00～1∶1.25

70. 碎石类土中，充填坚硬、硬塑黏性土的临时性挖方边坡值（高：宽）为（ ）。

A. 1∶0.50～1∶1.00　　B. 1∶1.25～1∶1.50
C. 1∶1.00～1∶1.25　　D. 1∶0.75～1∶1.00

71. 碎石类土中，充填砂土的临时性挖方边坡值（高：宽）为（ ）。

A. 1∶0.75～1∶1.00　　B. 1∶1.00～1∶1.25
C. 1∶1.00～1∶1.50　　D. 1∶0.50～1∶1.00

72. 砌筑砂浆材料质量要求中，当在使用中对水泥质量有怀疑或水泥出厂超过（ ）月（快硬硅酸盐水泥超过1个月）时，应复查试验，并按其结果使用。

A. 2个　　B. 3个
C. 4个　　D. 6个

73. 生石灰熟化成石灰膏时，熟化时间不得少于（ ）。

A. 3 d　　B. 5 d

C. 7 d　　D. 9 d

74. 砌筑砂浆材料质量要求中，砂浆的分层度不得（　）。

A. 大于 30 mm　　B. 小于 30 mm

C. 大于 20 mm　　D. 小于 20 mm

75. 砌筑砂浆中，水泥砂浆中水泥用量不应（　）。

A. 小于 400 kg/m^3　　B. 小于 300 kg/m^3

C. 小于 250 kg/m^3　　D. 小于 200 kg/m^3

76. 砌筑砂浆中水泥砂浆的密度不宜（　）。

A. 小于 2 100 kg/m^3　　B. 小于 1 900 kg/m^3

C. 小于 1 700 kg/m^3　　D. 小于 1 500 kg/m^3

77. 经中间验收合格的填方区域场地应基本平整，并有（　）的坡度，以有利于排水。

A. 0.2%　　B. 0.5%

C. 0.7%　　D. 1.0%

78. 土方回填质量控制中，填方区域有（　）的坡度时，应控制好阶宽不小于 1 m 的阶梯形台阶，台阶面口严禁上抬，以免导致台阶上积水。

A. 陡于 1/3　　B. 陡于 1/4

C. 陡于 1/5　　D. 陡于 1/6

79. 回填土中，砂土的最大干密度为（　）。

A. 1.61 ~ 1.80 g/cm^3　　B. 1.80 ~ 1.88 g/cm^3

C. 1.85 ~ 1.95 g/cm^3　　D. 1.58 ~ 1.70 g/cm^3

80. 回填土中，黏土的最佳含水量为（　）。

A. 8% ~ 12%　　B. 12% ~ 15%

C. 16% ~ 22%　　D. 19% ~ 23%

81. 回填土中，粉质黏土的最大干密度为（　）。

A. 1.58 ~ 1.70 g/cm^3　　B. 1.61 ~ 1.80 g/cm^3

C. 1.80 ~ 1.88 g/cm^3　　D. 1.85 ~ 1.95 g/cm^3

82. 回填土中，粉土的最佳含水量为（　）。

A. 19% ~ 23%　　B. 16% ~ 22%

C. 12% ~ 15%　　D. 8% ~ 12%

83. 回填土中黏土类土、黄土、类黄土的填方高度为（　）时，边坡坡度为 1∶1.50。

A. 6 m　　B. 6 ~ 7 m

C. 10 m　　D. 12 m

84. 回填土中砾石和碎石土的填方高度为（　）时，边坡坡度为 1∶1.50。

A. 6 ~ 7 m　　B. 10 m

C. 10 ~ 12 m　　D. 12

85. 回填土中易风化的岩土的填方高度为（　）时，边坡坡度为 1∶1.50。

A. 12 m　　B. 10 m

C. 6 ~ 7 m　　D. 6 m

86. 回填土中轻微风化、尺寸大于 25 cm 的石料，边坡用最大石块、分排整齐铺砌，填方高度为 12 m 以内，边坡坡度为（　）。

A. 1∶1.33　　B. 1∶0.50

C. 1∶1.50～1∶0.75　　D. 1∶0.65

87. 回填土中轻微风化、尺寸大于 40 cm 的石料，其边坡分排整齐，填方高度>5 m 时，边坡坡度为（　）。

A. 1∶1.50　　B. 1∶1.33

C. 1∶1.00　　D. 1∶0.75

88. 填涂施工时，压实机具中的平碾，分层厚度为 250～300 mm，每层压实遍数为（　）。

A. 3　　B. 3～4

C. 5～7　　D. 6～8

89. 柴油打夯机填涂施工时，分层厚度为（　），每层压实遍数为 3～4。

A. <200 m　　B. 200～250 mm

C. 250～350 mm　　D. 250～300 mm

90. 人工打夯填涂施工时，分层厚度为（　），每层压实遍数为 3～4。

A. <200 m　　B. 200～250 mm

C. 250～350 mm　　D. 250～300 mm

91. 填方时，砌体承重结构和框架结构的填土部位在地基主要持力层范围内，压实系数 λ_0 为（　）。

A. >0.96　　B. 0.91～0.93

C. 0.93～0.96　　D. 0.94～0.97

92. 填方时，砌体承重结构和框架结构的填土部位在地基主要持力层范围以下，压实系数 λ_0 为（　）。

A. >0.96　　B. 0.91～0.93

C. 0.93～0.96　　D. 0.94～0.97

93. 填方时，简支结构和排架结构的填土部位在地基主要持力层范围以下，压实系数 λ_0 为（　）。

A. >0.96　　B. 0.91～0.93

C. 0.93～0.96　　D. 0.94～0.97

94. 土方开挖工程质量检验标准中，柱基按总数抽查（　），但不少于 5 个，每个不少于 2 点。

A. 5%　　B. 7%

C. 10%　　D. 15%

95. 土方开挖工程质量检验标准中，基槽、管沟、排水沟、路面基层每（　）取 1 点，但不少于 5 个。

A. 20 m　　B. 25 m

C. 30 m　　D. 35 m

96. 填土工程质量检验标准中，密实度控制基坑和室内填土，每层按每（　）取样一组。

A. 20 m^2　　B. 20～300 m^2

C. 50～400 m^2　　D. 100～500 m^2

97. 填土工程质量检验标准中，基坑和管沟回填每（　）取样一组，但每层均不得少于一组，取样部位在每层压实后的下半部。

A. 10 m^2　　B. 10 ~ 20 m^2

C. 20 ~ 50 m^2　　D. 30 ~ 70 m^2

98. 灰土地基的承重能力可达（　），适用于一般黏性土地基加固，施工简单，费用较低。

A. 200 kPa　　B. 300 kPa

C. 400 kPa　　D. 500 kPa

99. 灰土地基验收标准中，石灰粒径应（　）。

A. >6 mm　　B. ≥5 mm

C. ≤5 mm　　D. <6 mm

100. 砂和砂石地基中的砂石用自然级配的砂石混合物，粒级应在 50 mm 以下，其含水量应在（　）以内。

A. 65%　　B. 60%

C. 55%　　D. 50%

101. 砂和砂石地基分段施工时，接头处应做成斜坡，每层错开（　），并应充分捣实。

A. 0.2 ~ 0.4 m　　B. 0.3 ~ 0.6 m

C. 0.4 ~ 0.8 m　　D. 0.5 ~ 1 m

102. 砂和砂石地基垫层应分层铺设，分层夯实或压实。在基坑内，应设置（　）的网格标桩，控制每层垫层的虚铺厚度。

A. 2 m×2 m　　B. 3 m×3 m

C. 5 m×5 m　　D. 10 m×10 m

103. 下列选项中，不属于砂及砂石地基主控项目的是（　）。

A. 压实系数　　B. 石料粒径

C. 配合比　　D. 地基承载力

104. 砂及砂石地基质量检验标准中，砂石料有机含量的检验方法是（　）。

A. 水洗法　　B. 筛分法

C. 焙烧法　　D. 水准法

105. 砂及砂石地基质量检验标准中，石料粒径的检验方法是（　）。

A. 水洗法　　B. 筛分法

C. 焙烧法　　D. 水准法

106. 强夯地基法中，夯击间距一般为（　）。

A. 1 ~ 10 m　　B. 5 ~ 15 m

C. 10 ~ 20 m　　D. 15 ~ 25 m

107. 挤密桩施工法中，振冲法的填料可用粗砂、中砂、砾砂、碎石、卵石、圆砾、角砾等，粒径为（　）。

A. 5 ~ 50 m m　　B. 10 ~ 60 mm

C. 15 ~ 60 mm　　D. 20 ~ 65 mm

108. 碎石土指粒径>2 mm 的颗粒含量超过全重（　）的土。

A. 30%　　B. 40%

C. 50%　　D. 60%

109. 粉土指塑性指数（　）的土。其性质介于砂土与黏性土之间。

A. ≤5　　B. ≤10

C. >5　　D. >10

110. 基础的埋置深度是指室外地坪到基础底面的垂直距离，简称埋深。一般情况下，将（　）的称为浅基础。

A. 埋深小于 10 m　　B. 埋深大于 5 m

C. 埋深小于 5 m　　D. 埋深大于 5 m

111. 基础的埋深一般（　）。

A. 不应小于 500 mm　　B. 不应小于 200 mm

C. 不应大于 500 mm　　D. 不应大于 200 mm

112.（　）适用于建筑地下水位以上的一般黏性土、砂土及人工填土地基。

A. 旋挖成孔灌注桩　　B. 长螺旋钻成孔灌注桩

C. 人工挖孔混凝土灌注桩　　D. 混凝土预制桩

113.（　）适用于直径 800 mm 以上，地下水位较低的黏性土，粉质黏土，含少量砂、砂卵石的黏性土层，深度一般在 200 ~ 300 mm。

A. 旋挖成孔灌注桩　　B. 长螺旋钻成孔灌注桩

C. 人工挖孔混凝土灌注桩　　D. 混凝土预制桩

114.（　）适用于对噪声、振动、泥浆污染要求严的场地，多用于大型建筑物或构筑物基础、抗浮桩和基坑支护的护坡桩等。

A. 旋挖成孔灌注桩　　B. 长螺旋钻成孔灌注桩

C. 人工挖孔混凝土灌注桩　　D. 混凝土预制桩

115.（　）混凝土预制桩是建筑工程上应用最多的一种桩型，适用于工业与民用建筑基础。

A. 旋挖成孔灌注桩　　B. 长螺旋钻成孔灌注桩

C. 人工挖孔混凝土灌注桩　　D. 混凝土预制桩

116. 混凝土灌注桩的材料质量要求中，石子选用质地坚硬的碎石或卵石均可，粒径为 5 ~ 35 mm，含泥量（　）。

A. 不大于 5%　　B. 不大于 4%

C. 不大于 3%　　D. 不大于 2%

117. 混凝土灌注桩的材料要求中，砂的质量要求为：中砂或粗砂，含泥量（　）。

A. 不大于 5%　　B. 不大于 8%

C. 不大于 10%　　D. 不大于 15%

118. 混凝土灌注桩的材料质量要求中，预拌混凝土坍落度取 70 ~ 100 mm，水下灌注时取 180 ~ 200 mm，强度等级应在（　）之间。

A. C15 ~ C30　　B. C20 ~ C40

C. C25 ~ C40　　D. C30 ~ C50

119. 混凝土灌注桩施工控制要点中，长螺旋钻成孔在钻机就位后，调直机架挺杆，用对位圈对准桩位，合理选择和调整进钻参数，以电流表控制进尺速度，开机钻（　）深时停机检查，正常后再继续施钻。

A. 100 ~ 500 mm　　B. 300 ~ 600 mm

C. 400 ~ 800 mm　　D. 500 ~ 1000 mm

120. 混凝土灌注桩，长螺旋钻成孔施工控制要点中，浇筑混凝土时应边浇筑并分层振捣密实，分层高度（　）。

A. 不得小于 2.0 m　　B. 不得小于 1.5 m

C. 不得大于 2.0 m　　D. 不得大于 1.5 m

121. 混凝土灌注桩，长螺旋钻成孔施工控制要点中，浇筑混凝土时应边浇筑并分层振捣密实，浇筑混凝土至桩顶时，应（　），以确保在凿除浮浆后，桩的标高不受影响。

A. 控制在超过设计标高 500 mm 以内

B. 适当超过设计标高 500 mm 以上

C. 控制在超过设计标高 400 mm 以内

D. 适当超过设计标高 400 mm 以上

122. 混凝土灌注桩人工挖孔施工要点中，每节开挖的高度应根据土质条件及施工方案来定，一般以（　）为宜。

A. 1 m　　B. 2 m

C. 3 m　　D. 5 m

123. 混凝土灌注桩旋挖成孔施工要点，护筒宜采用 10 mm 以上厚钢板制作，护筒直径应大于孔径 200 mm 左右，周围用黏土填埋夯实，护筒中心偏差（　）。

A. 不得大于 100 mm　　B. 不得大于 80 mm

C. 不得大于 70 mm　　D. 不得小于 50 mm

124. 混凝土灌注桩质量检验标准中，泥浆密度的允许偏差或允许值为（　）。

A. 1.10 ~ 1.15　　B. 1.15 ~ 1.20

C. 1.20 ~ 1.25　　D. 1.25 ~ 1.30

125. 摩擦桩在极限承载力状态下，桩顶荷载由（　）承受。

A. 桩端阻力　　B. 桩侧摩阻力

C. 桩端承载力　　D. 桩侧承载力

126. 端承桩在极限承载力状态下，桩顶荷载由（　）承受。

A. 桩侧摩阻力　　B. 桩端阻力

C. 桩端承载力　　D. 桩侧承载力

127. 基础工程中，（　）适宜于地基坚实、均匀、上部荷载较小，六层和六层以下（三合土基础不宜超过四层）的一般民用建筑和墙承重的轻型厂房。

A. 刚性基础　　B. 扩展基础

C. 筏形基础　　D. 杯形基础

128. 混凝土基础工程施工质量控制要点中，当基槽（坑）由于土质不一挖成阶梯形式时，应先从最低处开始浇筑，按每阶高度，其各边搭接长度（　）。

A. 应不大于 500 mm　　B. 应不小于 500 mm

C. 应不大于 1 000 mm　　D. 应不小于 1 000 mm

129. 砖基础一般做成阶梯形，俗称大放脚。大放脚做法有等高式（两皮一收）或间隔式（两皮一收和一皮一收相间）两种，每一种收退台宽度均为（　），后者节省材料，采用较多。

A．1/2 砖　　B．1/3 砖
C．1/4 砖　　D．2/3 砖

130．砖基础施工控制要点中，砌筑时，应先铺底灰，再分皮挂线砌筑。铺砖按“（　）”砌法，做到里外咬槎上下层错缝。竖缝至少错开 1/4 砖长，转角处要放七分头砖，并在山墙和檐墙两处分层交替设置，不能通缝，基础最下与最上一皮砖宜采用丁砌法。

A．一丁一顺　　B．三顺一丁
C．梅花丁　　D．全丁式

131．砖基础砌至防潮层时，须用水平仪找平，并按规定铺设 20 mm 厚、（　）质量比防水水泥砂浆（掺加水泥重量 3%的防水剂）防潮层，要求压实抹平。

A．1∶1.5～1∶2.0　　B．1∶2.0～1∶2.5
C．1∶2.5～1∶3.0　　D．1∶3.0～1∶3.5

132．基础工程中，适用于六层和六层以下一般民用建筑和整体式结构厂房承重的柱基和墙基的是（　）。

A．刚性基础　　B．扩展基础
C．筏形基础　　D．杯形基础

133．扩展基础施工中，在浇筑柱下基础时，应特别注意柱子插筋位置的正确，以免造成位移和倾斜，在浇筑开始时，先满铺一层（　）厚的混凝土，并捣实使柱子插筋下段和钢筋网片的位置基本固定，然后再对称浇筑。

A．1～5 cm　　B．3～7 cm
C．4～9 cm　　D．5～10 cm

134．基础混凝土宜分层连续浇筑完成，对于阶梯形基础，每一台阶高度内应分层一次浇捣，每浇筑完一台阶应稍停（　），待其初步沉实后，再浇筑上层，以免下台阶混凝土溢出，在上台阶根部出现烂脖子。

A．15 min　　B．10～20 min
C．0.5～1 h　　D．1～2 h

135．基础工程中，杯形基础一般在杯底均留有（　）厚的细石混凝土找平层。

A．50 mm　　B．60 mm
C．70 mm　　D．80 mm

136．基础工程中，（　）适用于地基土质软弱又不均匀（或筑有人工垫层软弱地基）、有地下水或当柱子或承重墙传来的荷载很大的情况，或建造六层及六层以下横墙较密的民用建筑。

A．刚性基础　　B．扩展基础
C．杯形基础　　D．筏形基础

137．筏形基础施工中，地基开挖如果有地下水，应采用人工降低地下水位至基坑底（　）部位，保持在无水的情况下进行土方开挖和基础结构施工。

A．50 cm 以上　　B．50 cm 以下
C．100 cm 以上　　D．100 cm 以下

138．水泥砂浆和水泥混合砂浆采用机械搅拌，自投料完毕算起，搅拌时间（　）。

A．不得少于 3 min　　B．不得少于 2 min
C．应为 3～5 min　　D．不得多于 5 min

139. 掺用有机塑化剂的砂浆采用机械搅拌，自投料完毕算起，搅拌时间应为（　）。

A. 1 min　　B. 2 min

C. 2 ~ 3 min　　D. 3 ~ 5 min

140. 砂浆应随拌随用，当施工期间最高气温超过 30 °C 时，水泥砂浆应在拌成后（　）使用完毕。

A. 5 h 内　　B. 4 h 内

C. 3 h 内　　D. 2 h 内

141. 砂浆搅拌时间应从投料结束算起，对水泥砂浆和水泥混合砂浆，搅拌时间（　）。

A. 不得少于 120 s　　B. 不得少于 150 s

C. 不得多于 120 s　　D. 不得多于 150 s

142. 从投料结束算起，对掺用粉煤灰和外加剂的砂浆，搅拌时间（　）。

A. 不得少于 180 s　　B. 不得少于 210 s

C. 不得少于 270 s　　D. 不得少于 300 s

143. 砌筑时蒸压灰砂砖、粉煤灰砖的产品龄期（　）。

A. 不得多于 28 d　　B. 不得少于 28 d

C. 不得少于 21 d　　D. 不得多于 28 d

144. 普通砖、多孔砖的含水率宜为（　）。

A. 8% ~ 12%　　B. 8% ~ 15%

C. 10% ~ 12%　　D. 10% ~ 15%

145. 砌体施工时，楼面堆载不得超过楼板的（　）。

A. 标准荷载　　B. 活荷载

C. 允许荷载　　D. 荷载

146. 多层砌体结构中，抗震设防烈度为 8 度和 9 度区，长度（　）的后砌隔墙的墙顶，尚应与楼板或梁拉结。

A. 大于 5 m　　B. 小于 5 m

C. 大于 10 m　　D. 小于 10 m

147. 砖砌体灰缝如果采用铺浆法砌筑，施工期间气温超过 30 °C 时，铺浆长度（　）。

A. 不得超过 650 mm　　B. 不得超过 600 mm

C. 不得超过 550 mm　　D. 不得超过 500 mm

148. 空斗墙的水平灰缝厚度和竖向灰缝宽度一般为（　），但不应小于 7 mm，也不应大于 13 mm。

A. 8 mm　　B. 9 mm

C. 10 mm　　D. 11 mm

149. 清水墙面不应有上、下二皮砖搭接长度（　）的通缝，不得有三分头砖，不得在上部随意变活乱缝。

A. 大于 25 mm　　B. 小于 25 mm

C. 大于 30 mm　　D. 小于 30 mm

150. 清水墙勾缝应采用加浆勾缝，勾缝砂浆宜采用（　）水泥砂浆。

A. 细砂拌制的 1.5∶1　　B. 中砂拌制的 1∶1.5

C. 细砂拌制的 1∶1.5　　D. 中砂拌制的 1.5∶1

151. 清水墙勾缝应采用加浆勾缝，勾凹缝时深度为（　），多雨地区或多孔砖可采用稍浅的凹缝或平缝。

A. 2 ~ 4 mm　　B. 3 ~ 4 mm

C. 4 ~ 5 mm　　D. 5 ~ 7 mm

152. 砖砌平拱过梁的灰缝应砌成楔形缝。灰缝宽度，在过梁底面（　），在过梁的顶面不应大于 15 mm。拱脚下面应伸入墙内不小于 20 mm，拱底应有 1%起拱。

A. 不应大于 5 mm　　B. 不应小于 5 mm

C. 不应大于 10 mm　　D. 不应小于 10 mm

153. 砖砌平拱过梁的灰缝应砌成楔形缝。拱脚下面应伸入墙内不小于 20 mm，拱底应有（　）起拱。

A. 1%　　B. 2%

C. 3%　　D. 5%

154. 砖砌体预留孔洞和预埋件中，设计要求的洞口、管道、沟槽，应在砌筑时按要求预留或预埋。未经设计同意，不得打凿墙体和在墙体上开凿水平沟槽。超过（　）的洞口上部应设过梁。

A. 300 mm　　B. 350 mm

C. 400 mm　　D. 450 mm

155. 砖砌体水平灰缝的砂浆饱满度不得（　）。

A. 小于 90 %　　B. 小于 85 %

C. 小于 80 %　　D. 小于 75 %

156. 砖砌体中，用（　）检查砖底面与砂浆的黏结痕迹面积。

A. 直角尺　　B. 百格网

C. 钢尺　　D. 经纬仪

157. 当检查砌体砂浆饱满度时，每处检测（　）砖，取其平均值。

A. 2 块　　B. 3 块

C. 4 块　　D. 5 块

158. 砖砌体的转角处和交接处应同时砌筑，严禁无可靠措施的内外墙分砌施工。对不能同时砌筑而又必须留置的临时间断处应砌成斜槎，斜槎水平投影长度不应小于高度的（　）。

A. 1/2　　B. 1/3

C. 2/3　　D. 1/4

159. 砖砌体的位置及垂直度允许偏差的抽检数量中，内墙按有代表性的自然间抽 10%，但不应少于 3 间，每间不应少于 2 处，柱（　）。

A. 不少于 5 根　　B. 不少于 4 根

C. 不少于 3 根　　D. 不少于 2 根

160. 砖砌体一般项目合格标准中，混水墙中长度（　）的通缝每间不超过 3 处，且不得位于同一面墙体上。

A. 大于或等于 500 mm　　B. 大于或等于 300 mm

C. 小于或等于 500 mm　　D. 小于或等于 300 mm

161. 砖砌体的灰缝应横平竖直，厚薄均匀。水平灰缝厚度宜为 10 mm，但不应小于（　），也不应大于 12 mm。

A. 5 mm　　B. 6 mm

C. 7 mm　　D. 8 mm

162. 砖砌体的组砌形式中，（　）多用于一砖厚墙体的砌筑，但当砖的规格参差不齐时，砖的竖缝就难以整齐。

A. 梅花丁　　B. 一顺一丁

C. 三顺一丁　　D. 全丁式

163.（　）组砌形式宜用于一砖半以上的墙体的砌筑或挡土墙的砌筑。

A. 全丁式　　B. 梅花丁

C. 一顺一丁　　D. 三顺一丁

164. 砖砌体的组砌形式中，整体性好，灰缝整齐，墙面比较美观，但砌筑效率较低的是（　）。

A. 梅花丁　　B. 一顺一丁

C. 三顺一丁　　D. 全丁式

165. 下列选项中，只用于圆弧形砌体，如水池、水塔、烟囱的组砌形式是（　）。

A. 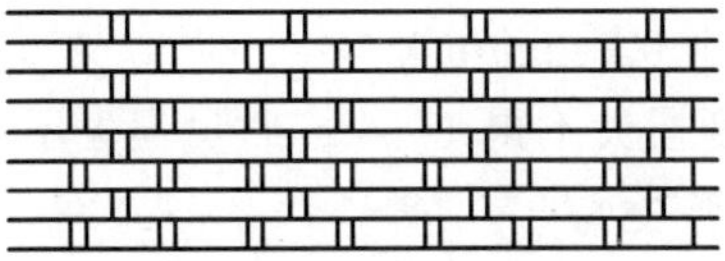　　B.

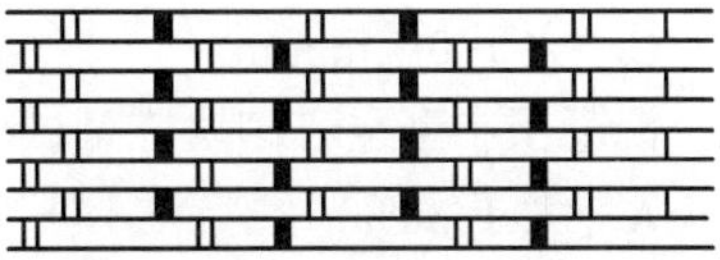

C. 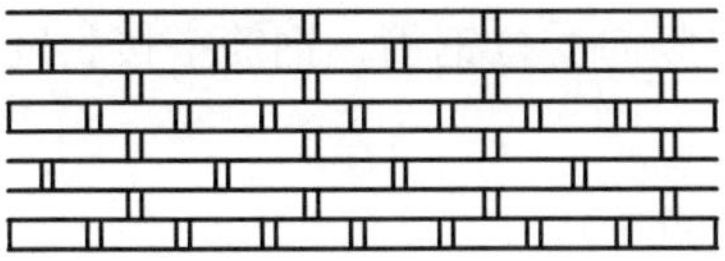　　D.

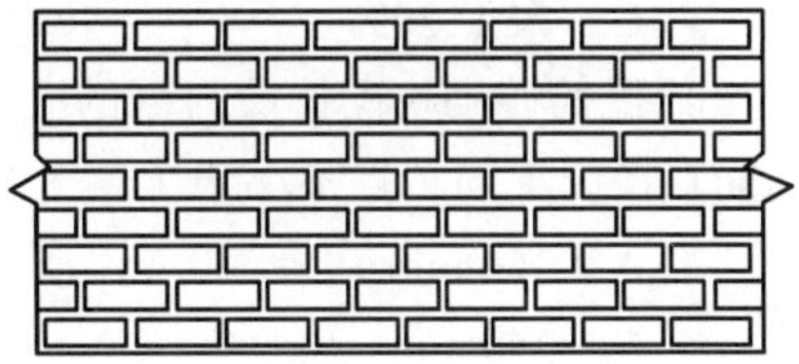

166. 下列选项中，（　）是我国传统的墙体材料，在全国普遍采用，并以黏土为主要原料。

A. 多孔砖　　B. 空心砖

C. 普通烧结砖　　D. 不经焙烧的灰砂砖

167. 在建筑工程中，砌体主要用于（　）。

A. 受拉　　B. 承压

C. 受弯　　D. 受剪

168. 为防止产生裂缝，小砌块房屋顶层墙体可加强顶层芯柱或构造柱与墙体的拉结，拉结钢筋网片的竖向间距不宜（　）。

A. 大于 200 mm　　B. 小于 200 mm

C. 大于 400 mm　　D. 小于 400 mm

169. 混凝土小型砌体工程防抗裂措施中，当顶层房屋两端第一、二开间的内纵墙长度大于（　）时，在墙中应加设钢筋混凝土芯柱，并设置横向水平钢筋网片。

A. 6 m　　B. 5 m

C. 4 m　　D. 3 m

170. 为防止产生裂缝，小砌块房屋顶层横墙在窗口高度中部应加设（　）钢筋网片。

A．1 ~ 2 道　　B．2 ~ 3 道
C．3 ~ 4 道　　D．4 ~ 5 道

171．为防止裂缝，小砌体房屋山墙可采取设置水平钢筋网片或在山墙中增设钢筋混凝土芯柱或构造柱，在山墙内增设钢筋混凝土芯柱或构造柱时，其间距不宜（　）。

A．大于 5 m　　B．大于 4 m
C．大于 3 m　　D．大于 2 m

172．为防止小砌体房屋底层墙体裂缝，基础部分砌块墙体在砌块孔洞中用（　）混凝土灌实。

A．C15　　B．C20
C．C25　　D．C20

173．为防止小砌体房屋底层墙体裂缝，底层窗台下墙体设置通长钢筋网片，竖向间距不大于（　）。

A．550 mm　　B．500 mm
C．450 mm　　D．400 mm

174．对用于承重墙和外墙的混凝土小型空心砌块，要求其干燥干缩率（　）。

A．大于 0.5 mm/m　　B．小于 0.5 mm/m
C．大于 0.7 mm/m　　D．小于 0.7 mm/m

175．混凝土小型空心砌块冻融试验后，强度损失不得（　），质量损失不得大于 2%。

A．大于 30%　　B．大于 25%
C．大于 20%　　D．大于 15%

176．配筋砖砌块砌体剪力墙的灌孔混凝土中竖向受拉钢筋，钢筋搭接长度不应小于 35 *d*（*d* 钢筋直径，下同）且不小于（　）。

A．350 mm　　B．300 mm
C．250 mm　　D．200 mm

177．配筋砖砌体水平灰缝中钢筋的搭接长度不应小于（　）。

A．55 *d*　　B．60 *d*
C．65 *d*　　D．70 *d*

178．配筋砖砌体钢筋网可采用方格网或连弯网，钢筋直径宜采用（　）。

A．1 ~ 2 mm　　B．1 ~ 3 mm
C．2 ~ 3 mm　　D．3 ~ 4 mm

179．配筋砖砌体钢筋网中钢筋的间距不应大于（　），并不应小于 30 mm。

A．110 mm　　B．115 mm
C．120 mm　　D．125 mm

180．配筋砖砌体工程中，构造柱纵筋应穿过圈梁，保证纵筋上下贯通；构造柱箍筋在楼层上、下各 500 mm 范围内应进行加密，间距宜为（　）。

A．90 mm　　B．100 mm
C．110 mm　　D．120 mm

181．控制模板起拱高度，消除在施工中因结构自重、施工荷载作用引起的挠度。对跨度不小于（　）的现浇钢筋混凝土梁、板，其模板应按设计要求起拱。

A. 1 m　　B. 2 m

C. 3 m　　D. 4 m

182. 现浇楼板采用早拆模施工时，经理论计算复核后将大跨度楼板改成支模形式为小跨度楼板（　　）。

A. ≤2 m　　B. ≤3 m

C. ≤5 m　　D. ≤6 m

183. 模板工程中，柱箍间距按柱截面大小及高度决定，一般控制在（　　）。

A. 500 ~ 1 000 mm　　B. 1 000 ~ 1 500 mm

C. 1 500 ~ 2 000 mm　　D. 2 500 ~ 3 000 mm

184. 模板的变形应符合一定要求，超过（　　）高度的大型模板的侧模应留门平板。

A. 2 m　　B. 3 m

C. 4 m　　D. 5 m

185. 模板工程质量验收时，在同一检验批内，对梁，应抽查构件数量的（　　），且不少于 3 件。

A. 5%　　B. 7 %

C. 9%　　D. 10%

186. 安装现浇结构的上层模板及其支架时，下层楼板应具有承受上层荷载的承载能力，或加设支架；上、下层支架的立柱应对准，并铺设垫板，其检验方法是（　　）。

A. 观察检查

B. 钢尺检查

C. 用水准仪或拉尺检查

D. 对照模板设计文件和施工技术方案观察

187. 下列选项中，属于模板安装质量验收主控项目的是（　　）。

A. 在涂刷模板隔离剂时，不得玷污钢筋和混凝土接槎处

B. 用作模板的地坪、胎模等应平整光洁，不得产生影响构件质量的下沉、裂缝、起砂或起鼓

C. 模板与混凝土的接触面应清理干净并涂刷隔离剂，但不得采用影响结构性能或妨碍装饰工程施工的隔离剂

D. 固定在模板上的预埋件、预留孔和预留洞均不得遗漏，且应安装牢固

188. 模板工程中，固定在模板上的预埋件、预留孔和预留洞均不得遗漏，且应安装牢固，其检验方法正确的是（　　）。

A. 观察检查　　B. 用 2 m 靠尺和塞尺检查

C. 用钢尺检查　　D. 用经纬仪或吊线检查

189. 在模板安装中，固定在模板上的插筋中心线位置允许偏差为（　　）。

A. 2 mm　　B. 3 mm

C. 4 mm　　D. 5 mm

190. 现浇结构模板安装中，表面平整度允许的误差为 5 mm，其检验方法正确的是（　　）。

A. 观察检查　　B. 用钢尺检查

C. 用水准仪检查　　D. 用 2 m 靠尺和塞尺检查

191. 在模板安装中，预制构件模板安装的偏差应符合一定规定，其中板、梁的长度允许偏差为（　）。

A. ±2　　B. ±3

C. ±4　　D. ±5

192. 下列选项中，不属于模板拆除主控项目的是（　）。

A. 底模及其支架拆除时的混凝土强度应符合设计要求

B. 对后张法预应力混凝土结构构件，侧模宜在预应力张拉前拆除

C. 底模支架的拆除应按施工技术方案执行，当无具体要求时，不应在结构构件建立预应力前拆除

D. 侧模拆除时的混凝土强度应能保证其表面及棱角不受损伤

193. 在底板拆除时，对混凝土的强度有一定的要求，当板构件跨度≤2 m时，板需达到设计的混凝土立方体抗压强度标准值的百分率是（　）。

A. ≥25%　　B. ≥50%

C. ≥75%　　D. ≥95%

194. 底模及其支架拆除时的混凝土强度应符合设计要求，当设计无具体要求时，混凝土强度应符合规定，其检验方法正确的是（　）。

A. 观察检查　　B. 用钢尺检查

C. 钢尺量两角边，取其中较大值　　D. 检查同条件养护试件强度实验报告

195. 侧模拆除时的混凝土强度应能保证其表面及棱角不受损伤，下列选项中，关于其检验数量和检验方法说法正确的是（　）。

A. 全数检查、观察检查

B. 全数检查、用水准仪检查

C. 首次使用及大修后的模板应全数检查；使用中的模板应定期检查，并根据使用情况不定期抽查、用钢尺检查

D. 首次使用及大修后的模板应全数检查；使用中的模板应定期检查，并根据使用情况不定期抽查、用2 m靠尺和塞尺检查

196. 模板拆除时，不应对楼层形成冲击荷载。拆除的模板和支架宜分散堆放并及时清运，其检验方法正确的是（　）。

A. 观察检查　　B. 对照模板设计文件和施工技术方案观察

C. 2 m靠尺和塞尺检查　　D. 用经纬仪或吊线检查

197. 力学性能检验时，应在接头外观检查合格后随机抽取试件进行试验，试验方法应按现行行业标准（　）有关规定执行。

A.《钢筋焊接接头试验方法标准》(JGJ/T 27—2007)

B.《钢筋机械连接通用技术规程》(JGJ 107—2003)

C.《钢筋焊接及验收规程》(JGJ 18—2003)

D.《钢筋混凝土用余热处理钢筋》(GB 13014—1991)

198. 凡钢筋牌号、直径及尺寸相同的焊接骨架和焊接网应视为同一类型制品，且每（　）作为一批，一周内不足（　）的也应按一批计算。

A. 200件，200件　　B. 300件，300件

C. 400 件，400 件　　D. 500 件，500 件

199. 热轧钢筋的焊点应做剪切试验，试件数量应为（　）。

A. 1 件　　B. 2 件

C. 3 件　　D. 4 件

200. 冷轧带肋钢筋焊点除做剪切试验外，尚应对纵向和横向冷轧带肋钢筋做拉伸试验，试件数量应各为（　）。

A. 1 件　　B. 2 件

C. 3 件　　D. 4 件

201. 钢筋焊接网的长度、宽度及网格尺寸的允许偏差均为（　）。

A. ±5 mm　　B. ±10 mm

C. ±15 mm　　D. ±20 mm

202. 冷轧带肋钢筋试件拉伸试验结果，其抗拉强度不得小于（　）。

A. 400 N/mm^2　　B. 450 N/mm^2

C. 500 N/mm^2　　D. 550 N/mm^2

203. 力学性能检验时，应从每批接头中随机切取（　）个接头，其中（　）个做拉伸试验，（　）个做弯曲试验。

A. 4，2，2　　B. 6，3，3

C. 4，3，1　　D. 6，4，2

204. 钢筋闪光对焊接头外观检查结果中，接头处的轴线偏移不得大于钢筋直径的 0.1 倍，且不得（　）。

A. 大于 2 mm　　B. 小于 2 mm

C. 大于 4 mm　　D. 小于 4 mm

205. 钢筋闪光对焊接头外观检查结果中，接头处的弯折角不得（　）。

A. 大于 3°　　B. 小于 3°

C. 大于 4°　　D. 小于 4°

206. 钢筋电弧焊接头的质量检验时，在同一批中若有几种不同直径的钢筋焊接接头，应在最大直径钢筋接头中切取（　）试件。

A. 1 个　　B. 2 个

C. 3 个　　D. 4 个

207. 下列选项中，关于电渣压力焊接头外观检查结果，说法错误的是（　）。

A. 四周焊包凸出钢筋表面的高度不得小于 4 mm

B. 钢筋与电极接触处应无烧伤缺陷

C. 接头处的轴线偏移不得大于钢筋直径的 0.1 倍，且不得大于 5 mm

D. 接头处的弯折角不得大于 3°

208. 下列选项中，关于钢筋气压焊接头外观检查结果，说法正确的是（　）。

A. 接头处的轴线偏移 e 不得大于钢筋直径的 0.15 倍，且不得大于 5 mm

B. 接头处的弯折角不得大于 5°；当大于规定值时，应重新加热矫正

C. 镦粗长度 L_c 不得小于钢筋直径，且凸起部分平缓圆滑；当小于上述规定值时，应重新加热镦长

D. 镦粗直径 d_c 不得小于钢筋直径的 1.5 倍，当小于上述规定值时，应重新加热镦粗

209. 钢筋应平直、无损伤，表面不得有裂纹、油污、颗粒状或片状老锈，其检验方法正确的是（　）。

A. 观察　　B. 检查进场复验报告
C. 检查化学成分等专项检验报告　　D. 检查产品合格证明书

210. 钢筋质量验收时，当设计要求钢筋末端需作（　）弯钩时，HRB335 级、HRB 400 级钢筋的弯弧内直径不应小于钢筋直径的 4 倍，弯钩的弯后平直部分长度应符合设计要求。

A. 45°　　B. 90°
C. 135°　　D. 180°

211. 当采用冷拉方法调直钢筋时，（　）级钢筋的冷拉率不宜大于 4%。

A. HPB235　　B. HRB335
C. HRB400　　D. RRB335

212. 对有抗震设防要求的框架结构，其纵向受力钢筋的强度应满足设计要求；当设计无具体要求时，对一、二级抗震等级，检验所得的强度实测值应符合规定。其检验方法是（　）。

A. 观察检查　　B. 检查进场复验报告
C. 检查化学成分等专项检验报告　　D. 检查产品出厂检验报告

213. 在梁、柱类构件的纵向受力钢筋搭接长度范围内，应接设计要求配置箍筋。当设计无具体要求时，受压搭接区段的箍筋间距不应大于搭接钢筋较小直径的 10 倍，且不应（　）。

A. 小于 100 mm　　B. 大于 100 mm
C. 小于 200 mm　　D. 大于 200 mm

214. 钢筋安装时，受力钢筋的品种、级别、规格和数量必须符合设计要求，其检查方法是（　）。

A. 观察、钢尺检查　　B. 靠尺和塞尺检查
C. 水准仪检查　　D. 检查产品合格证明书

215. 钢筋安装的质量验收时，钢筋弯起点位置允许的误差为（　），其检验方法是（　）。

A. 10 mm，观察检查　　B. 20 mm，钢尺检查
C. 10 mm，钢尺检查　　D. 20 mm，观察检查

216. 钢筋冷拔是用强力将直径为（　）的 HPB235 级钢筋在常温下通过特制的钨合金拔丝模，多次强力拉拔成比原钢筋直径小的钢丝，使钢筋产生塑性变形。

A. 2 ~ 5 mm　　B. 5 ~ 10 mm
C. 6 ~ 10 mm　　D. 3 ~ 5 mm

217. 下列选项中，属于有明显屈服点的钢筋是（　）。

A. 热轧钢筋　　B. 钢绞线
C. 钢丝　　D. 热处理钢筋

218. 钢筋依含碳量的大小，可分为低碳钢、中碳钢和高碳钢，其中高碳钢的含碳量为（　）。

A. 0.20%　　B. 0.25%
C. 0.26% ~ 0.60%　　D. >0.6%

219. 下列选项中，不属于工程中常用的高碳钢是（　）。

A. 光面钢丝　　B. 刻痕钢丝

C. 钢绞线　　D. 冷拔低碳钢丝

220. 下列选项中，关于预应力工程中张拉和放张，说法错误的是（　）。

A. 后张法预应力工程的施工应由具有相应资质等级的预应力专业施工单位承担

B. 安装张拉设备时，直线预应力筋，应使张拉力的作用线与孔道中心线重合；曲线预应力筋，应使张拉力的作用线与孔道中心线中端的切线重合

C. 预应力筋的张拉力、张拉或放张顺序及张拉工艺应符合设计及施工技术方案的要求

D. 在预应力筋锚固过程中，由于锚具零件之间和锚具与预应力筋之间的相对移动和局部塑性变形导致的回缩量，张拉端预应力筋的回缩量应符合设计要求

221. 预应力工程中，对空隙大的孔道，也可采用砂浆灌浆，水泥浆或砂浆的抗压强度标准值不应（　）。

A. 大于 30 MPa　　B. 小于 30 MPa

C. 大于 40 MPa　　D. 小于 40 MPa

222. 预应力混凝土用金属螺旋管在使用前应进行外观检查，其内外表面应清洁，无锈蚀，不应有油污、孔洞和不规则的褶皱，咬口不应有开裂或脱扣，其检验方法正确的是（　）。

A. 观察检查　　B. 用钢尺检查

C. 检查产品合格证明　　D. 检查产品出厂检验报告

223. 浇筑混凝土前穿入孔道的后张法有黏结预应力筋，宜采取防止锈蚀的措施，其检验方法正确的是（　）。

A. 观察检查　　B. 钢尺检查

C. 检查墩头强度试验报告　　D. 检查同条件养护试件试验报告

224. 预应力筋的张拉力、张拉或放张顺序及张拉工艺应符合设计及施工技术方案的要求，当施工需要超张拉时，最大张拉应力不应大于国家现行标准（　）的规定。

A.《混凝土结构设计规范》（GB 50010—2010）

B.《预应力混凝土用金属波纹管》（JG 225—2007）

C.《预应力筋用锚具、夹具和连接器》（GB/T 14370—2015）

D.《预应力混凝土用钢绞线》（GB/T 5224—2014）

225. 混凝土原材料每盘称量的偏差应符合规定，其检查数量为（　）。

A. 全数检查　　B. 每工作班抽查不应少于一次

C. 同一配合比检查一次　　D. 每工作班抽查不应少于两次

226. 下列选项中，关于混凝土拌合物运输的基本要求，说法错误的是（　）。

A. 不产生离析现象

B. 确保混凝土浇筑时具有设计规定的坍落度

C. 在混凝土初凝之后能有充分时间进行浇筑和捣实

D. 确保混凝土浇筑能连续进行

227. 下列选项中，不属于混凝土运输情况的是（　）。

A. 地面运输　　B. 垂直运输

C. 平行运输　　D. 楼面运输

228. 一般气候和环境中的混凝土工程中，优先选用的普通混凝土是（　）。

A. 火山灰水泥　　　　　　　　B. 矿渣水泥

C. 普通硅酸盐水泥　　　　　　D. 复合水泥

229. 三合土垫层中，三合土体积比应符合设计要求，其检验方法是（　）。

A. 观察检查和检查配合比通知单记录　　　B. 检查材质合格证明文件

C. 检查试验记录　　　　　　　　　　　　D. 用水准仪检查

230. 炉渣垫层采用（　）的拌合料铺设，其厚度不应小于 80 mm。

A. 石灰、砂（可掺入少量黏土）与碎砖

B. 炉渣或水泥与炉渣或水泥、石灰与炉渣

C. 熟化石灰与黏土（或粉质黏土、粉土）

D. 水泥砂浆与水泥混凝土

231. 下列选项中，关于炉渣垫层，说法错误的是（　）。

A. 炉渣或水泥渣垫层的炉渣，使用前应浇水闷透

B. 水泥石灰炉渣垫层的炉渣，使用前应用石灰浆或用熟化石灰浇水拌和闷透

C. A、B 选项的闷透时间均不得少于 4 d

D. 在垫层铺设前，其下一层应湿润，铺设时应分层压实，铺设后应养护，待其凝结后方可进行下一道工序施工

232. 在预制钢筋混凝土板上铺设找平层前，板缝填嵌的施工应符合相关要求，下列说法中，错误的是（　）。

A. 预制钢筋混凝土板相邻缝底宽不应小于 15 mm

B. 填嵌时，板缝内应清理干净，保持湿润

C. 填缝采用细石混凝土，其强度等级不得小于 C20，填缝高度应低于板面 10 ~ 20 mm，且振捣密实，表面不应压光，填缝后应养护

D. 当板缝底宽大于 40 mm 时，应按设计要求配置钢筋

233. 找平层与其下一层结合牢固，不得有空鼓，其检验方法正确的是（　）。

A. 观察检查　　　　　　　　B. 用水准仪检查

C. 用小锤轻击检查　　　　　D. 用坡度尺检查

234. 找平层表面应密实，不得有起砂、蜂窝和裂缝等缺陷，其检验方法正确的是（　）。

A. 观察检查　　　　　　　　B. 蓄水、泼水检验

C. 检查配合比通知单　　　　D. 检查检测报告

235. 隔离层的材料，其材质应经有资质的检测单位认定，下列选项中，说法错误的是（　）。

A. 在水泥类找平层上铺设沥青类防水卷材、防水涂料或以水泥类材料作为防水隔离层时，其表面应坚固、洁净、干燥，铺设前，应涂刷基层处理剂

B. 基层处理剂应采用与卷材性能配套的材料或采用同类涂料的底子油

C. 当采用掺有防水剂的水泥类找平层作为防水隔离层时，其掺量和强度等级（或配合比）应符合设计要求

D. 隔离层施工质量检验应符合现行国家标准《屋面工程质量验收规范》（GB 50207—2012）的有关规定

236. 隔离层的防水材料铺设后，必须作蓄水检验。蓄水深度应为（　），（　）内无渗漏为合格。

A. 20 ~ 30 mm，12 h　　B. 20 ~ 30 mm，24 h

C. 30 ~ 40 mm，12 h　　D. 30 ~ 40 mm，24 h

237. 下列选项中，不属于楼板层组成部分的是（　）。

A. 面层　　B. 基层

C. 结构层　　D. 顶棚

238. 下列选项中，不属于水泥混凝土面层主控项目的是（　）。

A. 水泥混凝土采用的粗骨料，其最大粒径不应大于面层厚度的 2/3，细石混凝土面采用的石子粒径不应大于 15 mm

B. 水泥砂浆踢脚线与墙面应紧密结合，高度一致，出墙厚度均匀

C. 面层的强度等级应符合设计要求，且水泥混凝土面层强度等级不应小于 C20；水泥混凝土垫层兼面层强度等级不应小于 C15

D. 面层与下一层应结合牢固，无空鼓、裂纹

239. 水泥混凝土面层表面的坡度应符合设计要求，不得有倒泛水和积水现象，其检验方法正确的是（　）。

A. 用小锤轻击检查　　B. 观察和采用泼水

C. 用钢尺检查　　D. 用坡度尺检查

240. 质量验收时，水泥砂浆面层的主控项目不包括（　）。

A. 水泥采用硅酸盐水泥、普通硅酸盐水泥，其强度等级不应小于 32.5，不同品种、不同强度等级的水泥严禁混用

B. 水泥砂浆面层的体积比（强度等级）必须符合设计要求，且体积比应为 1∶2，强度等级不应小于 15 m

C. 面层表面的坡度应符合设计要求，不得有倒泛水和积水现象

D. 面层与下一层应结合牢固，无空鼓、裂纹

241. 下列选项中，关于合成高分子防水卷材外观质量要求，说法错误的是（　）。

A. 每卷折痕不超过 2 处，总长度不超过 20 mm

B. 杂质大于 0.5 mm 颗粒不允许，每 1 m^2 不超过 9 mm^2

C. 每卷胶块不超过 6 处，每处面积不大于 4 mm^2

D. 每卷凹痕不超过 6 处，深度不超过本身厚度的 40%

242. 沥青防水卷材在贮存与保管时，不同品种、规格的产品应分别堆放，贮存时严禁接近火源，以免日晒雨淋，并注意通风要直立堆放，高度不超过（　）。

A. 1 层　　B. 2 层

C. 3 层　　D. 4 层

243. 刚性防水屋面质量验收时，密封材料嵌填必须密实、连续、饱满，黏结牢固，无气泡、开裂、脱落等缺陷，其检验方法是（　）。

A. 观察检查　　B. 尺量检查

C. 计量措施　　D. 检查质量检验报告

244. 卷材铺贴多跨和有高低跨的屋面时，应按（　）顺序进行。

A. 先高后低，先远后近　　B. 先低后高，先远后近

C. 先低后高，先近后远　　D. 先高后低，先近后远

245. 下列选项中，关于热熔法铺贴卷材，说法错误的是（　）。

A. 火焰加热器加热卷材应均匀，不得过分加热或烧穿卷材；厚度大于 3 mm 的高聚物改性沥青防水卷材严禁采用热熔法施工

B. 卷材表面热熔后应立即滚铺卷材，卷材下面的空气应排尽，并辊压黏结牢固，不得空鼓

C. 卷材接缝部位必须溢出热熔的改性沥青胶

D. 铺贴的卷材应平整顺直，搭接尺寸准确，不得扭曲、皱褶

246. 下列选项中，关于沥青防水卷材外观质量要求，说法正确的是（　）。

A. 边缘裂口小于 30 mm　　B. 缺边长度大于 20 mm

C. 缺边深度小于 20 mm　　D. 缺边深度大于 20 mm

247. 下列选项中，关于自粘法铺贴卷材，说法错误的是（　）。

A. 铺贴卷材前基层表面应均匀涂刷基层处理剂，干燥后应及时铺贴卷材

B. 铺贴卷材时，应将自粘胶底面的隔离纸全部撕净

C. 卷材下面的空气应排尽，并辊压黏结牢固

D. 铺贴的卷材应平整顺直，搭接部位宜采用冷风降温。

248. 卫生间蓄水试验的蓄水高度一般为（　），蓄水时间 24 ~ 48 h，当无渗漏现象时，才能进行刚性保护层施工。

A. 10 ~ 50 mm　　B. 30 ~ 70 mm

C. 50 ~ 100 mm　　D. 60 ~ 120 mm

249. 下列选项中，关于卷材防水屋面保护层的施工，说法错误的是（　）。

A. 绿豆砂应洁净、预热、铺撒均匀，并使其与沥青玛琋脂黏结牢固，不得残留未黏结的绿豆砂

B. 云母或蛭石或硅石保护层不得有粉料，撒铺应均匀，不得露底，多余的云母或蛭石应清除

C. 细石混凝土保护层，混凝土应密实，表面抹平压光，并留设分格缝，分格面积不大于 36 m^2

D. 刚性保护层与女儿墙、山墙之间应预留宽度为 20 mm 的缝隙，并用密封材料嵌填严密

250. 质量验收时，卷材防水层不得有渗漏或积水现象，其检验方法是（　）。

A. 观察检验　　B. 淋水、蓄水检验

C. 雨中检验　　D. 检查隐藏工程验收记录

251. 质量验收时，卷材防水层的搭接缝应黏（焊接）牢固，密封严密，不得有皱褶、翘边和鼓泡等缺陷；防水层的收头应与基层黏结并固定牢固，缝口封严，不得翘边。其检验方法是（　）。

A. 观察检查　　B. 现场抽样检查

C. 淋水、蓄水检验　　D. 检查出厂合格证

252. 卷材防水层上的撒布材料和浅色涂料保护层应铺撒或涂刷均匀，黏结牢固；水泥砂浆、块材或细石混凝土保护层与卷材防水层间应设置隔离层；刚性保护层的分格缝留置应符合设计要求。其检验方法是（　）。

A．雨后检验　　B．观察检查
C．检查质量检查报告　　D．现场抽样检查

253．屋面放水等级和设防要求中，特别重要的民用建筑和对防水有特殊要求的工业建筑的防水层耐用年限为（　）。

A．5 年　　B．10 年
C．15 年　　D．25 年

254．刚性防水屋面质量验收时，细石混凝土防水层表面平整度的允许偏差为 5 mm，其检验方法是（　）。

A．观察检查　　B．用楔形塞尺量测
C．用钢尺量测　　D．用 2 m 靠尺量测

255．当聚氨酯涂膜防水层完全固化和通过蓄水试验并检验合格后，即可铺设一层厚度为（　）的水泥砂浆保护层，然后可根据设计要求铺设饰面层。

A．5 ~ 15 mm　　B．15 ~ 25 mm
C．15 ~ 35 mm　　D．35 ~ 45 mm

256．下列选项中，不属于高聚物改性沥青防水涂料常用品种的是（　）。

A．水乳型阳离子氯丁胶乳改性沥青防水涂料
B．溶剂型氯丁胶改性沥青防水涂料
C．聚合物水泥防水涂料
D．再生胶改性沥青防水涂料

257．下列选项中，关于合成高分子防水涂料贮运、保管，说法错误的是（　）。

A．贮运环境温度不宜低于 0 °C，避免曝晒
B．保管于室外
C．双组分涂料应分别包装，并有明显的区别标志
D．避免碰撞

258．下列选项中，关于防水涂膜施工控制要点，说法错误的是（　）。

A．涂膜应根据防水涂料的品种分层分遍涂布，不得一次涂成
B．需铺设胎体增强材料时，屋面坡度小于 20%时可平行屋脊铺设，屋面坡度大于 20%时应垂直于屋脊铺设
C．胎体长边搭接宽度不应小于 50 mm，短边搭接宽度不应小于 70 mm
D．采用两层胎体增强材料时，上下层不得相互垂直铺设，搭接缝应错开，其间距不应小于幅宽的 1/3。

259．下列选项中，关于涂膜防水施工的顺序，说法正确的是（　）。

A．先高后低，先远后近　　B．先高后低，先近后远
C．先低后高，先远后近　　D．先低后高，先近后远

260．质量验收时，涂膜防水层不得有玷污积水现象，其检验方法是（　）。

A．淋水、蓄水检验　　B．观察检验
C．检查隐蔽工程验收记录　　D．现场抽样复验报告

261．涂膜防水层上的撒布材料或浅色涂料保护层应铺撒或涂刷均匀，黏结牢固；水泥砂浆、块材或细石混凝土保护层与涂膜防水层间应设置隔离层；刚性保护层的分格缝留置应符

合设计要求。其检验方法是（　）。

A. 针测法　　B. 取样量测

C. 观察检查　　D. 检查出厂合格证

262. 下列选项中，不属于刚性防水屋面防水层材料的是（　）。

A. 细石混凝土　　B. 块体材料

C. 合成高分子防水涂料　　D. 补偿收缩混凝土

263. 刚性防水屋面主要是依靠混凝土自身的（　），并采取一定的构造措施（如增加钢筋、设置隔离层、设置分格缝、油膏嵌缝等）以达到防水目的。

A. 密实性　　B. 弹性

C. 抗渗性　　D. 耐磨损性

264. 下列选项中，关于刚性防水层的细石混凝土和砂浆，说法错误的是（　）。

A. 粗骨料的最大粒径不宜大于 15 mm　　B. 粗骨料含泥量不应大于 1%

C. 细骨料应采用细砂或中砂　　D. 细骨料含泥量不应大于 2%

265. 下列选项中，关于刚性防水屋面中细石混凝土，说法错误的是（　）。

A. 混凝土强度等级不应低于 C20　　B. 含砂率为 35% ~ 40%

C. 灰砂比为 1∶2 ~ 1∶3　　D. 水灰比不应大于 0.55

266. 下列选项中，不属于刚性防水屋面施工质量控制要点的是（　）。

A. 基层要求　　B. 材料要求

C. 隔离层施工　　D. 浇筑细石混凝土

267. 刚性防水屋面施工质量控制要点，浇筑细石混凝土应按（　）的原则进行。

A. 先远后近，先高后低　　B. 先远后近，先低后高

C. 先近后远，先高后低　　D. 先近后远，先低后高

268. 刚性防水屋面施工质量控制要点中，细石混凝土从搅拌到浇筑完成应控制在（　）以内。

A. 2 h　　B. 3 h

C. 4 h　　D. 5 h

269. 刚性防水屋面质量验收时，细石混凝土防水层不得有渗漏或积水现象，其检验方法是（　）。

A. 观察检查　　B. 雨后或淋水、蓄水检验

C. 计量措施　　D. 现场抽样复验报告

270. 刚性防水屋面质量验收中细石混凝土防水层应表面平整、压实抹光，不得有裂缝、起壳、起砂等缺陷，其检验方法是（　）。

A. 观察检查　　B. 雨后

C. 现场抽样复验报告　　D. 淋水、蓄水检验

271. 钢结构工程质量验收时，对抽样复验的钢材，其检查方法是（　）。

A. 检查质量合格证明文件　　B. 用钢尺量测

C. 检查复验报告　　D. 用游标卡尺量测

272. 钢结构工程中，钢板厚度及允许偏差应符合其产品标准的要求，质量验收时，其检查数量为每一品种、规格的钢板抽查（　）。

A. 2 处　　B. 4 处

C. 5 处　　D. 6 处

273. 焊缝表面不得有裂纹、焊瘤等缺陷。二级焊缝允许的缺陷是（　）

A. 夹渣　　B. 咬边

C. 电弧擦伤　　D. 表面气孔

274. 钢结构的焊接，应视（钢种、板厚、接头的拘束和焊接缝金属中的含氢量等因素）钢材的强度及所用的焊接方法来确定合适的（　）和方法。

A. 预热温度　　B. 湿度

C. 焊接温度　　D. 添加剂

275. 钢结构焊接，当采用（　）半自动气体保护焊时，环境风速大于 2 m/s 时原则上应停止焊接。

A. 一氧化碳　　B. 二氧化碳

C. 氧气　　D. 臭氧

276. 对焊缝金属中的裂纹，在去除时，应自裂纹的端头算起，两端至少各加（　）用碳弧气刨刨掉后，再进行修补钢结构焊接。

A. 25 mm　　B. 35 mm

C. 40 mm　　D. 50 mm

277. 钢结构涂漆前应对基层进行彻底清理，并保持干燥，在不超过（　）内，尽快涂头道底漆。

A. 2 h　　B. 4 h

C. 8 h　　D. 12 h

278. 不良焊接的修补中，焊缝同一部位的返修次数，不宜超过（　）。

A. 三次　　B. 四次

C. 一次　　D. 两次

279. 采用栓钉焊机进行焊接时，一般应使工件处于（　）位置。

A. 垂直　　B. 斜上

C. 水平　　D. 斜下

280. 栓钉焊，每天施工作业前，应在与构件相同的材料上先试焊两只栓钉，然后进行 30° 的弯曲试验，只有当挤出焊脚达到（　），且无热影响区裂纹时，才能进行正式焊接。

A. 90°　　B. 180°

C. 270°　　D. 360°

281. 一般的螺纹连接都具有（　），在静荷载和工作温度变化不大时，不会自行松脱。

A. 自锁性　　B. 自闭性

C. 固定性　　D. 稳定性

282. 安装高强度螺栓时，构件的摩擦面应保持（　）。

A. 干燥　　B. 湿润

C. 高温　　D. 低温

283. 钢结构涂刷宜在晴天和通风良好的室内进行，室内作业温度宜为（　）。

A. 5 ~ 38 °C　　B. 15 ~ 35 °C

C. 10 ~ 40 °C D. 35 ~ 40 °C

284. 永久性普通螺栓紧固应牢固、可靠，外露螺纹不应少于（ ）。

A. 1 扣 B. 2 扣

C. 3 扣 D. 4 扣

285. 高强度大六角头螺栓连接副终拧完成 1 h 后，（ ）内进行终拧扭矩检查。

A. 48 h B. 54 h

C. 66 h D. 72 h

286. 高强度大六角头螺栓连接副终拧完成后要进行终拧扭矩检查，检验所用的扭矩扳手其扭矩精度误差应不大于（ ）。

A. 1% B. 2%

C. 3% D. 4%

287. 液化裂纹减少焊接热输入量，限制母材与焊缝金属的碳、硫、磷含量，提高（ ）含量，减少焊缝熔透深度。

A. 锰 B. 钾

C. 铁 D. 镁

288. 钢材剪切前，应将钢板表面的油污、铁锈等清除干净，并检查剪断机是否符合剪切材料的（ ）要求。

A. 硬度 B. 强度

C. 重量 D. 湿度

289. 钢零件自由端火焰切割面无特殊要求的情况下，加工缺口度中缺口度为（ ）。

A. 1.0 mm 以下 B. 1.5 mm 以下

C. 2.0 mm 以下 D. 3.0 mm 以下

290. 当钢零件及钢部件中重要构件厚板切割时，应作适当（ ）处理，或遵照工艺技术要求进行。

A. 干燥 B. 冷却

C. 预热 D. 湿润

291. 钢材的机械矫正，一般应在（ ）下用机械设备进行，矫正后的钢材，在表面上不应有凹陷、凹痕及其他损伤。

A. 高温 B. 低温

C. 常温 D. 0 °C

292. 钢结构中管、球加工中，半球圆形坯料钢板应用（ ）或等离子切割下料。

A. 乙炔 B. 氧乙炔

C. 甲醛 D. 丙炔

293. 钢结构加工中，加肋钢板应用氧乙炔切割下料，外径（D）留放加工余量，其内孔以（ ）割孔。

A. $D/3 \sim D/2$ B. $D/4 \sim D/3$

C. $D/2 \sim D/1$ D. $D/5 \sim D/4$

294. 用火焰矫正时，对钢材的牌号为 Q345、Q390、35、45 的焊件，一定要在（ ）状态下冷却。

A. 自然　　B. 常温
C. 恒温　　D. 高温

295. 钢结构加工中，制成的螺栓孔，应为（　），并垂直于所在位置的钢材表面，倾斜度应小于 1/20，其孔周边应无毛刺、破裂、喇叭口或凹凸的痕迹，切屑应清除干净。

A. 圆形　　B. 正圆柱形
C. 正方形　　D. 长方形

296. 钢结构构件的组装是把零件或半成品按（　）要求装配成为独立的成品构件。

A. 产品说明书　　B. 施工图
C. 焊接　　D. 组装

297. 钢结构构件组装通常使用的方法有：地样组装、仿形复制组装、立装、卧装、胎膜组装等。目前已广泛使用在采用（　）的钢结构构件制造中。

A. 高强度螺栓连接　　B. 趋同螺栓连接
C. 冷铆连接　　D. 热铆连接

298. 钢构件外形尺寸主控项目的允许误差中，构件连接处的截面几何尺寸的允许偏差为（　）。

A. ±1.0　　B. ±2.0
C. ±3.0　　D. ±4.0

299. 钢构件预拼装工程的质量验收检验方法是（　）。

A. 采用试孔器检查　　B. 观察
C. 用游标卡尺量测　　D. 用角尺量测

300. 钢结构构件吊装就位顺序应为（　）。

A. 屋架、天窗架→柱→梁（侧梁、吊车梁）
B. 柱→梁（侧梁、吊车梁）→屋架、天窗架
C. 柱→屋架、天窗架→梁（侧梁、吊车梁）
D. 梁（侧梁、吊车梁）→屋架、天窗架→柱

二、多项选择题

1. 遇到下列哪种情况时，应在基坑底普遍进行轻型动力触探（　）。

A. 持力层明显不均匀
B. 需判断全部基底是否已挖至设计所要求的土层
C. 浅部有软弱下卧层
D. 勘察报告或设计文件规定应进行轻型动力触探时
E. 有浅埋的坑穴、古墓、古井等，直接观察难以发现时

2. 填土工程质量检验标准中，关于标高说法正确的是（　）。

A. 柱基按总数抽查 5%，但不少于 5 个，每个不少于 2 点
B. 场地平整填方，每层按每 400 ~ 900 m^2 取样一组
C. 基坑每 20 m^2 取 1 点，每坑不少于 2 点
D. 基槽、管沟、排水沟、路面基层每 20 m 取 1 点，但不少于 5 点

E. 场地平整每 100 ~ 400 m^2 取 1 点，但不少于 10 点

3. 灰土地基验收标准的主控项目中，（　　）必须达到设计要求值。

A. 低级承载力　　B. 石料粒径

C. 灰土配合　　D. 砂石料有机含量

E. 压实系数

4. 下列选项中，关于灰土地基验收标准，说法错误的是（　　）。

A. 主控项目基本达到设计要求值

B. 土料中的最大粒径必须小于 15 mm

C. 含水量与要求的最优含水量比较，应为±2%

D. 分层铺设厚度偏差，与设计要求比较，应为±50 mm

E. 土料中的有机质含量应小于或等于 10%

5. 下列选项中，关于强夯地基法中夯击遍数及击数，说法正确的是（　）。

A. 一般情况下为 2 ~ 5 遍　　B. 前 1 ~ 2 遍为间隔夯

C. 最后一遍进行满夯　　D. 每夯击点的夯击数为 2 ~ 5 击

E. 开始两遍夯击数宜多些，随后各遍逐渐减小，最后一遍只夯 1 ~ 2 击

6. 下列选项中，关于强夯地基法夯击两遍之间的间隔时间，说法正确的是（　　）。

A. 两遍之间的间隔时间，一般为 1 ~ 4 周

B. 两遍之间的间隔时间，一般为 3 ~ 5 周

C. 如果没有地下水或地下水位在 5 m 以下，两遍之间可采取间隔 1 ~ 2 d

D. 对黏性土或冲击土，两遍之间的间隔时间常为 3 周

E. 对黏性土或冲击土，两遍之间的间隔时间常为 4 周

7. 下列选项中，关于强夯施工控制要点，说法错误的是（　　）。

A. 当第一遍点夯施工结束后，应对场地进行平整

B. 满夯施工应遵循由点到线、有线到面和先深后浅的施工原则和顺序

C. 最后一遍满夯，落距应为 4 ~ 6 m

D. 强夯施工应分段进行，并从中央开始边缘向夯击

E. 不同遍数的施工间隔应结合地质条件、地下水和气候等，一般为 4 ~ 7 d

8. 在强夯施工中，应检查（　　）。

A. 地基土质　　B. 落距

C. 夯击遍数　　D. 夯点位置

E. 夯击范围

9. 下列选项中，关于强夯地基质量检验标准，说法正确的是（　　）。

A. 强夯后的土体强度随夯击后间歇时间的延长而减少

B. 对强夯土体强度的检验宜在夯后 1 ~ 4 周内进行

C. 检验土体强度时，每一独立基础至少为 1 点

D. 检验土体强度时，基槽每 30 延长米应有 1 点

E. 检验土体强度时，整片地基 100 ~ 150 m^2 取 1 点

10. 强夯地基质量检验标准中，主控项目的检查项目包括（　　）。

A. 地基强度　　B. 夯锤落距

C. 夯击范围　　D. 地基承载力

E. 夯击遍数及顺序

11. 下列选项中，强夯地基质量检验标准中一般项目的检查项目不包括（　）。

A. 夯锤落距　　B. 锤重

C. 夯点间距　　D. 地基强度

E. 地基承载力

12. 振冲挤密法一般在（　）地基中使用，可不另外加料，而利用振冲器的振动力，使原地基的松散砂振挤密实。

A. 中砂　　B. 砾砂

C. 粗砂　　D. 卵石

E. 角砾

13. 振冲置换法适用于处理（　）等地基。

A. 角砾　　B. 砾砂

C. 砂土　　D. 卵石

E. 粉土

14. 不加填料的振冲密实法只适用于处理（　）地基。

A. 黏土粒含量小于10%的粗砂　　B. 粉土

C. 砾砂　　D. 卵石

E. 中砂

15. 下列选项中，不属于地基处理工程中换填法质量验收文件的是（　）。

A. 地基验槽记录　　B. 设计图样及说明

C. 配合比试验记录　　D. 地基承载力

E. 灰土回填试验记录

16. 下列选项中，强夯地基法的质量验收文件不包括（　）。

A. 环刀法与贯入法检测报告

B. 重锤夯实地基含水量检测记录和橡皮土处理方法、部位、层次记录

C. 地基承载力、桩身完整性测试报告

D. 强夯地基或重锤夯实地基试验记录

E. 强夯地基承载力和地基强度检测报告

17. 下列选项中，属于地基处理工程中挤密桩法质量验收文件的是（　）。

A. 成桩工艺和成桩质量检验记录和工艺参数确认签证

B. 地基承载力、桩身完整性测试报告

C. 地基验槽记录

D. 荷载试验报告

E. 设计图样及说明

18. 下列选项中，不属于硬质岩石的有（　）。

A. 石灰岩　　B. 黏土岩

C. 如页岩　　D. 玄武岩

E. 闪长岩

19. 下列选项中，属于软质岩石的有（　）。

A. 石灰岩　　B. 玄武岩

C. 如页岩　　D. 黏土岩

E. 闪长岩

20. 根据碎石土的（　），将其分为漂石、块石、碎石、卵石、圆砾和角砾六类。

A. 密实度　　B. 颗粒形状

C. 粒径　　D. 塑性

E. 粒组含量

21. 下列选项中，属于预应力工程原材料质量验收主控项目的是（　）。

A. 预应力筋进场时，应按现行国家标准《预应力混凝土用钢绞线》（GB/T 5224—2014）等的规定抽取试件作力学性能检验，其质量必须符合有关标准的规定

B. 预应力筋用锚具、夹具和连接器应按设计要求采用，其性能应符合现行国家标准《预应力筋用锚具、夹具和连接器》（GB/T 14370—2015）等的规定

C. 预应力筋使用前应进行外观检查，其质量应符合一定要求

D. 预应力筋用锚具、夹具和连接器使用前应进行外观检查，其表面应无污物、锈蚀、机械损伤和裂纹

E. 无黏结预应力筋的涂包质量应符合无黏结预应力钢绞线标准的规定

22. 后张法有黏结预应力筋预留孔道的规格、数量、位置和形状除应符合设计要求外，尚因符合相关规定，下列选项中，说法正确的是（　）。

A. 预留孔道的定位应牢固，浇筑混凝土时不应出现移位和变形

B. 孔道应平顺，端部的预埋锚垫板应垂直于孔道边线

C. 成孔用管道应密封良好，接头应严密且不得漏浆

D. 灌浆孔的间距对预埋金属螺旋管不宜大于 30 m；对抽芯成型孔道不宜大于 12 m

E. 在曲线孔道的曲线波峰部位应设置排气兼泌水管，必要时可在最低点设置排水孔

23. 预应力工程张拉过程中应避免预应力筋断裂或滑脱，其检验方法正确的是（　）。

A. 观察　　B. 钢尺检查

C. 检查张拉记录　　D. 检查墩头强度试验报告

E. 检查同条件养护试件试验报告

24. 预应力工程中，锚具的封闭保护应符合设计要求；当设计无具体要求时，应符合的规定有（　）。

A. 应采取防止锚具腐蚀和遭受机械损伤的有效措施

B. 凸出式锚固端锚具的保护层厚度不应大于 50 mm

C. 处于正常环境时，外露预应力筋的保护层厚度不应小于 20 mm

D. 处于易受腐蚀的环境时，外露预应力筋的保护层厚度不应小于 50 mm

E. 凸出式锚固端锚具的保护层厚度不应小于 50 mm

25. 下列选项中，关于预应力隐蔽工程验收内容，说法正确的是（　）。

A. 纵向受力钢筋的品种、规格、数量、位置等

B. 钢筋的连接方式、接头位置、接头数量、接头面积百分率等

C. 箍筋、横向钢筋的品种、规格、数量、间距等

D. 预应力锚具端部应清洁、无油污

E. 预埋件的规格、数量、位置等

26. 用于检查结构构件混凝土强度的试件，应在混凝土的浇筑地点随机抽取，取样留置应符合下列哪些规定？（　）

A. 每拌制 100 m^3 且不超过 100 m^3 的配合比的混凝土，取样不得少于一次

B. 每工作班拌制的同一配合比的混凝土不足 100 盘时，取样不得少于一次

C. 当一次连续浇筑超过 1 000 m^3 时，同一配合比的混凝土每 200 m^3 取样不少于一次

D. 每一楼层，同一配合比的混凝土，取样不得少于一次

E. 每次取样应至少留置两组标准养护试件，同条件养护试件的留置组数应根据实际需要确定

27. 混凝土浇筑完毕后，应按施工技术方案及时采取有效的养护措施，并符合相关规定，下列选项中，说法正确的是（　）。

A. 应在浇筑完毕后的 24 h 以内对混凝土加以覆盖并保湿养护

B. 混凝土浇水养护的时间：对采用硅酸盐水泥、普通硅酸盐水泥或矿渣硅酸盐水泥拌制的混凝土，不得少于 7 d；对掺用缓凝型外加剂或有抗渗要求的混凝土，不得少于 14 d

C. 浇水次数应能保持混凝土处于湿润状态；混凝土养护用水应与拌制用水相同

D. 采用塑料布覆盖养护的混凝土，其敞露的全部表面应覆盖严密，并应保持塑料布内有凝结水

E. 混凝土强度达到 1.5 N/mm^2 前，不得在其上踩踏或安装模板及支架

28. 混凝土工程中施工缝的位置应在混凝土浇筑前按设计要求和施工技术方案确定，质量验收时，其检验方法正确的是（　）。

A. 观察检查　　B. 检查施工记录

C. 复称　　D. 钢尺检查

E. 靠尺检查

29. 混凝土运输过程中，当采用预拌（商品）混凝土运输距离较远时，多采用的混凝土地面运输工具是（　）。

A. 机动翻斗车　　B. 双轮手推车

C. 混凝土搅拌运输车　　D. 自卸汽车

E. 大型运货车

30. 建筑工程中，混凝土结构的质量问题主要有（　）。

A. 蜂窝　　B. 露浆

C. 露筋　　D. 孔洞

E. 麻面

31. 铸件的（　）应符合现行国家产品标准和设计要求，进口钢材产品的质量符合设计和合同规定标准的要求。

A. 品种　　B. 颜色

C. 性能　　D. 规格

E. 材质

32. 下列选项中，应进行抽样复验的钢材是（　），其复验结果应符合现行国家产品标准和设计要求。

A. 国外进口钢材

B. 板厚等于或大于 20 mm，且设计有 Z 向性能要求的厚板

C. 设计有复验要求的钢材

D. 钢材混批

E. 对质量有疑义的钢材

33. 钢板、型钢和钢管的验收与检验内容包括（　）。

A. 包装及标志　　B. 力学性能检测

C. 出厂日期　　D. 质量证明书

E. 规格、数量和牌号

34. 钢结构中，橡胶垫的品种、规格、性能的检验方法是（　）。

A. 检查产品的质量合格证明文件　　B. 检查产品的中文标志

C. 检查产品的外观颜色　　D. 检查产品的气味

E. 复查检验报告

35. 在钢零件及钢部件的矫正和成型中，弯曲加工分为（　）操作。

A. 常温　　B. 高温

C. 低温　　D. 恒温

E. 冷却

36. 钢板、型钢和钢管检验的项目一般包括（　）。

A. 外观检查　　B. 物理分析

C. 力学性能检测　　D. 化学分析

E. 全数检查

37. 钢筋在使用中，如果有（　）时，应进行化学成分分析检验。

A. 脆断　　B. 焊接性能不良

C. 力学性能显著不正常　　D. 生锈

E. 变形

38. 钢筋拉力试验应做的工作包括（　）。

A. 试件的制作与准备

B. 调整两支辊间距离

C. 屈服强度 σ_s 与抗拉强度 σ_b 的测定

D. 弯心直径和弯曲角度选用

E. 伸长率测定

39. 钢结构连接工程中，质量员应熟悉（　）的施工质量要求。

A. 钢结构的拆卸　　B. 钢结构的分解

C. 钢结构的安装　　D. 钢结构的焊接

E. 钢结构紧固件连接

40. 钢结构焊接中，构件定位焊的长度和间距，应视（　）。

A. 母材的构造特征　　B. 母材的结构形式

C. 母材的厚度　　D. 母材的拘束度

E. 母材的性能

41. 中断焊接时，应采取（　）措施，防止产生裂纹，再次焊接宜用渗透探伤或磁粉探伤方法检查，确认无裂纹后方可继续补焊。

A. 后热　　B. 保温

C. 加热　　D. 生火

E. 加水

42. 钢结构焊缝内部缺陷检查，一般采用无损检验的方法，主要方法有（　）等。

A. 超声波探伤　　B. 磁粉探伤

C. 射线探伤　　D. 渗透探伤

E. 红外探伤

43. 紧固件连接是用（　）将两个以上的零件或构件连接成整体的一种钢结构连接方法。

A. 铆钉　　B. 普通螺栓

C. 铁钉　　D. 焊接

E. 高强度螺栓

44. 高强度螺栓的连接形式包括（　）。

A. 摩擦连接　　B. 挤压连接

C. 拉伸连接　　D. 承压连接

E. 张拉连接

45. 在高强度螺栓施工过程中，摩擦面的处理方法有（　）。

A. 喷砂（或抛丸）后涂无机富锌　　B. 碱洗

C. 钢丝刷消除浮锈　　D. 砂轮打磨

E. 火焰加热清理氧化皮

46. 实心砖墙常用的厚度有（　）。

A. 1/4 砖　　B. 半砖

C. 一砖　　D. 一砖半

E. 两砖

47. 确定砖墙的厚度，不需要考虑的因素有（　）。

A. 满足装饰的需要　　B. 符合砖的规格

C. 满足结构方面的要求　　D. 满足保温与隔热方面的要求

E. 满足价钱的需要

48. 下列选项中，关于五层及五层以上房屋的墙，以及受振动或层高大于 6 m 的墙、柱所用材料的最低强度等级，说法正确的是（　）。

A. 砖 MU10　　B. 砂浆 M5

C. 砌块 MU7.5　　D. 石材 MU15

E. 砌块 MU5

49. 砌体房屋构造要求中，（　），应在支承处砌体设置混凝土或钢筋混凝土垫块；当墙中设有圈梁时，垫块与圈梁宜浇筑成整体（　）。

A. 跨度大于 5 m 的屋架　　B. 跨度大于 4 m 的梁

C. 跨度大于 4.5 m 的梁　　D. 跨度大于 6 m 的屋架

E. 跨度大于 4.8 m 的梁

50. 砌体房屋构造要求中，当利用板端伸出钢筋拉结和用混凝土浇筑时，下列说法正确的是（　）。

A. 其支撑长度可为 40 mm　　B. 其支撑长度可为 30 mm

C. 板端缝宽不小于 80 mm　　D. 灌缝混凝土不宜低于 C20

E. 灌缝混凝土不宜低于 C30

51. 下列选项中，关于混凝土小型砌体工程中小砌块抽检数量，说法正确的有（　）。

A. 每一生产厂家，每 1 万块小砌块至少应抽检一组

B. 用于多层以上建筑基础和底层的小砌块抽检数量不应少于 5 组

C. 砂浆试块的抽检数量：每一检验批且不超过 300 m

D. 砌体的各种类型及强度等级的建筑砂浆，每台搅拌机应至少抽检一次

E. 芯柱混凝土每一检验批至少做一组试块

52. 对出现在小砌块房屋顶层两端和底层第一、二开间门窗洞口间的裂缝，可采取下列哪些措施进行控制？（　）

A. 在门窗洞口两侧不少于一个孔洞中设置不小于 1ϕ12 钢筋，钢筋应与楼层圈梁或基础锚固，并采用不低于 C15 灌孔混凝土灌实

B. 在门窗洞孔两边的墙体水平灰缝中，设置长度不小于 900 mm、竖向间距为 400 mm 的 2ϕ4 mm 焊接钢筋网片

C. 在顶层和底层设置通长钢筋混凝土窗台梁时，窗台梁的高度宜为块高的模数，混凝土强度等级为 C20，纵筋不少于 4ϕ10，钢箍为 ϕ6@200

D. 顶层横墙在窗口高度中部应加设 3～4 道钢筋网片

E. 加强顶层芯柱或构造柱与墙体的拉结，拉结钢筋网片的竖向间距不宜大于 400 mm，伸入墙体长度不宜小于 1 000 mm

53. 下列选项中，关于混凝土小型空心砌块主规格尺寸，说法错误的是（　）。

A. 主规格尺寸为 390 mm×190 mm×190 mm

B. 最小肋厚度不小于 25 mm

C. 最小外壁厚度不小于 20 mm

D. 最小肋厚度不小于 30 mm

E. 最小外壁厚度不小于 25 mm

54. 配筋砌体工程中，构造柱与墙体的连接处应砌成马牙槎，马牙槎应先退后进，预留的拉结钢筋应位置正确，施工中不得任意弯折。质量验收时，其合格标准为（　）。

A. 钢筋竖向移位不应超过 100 mm

B. 钢筋竖向移位不应超过 150 mm

C. 每一马牙槎沿高度方向尺寸不应超过 300 mm

D. 每一马牙槎沿高度方向尺寸不应超过 350 mm

E. 钢筋竖向位移和马牙槎尺寸偏差每一构造柱不应超过 2 处

55. 填充墙砌体工程中，（　）由于干缩值大（是烧结黏土砖的数倍），不应与其他块材混砌。

A. 轻骨料混凝土小型砌块　　B. 空心砖
C. 薄壁空心砖　　D. 多孔砖
E. 加气混凝土砌块砌体

56. 涂膜防水屋面质量验收中，涂膜防水层的平均厚度应符合设计要求，最小厚度不应小于设计厚度的 80%，其检验方法是（　）。

A. 针测法　　B. 观察检验
C. 取样量测　　D. 雨后
E. 检查质量检验报告

57. 下列选项中，关于为满足屋面防水工程的需要，防水涂料及其形成的涂膜防水层应具备的特点，说法正确的是（　）。

A. 一定的固体含量
B. 在雨水的侵蚀和干湿交替作用下防水能力下降少
C. 高温条件下不流淌、不变形，常温状态时能保持足够的延伸率，不发生脆断
D. 耐久性好，在阳光紫外线、臭氧、大气中酸碱介质长期作用下保持长久的防水性能
E. 具有一定的强度和延伸率，在施工荷载作用下或结构和基层变形时不破坏、不断裂

58. 刚性防水屋面中，现浇细石混凝土防水层的施工控制要点有（　）。

A. 分隔缝的设置　　B. 钢筋网施工
C. 浇筑细石混凝土　　D. 材料配置
E. 表面处理

59. 刚性防水屋面的质量验收中，细石混凝土防水层的主控项目包括（　）。

A. 细石混凝土的原材料及配合比必须符合设计要求
B. 细石混凝土防水层的厚度和钢筋位置应符合设计要求
C. 细石混凝土防水层在天沟、檐沟、檐口、水落口、泛水、变形缝和伸出屋面管道的防水构造，必须符合设计要求
D. 细石混凝土防水层应表面平整、压实抹光，不得有裂缝、起壳、起砂等缺陷
E. 细石混凝土防水层不得有渗漏或积水现象

60. 质量验收时，刚性防水屋面中细石混凝土的原材料及配合比必须符合设计要求，其检验方法有（　）。

A. 观察检查　　B. 检查出厂合格证
C. 检查质量检验报告　　D. 计量措施
E. 现场抽样复验报告

61. 刚性防水屋面采用的刚性材料中，（　）主要适用于防水等级为Ⅲ级的屋面防水，也可用作Ⅰ、Ⅱ级屋面多道防水设防中的一道防水层。

A. 防水砂浆　　B. 普通混凝土
C. 细石混凝土　　D. 防水混凝土
E. 配筋细石混凝土

62. 下列选项中，关于地下防水方案的选定，说法正确的是（　）。

A. 对于没有自流排水条件而处于饱和土层或岩层中的工程，可采用防水混凝土自防水结构、钢及铸铁管筒或管片，必要时设置附加防水屋、注浆或其他防水措施

B. 对于没有自流排水条件而处于非饱和土层或岩层中的工程，可采用防水混凝土自防水结构、普通混凝土结构或砌体结构，必要时设置附加防水层、注浆或采用其他防水措施

C. 对于有自流排水条件的工程，可采用防水混凝土自防水结构、普通混凝土结构、砌体结构或喷锚支护，必要时设置附加防水层、衬套、注浆或采用其他防水措施

D. 当地下工程处在振动作用的条件时，应采用硬性防水卷材或防水涂料等防水方案

E. 如果工程处在侵蚀性介质中时，应用耐侵蚀的防水砂浆、混凝土、卷材或防水涂料等防水方案

63. 下列选项中，关于地下防水工程中防水混凝土的混合，说法正确的是（　）。

A. 试配要求的抗渗水压值应比设计值提高 0.2 MPa

B. 水泥用量不得少于 300 kg/m^3；掺有活性掺合料时，水泥用量不得少于 280 kg/m

C. 砂率宜为 35%～45%，灰砂比宜为 1∶2～1∶3

D. 水灰比不得大于 0.55

E. 普通防水混凝土坍落度不宜大于 50 mm，泵送时入泵坍落度宜为 100～150 mm

64. 下列选项中，关于地下防水工程中卷材防水层质量控制，说法正确的是（　）。

A. 卷材防水层的基面应平整牢固、清洁干燥

B. 铺贴高聚物改性沥青卷材应采用热熔法施工；铺贴合成高分子卷材应采用冷粘法施工

C. 卷材搭接时也可采用对接方法，先在接缝处的接缝面垫上一块 300 mm 宽的卷材条，两边卷材横向对接，接缝处用密封材料处理

D. 当使用带岩片保护层的高聚物改性沥青卷材短边需要搭接时，用喷灯烘烤卷材表面后，用铁抹子刮去搭接部位的页岩片，然后再搭接牢固

E. 采用冷粘法施工合成高分子卷材时，必须采用与卷材性质相兼容的胶粘剂，并应涂刷均匀

65. 卫生间楼地面聚氨酯防水施工的施工工艺包括（　）。

A. 清理基层　　B. 涂布底胶

C. 配制聚氨酯涂膜防水涂料　　D. 涂膜防水层施工

E. 一布四油施工

66. 灰土垫层中灰土体积比应符合设计要求，其检验方法有（　）。

A. 观察检查　　B. 检查材质合格记录

C. 用水准仪检查　　D. 用钢尺检查

E. 检查配合比通知单记录

67. 砂垫层和砂石垫层的干密度（或贯入度）应符合设计要求，其检验方法有（　）。

A. 用坡度尺检查　　B. 观察检查

C. 检查材质检测报告　　D. 检查试验报告

E. 检查材质合格证明文件

68. 熟化石灰颗粒粒径不得大于 5 mm；砂应用中砂，并不得含有草根等有机物质；碎砖不应采用风化、疏松和有机杂质的砖料，颗粒粒径不应大于 60 mm，其检验方法有（　）。

A. 用水准仪检查　　B. 检查材质合格证明文件

C. 检查材质检测报告　　D. 观察检查

E. 检查配合比通知单记录

69. 下列选项中，关于水泥混凝土垫层，说法正确的是（　）。

A. 水泥混凝土垫层铺设在基土上，当气温长期处于 0 °C 以上，设计无要求时，垫层应设置伸缩缝

B. 水泥混凝土垫层的厚度不应小于 60 mm

C. 垫层铺设前，其下一层表面应湿润

D. 应设置纵向缩缝和横向缩缝：纵向缩缝间距不得大于 6 m，横向缩缝不得大于 12 m

E. 垫层的纵向缩缝应做平头缝或加肋板平头缝

70. 炉渣垫层与其下一层结合牢固，不得有空鼓和松散炉渣颗粒，其检查方法正确的是（　）。

A. 观察检查　　B. 用坡度尺检查

C. 检查检测报告　　D. 用钢尺检查

E. 用小锤轻击检查

71. 一般抹灰所用材料的品种和性能应符合设计要求，水泥的凝结时间和安定性复验应合格，砂浆的配合比应符合设计要求，这些设计要求的检验方法有（　）。

A. 检查产品合格证书　　B. 检查进场验收记录

C. 检查隐藏工程验收记录　　D. 检查复验报告

E. 检查施工记录

72. 下列选项中，属于抹灰工程中一般抹灰主控项目的是（　）。

A. 抹灰前基层表面的尘土、污垢、油渍等应清除干净，并应洒水润湿

B. 一般抹灰所用材料的品种和性能应符合设计要求，水泥的凝结时间和安定性复验应合格，砂浆的配合比应符合设计要求

C. 抹灰工程应分层进行

D. 抹灰层与基层之间及各抹灰层之间必须黏结牢固，抹灰层应无脱层、空鼓，面层应无爆灰和裂缝

E. 抹灰层的总厚度应符合设计要求，水泥砂浆不得抹在石灰砂浆层上，罩面石膏灰不得抹在水泥砂浆层上

73. 一般抹灰中，抹灰层与基层之间及各抹灰层之间必须黏结牢固，抹灰层应无脱层、空鼓，面层应无爆灰和裂缝，其检验方法有（　）。

A. 观察检查　　B. 手摸检查

C. 用小锤轻击检查　　D. 检查施工记录

E. 检查产品合格证书

74. 下列选项中，关于一般抹灰中的一般项目，说法正确的是（　）。

A. 护角、孔洞、槽、盒周围的抹灰表面应整齐、光滑；管道后面的抹灰表面应平整

B. 抹灰层的总厚度应符合设计要求，水泥砂浆不得抹在石灰砂浆层上，罩面石膏灰不得抹在水泥砂浆层上

C. 抹灰分隔缝的设置应符合设计要求，宽度和深度应均匀，表面应光滑，棱角应整齐

D. 有排水要求的部位应做滴水线（槽），滴水线（槽）应整齐顺直，滴水线应内低

外高，滴水槽的宽度和深度均不应小于 10 mm

E. 一般抹灰工程的表面质量应符合相关规定

75. 装饰抹灰工程所用材料的品种和性能应符合设计要求，水泥的凝结时间和安定性复验应合格，砂浆的配合比应符合设计要求，这些要求的检验方法有（　）。

A. 观察检查　　B. 检查产品合格证书

C. 检查进场验收记录　　D. 检查复验记录

E. 检查施工记录

76. 高级抹灰适用的范围包括（　）。

A. 公共建筑　　B. 高级建筑物的附属工程

C. 大型公共建筑　　D. 纪念性建筑

E. 有特殊要求的高级建筑

77. 下列选项中，关于抹面砂浆，说法正确的是（　）。

A. 抹面砂浆（也称抹灰砂浆）是指涂抹在建筑物表面保护墙体，具有一定装饰性的一类砂浆的统称

B. 抹面砂浆与砌筑砂浆的组成材料基本相同

C. 为了避免抹面砂浆表层开裂，有时需加入一些特殊的骨料或掺合料，如保温砂浆、防辐射砂浆等

D. 抹面砂浆的技术性质包括和易性和黏结力

E. 抹面砂浆包括普通抹面砂浆和防水砂浆

78. 下列属于木门、窗制作与安装主控项目的是（　）。

A. 木门、窗应采用烘干的木材，含水率应符合《建筑木门、木窗》（JG/T 122—2000）的规定

B. 木门、窗的防火、防腐、防虫处理应符合设计要求

C. 木门、窗的结合处和安装配件处不得有木节或已填补的木节

D. 木门、窗的割角、拼缝应严密平整，门窗框、扇裁口应顺直，刨面应平整

E. 木门、窗配件的型号、规格、数量应符合设计要求，安装应牢固，位置应正确，功能应满足使用要求

79. 木门、窗批水、盖口条、压缝条、密封条的安装应顺直，与门窗结合应牢固、严密，其检验方法正确的是（　）。

A. 观察检查　　B. 检查材料进场验收记录

C. 手扳检查　　D. 开启和关闭检查

E. 检查复验报告

80. 下列选项中，属于塑料门、窗安装主控项目的有（　）。

A. 塑料门、窗框、副框和扇的安装必须牢固

B. 塑料门、窗拼樘料内衬增强型钢的规格、壁厚必须符合设计要求，型钢应与型材内腔紧密吻合，其两端必须与洞口固定牢固

C. 塑料门、窗扇应开关灵活、关闭严密，无倒翘，推拉门窗扇必须有防脱落措施

D. 塑料门、窗配件的型号、规格、数量应符合设计要求，安装应牢固，位置应正确，功能应满足使用要求

E. 塑料门、窗表面应洁净、平整、光滑，大面应无划痕、碰伤

81. 建筑工程施工由于各种原因，导致了工程质量事故，通过对工程质量事故的调查、分析了解到，工程质量事故具有（　）的特点。

A. 复杂性　　B. 严重性

C. 关联性　　D. 多发性

E. 可变性

82. 下列情况中，不属于特别重大质量事故的是（　）。

A. 一次死亡 30 人以上

B. 严重影响使用功能或工程结构安全，存在重大质量隐患的

C. 直接经济损失达 500 万元及其以上的

D. 其他性质特别严重

E. 由于质量事故，造成人员死亡或重伤 3 人以上

83. 下列选项中属于特别重大事故的是（　）。

A. 发生一次死亡 30 人及其以上

B. 影响使用功能和工程结构安全，造成永久质量缺陷的

C. 直接经济损失在 5 000 元（含 5 000 元）以上，不满 5 万元的

D. 直接经济损失达 500 万元及其以上的

E. 其他性质特别严重的事故

84. 建筑生产与一般工业品生产相比，由于具有（　），因此，对工程项目质量影响的因素繁多，故在施工过程中稍有疏忽，就极易引起系统性因素的质量变异，而产生质量问题或严重的工程质量事故。

A. 产品固定性、多样性、结构类型不统一性

B. 流动性、露天作业多、受自然条件（地质、地形、水文、气象等）影响大

C. 材料品种、规格不同、性质各异

D. 交叉施工、现场配合复杂、工艺不同、技术标准不一

E. 对工程项目质量影响的因素繁多，故在施工过程中稍有疏忽，就极易引起系统性因素的质量变异，而产生质量问题或严重的工程质量事故

85. 下列选项中，关于常见工程质量问题发生原因，说法正确的是（　）。

A. 违背建设程序　　B. 工程地质勘查失真

C. 自然环境因素　　D. 个人素质

E. 设计计算差错

86. 下列选项中，属于事故原因中违背建设程序的是（　）。

A. 不经可行性论证、不做调查分析就拍板定案，没有搞清工程地质、水文地质就制订施工方案并仓促开工

B. 任意修改设计，不按图纸施工

C. 无证施工

D. 擅自修改设计等行为

E. 图纸未经审查就施工

87. 下列选项中，属于工程质量事故原因中设计计算差错的是（　）。

A. 设计考虑不周
B. 施工方案考虑不周，施工顺序颠倒
C. 结构构造不合理
D. 盲目套用图纸
E. 图纸未经会审，仓促施工

88. 下列选项中，属于工程质量事故原因中施工与管理不到位的是（　）。
A. 钢筋力学性能不良会导致钢筋混凝土结构产生裂缝
B. 挡土墙不按图设滤水层、排水孔，导致压力增大，墙体破坏或倾覆
C. 将铰接做成刚接，将简支梁做成连续梁，导致结构破坏
D. 不按有关的施工规范和操作规程施工，浇筑混凝土时振捣不充分，导致局部薄弱
E. 骨料中活性氧化硅会导致碱性骨料反应使混凝土产生裂缝

89. 下列选项中，属于工程质量事故原因中建筑材料及制品不合格的是（　）。
A. 预制构件截面尺寸不足，支撑锚固长度不足，不能有效地建立预应力值
B. 漏放或少放钢筋，板面开裂
C. 水泥受潮、过期、结块，砂石含泥量及有害物含量超标
D. 施工电梯质量不合格危及人身安全
E. 变配电设备质量缺陷导致自燃或火灾

90. 工程质量事故发生后，质量事故发生单位的书面报告的包括（　）。
A. 事故发生的单位名称，工程名称、部位、时间、地点
B. 事故发生原因和深入分析
C. 事故概况和初步估计的直接损失
D. 事故发生后采取的措施
E. 事故发生的个人情况

91. 建筑工程质量的影响因素有（　）。
A. 人员因素　　B. 施工工艺
C. 材料因素　　D. 安全因素
E. 环境因素

92. 质量手册是规定企业组织建立质量管理体系的文件，质量手册对企业质量体系作系统、完整和概要地描述，应具备（　）、可行性以及可检查性。
A. 安全性　　B. 指令性
C. 协调性　　D. 系统性
E. 先进性

93. 质量手册的内容一般包括（　）。
A. 质量记录　　B. 企业的质量方针、质量目标
C. 组织机构及质量职责　　D. 体系要素或基本控制程序
E. 质量手册的评审、修改和控制的管理办法

94. 三阶段控制原理就是通常所说的（　）。
A. 事前控制　　B. 全面质量控制
C. 事中控制　　D. 事后控制

E. 全过程质量控制

95. 施工准备的内容包括（　）。

A. 技术准备
B. 物质准备
C. 组织竣工验收
D. 组织准备
E. 施工现场准备

96. 分部工程的划分应按（　）确定。

A. 地基与基础
B. 主体结构
C. 专业性质
D. 建筑装饰装修
E. 建筑部位

97. 下列选项中，不属于地基与基础子分部工程的有（　）。

A. 钢结构
B. 混凝土结构
C. 砌体基础
D. 砌体结构
E. 地下防水

98. 无支护土方的分项工程包括（　）。

A. 土方开挖
B. 土方回填
C. 钢及混凝土支撑
D. 排桩
E. 水泥土桩

99. 检验批合格条件中，主控项目验收内容包括（　）。

A. 对不能确定偏差值而又允许出现一定缺陷的项目，则以缺陷的数量来区分
B. 建筑材料、构配件及建筑设备的技术性能与进场复验要求
C. 涉及结构安全、使用功能的检测项目
D. 一些重要的允许偏差项目，必须控制在允许偏差限值之内
E. 其他一些无法定量的而采用定性的项目

100. 分项工程质量验收合格应符合下列哪几项规定？（　）

A. 分项工程所含的检验批均应符合合格质量的规定
B. 质量控制资料应完整
C. 分项工程所含的检验批的质量验收记录应完整
D. 观感质量验收应符合要求
E. 地基与基础、主体结构有关安全及功能的检验和抽样检测结果应符合有关规定

三、判断题

1. 在浇筑混凝土前，木模板应浇水湿润，但模板内不应有积水。（　）

2. 在模板安装时，基础的杯芯模板应刨光直拼，并钻有排气孔，增加浮力。（　）

3. 模板工程中，浇筑混凝土高度应控制在允许范围内，浇筑时应均匀、对称下料，以免局部侧压力过大导致胀模。（　）

4. 高层建筑的梁、板模板，完成一层结构，其底模及其支架的拆除时间控制，应对所用混凝土的强度发展情况，分层进行核算，保证下层梁及楼板混凝土能承受上层全部荷载。（　）

5. 模板拆除时应先拆除连接杆件，再清理脚手架上的垃圾杂物，经检查安全可靠后方可

按顺序拆除。(   )

6. 现浇结构模板安装的偏差应符合一定规定，轴线位置允许偏差为 3 mm。(   )

7. 在模板安装中，薄腹板、桁架的长度允许偏差为±5，其检验方法是用钢尺量两角边，取其中较大值。(   )

8. 在底模拆除时，对混凝土的强度有一定的要求，当板跨度>2 m 且≤8 m 时，板构件达到设计的混凝土立方体抗压强度≥50%。(   )

9. 进行钢筋机械连接和焊接的操作人员必须经过专业培训，持考试合格证上岗。(   )

10. 钢筋连接所用的焊剂、套筒等材料必须符合检验认定的技术要求，并具有相应的出厂合格证。(   )

11. 力学性能检验的试件，应从每批成品中切取；切取过试件的制品，应补焊同牌号、同直径的钢筋，其每边的搭接长度不应大于 2 个孔格的长度。(   )

12. 封闭环式箍筋闪光对焊接头，以 600 个同牌号、同规格的接头作为一批，只做拉伸试验。(   )

13. 在现浇钢筋混凝土结构中，应以 300 个同牌号钢筋接头作为一批；在房屋结构中，应以不超过二层中的 300 个同牌号钢筋接头作为一批；当不足 300 个接头时，仍应作为一批。每批随机切取 1 个接头做拉伸试验。(   )

14. 钢筋调直宜采用机械方法，也可采用热拉方法。(   )

15. 在施工现场，应按国家现行标准《钢筋机械连接技术规程》(JGJ 107—2016)、《钢筋焊接及验收规程》(JGJ 18—2012)的规定抽取钢筋机械连接接头、焊接接头试件作力学性能检验。(   )

16. 钢筋的冷加工，有冷拉、冷拔和冷轧，用以提高钢筋强度设计值，能节约钢材，满足预应力钢筋的需要。(   )

17. 热处理钢筋是用普通碳素钢（含碳量<0.25%）和普通低合金钢热轧制成的。(   )

18. HRB335 级钢筋主要用作中小型钢筋混凝土构件中的受力主筋以及钢筋混凝土和预应力混凝土结构中的箍筋和构造钢筋。(   )

19. 在外观上，HPB235 为光面圆钢筋，其余钢筋的表面均有肋纹（月牙纹），表面有肋纹的钢筋统称为普通低合金钢筋。(   )

20. 热处理钢筋是一种较理想的预应力钢筋。(   )

21. 在建筑工程中主要使用中碳钢和高碳钢。(   )

22. 在钢的冶炼过程中，会出现清除不掉的有害元素钛（Ti）和硫（S），它们的含量多了会使钢的塑性降低，易于脆断，并影响焊接质量。(   )

23. 含有锰、硅、钛和钒的合金元素的钢，叫作合金钢。(   )

24. 按照我国现行标准，建筑工程上常用的钢筋直径（mm）有 6、8、10、12、14、16、18、20、22、24、28、32、36、40。(   )

25. 钢筋混凝土所用的钢筋，分为有屈服点钢筋（热轧钢筋、冷拉钢筋）和无屈服点钢筋（热处理钢筋、钢绞线和钢丝）。(   )

26. 预应力工程中，灌浆工作应在水泥浆初凝后完成。(   )

27. 预应力工程，锚固后的外露部分宜采用机械方法切割，外露长度不宜小于预应力筋直径的 1.5 倍，且不小于 20 mm。(   )

28. 无黏结预应力筋护套轻微破损者应外包防水塑料胶带修补，严重破损者不得使用。( )

29. 预应力混凝土按施工方法可分为先张法预应力混凝土结构与后张法预应力混凝土结构。( )

30. 预应力筋可以放在构件的混凝土里面，不可以放在构件的预留孔内。( )

31. 混凝土应以最少的转运次数和最短的时间，从搅拌地点运至浇筑地点，并在初凝之前浇筑完毕。( )

32. 混凝土垂直运输，多用塔式起重机加料斗、混凝土泵、快速提升斗和井架。( )

33. 混凝土泵是一种有效的混凝土运输和浇筑工具，只可以一次完成水平运输，将混凝土直接输送到浇筑地点。( )

34. 混凝土结构质量问题中的蜂窝是指混凝土表面无水泥浆，露出石子深度大于 4 mm，但小于保护层厚度的缺陷。( )

35. 混凝土的强度包括抗压强度、抗拉强度、抗弯强度（或抗折强度）、抗剪强度和与钢筋的黏结强度等。( )

36. 挤密桩施工法中，振冲法的粗骨料粒径以 20 ~ 50 mm 较合适，最大粒径不宜大于 100 mm，含泥量不宜大于 10%，不得选用风化或半风化的石料。( )

37. 按《建筑地基基础设计规范》(GB 50007—2011) 的规定：建筑地基土（岩），可分为岩石、砂土、粉土、黏性土和人工填土。( )

38. 砂土根据粒组含量分为砾砂、粗砂、中砂、细砂和粉砂五类。( )

39. 冲填土是指由水力冲填泥砂形成的填土。( )

40. 混凝土灌注桩的材料质量要求中，水泥宜用强度等级为 P·O35 的普通硅酸盐水泥，具有出厂合格证和检测报告。( )

41. 混凝土灌注桩的材料质量要求中，钢筋的品种、规格均应符合设计要求，并有出厂材质书和检测报告。( )

42. 混凝土灌注桩施工控制要点中，长螺旋钻成孔首先应对孔位进行定点，并设置测量基准线、水准基点，施工前已对桩位进行了预检。( )

43. 混凝土灌注桩施工控制要点中，长螺旋钻成孔后应用测锤测量孔深垂直度及虚土厚度。虚土厚度一般不应超过 2.0 mm。( )

44. 混凝土灌注桩，长螺旋钻成孔施工控制要点中，浇筑混凝土时应边浇筑并分层振捣密实，浇筑桩顶以下 5 m 范围内的混凝土时，每次浇筑高度不得大于 1.5 m。( )

45. 混凝土灌注桩，长螺旋钻成孔施工控制要点中，浇筑混凝土时应边浇筑并分层振捣密实，桩顶有插筋时，应垂直插入。( )

46. 混凝土灌注桩，长螺旋钻成孔施工控制要点中，按照规定，在施工现场制作混凝土抗压试块，每桩至少有一组试块。( )

47. 混凝土灌注桩人工挖孔施工要点中，放线定位在确定好桩位中心，撒石灰线作为桩孔开挖的施工尺寸线。再沿桩中心位置向桩孔外引出两个桩中轴线控制点，用木桩牢固标定。( )

48. 混凝土灌注桩人工挖孔施工要点中，全部结束后应办理预检手续，合格后才能开挖第一节桩孔。( )

49. 灌注桩的桩位偏差灌注桩在沉桩后，桩顶标高至少要比设计标高高出 500 mm。(　)

50. 混凝土预制桩在打桩过程中，遇到贯入度剧变、桩顶或桩身出现破碎或者是严重裂缝、桩身突然发生倾斜、位移或严重回弹情况时，应中心打桩。(　)

51. 钢筋混凝土预制桩的质量检验标准施工中应对桩体垂直度、沉桩情况、桩顶完整状况、接桩质量等进行检查；对电焊接桩，重要工程应做 10%的焊缝探伤检验。(　)

52. 基础混凝土浇筑高度在 2 m 以上时，混凝土可直接卸入基槽（坑）内，应注意使混凝土能充满边角。(　)

53. 砖基础施工质量控制要点中，砖基础应用强度等级不低于 M10、无裂缝的砖和不低于 MU7.5 的砂浆砌筑。(　)

54. 砖基础施工质量控制要点中，如果砖基础下半部为灰土时，则灰土部分不做台阶，其宽高比应按要求控制，同时应核算灰土顶面的压应力，以不超过 250 ~ 300 kPa 为宜。(　)

55. 砖基础施工中砌筑时，灰缝砂浆要饱满，严禁用冲浆法灌缝。(　)

56. 不同品种的水泥，可以混合使用。(　)

57. 消石灰粉不得直接使用于砌筑砂浆中。(　)

58. 砌筑砂浆中水泥混合砂浆中水泥和掺加料总量宜为 300 ~ 350 kg/m^3。(　)

59. 具有冻融循环次数要求的砌筑砂浆，经冻融试验后，质量损失率不得大于 25%，抗压强度损失率不得大于 5%。(　)

60. 砌筑砂浆应采用机械搅拌，自投料完毕算起，其中水泥砂浆和水泥混合砂浆搅拌时间不得少于 3 min。(　)

61. 砂浆试块应在砂浆拌和后随机抽取制作，同盘砂浆只应制作一组试块。(　)

62. 同一验收批砂浆试块抗压强度平均值必须小于或等于设计强度等级所对应的立方体抗压强度。(　)

63. 同一验收批砂浆试块抗压强度的最小一组平均值必须大于或等于设计强度等级所对应的立方体抗压强度的 0.75 倍。(　)

64. 砂浆配合比用每 1 m^3 砂浆中各种材料的用量或各种材料的质量比来表示。(　)

65. 根据拌合物的密度，校正材料的用量，保证每立方米砂浆中的用量准确，水泥砂浆拌合物的表观密度不宜小于 1 800 kg/m^3；水泥石灰混合砂浆拌合物的表观密度不宜小于 1 900 kg/m^3。(　)

66. 砖进场后应进行复验，复验抽样数量为在同一生产厂家同一品种同一强度等级的普通砖 10 万块、多孔砖 5 万块、灰砂砖或粉煤灰砖 15 万块中各抽查 1 组。(　)

67. 砌筑砖砌体时，砖应提前 3 d 浇水湿润。(　)

68. 基础施工前，应在建筑物的主要轴线部位设置标志板。标志板上应标明基础、墙身和轴线的位置及标高。(　)

69. 砖砌体接槎时必须将接槎处的表面清理干净，浇水湿润，填实砂浆并保持灰缝平直。(　)

70. 砖砌体竖向灰缝宜采用“三一”砌砖法，使其砂浆饱满，严禁用水冲浆灌缝。(　)

71. 对用于钢结构工程的主要材料，进场时必须具备正式的材质证明书和出厂合格证。(　)

72. 钢结构工程原材料的代用不需要征得设计者的认可。(　)

73. 钢结构工程原材料的管理中，应加强对材料的质量控制，材料进厂必须按规定的技术条件进行检验，合格后方可入库和使用。(　)

74. 钢结构工程原材料管理中，焊材必须分类堆放，并有明显标志，不得混放。焊材库必须干燥通风，严格控制库内温度和湿度。(　)

75. 钢结构工程原材料管理中，钢材应按种类、颜色、炉号（批号）、规格等分类平整堆放，并做好标记。(　)

76. 钢结构材料质量抽样和检验方法，应符合国家有关标准和设计要求，要能反映该批材料的质量特性。对于重要的构件应按合同或设计规定增加采样的数量。(　)

77. 钢结构工程原材料管理中，企业应建立严格的进料验证、入库、保管、标记、发放和回收制度，使影响产品质量的材料处于受控状态。(　)

78. 钢结构工程原材料中，由于油漆和耐火涂料属于时效性物资，库存积压易过期失效，因此宜先进后用。(　)

79. 钢结构工程，钢材质量验收的主控项目中，铸件的品种、规格、性能等应符合现行国家产品标准和设计要求，进口钢材产品的质量应符合设计和合同规定标准的要求。(　)

80. 目前在我国，钢结构工程一般由专业厂家或承包单位总负责，即负责详图设计、构件加工制作、构件拼接安装、涂饰保护等任务。(　)

81. 不同品种、规格的高聚物改性沥青防水卷材产品应分别堆放，贮存在温暖通风的室内，以免日晒雨淋、要远离火源。(　)

82. 卷材防水层应采用高聚物改性沥青防水卷材、合成高分子防水卷材或沥青防水卷材。(　)

83. 清理卷材面撒布物并将表面清理好的卷材反卷备用，以免防止溅水弄脏。(　)

84. 沥青防水卷材不允许有孔洞、硌伤。(　)

85. 自粘法铺贴卷材，接缝口应用密封材料封严，宽度不应小于 5 mm。(　)

86. 卷材端部处理中，天沟、檐沟、檐口、泛水和立面卷材收头的端部应裁齐，塞入预留凹槽内，用金属压条钉压固定，最大钉距不应大于 1 000 mm，并用密封材料嵌填封严。(　)

87. 平屋顶是指排水坡度小于 5%的屋顶，常用坡度为 2% ~ 3%。(　)

88. 曲面屋顶多属于空间结构体系，常用于大跨度的公共建筑。(　)

89. 坡屋顶是指坡度一般大于 5%的屋顶。(　)

90. 涂膜防水屋面的防水涂料应采用高聚物改性沥青防水涂料、合成高分子防水涂料。(　)

91. 一般产品共有的质量特性包括性能、寿命、可靠性、安全性、经济性以及与环境的协调性。(　)

92. 建筑工程质量的适用性即功能，是指工程满足使用目的的各种性能。(　)

93. 建筑工程质量形成过程中，质量保修是关键。(　)

94. 机械设备是保证建筑工程质量的基础和必要的物质条件，是现代企业的象征。(　)

95. 质量管理的八项原则是质量管理的最基本最通用的一般规律，适用于所有类型的产品和组织，是质量管理的理论基础。(　)

96. 质量记录是阐明所取得的结果或提供说完成活动的证据文件。(　)

97. 工程质量控制按其实施主体的不同，分为自控主体和监控主体。其中，自控主体是

指对他人质量能力和效果的监控者。(　　)

98. 勘察设计单位属于自控主体。(　　)

99. 施工项目的质量管理是从工序质量到分项工程质量、分部工程质量、单位工程质量的系统控制过程，也是一个从投入原材料的质量控制开始，直到完成工程质量检验为止的全过程的系统过程。(　　)

100. 全场性施工准备是以一个建筑物或构筑物为对象而进行的施工准备。(　　)

参考答案

一、单项选择题

1. B　2. D　3. C　4. D　5. A　6. C　7. A　8. A　9. C　10. C
11. B　12. B　13. C　14. D　5. C　16. B　17. A　18. A　19. D　20. C
21. B　22. A　23. C　24. A　25. C　26. B　27. B　28. D　29. A　30. B
31. C　32. B　33. D　34. B　35. C　36. C　37. B　38. B　39. D　40. C
41. D　42. A　43. C　44. A　45. D　46. A　47. A　48. C　49. B　50. D
51. B　52. C　53. C　54. B　55. C　56. A　57. A　58. D　59. C　60. D
61. B　62. A　63. B　64. A　65. C　66. A　67. B　68. C　69. C　70. A
71. C　72. B　73. C　74. D　75. B　76. A　77. A　78. C　79. B　80. D
81. D　82. B　83. A　84. C　85. A　86. C　87. C　88. D　89. B　90. A
91. A　92. C　93. B　94. C　95. A　96. D　97. C　98. B　99. C　100. D
101. D　102. C　103. B　104. C　105. B　106. B　107. A　108. C　109. B　110. C
111. A　112. B　113. C　114. A　115. D　116. D　117. A　118. C　119. D　120. D
121. B　122. A　123. D　124. B　125. A　126. B　127. A　128. D　129. C　130. A
131. C　132. B　133. D　134. C　135. A　136. D　137. B　138. B　139. D　140. D
141. A　142. A　143. B　144. D　145. C　146. A　147. D　148. C　149. B　150. C
151. C　152. B　153. A　154. A　155. C　156. B　157. B　158. B　159. A　160. B
161. D　162. B　163. C　164. A　165. D　166. C　167. B　168. C　169. D　170. C
171. C　172. B　173. D　174. B　175. B　176. B　177. A　178. D　179. C　180. B
181. D　182. A　183. A　184. B　185. D　186. D　187. A　188. C　189. D　190. D
191. D　192. D　193. B　194. D　195. A　196. A　197. A　198. B　199. C　200. A
201. B　202. D　203. B　204. A　205. A　206. C　207. C　208. C　209. A　210. C
211. A　212. B　213. D　214. A　215. B　216. C　217. A　218. D　219. D　220. B
221. B　222. A　223. A　224. A　225. B　226. C　227. C　228. C　229. A　230. B
231. C　232. A　233. C　234. A　235. D　236. B　237. B　238. B　239. B　240. C
241. D　242. B　243. A　244. A　245. A　246. C　247. D　248. C　249. D　250. B
251. A　252. B　253. D　254. D　255. B　256. C　257. B　258. B　259. A　260. A
261. C　262. C　263. A　264. C　265. C　266. B　267. A　268. A　269. B　270. A
271. B　272. C　273. B　274. A　275. B　276. B　277. C　278. D　279. C　280. D
281. A　282. A　283. A　284. B　285. A　286. C　287. A　288. B　289. A　290. C
291. C　292. B　293. A　294. A　295. B　296. B　297. A　298. C　299. A　300. B

二、多项选择题

1. ACDE	2. ACDE	3. ACE	4. AE	5. ACE
6. ACD	7. BCD	8. BCDE	9. BC	10. AD
11. DE	12. AC	13. CE	14. AE	15. BD
16. AC	17. ACD	18. BC	19. CD	20. BE
21. ABE	22. ACDE	23. AC	24. ACDE	25. ABCE
26. ABCD	27. BCD	28. AB	29. CD	30. ACDE
31. ACD	32. ACDE	33. ADE	34. ABE	35. AB
36. ACD	37. ABC	38. ACE	39. DE	40. BCD
41. AB	42. ABCD	43. ABE	44. ADE	45. ACDE
46. ABCD	47. AE	48. ABC	49. DE	50. ACD
51. ACDE	52. BC	53. CE	54. ACE	55. AE
56. AC	57. BDE	58. ABCD	59. ACE	60. BCDE
61. ACE	62. ABCE	63. ABD	64. ACDE	65. ABCD
66. AE	67. BD	68. BCD	69. BCDE	70. AE
71. ABDE	72. ABCD	73. ACD	74. ABCE	75. BCDE
76. BCD	77. ABDE	78. ABCE	79. AC	80. ABCD
81. ABDE	82. BE	83. ADE	84. ABCD	85. ABCE
86. ABE	87. ACD	88. BCD	89. ABC	90. ACD
91. ABCE	92. BCDE	93. BCDE	94. ACD	95. ABDE
96. CE	97. BD	98. AB	99. BCD	100. AC

三、判断题

1. √	2. ×	3. √	4. √	5. ×	6. ×	7. ×	8. ×	9. √	10. √
11. ×	12. √	13. ×	14. ×	15. √	16. √	17. ×	18. ×	19. ×	20. √
21. ×	22. ×	23. √	24. ×	25. √	26. ×	27. ×	28. √	29. √	30. ×
31. √	32. √	33. ×	34. ×	35. √	36. ×	37. ×	38. √	39. √	40. ×
41. √	42. √	43. ×	44. √	45. √	46. √	47. ×	48. √	49. √	50. ×
51. √	52. ×	53. ×	54. √	55. √	56. ×	57. √	58. √	59. ×	60. √
61. √	62. ×	63. √	64. √	65. ×	66. ×	67. ×	68. √	69. √	70. ×
71. √	72. ×	73. √	74. √	75. ×	76. √	77. √	78. ×	79. √	80. √
81. ×	82. √	83. √	84. √	85. ×	86. ×	87. √	88. √	89. ×	90. √
91. ×	92. √	93. ×	94. √	95. √	96. √	97. ×	98. √	99. √	100. ×

参考文献

[1] 国家标准．GB 50300—2013 建筑工程施工质量验收统一标准[S]．北京：中国建筑工业出版社，2014.
[2] 国家标准．GB 50204—2013 混凝土结构工程施工质量验收规范[S]．北京：中国建筑工业出版社，2015.
[3] 国家标准．GB 50205—2001 钢结构工程施工质量验收规范[S]．北京：中国计划出版社，2002.
[4] 国家标准．GB 50202—2002 建筑地基基础工程施工质量验收规范[S]．北京：中国计划出版社，2002.
[5] 国家标准．GB 50203—2011 砌体结构工程施工质量验收规范[S]．北京：中国计划出版社，2011.
[6] 国家标准．GB 50207—2012 屋面工程质量验收规范[S]．北京：中国计划出版社，2012.
[7] 国家标准．GB 50208—2011 地下防水工程质量验收规范[S]．北京：中国计划出版社，2012.
[8] 国家标准．GB 50210—2001 建筑装饰装修工程质量验收规范[S]．北京：中国建筑工业出版社，2002.
[9] 国家标准．GB 50411—2007 建筑节能工程施工质量验收规范[S]．北京：中国建筑出版社，2007.
[10] 国家标准．GB 50209—2010 建筑地面工程施工质量验收规范[S]．北京：中国计划出版社，2011.
[11] 国家标准．GB 50550—2010 建筑结构加固工程施工质量验收规范[S]．北京：中国建筑工业出版社，2014.
[12] 国家标准．GB 50325—2014 民用建筑工程室内环境污染控制规范[S]．北京：中国计划出版社，2011.
[13] 王宗昌．建筑工程施工质量控制与防治对策[M]．北京：中国建筑工业出版社，2010.
[14] 侯君伟，吴琏．建筑工程施工全过程质量监控验收手册[M]．北京：中国建筑工业出版社，2016.
[15] 中国建筑工业出版社．新版建筑工程施工质量验收规范汇编[M]．2 版．北京：中国建筑工业出版社，2003.
[16] 郑惠虹．建筑工程施工质量控制与验收[M]．北京：机械工业出版社，2011.
[17] 卜华宁．建筑工程质量管理[M]．北京：中国电力出版社，2015.
[18] 杨玉红．建筑工程质量检测[M]．北京：中国建筑工业出版社，2014.
[19] 邸小坛，陶里，丁胜．建筑工程施工质量验收资料范例与填表说明[M]．北京：中国建材工业出版社，2014.

[20] 冯淼波．建筑工程质量与安全管理[M]．长春：吉林大学出版社，2015.
[21] 徐蕾．质量员必知要点（建筑工程施工现场管理人员必备系列）[M]．北京：化学工业出版社，2014.
[22] 闫军．建筑施工允许偏差速查便携手册[M]．北京：中国建筑工业出版社，2014.
[23] 彭国．工程质量控制[M]．北京：中国计划出版社，2012.
[24] 建设部干部学院．建筑工程施工质量控制与验收[M]．武汉：华中科技大学出版社，2009.
[25] 王宗昌．建筑工程施工质量控制与实例分析[M]．北京：中国电力出版社，2011.
[26] 柯国军．建筑材料质量控制监理——建筑工程施工监理人员岗位丛书[M]．北京：中国建筑工业出版社，2003.
[27] 王宗昌．施工和节能质量控制与疑难处理[M]．北京：中国建筑工业出版社，2011.
[28] 于力，孟令海．建筑地基处理与基础工程施工技术与质量控制[M]．北京：机械工业出版社，2011.